Erich Nehlsen

Nur um der Beute willen wollt' ich kein Jäger sein

Seinem
langjährigen väterlichen Freund

PROFESSOR DR. ERNST SCHÄFER
dem
TIBET-FORSCHER

post mortem
in Dankbarkeit gewidmet

Erich Nehlsen

Nur um der Beute willen wollt' ich kein Jäger sein

Edition Walter Schwartz
Neumann-Neudamm

Bildnachweis:
Bilder ohne Quellenangabe sind ausschließlich Aufnahmen des Verfassers oder stammen aus seinem Archiv.

Verlag J. Neumann-Neudamm KG, Melsungen
Printed in the European Community
Titelgestaltung: Media Service Rosen, Malsfeld, mit der Reproduktion eines Gemäldes von Rudolf Freiherr von Ulmenstein, Walsrode
Reproduktion: Max Grothkopp, Kiel-Schilksee
Redaktion, Layout, DTP: Media Service Rosen, Malsfeld
Druck und Verarbeitung: Gorenjski tisk
ISBN: 978-3-7888-1279-9

Inhaltsverzeichnis

Geleitwort

Jagd findet in Mitteleuropa oft in engen Reviergrenzen statt. Und doch kennt Jagd für viele Jäger keine Grenzen. Welches sind die Motive, die uns zum Aufbruch in ferne Wildbahnen treiben?

Erich Nehlsen gibt im zweiten Teil seiner jagdlichen Autobiographie einige Antworten. Er unternimmt dabei zugleich eine Zeitreise durch unsere jüngere Geschichte seit 1944.

Der passionierte Jäger findet Wege für seine Leidenschaft auch unter widrigen Umständen. Selbst Kriegsgefangenschaft konnte den Autor nicht daran hindern, das unwirtliche Umfeld jagdlich zu ergründen und mit der mühsam errungenen Beute dem Eiweißmangel entgegenzuwirken. Die ursprünglichen Wurzeln der Jagd!

Jagd kann in aller Welt Menschen verbinden. Jagd kann Freundschaften schaffen und erhalten. Hier liegt ein wesentlicher Grund, weshalb viele Jäger immer wieder ihr Bündel schnüren, um gleichgesinnte Menschen zu treffen und neue jagdliche Welten zu entdecken, ob im Solling oder Harz, ob in der Lüneburger Heide oder im Oderbruch, ob in Lettland oder Namibia.

Erich Nehlsens Buch ist kein „Knallbericht", in welchem eine Erlegungsgeschichte der anderen folgt. Wer Sinn für lebendige, plastische Beschreibungen von Vorgängen in der Natur hat, wird ebenso auf seine Kosten kommen wie der Forstmann, der immer wieder anschauliche Schilderungen der unterschiedlichen forstlichen Verhältnisse erhält. Die Wanderung durch die Zeiten macht dabei den Wandel deutlich, dem nicht nur unsere natürliche Umwelt, sondern die gesamte Gesellschaft unterliegt. Die Zeiten der Birkhahnjagd in der norddeutschen Tiefebene sind Vergangenheit. Plötzlich taucht der Wolf auf in den gesegneten Wildbahnen westlich der Oder. Lettland ist nicht mehr Teil des Ostblocks. Die Menschen entdecken ihr ehemals sozialistisch regiertes Land neu. Im südlichen Afrika wird der Jagdtourismus in der zweiten Hälfte des 20. Jahrhunderts zu einem bedeutenden Wirtschaftsfaktor.

Guter Jäger darf sich nur nennen, wer Fehler und Misserfolge ehrlich bekennt und sein Handwerk ständig vervollkommnet. Jäger sind nicht frei von menschlichen Schwächen. Erich Nehlsen liefert in seiner ausdrucksstarken, kraftvollen Sprache viele Beispiele derartiger Situationen. Ein ehrliches, ein menschliches Buch!

Über allem steht der Dank an die zahlreichen Freunde, die ihre Reviere öffneten, die gemeinsame Erlebnisse teilten und deren Schicksale lebendig eingeflossen sind.

„Nur um der Beute willen wollt ich kein Jäger sein" – Jäger, denen Trophäen alles bedeuten oder die noch im jugendlichen Überschwang sind, sollten dieses Buch zur Hand nehmen. Sie werden Anregungen zur Besinnung erhalten.

Der Autor hat, nachdem er Büchse und Flinte aus der Hand gelegt hat, sein jagdliches Lebenswerk rund gemacht. Möge diesem Buch ein ähnlicher Erfolg beschieden sein wie dem ersten Werk „Geliebte Wildbahn zwischen den Meeren".

Kiel, im April 2009

Johann Böhling
Ministerialrat

Referatsleiter
Oberste Forst- und Jagdbehörde
des Landes Schleswig-Holstein

Zum Geleit

Nach seinem ersten Buch hat Erich Nehlsen nunmehr den „zweiten Band“ seiner jagdlichen Erlebnisse vorgelegt, der sich in gut lesbaren Kurzgeschichten mit Ereignissen beschäftigt, die Erich Nehlsen außerhalb der Landesgrenzen Schleswig-Holsteins erleben durfte.

Wie in seinem ersten Buch beschreibt Erich Nehlsen mit gekonnter Feder persönliche jagdliche Begebenheiten, in denen er uns sein mit der Jagd und den Begegnungen mit Menschen verbundenes Leben offenbart.

Und genau in diesen Lebensgeschichten liegt der Charme des Buches, das uns Jägern, Jägerinnen und auch anderen geneigten Lesern so viel an eigener Erkennung, amüsiertem Lächeln, aber auch Erkennung des Mannes Erich Nehlsen, der in der Jägerschaft des Landes Schleswig-Holstein viel persönliche und jagdlich-fachliche Anerkennung gefunden hat, bringt.

Ich lege allen Menschen ans Herz, sofern sie ein Interesse an unserer Natur und dem Wirken eines Jägers darin haben, dieses Buch zu lesen, das, verbunden mit der Lebensgeschichte von Erich Nehlsen, die hohe Emotionalität eines Jägers zum jagdlichen Handwerk zeigt, der „nur um der Beute willen kein Jäger sein wollte“.

Flintbek, im April 2009

DR. KLAUS-HINNERK BAASCH

Präsident
Landesjagdverband Schleswig-Holstein e.V.

Vorwort

Der Titel meines zweiten Buchs „Nur um der Beute willen wollt' ich kein Jäger sein" ist nicht wie eine reife Frucht vom Baum gefallen. Es bedurfte einer Reihe von Jahren, die Sturm- und Drangzeit des überpassionierten jungen Jägers zu überwinden, bevor sich die Erkenntnis Bahn brach, dass Jagen verpflichtet, mehr ist und sein muss als Schießen, Fangen, Töten von Wild.

Unsere Urahnen jagten, um zu überleben. Heute brauchen Jäger nicht zu hungern, wenn ihnen das Wildpret ausgeht. Wir jagen aus Passion und Freude am Nachstellen und Überlisten von Wild, soweit uns der Urtrieb noch erhalten geblieben ist. Wir wissen aber auch, dass Jagen seinen Preis hat, den wir zahlen müssen, wenn Jagd überleben und zukunftsfähig bleiben soll. Die Pflicht, Lebensräume für Wild und andere Tiere zu erhalten und ständig zu verbessern, ist eine wichtige Herausforderung. Eine weitere, wesentliche besteht darin, der Öffentlichkeit immer wieder deutlich zu machen, dass Schießen und Töten müssen, heute mehr denn je, zu den unabdingbaren Pflichten des Jägers gehören, wenn die ökologische Bilanz in Natur und Landschaft, aber auch in den Wildbeständen selbst, gesichert bleiben soll.

Ohne diese Prämissen können weder aktiver Naturschutz noch die Erhaltung gesunder Wildbestände garantiert werden. Diesem uns anvertrauten Teil der Schöpfung haben wir ohne Wenn und Aber gerecht zu werden, wohl wissend, dass wir die Vielfalt der Aufgaben im Natur- und Landschaftsschutz nicht allein bewältigen können. Wir sind in möglichst guter Gemeinsamkeit auf die Hilfe anderer Naturschutzverbände und -institutionen angewiesen.

Hüten wir uns davor, nur noch zu Erfüllungsgehilfen für den Naturschutz zu werden. Mit Freude jagen wollen, dürfen und müssen, ist der wichtigste Pfeiler, um Sinn und Wesen unserer Jagd langfristig zu erhalten.

Wenngleich der Buchtitel hinsichtlich der Jagd selbst auferlegte Beschränkungen erkennen lässt, habe ich nie ein Hehl daraus gemacht, Zeit meines

Jägerlebens mit großer Passion gejagt zu haben. Dazu gehörte auch, Freude an errungenen Trophäen zu empfinden, ohne einen Kult daraus zu machen. Mein Verständnis vom Jagen wurde mit zunehmendem Alter von einer gewachsenen Naturliebe begleitet, größter Gewinn für einen gestandenen Jäger, zumal sich damit etwas mehr Toleranz dem Wild gegenüber verbindet.

Mein erstes Buch „Geliebte Wildbahn zwischen den Meeren" war ein Gruß an meine Heimat, ranken sich doch seine Geschichten und Erinnerungen ausschließlich um Jagd, Wild und Menschen in Schleswig-Holstein.

Im vorliegenden Werk habe ich mit wenigen Ausnahmen Erlebnisse aus Jagdgebieten jenseits heimatlicher Grenzen zurückgeholt, in denen ich jagen durfte. Voller Dankbarkeit an meine Gastgeber erinnere ich mich gern der vielen erfüllten Stunden eines Jägers, ein wenig auch des Petrijüngers, der ich in ihren Revieren mit Büchse und Kamera anspruchsvollem Waidwerk nachgehen durfte.

Davon nicht zu trennen sind die Stunden nach der Jagd mit Freunden und Gleichgesinnten, denen nie der Gesprächsstoff ausging.

Begleiten Sie mich auf meinen Wechseln und Wegen und lassen Sie sich einfach überraschen vom zweiten Teil meiner jagdlichen Autobiographie!

Nordhastedt, im Juni 2009

ERICH NEHLSEN

ERSTES KAPITEL

Abenteuer Kriegsgefangenschaft

Steinzeitjäger

„Was machst du denn da?“ Die Stimme eines Mitgefangenen aus dem Hintergrund traf mich nicht unerwartet; ich hätte ihn lieber nicht kommen sehen. In spärlicher Deckung hinter übereinander geschichteten Stacheldrahtrollen und eingewachsenen Trockengraskolonien notdürftig abgetaucht, war ich mit dem Rupfen eines jungen Rebhahns beschäftigt. „Siehst du doch“, entgegnete ich unwirsch. Kopfschüttelnd ging er seiner Wege.

Ich beschleunigte mein Bemühen, riss mit den Fingern das Bauchfell auf, entfernte die Innereien und wusch meine Beute in einer Regenpfütze. Nach ausgiebigem Regen waren auf der von Fahrzeugen verdichteten Grasmatte Blänken entstanden.

In einer Bodensenke entfachte ich mit viel Mühe ein schwach brennendes Feuer aus Trockengras und dünnen Kistenbrettern und röstete meine „Beute“ am Spieß. Kein weiterer Störenfried, der meine Kreise einengte, und mit Heißhunger aß ich das ungewürzte, halbgare Hähnchen. Wer schon einmal über längere Zeit Hunger litt, kann sich unschwer vorstellen, wie köstlich ein solcher „Braten“ mundet.

Vielleicht wurde das Feldhuhn von einem französischen Jäger geflügelt, bevor es sich Deckung suchend im teuflischen Stacheldraht verhedderte und nicht mehr befreien konnte. Kraftlos hing eine Schwinge herunter. Mit den immer wachen Augen des Jägers hatte ich es entdeckt und erlöst.

Das Sammellager Dieppe war nicht angenehm gewesen. Wie die Heringe lagen wir nachts in langen Militärzelten nebeneinander. Eine größere Anzahl von uns wurde von einer Ruhrepidemie heimgesucht, und jeder löste jeden auf dem Donnerbalken ab, krampfhaft bemüht, nicht aus Schwäche in die Sch...grube zu fallen.

Wie ein Wunder ebbte die Krankheit ab, und mühsam erholte man sich bei Schmalhans Küchenmeister .

Eines Nachts wachte ich, einmal mehr einem inneren Rühren folgend, auf und musste zum Entsetzen feststellen, dass man mir einen meiner beiden Schuhe gestohlen hatte. Flugs klaute ich aus der langen Reihe ein leidlich passendes Pendant, verschwand mit dem lautlosen Schritt des Jägers so rasch wie gekommen und quälte mich mit Blasen am Fuß über die nächsten Wochen bis zur POW- (= prisoner of war) Einkleidung auf der Insel, die längst überfällig war.

Als wir in Dieppe die Schiffsplanken eines kleinen Truppentransporters betraten, stand neben dem Fallreep an der Reling ein farbiger Matrose und begrüßte jeden „Gast“ mit einem Fußtritt in den Hintern. Ich hätte ihn am liebsten erwürgt, aber was muss man nicht alles erdulden, um zu überleben. Alsbald wurde der Zielhafen Harwich erreicht, wir betraten britischen Boden und waren letztlich froh, dem Inferno des Kessels von Njimwegen mit mehr oder minder heiler Haut entronnen zu sein.

So war England zunächst einmal das kleinere Übel. Erst siebzehn Jahre alt, konnte ich nicht ahnen, auf dieser verdammten Insel weitere zweieinhalb Jahre festgehalten zu werden. Später lehrte mich die Erfahrung, dass wirklich verlorene Zeiten im Leben eines Menschen selten sind. Auch die Zeit meiner Kriegsgefangenschaft passt in diese Schablone. Sie hat mich mit Lebenserfahrungen beschenkt, die ich nicht missen möchte.

England hat viele schöne, interessante, gelegentlich auch langweilige Gesichter. Von einigen Bahnfahrten in Nord und Süd abgesehen, hatte ich nur das unfreiwillige Vergnügen, Teile der Midlands in Derbyshire, Leicestershire und Nottinghamshire näher kennen zu lernen. In vieler Hinsicht erinnerten sie mich in ihrer hügeligen Bodenstruktur und -ausformung wie auch in der ähnlich gearteten Vegetation an die Knicklandschaft der hohen Geest meiner Heimat Schleswig-Holstein. Die Liebe zur Natur trug wesentlich dazu bei, die Zeit der Gefangenschaft mental gut zu überstehen und ihr manche positive Seite abzugewinnen, sei es durch vielfältige Beobachtungen, sei es durch bescheidene Jagderfolge, die die Flamme meiner Passion am Lodern hielten. Aus der Fülle der Erlebnisse habe ich einen Strauß geflochten, der in der Folge mein Begleiter sein wird, um meine Leser ein Stück weit in diesen unfreiwilligen Zeitabschnitt meines Lebens zurückzuführen.

Einen Tag vor Weihnachten 1944 siedelten wir vom Hauptlager Sheffield nach Ripon um. Noch war der Krieg in Mitteleuropa nicht beendet, der alle mit Ausnahme der Amerikaner arm gemacht hatte. Für uns wurde es ein trauriges Weihnachtsfest; allein vom Krieg gingen für uns keine unmittelbaren Gefahren mehr aus, das war ein kleiner Trost. Ein Stück Rosinenkuchen lag auf dem Teller, doch die Essensrationen waren zum Leben zu wenig, zum Sterben zu viel.

Ungern dachte ich an die Läger Dieppe und Sheffield zurück, in denen wir die Essensausgabe mit gierigen Augen überwachten, ob auch ja niemand eine größere Portion erhielt als man selber. Dieses Verhalten war durchaus dem Futterneid von Tieren vergleichbar. – Hunger tut weh!

Schlimmer noch das Vorgehen von total abhängigen Rauchern, die das Lager systematisch nach weggeworfenen Zigarettenkippen absuchten. Angewidert und beschämt wandte man sich ab, konnte nicht fassen, wie weit ein Mensch seine Würde verlieren und so in der Gosse versinken konnte. –

Einen Abend vor seinem Fluchtversuch lernte ich ihn kennen, den deutsch-baltischen Baron Hans von Rosen, Unteroffizier und Reserveoffiziersbewerber, der glaubte, der Welt hinter Stacheldraht noch entrinnen zu können. Er war eineinhalb Jahre älter als ich.

Seinen Plan, über die Cumberlandküste Irland zu erreichen, musste er leider fünf Meilen nach Überwindung des Stacheldrahtzaunes auf Grund eines verstauchten Fußes aufgeben; nichts ging mehr. Ein Eisenbahner brachte ihn zur Polizei, und ein Bobby übergab ihn der Lagerwache – Ende einer kleinen Odyssee.

Natürlich hatte die Geschichte ein Nachspiel: drei Wochen Bau wegen Verstoßes gegen die Lagerordnung. Die Engländer nahmen es mit Humor. Nach einigen Tagen öffnete man abends die magische Tür und ließ ihn mit seinen Kameraden Karten spielen.

Schlechter kam schon der Wachsoldat weg, der in der Nacht des Ausbruchs einen (gezielten?) Schuss auf den Ausbrecher abgab, der gottlob sein Ziel verfehlte. Danach hatte er noch einige Patronen im Magazin, von denen kein Schuss mehr den Lauf verließ. Hatte sein Sten-gun Ladehemmung – oder unterließ er weitere Schüsse aus humanitären Gründen? Seine Pflichtverletzung bezahlte er jedenfalls mit vier Wochen geschärftem Arrest.

Die beiden Kriegsgefangenen Hans von Rosen und der Autor (links)

Nachzutragen ist, dass mitten in der Nacht unmittelbar nach dem Ausbruch alle Gefangenen aus den Betten geholt wurden, unter Flutlicht in Reih und Glied antreten mussten, um stundenlang wieder und wieder durchgezählt zu werden. Es fehlte nur der Eine, und das ließ man uns auf sadistische Art spüren. Wir fluchten über den verdammten Ausbrecher, wirklich nachgetragen hat es ihm letztendlich keiner.

Doch zurück zu unserem abendlichen Gespräch vor dem Abenteuer. Wir unterhielten uns über unsere Heimat – den Rosens gehörte in Estland das Gut Lückholm unweit von Tallinn, vormals Reval, nahe der Ostsee – und natürlich über unsere beiderseits stark entwickelte Jagdpassion. Das war für uns die Stunde einer Freundschaft, die bis heute – inzwischen sind wir beide über achtzig Jahre alt – nie in Frage gestellt wurde, wenngleich Hans seit über fünfzig Jahren in Schweden lebt.

In der Folgezeit haben wir in England, vor allem nach der fortschreitenden Liberalisierung im Umgang mit den Kriegsgefangenen ab 1946, mit primitiven Mitteln unsere Jagdpassion durch Wildereien und andere Spitzbübereien ausgelebt, die manchem Leser ein Schmunzeln entlocken mögen. Das Bemühen um die Wahrung der ethischen Grundsätze deutscher Waidgerechtigkeit war uns eine selbstverständliche Verpflichtung, wenngleich wir infolge der beschränkten Hilfsmittel nicht selten an ihre Grenzen stießen. Darüber später mehr. –

Hans war am Abend unseres Beschnupperns nervös, fahrig, unkonzentriert; Eigenschaften, die mir nicht sonderlich behagten. Die Ursache dafür erklärt sich aus den Geschehnissen, die mir erst zwei Tage später bewusst wurden.

Bis zum 10. April 1945 waren wir zur Untätigkeit im Durchgangslager Ripon verbannt. Viele Menschen auf engem Raum hinter Stacheldraht tragen nicht zum Wohlbefinden bei. Nach einem tristen, nasskalten Winter lebte man mit dem Erwachen der Natur ein wenig auf und hoffte inständig auf ein baldiges Ende dieses unseligen Krieges.

An dieser Stelle kann ich nicht umhin, aus meinem Buch „Geliebte Wildbahn zwischen den Meeren“ den auf das Lager Ripon bezogenen Ausschnitt auf Seite 85 zu zitieren:

„Um die Monatswende März / April erfreuten uns dann schöne Tage mit stimmungsvollen Frühlingsabenden. Unterhalb des Lagers schloss sich ein ausgedehnter lückiger, von einem mäandrierenden Bach durchflossener Erlenbruchwald hoher ökologischer Qualität an, der nicht nur der Waldschnepfe ideale Lebensbedingungen bot.

Allabendlich stand ich um die Stunde der Uhlenflucht am Stacheldrahtzaun und lauschte dem vielstimmigen Leben des erwachenden Frühlings. In dicken Knäueln hingen die langen, rötlichgelben Kätzchentroddeln von den Roterlen herab und mischten sich mit den silbergrauen Flaumkätzchen von Aspen, Sal- und Aschweiden zu einer schönen Farbensymphonie.

Märzenten strichen – sich reihend – zu dritt und zu viert hintereinander her und vollführten ein Mordsspektakel. Fasanengockel meldeten Urheberrechte an, begleitet von einem vielstimmigen Vogelkonzert in dieser von Leben pulsierenden Bruchlandschaft. Täglich sah man den Eisvogel, von den Engländern treffend kingfisher genannt, pfeilschnell den Windungen des Baches folgen. Die Stimmung war angetan, den Kummer des Alltags zu vergessen, nicht ohne einen Hauch von Heimweh.

Entgegen der herkömmlichen Gewohnheiten eröffneten die ersten Waldschnepfen den Reigen ihres Balzfluges schon bei bestem Tageslicht, als könnten sie die Zeit nicht abwarten. Alsbald setzte ein Strich ein, wie ich ihn danach nie wieder erlebt und geschaut habe.

Zu zweit und zu dritt passierten die suchenden rivalisierenden Hähne quorrend, puitzend, in tollen Flugkapriolen aufeinander einstechend, wieder und wieder die beeindruckten Zaungäste im doppelten Sinne des Wortes, als hätten sie zum Zirkus eingeladen. Neben mir genossen auch andere Naturfreunde und Jäger allabendlich das unvergleichliche Schauspiel." – Ende des Zitats –

Diese Frühlingsabende versöhnten mich ein wenig mit dem Lager Ripon. Der 10. April fand uns, Hans und mich, im Arbeitslager Loughborough wieder. Wir waren es leid, ständig eingesperrt zu sein und wollten lieber Arbeiten verrichten. Mit der Möglichkeit zum Jobben errangen wir auch ein Stück persönliche Freiheit zurück, die wir auf unsere Weise nutzten. Davon will ich erzählen. Zugleich ist anzumerken, dass Hans und ich zwar ständigen Kontakt in den Lagern ab Loughborough hatten, aber nur zeitweise gemeinsame Arbeitsplätze miteinander teilten. Die meiste Zeit war jeder für sich, wenngleich in kleinen oder größeren Kommandos eingebunden – „Einzelkämpfer".

Seit Tagen arbeitete ich in einer Zehn-Mann-Gruppe in einem Steinbruch. Aus der Steilwand wurden Blöcke herausgesprengt, die von Hand zu zerkleinern waren, um das transportfähige Material seiner Verwendung zuführen zu können. Die Arbeit war schwer, wurde von einem Sprengmeister mit seinen Mitarbeitern geleitet. Ein Soldat mit geschultertem Karabiner hatte Sorge zu tragen, dass auch niemand verloren ginge.

Unsere Truppe war unzufrieden. Das Essen reichte leidlich, doch die eingefleischten Raucher jankten nach Zigaretten. Eines Morgens traten wir in einen Streik, keiner fasste ein Arbeitsgerät an. Der Boss kam zu mir. Als Dolmetscher des Arbeitskommandos musste ich meinen Kopf hinhalten.

„What's the matter, Eric, why don't you start working?" – „We are striking, Boss, nobody will continue working, before you give us cigarettes every morning." – Nun war es raus, eine klare Erpressung.

Verwundert schaute er mich an, fast ungläubig; soviel Frechheit hätte er wohl nie erwartet, doch das heilige Donnerwetter blieb aus. Einen Moment nur dachte er nach, seine Züge entspannten sich und signalisierten Verständnis. „How many fags (Zigaretten) did you think about, Eric?" – „Six a day for each would be allright," sagte ich schmunzelnd im sicheren Gefühl, mein Gang nach Canossa näherte sich schneller seinem Ziel als erwartet. „Okay, you will get them", sprachs und entfernte sich, um Zigaretten zu besorgen. Künftig erhielt jeder vor Arbeitsantritt seine Packung Wild Woodbines, Zigaretten aus billigstem Tabak, aber alle waren zufrieden. Ich rauchte nicht, aber Zigaretten standen hoch im Kurs, ich tauschte sie gegen Brot und andere Lebensmittel ein. – Es sollte nicht das letzte Mal bleiben, dass ich bei den Tommys sportliche Fairness gegenüber Schwächeren entdeckte.

Eines sonnigen Mittags kam ein Trupp von vier wenig vertrauenswürdigen Engländern zum Steinbruch und machte sich im Ödlandstreifen oberhalb der Abbruchkante zu schaffen. Bei mir schrillten die Alarmglocken. Teilnahmslos stieg ich in die obere Etage des Bruchs hoch, um über die Kante schauend ihr Tun beobachten zu können. Es war Mittagspause, doch ich bedeutete vorsorglich dem Wachmann, einmal austreten zu müssen. In Deckung eines Öhrchenweidenbusches blieb ich stehen. Die Männer waren unbewaffnet, doch mein Instinkt sagte mir, dass es hier nur um Jagd gehen könne.

Es gab Kaninchen wie Sand am Meer. Gedeckt vom Trockengrasrasen zogen sich ungezählte Pässe kreuz und quer durch den Ödlandring, der den Steinbruch umgab. Die Männer zogen Drahtschlingen mit langen Nägeln aus ihren Taschen, rammten die Nägel am Rande der Pässe mit einem kleinen Hammer in den Boden und stellten die Schlingen auf den Pässen fängig.

Als sie ihre Vorarbeiten verrichtet hatten, positionierten sich zwei flinke Burschen auf erhöhten Stellen im Gelände, während die beiden anderen mit Stöcken die Grasbüschel und potenten Lagerstätten der grauen Flitzer traktierten. Sie machten diesen Job bestimmt nicht zum ersten Mal. Es kam rasch Bewegung in die Szenerie. Überall flüchteten Karnickel hin und her, zappelten in der einen oder anderen Schlinge und versuchten, sich in verzweifelten Luftsprüngen aus der tödlichen Falle zu befreien. Ohne eine Chance verschlimmerten sie nur ihre Lage, der zähe Lehm hielt die Nägel fest.

Nun traten die Fänger in Aktion. Sowie ein Lapuz in einer Schlinge tobte, war einer zur Stelle. Nagel raus, Schlinge geöffnet, Handkantenschlag hinter die Löffel, Schlingenbesteck in die Tasche und zum nächsten Opfer gerannt. Eine stattliche Strecke ließ nicht lange auf sich warten, und niemand sollte glauben, die Grauen hätten sich lange quälen müssen. –

Soweit so gut. Kaninchen gehörten nicht zum jagdbaren Wild, sie rangierten unter vermin gleich Raubzeug, Schädlinge, die es zu bekämpfen galt. Jedermann durfte ihnen nachstellen, wenn er die Erlaubnis des Grundeigentümers hatte. Schlingenstellen war erlaubt, Schlingen konnte man in jedem Tante Emma-Laden kaufen. Gebrauch davon machten vornehmlich die Ärmsten der Armen.

Kaninchen-Massenvermehrungen in unvorstellbaren Mengen gab es in England vielerorts. So könnte man die oben beschriebene Jagdmethode unter dem Druck der Verhältnisse vielleicht tolerieren, wenn sie denn gewissenhaft und professionell gehändelt würde. Das ist leider keineswegs immer der Fall, und damit fängt die Tierquälerei an. Allein beim Heruntertrampeln der Grasbülten und beim Stöckern geht die eine oder andere Schlinge unter und wird nicht wiedergefunden. Ich habe im Laufe der Zeit einige Karnickel mit einer Schlinge um Hals und Läufe erlöst. Ein schlimmer Anblick – und ein qualvoller Tod war immer das bittere Ende. Trotz Hungers haben Hans und ich nie zur Schlinge gegriffen, wir hätten uns in Grund und Boden geschämt.

*

Ein anderes Erlebnis hatte ich eines Frühlingstages 1947 auf der Fahrt zur Arbeit entlang dem River Trent, neben uns ein Eiland mitten im Strom, auf dem es von Kaninchen wimmelte. Sie rannten kopflos hin und her und konnten ihrer tödlichen Falle nicht entrinnen. Infolge Hochwassers, wie es seit Jahren nicht aufgetreten war, hatten sich ihre Baue bis zum oberen Rand mit Wasser gefüllt.

Vor Jahren mochten passionierte Karnickeljäger einige Graue auf der Insel ausgesetzt haben, die sich durch das Fehlen von Bodenfeinden und bei ausreichender Grasnahrung prächtig vermehrt hatten. Ihr bitteres Ende ließ jetzt nicht mehr lange auf sich warten. Beim Vorbeifahren sah ich, wie zwei Männer im Boot die Insel ansteuerten, um dem grausamen Spiel ein Ende zu bereiten. Wie die Inuit beim Töten der Robbenbabys, würden sie ihre unerfreuliche Arbeit verrichten. –

Mit ihrem unentwegten Wiw-Wiw-Wiw zogen Pfeifenten vorüber – Verlierer und Gewinner –, ihnen kamen die nahrungsreichen überschwemmten Wiesen mit vielen toten Regenwürmern entgegen.

Der Herbst war schon Symbol nebelträchtiger Tage gewesen, mit denen die Insel noch nie geizte. Eines Morgens holte uns unser Bus wieder einmal im Lager ab, er wäre besser zu Hause geblieben. Die Milchsuppe kochte, man konnte kaum eine Hand vor Augen sehen. Das nahende Verhängnis war programmiert. In einer scharfen Kurve fuhr unser sonst so aufmerksamer, routinierter Fahrer geradeaus, mit einem Mordsgetöse landeten wir in einem Straßenseitengraben. Nur der schnellen Reaktion unseres kleinen Billy war es zu danken, dass wir nicht kopfüber die Böschung hinuntersegelten. Es gab ein paar Blessuren und angebrochene Rippen, dabei blieb's. Ein Schutzengel hatte seine Hand über uns gehalten. –

Eines Sommertages hatte ich im Lager eine aus dem Nest gefallene, halbwüchsige Dohle an mich genommen, einen Käfig für den Vogel gebaut und den Burschen auf den Namen Jack getauft. Bei Regenwürmern und Brot gedieh er prächtig, war bald ausgefiedert, und die ersten Flugübungen folgten. Ich hatte ihn oft in die Hand genommen, und schon bald war der kleine Kerl zahm. Nach jeder Pirouette kehrte er auf meine Faust zurück. Morgens mussten wir zur Zählung antreten. Jack saß immer brav auf meiner Schulter und ließ sich kraulen. Seinen Käfig hasste er. Die Ausflüge nahmen einen deutlich größeren Umfang an, bis er eines Tages nicht mehr zurückkam. Dohlen sind gesellige Vögel. Offensichtlich hatte ihn das Fernweh gepackt; war er mit einem Flug seiner Artgenossen auf Reisen gegangen; für uns beide die beste Lösung.

Eine andere Begegnung mit einer Dohle ist mir in lebhafter Erinnerung geblieben. Im Oktober waren wir in das Arbeitslager Ticknall umgezogen. Per Fahrrad fuhr ich zur Hutchinson-Farm. Die Liberalisierung in der Gefangenenbehandlung war weiter fortgeschritten. Wir konnten uns ziemlich frei bewegen.

Plötzlich flog vor mir ein undefinierbarer Federball, immer tiefer werdend, flach über die Straße, um schließlich im Straßengraben zu landen. Als das starke Sperberweib seine Fänge aus dem Rücken seines Beutetieres gelöst hatte, strich es schwerfällig ab. Vor mir lag eine frisch geschlagene Dohle, die ihr Leben schon ausgehaucht hatte. Ich wollte meinen Augen nicht trauen, welche Kraftleistung von diesem kleinen Vogel, ein etwa gleichschweres Beutetier im Fluge zu transportieren. Nun mag der eine oder andere Sachkenner glauben, es könnte sich um einen Habichtsterzel gehandelt haben – mitnichten, ich war sachverständig. Der Räuber kehrte wie üblich zu seiner Beute zurück, um sie hoffentlich ungestört und genüsslich zu kröpfen. Davon konnte ich mich auf der Rückfahrt überzeugen. –

*

Zurück ins Lager Loughborough. Eines Tages kam der Lagerleiter zu mir und fragte, ob ich es mir zutrauen und bereit sein würde, im Lager einen Sprachkurs „English for beginners" zu leiten. Nach einer kurzen Bedenkzeit stimmte ich zu, hatte ich doch die Schulbank erst vor einem Jahr verlassen. Erstaunt war ich nur, dass sich in diesem 1.200-Mann-Camp kein potenter Lehrer für diese Aufgabe finden ließ. Lehrmaterial stand zur Verfügung.

Nach gehörigem Lampenfieber am Tage der Eröffnung wurde der Unterricht vor den etwa 40 Teilnehmern sehr bald zur Routine und machte mir richtig Spaß – ich hatte eine Aufgabe.

Mehr noch freute ich mich über den Zusammenschluss von sechs im Lager vertretenen Förstern und Forstanwärtern, die sich einmal die Woche ungestört zu einem Stammtisch in einem von den Engländern zur Verfügung gestellten Raum trafen. Der Hauptfeldwebel Hans, Fallschirmjäger seines Zeichens, der sich als erfolgreicher „Panzerknacker" nach der Landung auf Kreta einen Namen gemacht hatte, war ein geschickter Organisator. Die Tommys hatten ein Faible für sportliche Leistung gepaart mit Mut. Unser Hans hatte sofort Beziehungen zu den Engländern aufgebaut. Beim Fachsimpeln fehlte es trotz Verbots nicht an Whisky, und auch Zigaretten waren vorhanden, eine angenehme Abwechselung im tristen Alltag.

Zu dieser Gruppe gehörte auch Hans Strothteicher, Staatlicher Revierförster aus dem Rothaargebirge im Siegerland. Doppelt so alt wie ich, wurde er mir schon bald ein väterlicher Freund und Lehrer. 1946 wurde Hans in seine Heimat entlassen. Ein Jahr später durfte ich in seinem Revier Lützel meinen ersten Rehbock erlegen, beschrieben auf Seite 59 meines Buches „Geliebte Wildbahn ..." unter dem Kapitel „Wilderer wider Willen". Vom Schweißhundführer Strothteicher wird später noch die Rede sein.

Mit Hilfe spärlicher Literatur schulte Hans mich in den wichtigsten Fächern der Forstwirtschaftslehre. Als Spross einer Lehrerfamilie hatte er eine

Autor mit Kollege und Freund Hans Strothteicher (rechts), seinem forstlichen Lehrer

pädagogische Begabung geerbt. Ich schrieb Aufsätze und legte sie nach meiner Heimkehr im Mai 1947 der Forstbehörde vor. Diese aus Passion in Gefangenschaft freiwillig geleistete Arbeit fiel auf fruchtbaren Boden, ich konnte meine Ausbildung trotz erheblicher nachkriegsbedingter Schwierigkeiten fortsetzen und zu Ende bringen. Dafür bin ich Hans, der seit Jahren schon in den Ewigen Jagdgründen ruht, für alle Zeiten dankbar geblieben. Vielleicht wäre ich ohne seine Hilfe in einem Gartenbauberuf hängen geblieben.

Die großen Lager wie Loughborough warteten in bescheidenem Maße auch mit kulturellen Veranstaltungen – Vorträge über Politik, Literatur, Medizin – auf, die wir teilweise wahrnahmen.

Seelsorgerische Betreuung war gegeben, in Loughborough und den Folgelagern suchten wir sonntags häufig Gottesdienste auf, teilweise auch in den Kirchen englischer Ortschaften.

*

Endlich ging der Wunsch in Erfüllung, durch Arbeitseinsätze mit Dauerbeschäftigung dem Stacheldraht zumindest während der Tageszeiten ohne weitere Unterbrechungen zu entrinnen. Nach mehrwöchigen Einsätzen in einer Dreschmaschinenkolonne – zu dritt zogen wir von Hof zu Hof – landeten wir wunschgemäß auf größeren Farmen. Unbeaufsichtigt und selbständig zu Feldarbeiten abgestellt, genossen wir eine bisher nicht gekannte Freiheit. Die mahnende Stimme der Jagdpassion meldete Urheberrechte an. Flugs hatte ich für Hans und mich, die wir zur Seven Spruce-Farm bei der Familie Goodwin abgeordnet waren, je eine Zwille, soll heißen ein Katapult vom Feinsten gebastelt. Geeignete Gabeln schnitt ich aus jungen Ulmen, Gummibänder gaben Traktorenschläuche her, und die Lederzubehörteile entstammten der Rumpelkiste in der Werkstatt. Zwei Pappnägel zum Befestigen der Lederlaschen auf der Zwille waren rasch gefunden.

In meiner Halbstarken-Zeit hatten diese „Waffen" einen unverzichtbaren Stellenwert gehabt. Durch viel Übung wurde bei einer vertretbaren Entfernung eine relativ gute Trefferquote erzielt. Wir sammelten geeignete Kieselsteine und nutzten in den Pausen die Zeit zum Üben, ängstlich bemüht, nicht entdeckt zu werden.

Allerdings reichten die Kiesel nicht aus, Wild zu erlegen. Wir bemühten Bleirohre alter Wasserleitungen. In dünne Scheiben geschnitten und zu 8 – 10 mm-Kugeln geformt, waren sie von hoher Durchschlagskraft.

Die Begrenzung der Größe von Beutetieren ergab sich aus unseren Möglichkeiten. Wir gingen es an. Das Grünfüßige Teichhuhn wurde zu jagdbarem Wild erklärt. Die kleine Ralle war reichlich vertreten, zumal sie als „Standwild" hier überwinterte. Ihr Lebensraum: Tümpel und alte, vollgelaufene Mergelkuhlen, wie sie auch bei uns zu Hause vielerorts vorhanden sind. Eine andere Wildart bot sich als Jagdwild an, die Ringeltaube. Sie war im ganzen englischen Raum stark verbreitet. In der Feldmark waren diese klugen Vögel viel zu vorsichtig, um uns auf Schussweite heran kommen zu lassen. Ihre Scheu vor den Menschen legten sie bekanntermaßen nur in der Nähe bewohnter Gebäude ab. Auch wenn wir den Begriff „Befriedeter Bezirk" ersatzlos strichen, war hier besondere Vorsicht geboten. Als erfolgsträchtiger erwies sich eine andere Jagdstrategie. In den Büschen und Bäumen der breiten Knicks suchten wir gezielt nach ihren Brutstätten, kontrollierten die heranwachsenden Jungtauben und warteten das Ästlingsstadium ab. Während ihrer ersten Flugübungen versuchten wir sie dann herunter zu holen. Es gelang nicht immer. Bei Fehlschüssen strichen sie oft schon ab, und man fand sie nicht wieder. Erlegte Tauben und Teichhühner rupften wir an Ort und Stelle.

Im August 1946 erlegten Hans und ich vier Teichhühner, zwei Ringeltauben, zwei Haustauben und eine Hohltaube. Natürlich jagten wir nicht des bloßen Tötens willen. Unsere Beute wurde stets auf dem Ofen unserer

Nissenhütte gebraten und mit Genuss verzehrt. – Extramahlzeiten, Hunger hatten wir immer.

Mittags, wenn die Luft rein war, molk jeder im Stall der Goodwins „seine" Kuh und trank die warme, ungefilterte Milch aus einer Blechdose. Das vollzog sich bei mir mit Todesverachtung, hatte ich doch seit Babyzeiten, wie meine Mutter behauptete, eine starke Aversion gegenüber Milch gehabt.

Ein paar Hühnereier aus der unerschöpflichen Fundgrube einer Feldscheune, die einige Hühner regelmäßig zum „Weglegen" aufsuchten, wurden roh ausgetrunken. Zwar schüttelte man sich hinterher, allein Hunger trieb es hinein. Überhaupt Hühner, von ihnen wird später noch die Rede sein.

Morgens gab es zum Frühstück porridge, der uns mit der Zeit zum Halse heraushing. Wir sannen auf Abhilfe, besorgten uns Zucker und Kakao, schlugen ein Ei hinein, von denen wir stets einen kleinen Vorrat unterm Bett hatten, und rührten das Ganze zu einem schmackhaften Brei zusammen.

Für die Bevölkerung war der Anblick der POW längst zur Gewohnheit geworden. Fraternization, sprich Verbrüderung, war zwar verboten, doch wurden ihre Grenzen immer flüssiger. So entstanden Liebschaften, mancher blieb im Lande, spätere Heirat oder zumindest feste Arbeitsverhältnisse folgten. Ich denke an Bert Trautmann, den legendären Torhüter von Manchester City, den man in einem Gefangenenlager entdeckt hatte.

Wir betraten auch schon mal einen Krämerladen – Geld wurde an Wochenenden oder infolge von durch Schneeverwehungen arbeitsfreien Tagen mit Schwarzarbeit an der Dreschmaschine verdient – und kauften Lebensmittel, Gewürze und andere Dinge ein. Eines Tages betrat ich einen Laden, in dem nur ein Kunde stand. Auf Wunsch meiner Kameraden sollte ich die oft knappen Zigaretten kaufen, und genau diese wünschte auch der Kunde, während ich teilnahmslos in einer Ecke stand und Auslagen anschaute. „Sorry" sagte die Frau hinter der Ladentheke, „I have no cigarettes", und der Kunde verließ den Laden. Auf Anfrage brachte ich meinen Wunsch vor. „How many do you want, chap?" – „If possible I should like to have fifty." Sie holte fünf Packungen unter dem Ladentisch hervor, lächelte mich verschmitzt an und war bemüht, den deal schnell zu Ende zu bringen, bevor ein weiterer Kunde kam. Da war sie wieder, die Schwäche für den Schwächeren. –

Auf der Goodwin-Farm unterhielten wir ein kameradschaftliches Miteinander zu den Tagelöhnern, von denen mir Jimmy und Nora, eine mittelalte Jungfer, in guter Erinnerung geblieben sind. Auch zu den drei Goodwin-Kindern, zwei erwachsenen Söhnen und Eileen, dem Backfisch, hatten wir ein entspanntes Verhältnis, während die Eltern uns bei Wahrung von Abstand eher als Proleten ansahen. Eileen mochte mich leiden, vielleicht war sie gar zum ersten Mal verknallt. Sie stand oft an einer Hauswand und suchte den Blickkontakt zu mir. Trafen sich unsere Blicke, warf ich ihr manchmal eine Kusshand zu, wobei mir nicht entging, dass sie puterrot anlief und unauffällig das Weite suchte.

Ob Nora sich etwas aus Männern machte, habe ich nicht ergründen können und auch nicht wollen. Wenn Jimmy das etwas obszöne Lied anstimmte:

And this is number one
And the song has just begun
Roll me over in the clover and do it again.
Roll me over in the clover, roll me over, lay me down and
Do it again.

Dann schmunzelte Nora und drohte mit dem Finger. Ob sie sich von Jimmy im Klee umdrehen lassen würde oder Hans und mir solches Tun gestattet hätte, wage ich nach Einschätzung ihrer Persönlichkeit zu bezweifeln.

Manchmal schaute mich Jimmy nachdenklich an und wiederholte sich: „Eric, if you speak Midland slang, everybody would think you're born in this country." Mochte so sein, in der Aussprache kam mir sicher das breite nordfriesische Platt entgegen.

Eines Tages baute der junge Harry Goodwin auf den Wiesen und Feldern Oxer und andere Hindernisse für eine Fuchsjagd zu Pferde auf. Ich brachte in Erfahrung, wann die Jagd ablaufen sollte und wurde an besagtem Freitag Zeuge einer originalenglischen Fuchsjagd. Schon von weitem hörte ich den Bail der Meute. Die hounds vollführten ein Mordspektakel. Und dann sah ich den hochflüchtigen Fuchs näher kommen und in einigem Abstand folgte die keifende Meute mit ihrem Piqueur hoch zu Ross und ihnen wiederum mit gebotener Distanz eine anschauliche Reiterschar.

Noch hatte der an mir vorbei flüchtende leibhaftige Fuchs einen klaren Vorsprung, als er hinter einem Knick meinen Augen entschwand. Es war ein schönes Bild, wie die Reiter hintereinander das Hecktor am Knick überflogen, nicht ohne einen der Akteure zu Boden zu schicken, was gottlob ohne Folgen blieb. Indes hatte ich einen Wunsch – im Zweifel für den Schwächeren – der Fuchs möge einen Bau erreichen, bevor ihn die Meute zerriss; er tat mir einfach leid. Das Ende dieser Jagd konnte ich leider nicht in Erfahrung bringen. –

Ein Erlebnis der besonderen Art auf der Seven Spruce-Farm erwartete uns eines Tages. Die wandernde Dreschmaschinen-Crew war angerückt. Es galt, die in der Feldscheune hinter dem Hof lagernde Weizenernte zu dreschen. Zu zweit standen Hans und ich im Fach, um den beiden auf der Maschine die Garben mittels Forke zuzureichen. Nach dem Durchtrennen der Bänder verschwanden sie dann im nimmersatten Bauch des Dreschkastens.

Ob im Eifer des Gefechts einzelne Ratten mit den Garben in der Maschinerie landeten, ist nicht verbürgt, aber nicht unwahrscheinlich. Uns waren zwei Helfer zugeteilt, die ihren Job meisterhaft verstanden. Offensichtlich waren sie vom Dreschen so wenig zu trennen wie die Dreschmaschine. Der Scotch-Terrier war von edlem Geblüt, der Mischling als Rattenfänger mit bestem Erbgut ausgestattet. Was nicht in den Fängen der Hunde endete, wurde mittels Forke erschlagen. Dennoch retteten zu viele ihren Balg. Je näher wir dem Scheunenboden kamen, umso größer wurde das Gemetzel. Immer häufiger waren die Köpfe der Garben abgeschnitten, enthielten keine einzige Ähre mehr. In ihrer Not lief mir eine Ratte im Hosenbein hoch. Bevor sie Schlimmeres anrichtete, konnte ich sie von außen mit hartem Griff töten. Nach drei Tagen hatten wir auf der Grundmauer der Scheune unvorstellbare dreihundertfünfundsechzig (365) Ratten zur Strecke gelegt. Nach englischen Maßstäben galt die Farm als durchaus ordentlich geführt. Die bodenlose Gleichgültigkeit gegenüber „Höherer Gewalt“ entsprang der englischen Mentalität zumindest auf diesem Gebiet, wie sie uns in dieser Form absolut fremd war.

Ein Beispiel dieses Denkens und Handelns drückte sich schon in der Art des Einbringens der Ernte aus. Nach dem Schnitt mit dem Selbstbinder – Mähdrescher gab es hier damals noch nicht – folgte das Aufstellen der Garben in Hocken zum Trocknen vor dem Einfahren, wie auch bei uns üblich. 1946 war der Sommer so regenreich, dass die Garben weder trockneten noch eingefahren werden konnten. Die Garben wuchsen an den Häuptern wie ein Pilzkopf zusammen und waren danach nur noch mit Gewalt zu trennen. Man nahm es als unabänderlich hin, und die verfaulten Garben wurden in Kuhlen und Senken entsorgt. Damit war die Basis für neue Massenvermehrungen von Ratten geschaffen.

Zu Hause kannten wir solche Jahre auch. Bevor das Aus- und Zusammenwachsen kritische Formen annahm, wurde wie folgt verfahren. Die Garben wurden auseinander gezogen und mit den vorherigen Innenseiten nach außen wieder aufgestellt, man nannte diese Vorgehensweise das „Umhocken“. Dieses wurde notfalls noch einmal wiederholt, wobei man das Ausfallen von Körnern in Kauf nahm. In hartnäckigen Tiefdruckphasen gab es immer auch mal einen trockenen, sonnigen und windigen Tag. Dann wurden die Hocken schon morgens umgestoßen, die Garben auseinander genommen und konnten nach dem Abtrocknen eingefahren werden. Zwar war es dann kein Brotgetreide mehr, aber Futterkorn für das Vieh allemal. Dass unsere Ernte unverwertbar verdarb, habe ich nie erlebt.

*

Bescheidene Jagdgänge waren drin, aber nicht gerade häufig. Ein paar Mal pirschte ich über Mittag an Knicks entlang auf der Suche nach Kaninchen. Die Erdwälle waren von zahlreichen Bauen durchlöchert, doch mit geübtem Blick entdeckte man die Hausbewohner, die hinter Brombeerbüschen an der windabgewandten Seite in der Sonne dösten. Zweimal brachte ich einen Schuss mit der Zwille an, zweimal traf ich ein Karnickel am Kopf und jedes Mal konnte der getroffene Lapuz in eine Röhre abtauchen. Das reichte mir, ich gab diese Art des Jagens auf, es sollte nicht zur Tierquälerei verkommen.

Eines Tages beobachtete ich zum zweiten Mal ein Großwiesel, das sich im Nacken eines Kaninchens festgebissen hatte. Im ersten Fall war der Graue mit seinem Reiter zu Bau gefahren und hatte darin sein Leben vermutlich ausgehaucht. Diesmal geschah es am Rande einer Mergelkuhle, kein Bau im weiten Rund. Der Ärmste – fressen und gefressen werden – machte meterhohe Luftsprünge und versuchte, seinen Todfeind abzuschütteln; es gelang ihm nicht. Als der Gerissene sich streckte, trank der Räuber den Lebenssaft und verabschiedete sich schließlich in hohen Sprüngen. Ich war meinem Hilfsjäger dankbar und nahm einen strammen Rammler auf, der mir gewissermaßen im Schlaf zugefallen war.

Es gab einen Stellungswechsel. Taktik, nicht zu lange auf derselben Farm zu bleiben? Vielleicht. Wir wurden zu zweit auf der Farm des Mr. Leach unweit von Burton on Trent eingewiesen. Mr. Leach war ein etwas älterer gemütlicher Herr, der uns die Arbeit zuteilte, sich aber sonst nur selten blicken ließ. Seine Frau strahlte viel Güte aus, und die etwa achtzehnjährige Tochter Jeanette ließ schon bald keinen Zweifel mehr daran, dass sie mich leiden mochte. Über Zuneigung und einen Hauch von platonischer Liebe ging es nicht hinaus, und das war gut so. Jeden Abend verabschiedete sie mich an der Tür mit einem herzhaften Kuss und steckte mir immer eine Kleinigkeit zu, meistens eine Nascherei. Daraus hätte leicht mehr werden können, doch ich scheute das Risiko wie der Teufel das Weihwasser. Jeanette war ein nettes Mädchen, für eine ernsthafte Beziehung hätte es allerdings nie gereicht. Im Übrigen wollte ich Förster in meiner Heimat und nicht Farmer in England werden.

Ein paar Wochen blieben wir auf dieser Farm, die uns ein hohes Maß an persönlicher Freiheit bescherte. Ein paar Kleinigkeiten ließen wir trotzdem mitgehen, aber diese „Übergriffe" hielten sich in vertretbaren Grenzen. Die Bruten der wilden Tauben in den Knicks wurden spärlicher. Einige Male stiegen wir in der heiligen Mittagszeit in den Taubenschlag hinterm Stall hinauf und schossen uns jeweils zwei zahme, die nicht schlechter schmeckten als ihre wilden Schwestern. Nur zwei Haushühner ließ ich mitgehen. Auch sie wurden in der Mittagsstunde abseits gefährlicher Stellen mit ein paar Weizenkörnern dicht genug angelockt und mit sauberem Kopfschuss erlegt. Damit wurden die notwendigsten Lebensbedürfnisse gedeckt. Wir hatten nicht einmal ein schlechtes Gewissen dabei, Hühner waren nicht gerade Mangelware. In den Midlands war die Landschaft auf mancher Farm parkartig geprägt, Lebensraum für viele Vogelarten. In den Eichenüberhältern oder Solitärbäumen verschiedener Arten saßen häufig dicht an den Stamm geschmiegt Steinkäuze. Im Weideland tummelten sich reichlich Kleinnager, die Zuwachsraten waren bei den Mäusejägern entsprechend hoch. Auch Raubwürger und Rotrückenwürger fanden hier Lebensbedingungen, zumal Weiß- und Schlehdorn weit verbreitet waren, die mit ihren Dornen zum Aufspießen der Beute in Form von Kleinvögeln, Insekten und Mäusen willkommene Vorratsdepots bildeten.

Feldgehölze mit Rhododendronunterwuchs deckten die Bedürfnisse für zahlreiche Singvogelarten. Für Fasanen und Rebhühner, Hauptzielwildarten der Heger, bot der Lebensraum gute Bedingungen. Von einem guten Rebhuhnvorkommen konnte man sich am besten auf einer winterlichen Fahrt durch die Landschaft überzeugen. Auf den Koppeln und anderen Feldflächen schauten überall kleinere Ketten wie auch kopfstarke Völker aus dem freigescharrten Schnee hervor. Ich nehme an, dass alle Beutegreifer und Krähenvögel von den gamekeepers stark bejagt wurden. –

Im Frühjahr waren die großflächigen Bluebell-Kolonien am Boden der Feldgehölze eine Augenweide, von der Rhododendronflor ganz zu schweigen. Der Naturgenuss half über trübe Stunden hinweg.

Fährten von Schalenwild fand ich nirgends, Reh- und Damwild hätten hier gut leben können, und es mag dieses Wild auch regional gegeben haben. Der Hase war vorhanden, spielte aber als Jagdwild nur eine geringe

Rolle. Jagdliche Aktivitäten wurden von uns selten beobachtet. In Newhall konnte ich mich an einem Winternachmittag zwei Frettierern als Hilfskraft anschließen. Es wurde nur mit Netzen gearbeitet. Die Ausbeute war mit fünf Kaninchen gering. Mehrfach sprangen auch Wanderratten, schlüpften aber durch die Maschen, bevor wir zur Stelle waren.

Wenn schon die Rede von Kaninchenjagden ist, kann ich ein Erlebnis nicht verschweigen, weil es Seltenheitswert hat, wenngleich ich es im ersten Buch schon beschrieb. Zitat:

„Als wir eine von Bauen übersäte Ödlandfläche kreuzten, bot sich uns ein erstaunliches Bild. Ein englischer Jäger mit zwei Windhunden neben sich war beim Frettieren. Dabei ersetzten die Hunde Netze oder Flinte. Sprang ein Lapuz und flüchtete auf den nächsten Bau zu, schickte er die Windhunde, die den um sein Leben rennenden Grauen in die Zange nahmen. Dieser konnte noch so viele Haken schlagen, er war chancenlos, wenn der nächste Bau nur weit genug entfernt war. British way of hunting rabbits." – Ende des Zitats –

*

Nach zwei kleinen Durchgangslagern ohne Bedeutung landeten Hans und ich Ende Oktober 1946 auf eigenen Wunsch in dem verträumten kleinen Lager Ticknall. Es sollte mein letztes Arbeitslager auf der Insel werden, bevor ich im Frühjahr 1947 in die Heimat entlassen wurde. Die folgenden Monate waren mit allerlei Erlebnissen gespickt.

In den ersten Wochen brachte uns ein Bus zu den Einsatzstellen auf Farmen, bevor man uns mit einem Fahrrad beglückte und damit in die bisher größte Eigenständigkeit entließ. Wir wussten diese Mobilität besonders während der freien Zeit zu schätzen.

Allerdings legten uns Schneestürme und -verwehungen selten gekannten Ausmaßes im ersten Quartal 1947 an die Kette. Teilweise waren die Einsatzplätze an tief zugeschneiten Straßen, die wir einige Tage freizuschaufeln hatten, nur zu Fuß erreichbar. Der Winter hatte ungewohnt hart zugeschlagen. Es war zugleich die Zeit für Schwarzarbeiten. Wir marschierten per pedes zu den Farmen, um beim Dreschen zu helfen.

Doch zuvor wartete der Herbst noch mit schönen Tagen auf. Von einer Farm brachte ich ein Huhn mit, weitere zwei Ringel- und zwei Haustauben zierten die Jagdstrecke.

Danach wurde ich allein bei Farmer Smith in Newhall eingewiesen. Ich hatte mich um Viehbestand und Viehstall zu kümmern, eine Arbeit, die mich nicht besonders forderte, ich kannte sie von zu Hause. Auf der Farm blieb ich bis zur erwähnten Schneekatastrophe und kehrte nach der Räumung zu ihr zurück.

Die Weihnachtszeit rückte näher, einige Vorbereitungen waren zu treffen. Die Farm im Rücken unseres Lagers wartete mit einem schönen Obstgarten auf. Viele rotbackige Äpfel verschiedener Sorten hingen an den Bäumen. Bei Tage merkten wir die „Anwärter" mit den verlockendsten Früchten vor, um uns rechtzeitig mit einer ausreichenden Menge von Früh- und Spätäpfeln eindecken zu können. Spitzbuben scheuen das Licht, es ging nur zu nachtschlafender Zeit. Kein Hofhund, der unsere Kreise störte. Jeder von uns füllte einen großen Karton und schob ihn unter sein Bett. Die ganze Nissenhütte hatte einen nicht erwarteten Duftspender bekommen.

Eine Woche vor Weihnachten, ein klarer windstiller Abend mit Vollmond und glitzernden Sternen, als wir uns auf den Weg über Felder und Wiesen machten, um aus einer uns bekannten Fichtenschonung einen Christbaum zu klauen. Mit dem Baum unterm Arm – Hans und ich wechselten einander ab – hatten wir für den Hin- und Rückweg etwa zwölf Kilometer zurückzulegen. Es war eine Nacht zum Träumen, nur der Schnee fehlte, wir genossen die Stunden und waren um ein schönes Erlebnis reicher. Das Schmücken des Baumes überließen wir den Kameraden, aber selbstverständlich spendeten wir dafür die erforderliche Anzahl schön gezeichneter Äpfel.

Hinter unserer Küche stapelte sich ein großer Haufen Weißkohlköpfe. Weihnachten sollte es einmal mehr Weißkohl mit Schafsherzen geben, ließ uns der Koch wissen, ein Gericht, mit dem wir am Fließband gefüttert wurden. Wir übten uns in einem stillen Protest und schlossen mit dem Koch einen deal.

In der Nacht des 21. Dezember 1946 gingen wir es an. Wieder waren Hans und ich bereit, die Kastanien aus dem Feuer zu holen. Mit Kuhfuß und derbem Jutesack bewaffnet, machten wir uns auf den Weg. Nicht weit vom Lager entfernt, kannten wir abseits der Farm einen Hühnerstall, umgeben von einer ausgedehnten Weidefläche.

Unbemerkt erreichten wir unser Ziel und verharrten kurze Zeit hinter dem Bretterverschlag. Im weiten Rund rührte sich nichts. Mit dem Kuhfuß wurde ein Seitenfenster ausgehebelt, und durch die offene Luke stieg ich ein. Als die schlaftrunkenen Hühner sich beruhigt hatten, pflückte ich mit Hilfe einer Taschenlampe so leise wie möglich ein Huhn nach dem anderen von der Schlafstange, tötete es lautlos, was immer eine kurze Zeit in Anspruch nahm, und reichte es Hans. Alles blieb ruhig, nach dem fünften Huhn beendeten wir das zwielichtige Spiel. Ich stieg durch die Luke, wir befestigten das Fenster wieder in der Fassung und machten uns auf den Rückweg. Als wir den Lagerzaun um 23.00 Uhr überwunden hatten und mit der Diebesbeute hinter der Nissenhütte standen, atmeten wir tief durch, alles war gut gegangen.

Für sechzehn Hausinsassen aus unserer Nissenhütte und den unentbehrlichen Koch, der selbstverständlich für sich allein ein Huhn zu beanspruchen hatte, reichten fünf Hühner nicht aus. Also gingen wir den nächsten Abend noch einmal auf Tour, natürlich zu einem anderen Farmer und stahlen vier weitere Hühner. Mit von der Partie war diesmal noch ein Helfershelfer, der im Aufbrechen von Türschlössern geübt war. Im Allgemeinen pflegt der Krug so lange zum Brunnen zu gehen, bis er bricht. Bei beiden Aktionen hatten wir das Glück der Glücklichen auf unserer Seite, auch diesmal wurden wir nicht entdeckt.

Diese aus der Not geborenen Taten waren mehr als Dumme-Jungen-Streiche, sie waren an Leichtsinn kaum zu überbieten. Natürlich hatte das Blut der Tiere den dicken Jutesack getränkt – die Zeit der Plastiktüten hatte noch keinen Einzug gehalten – und mancher rote Tropfen dürfte die Grasnarbe benetzt haben. Eine durchschnittliche Hundenase hätte gereicht, der Tropffährte neben unseren Fußtritten mühelos zu folgen. Vielleicht war es unsere Chance gewesen, dass dieser öffentlich gewordene Diebstahl auf das mutmaßliche Konto von zwei landbekannten Dieben ging, denen man logischerweise nichts nachweisen konnte. Für die Engländer ein absurder Gedanke, auch nur zu ahnen, diese Tat könne auf das Konto ihrer Kriegsgefangenen gehen.

Wäre dieses Abenteuer aufgedeckt worden, hätte man uns mindestens ein Jahr länger auf der Insel festgehalten.

Nun waren die Helfershelfer dran. Die Hühner wurden noch in denselben Nächten gerupft, abgesengt, ausgenommen, gewaschen und unter dem großen Kohlberg versteckt. Die Federn und Innereien wanderten in das Feuerloch unseres großen Hüttenofens, es stank ein paar Stunden nach verbranntem Horn, am nächsten Tag hatte alles wieder seine Ordnung.

Unser Koch hatte die Brathühner lecker zubereitet, er selber bekam sein Huhn, und von der Mannschaft teilten sich je zwei Mann ein Huhn. Alle wurden satt, jeder war zufrieden und der Heilige Abend in der Fremde hatte ein wenig an Festlichkeit gewonnen.

Schlechtes Gewissen? Nein, beim Kommiss hätten wir es schlicht „organisieren" genannt. Ein bisschen Leid taten uns vielleicht die unschuldigen Bauern, aber ein paar Hühner konnten sie wohl missen. „Verluste" pflegten damals noch nicht subventioniert zu werden.

*

Advent 1946. Täglich fuhr ich mit meiner zweirädrigen Karre und einem gemütlich-dickfelligen Kaltblut davor zu einem nahen Acker meines Farmers, um Markstammkohl für das Vieh zu holen. Neben der Auffahrt flankierte ein Einfamilienhaus mit Gemüsegarten meinen Weg. Nachtfröste ohne Schnee, feuchte Luft mit raureifüberzuckerten Bäumen und Sträuchern, es war fingerkalt.

Eines Tages wartete eine junge Frau am Gartentor auf mich und fragte freundlich, ob ich gern eine Tasse Tee trinken würde. Sehr gern, kam es mir über die Lippen. „Just wait a minute, please, I'll be back soon", sprachs und verschwand im Haus. Das war geplant, man hatte sich meinen Zeitplan gemerkt – und da war es wieder, das Herz für den Schwächeren – ich tat ihnen Leid.

Flugs war die freundliche Dame mit einem Tablett mit Tee und Gebäck zurück, und wir unterhielten uns zwanglos.

Dieses Prozedere wiederholte sich einige Male, bis man mich ins Haus bat, um auch den anderen Teil der Familie kennen zu lernen. Mit stoischer Ruhe wartete das am Zaunpfosten angebundene Pferd auf mich. George Thorpe war Bergarbeiter im Ruhestand. Als Betreuer des nahen Golfplatzes verdiente er sich ein sattes Zubrot. Seine Frau Anne sorgte sich um das Wohl der Familie, insbesondere der alten Großmama, die wie eine Matrone im Lehnstuhl saß und keine Miene verzog. Tochter Liz war berufstätig, und Sohn Ray diente bei der Besatzungstruppe in Deutschland.

Aus dieser Bekanntschaft entwickelte sich eine Freundschaft, die nach meiner Heimkehr noch Jahre fortdauerte. In der Folge wurde ich vor meiner Entlassung noch einige Male am Sonntagnachmittag zum Fünf-Uhr-Tee eingeladen und radelte die zehn Kilometer zu den Thorpes nach Newhall. Nach der Verabschiedung steckte mir greatgranny mit dem Hauch eines Lächelns regelmäßig eine Halfacrown-Münze zu. Mrs. Thorpe strickte mir einen schönen grünen Pullover aus erstklassiger Wolle, den ich viele Jahre getragen habe. Um diese Zeit verfügten die meisten von uns über Bargeld. Anne Thorpe besorgte mir nützliche Dinge, an die ein POW nicht heran kam.

Meinem Wunsch folgend, kaufte sie mir eine komplette Friedfisch-Angel, die ich einige Male vor und nach dem großen Wintereinbruch in einem kleinen Nebenfluss des River Trent einsetzen konnte. Der Fang beschränkte sich auf zwei stattliche Döbel, die Hans und ich uns schmecken ließen.

Die freundliche Aufnahme durch die Thorpes erinnerte mich unwillkürlich an den heimischen Herd. Mein Vater beschäftigte einen französischen Kriegsgefangenen auf unserem Hof. Verbrüderung war hier wie da untersagt. Vater kümmerte sich einen Dreck darum. Pierre gehörte ganz selbstverständlich zur Tafelrunde, wenn die Mittagsmahlzeit eingenommen wurde, eben wie ein Mitarbeiter.

Der Wintereinbruch mit heftigen Schneeverwehungen erfolgte Ende Januar, Anfang Februar 1947. Wir konnten unsere Farmen nicht mehr erreichen, die Straßen waren teilweise haushoch eingeschneit. Etliche Tage mussten wir Schnee räumen, um die Straßen wieder befahrbar zu machen.

In unserer Freizeit genossen wir die bezaubernde Winterlandschaft und erforschten das nahe und weitere Umfeld abseits der Farmen. Die Natur präsentierte sich wie die offenen Seiten eines Buches, und niemand brauchte sich zu wundern, dass die Seele des Jägers heftig an die Tür klopfte. In drei Wochen erlegte ich sieben Teichhühner und ein Tüpfelsumpfhuhn, die unseren immer noch sehr einseitigen Küchenzettel bereicherten. Winterbedingt hatten sich die Fluchtdistanzen merklich verringert; man kam sich bei dieser Art von Jagd nicht besonders edel vor. Andererseits war ein Katapult kein Präzisionsgewehr.

*

Im Frühjahr 1947 war es soweit, Entlassung und Freiheit winkten. Am 14. April verließ ich das Lager Ticknall. Mit dem Zug wurden Zwischenlager in den Midlands, um London und in Südengland angefahren, um die Heimataspiranten aufzunehmen. Familienväter mit Frau und Kindern waren erste Anwärter, bei mir war mein Beruf der Auslöser. Als Waldarbeiter entlassen, versprach man sich auch von mir proenglische Leistungen im Zuge der Reparationshiebe. Hunderttausende von Kubikmetern Bauholz rollten auf Schiene und Schiffsplanken nach England. Das hiebsreife Holz wurde im Kahlschlagverfahren geworben und führte in den ersten Nachkriegsjahren durch Zwangsexport und Feuerholznot im eigenen Lande zu einer riesigen Ausbeutung unserer Wälder. Glücklicherweise brauchte ich mich daran – meinem Entlassungsgrund zum Trotz – weder direkt noch indirekt zu beteiligen.

Am Abend des 3. Mai 1947 verließ unser Schiff Hull in Richtung Cuxhaven. Vier Stunden auf See, eine kommentarlose Drehung um 180 Grad und wieder zurück in Richtung England. Wir verstanden die Welt nicht mehr. Hatte man es sich anders überlegt, wollte man uns doch noch länger festhalten? Die Angst griff nach uns, bis endlich die Ursache durchsickerte. Mit an Bord war eine hochschwangere Soldatenfrau auf dem Weg zu ihrem Ehemann in Deutschland. Als die Wehen vorzeitig einsetzten, waren weder Arzt noch Hebamme zur Stelle. Zurück nach Hull zur Entbindung. Als wir wieder in See stachen und bei Tage die zerbombte Insel Helgoland in hellem Sonnenlicht passierten, kam zum ersten Mal Heimatgefühl auf. In Cuxhaven setzten wir erleichtert unsere Füße auf deutschen Boden, die Odyssee England hatte für mich endlich ihr Ende gefunden.

Ohne das letzte Kapitel kurz zu beleuchten, wäre meine Geschichte unvollendet – nämlich um das Stück des Weges, das Hans allein zu Ende gehen musste. Es nahm einen Verlauf, wie er bis an das Ende meiner Zeit in England nicht möglich gewesen wäre.

Nach meiner Entlassung ließ man Hans boshafterweise weitere neun Monate in England schmoren. Diese Zeit sollte mit einem Höchstmaß an persönlicher Freiheit seine beste als Kriegsgefangener auf der Insel werden. Hans verbrachte davon die längste Wegstrecke auf der Hutchinson-Farm, wo er von der Familie schon bald so aufgenommen wurde, als gehöre er dazu. Das hat er diesen freundlichen Menschen bis heute nicht vergessen.

Auf der Farm genoss Hans viele Freiheiten, schon bald ersetzte die 24er-Vogelflinte des Farmers sein steinzeitlich anmutendes Katapult. Seine Wildereien auf die Zielwildarten Fasan, Taube, Hase wurden von den Farmersleuten sogar durch Aufpassen und Schmiere stehen aktiv unterstützt. Sie waren durchaus erfolgreich. Man darf vermuten, dass auch vor dieser Zeit gelegentlich diesem „Sport" nachgegangen wurde. Viele der Farmen wurden im Wege der Pachtung vom Großgrundbesitz genutzt. Das Jagdrecht war auf den bewirtschafteten Ländereien nicht gegeben.

Wildereien mit einer Schusswaffe ohne Schalldämpfer gehen nun mal nicht ohne Lärm ab. So mussten alle Beteiligten froh sein, dass ihre „ruchlosen" Taten unter der Decke gehalten werden konnten, bis auch Hans „Lebewohl, England!" sagen konnte.

ZWEITES KAPITEL

Sollingtage

Die schweren Jahre des Aufbruchs zu neuen Ufern von 1945 bis 1960 lagen hinter uns. Die Trümmerfrauen hatten Geschichte geschrieben, neue Häuser waren wie Phönix aus der Asche aufgestiegen, die Zeit der größten Not von Hunger und Elend verblasste, wurde langsam aber sichtbar ein Stück Vergangenheit, Ludwig Erhard hatte mit seiner sozialen Marktwirtschaft das Wirtschaftswunder aus der Taufe gehoben. Die Menschen atmeten auf, hatten eine Zukunftsperspektive. Stunde und Stimmung – sie nahmen die Menschen mit.

Das siebente Jahrzehnt war noch jung, als ich ein paar Tage nach Neujahr auf der A 7 dem Solling entgegenfuhr. Wie immer war ich überzeugt, der jagdliche Erfolg würde mich ganz selbstverständlich erwarten. So ist es mit der angeborenen Denkweise des Optimisten, der mögliche andere Abläufe gar nicht an sich herankommen lässt. Und der Gipfel, er ist nicht einmal sonderlich enttäuscht, wenn es anders kommt. Dann eben beim nächsten Mal, basta! Ich füge mich nahtlos in diese Gruppe der ewig Gläubigen ein, die nicht bereit sind hinzuzulernen, wenn ihnen das Glück – natürlich

Rotkahlwild im Familienverband

nur vorübergehend – einmal nicht gewogen war. Mein Freund und Kollege Albert Sieck, damals nannte man ihn gern den wilden Sollingjäger, hatte mich zur Hochwildjagd eingeladen. Noch konnte er nicht mit einem eigenen Revier oder Forstbetriebsbezirk aufwarten, doch mit Hilfe seiner Kollegen und Gönner durfte er mich auf Rotkahlwild führen, und mit etwas Glück könne auch eine Sau drin sein, hatte Albert mich wissen lassen. Ich war selig, wenn das kein gutes Omen war, als Niederwildjäger aus dem Norden hatte ich noch kein Stück Schwarzwild erlegt.

Bei Seesen verließ ich die ermüdende Autobahn. Endlich konnte ich die winterliche Landschaft genießen. Mein Weg führte über Einbeck und Dassel in den Hochsolling hinauf. Unweit von Torfhaus legte ich eine Pause ein und genoss die Vorfreude auf die nächsten Tage. Eine dünne Schneeschicht bedeckte die Landschaft, der Anblick erster Rotwildfährten nährte meine Hoffnung. Frohgemut legte ich das letzte kurze Stück des Weges über Silberborn nach Neuhaus zurück.

Und dann stand ich vor der Sieckschen Wohnung. Ein langes, nüchternes, eher unscheinbares Gebäude mit einer Reihe von Wohnungen machte neugierig, ließ auf historische Wurzeln schließen.

Tatsächlich war es früher als königliches Gestüt genutzt und vor nicht allzu langer Zeit zu Wohnungen für Bedienstete des Forstamtes Neuhaus umgebaut worden.

Herzlich wurde ich von Marlis und Freund Albert begrüßt. Wir beide hatten in Reinbek an der Forschungsstelle für Flurholzanbau bei Professor Hilf ein paar Jahre zusammen gearbeitet und mit unseren Hunden Harras und Erco gemeinsam gejagt. Mit seinen großen blauen Augen schaute mich der vierjährige Wolfgang so neugierig wie herausfordernd an, während seine einjährige Schwester Kristina mit dem für sie unbekannten Gast noch nicht viel anzufangen wusste. In der urgemütlichen Wohnung mit knisternden Scheiten im Ofen feierten wir unser Wiedersehen und verlebten einen feuchtfröhlichen Abend. Selbst der eher vornehm zurückhaltende Rauhaarteckel „Sir Erco“ war freundlich zu mir; Hunde vergessen nicht.

Vor Tau und Tag ging es am nächsten Morgen in den Winterwald hinaus. Bei leichtem Frost knirschte der Schnee unter den Füßen, als wir den Stellplatz für unser Auto im Revier Torfhaus oberhalb von Silberborn erreichten. Ein lautloses Pirschen zum Ansitzplatz war nicht möglich, umso wichtiger der frühe Aufbruch, um Störungen gering zu halten.

Oberförster Wilhelm Kruse, der Stelleninhaber, war im Forstdienstgehöft Torfhaus geboren worden. Nach abgeschlossener Berufsausbildung konnte er schon bald seinen Vater in der Revierförsterstelle ablösen und stand nun nach erfülltem Berufsleben selber vor der Pensionierung. Albert hatte beim alten Wilhelm, um dessen Gesundheitszustand es nicht zum Besten bestellt war, eine Art Narrenfreiheit im guten Sinne, er verrichtete hier alle wichtigen Arbeiten. –

Wir gingen es an und folgten einem langen Hauptgestell am Moosberg, um einen Bodenschirm mit einer zwölfjährigen Fichtendickung im Rücken möglichst unbemerkt zu erreichen. Wir hatten Glück, am Schirm angekommen, richteten wir uns ein. Noch würde das Wild vertraut auf seinen Äsungsplätzen stehen, bis das Leittier, vielleicht auch eine Bache, den Aufbruch zu den Tageseinständen erzwingen würde, gar auf dem Hauptwechsel an unserem Schirm vorbei defilieren mochte, mit einem Rudel oder einer Rotte im Gefolge. Träume sind nun mal die Väter unserer Wünsche.

Der Wind stand gut, anbrennen sollte eigentlich nichts mehr, wir hatten alle Zeit der Welt. Im Flüsterton holten wir Erinnerungen zurück, gemeinsam hatten wir manche schöne Stunde während der Jagd und auch danach erlebt. Um uns herum verhaltene Stille, die nur zweimal vom Ruf eines Waldkauzes unterbrochen wurde. Dann geraume Zeit Schweigen, bis am optischen Ende der großen Schneise weit hinten ein dunkler Punkt auftauchte, der näher zu kommen schien, größer wurde. Kein Zweifel, es handelte sich um ein Tier, das sein Inkognito nicht sogleich preisgeben wollte.

Fuchs, Dachs, Hase? Wir würden es bald wissen, denn es hielt Kurs auf uns zu. Aus dem länglichen Gebilde wurde ein Tropfen, als der sich nähernde Mümmelmann unweit vor uns einen Kegel baute, zu spekulieren, philosophieren begann. Wieder kam er uns näher, seine Konturen wurden größer, schärfer, bis er plötzlich in einem Sprung von 180 Grad wendete und den Rückwärtsgang einlegte. Ein ganzes Stück hoppelte und flüchtete Lampe auf dem Weg zurück, der ihn hergeleitet hatte. Dann schien es ihm genug. Er kam uns ein zweites Mal entgegen und machte am Wendepunkt einen Riesensatz um neunzig Grad zur Seite, wie man es sonst nur bei hochzeitenden Hasen beobachtet. Dann ließ Lampe einen weiteren Sprung folgen, der ihn in die Trockengrasdeckung am Wegebankett trug. Es war vollbracht, gemächlich hoppelte der Krumme im Fichtenstangenholz seiner Tagessasse entgegen. Hasenart, angeboren, so versucht man seine Feinde zu irritieren.

Es sollte der einzige Waldhase bleiben, den ich im Hochwildgebiet Solling in Anblick bekam. Langsam wurde es heller, im jungen, locker gestellten Fichtenbaumholz uns gegenüber schälten sich die Konturen der Stämme heraus und Vogelbeerunterholz und Dornfarninseln hoben sich auf dem anmoorigen Grund deutlich ab. Die Zeit war da, meine Hoffnung stieg und –

sollte nicht enttäuscht werden. Linkerhand hörte man, zunächst noch weiter weg, einige Male das leise Knacken brechenden Bodenholzes, nur vom geübten Ohr vernehmbar. Und wieder war es da, näher kommend, lauter werdend. Kein Zweifel, Wild war im Anmarsch. Meine Sinne waren angespannt, Jagdfieber griff nach mir, noch bevor es ernst wurde. Albert war die Ruhe selbst – „Rotwild", konstatierte er unbeeindruckt, „es kommt uns auf dem Hauptwechsel gegenüber, kaum 40 Meter entfernt, im Baumholz entgegen. Mache dich fertig zum Schuss und bleibe ganz ruhig!"

Dann sah man sie von Westen her anwechseln, ein Rotkahlwildrudel von acht bis zehn Stück. Wie an der Perlenschnur aneinander gereiht, tauchten sie schemenhaft vor und hinter den Stämmen auf, Alttiere, Kälber und Schmaltiere. Vertraut folgten sie ihrem Wechsel. Direkt vor uns zog sich im rechten Winkel eine Rückeschneise in den Bestand hinein, die das Wild passieren musste. Albert war mit dem Ansprechen beschäftigt und raunte mir zu: „Schieße auf das dritte Stück von vorne!" Mir blieb keine Zeit mehr zum Überlegen, und nun war auch ich die Ruhe selbst. Als das Leittier mit seinem Kalb die Schneise passiert hatte, war ich fertig und wurde die Kugel schulmäßig auf das nachfolgende Schmaltier los. Es zeichnete mit angezogenen Vorderläufen und einer leicht gehobenen Flucht nach vorn, folgte noch ein kurzes Stück dem davon preschenden Rudel und brach dann in der Fährte zusammen. Das 8 x 57 TIG hatte seine Schuldigkeit getan.

Das war kein Kunststück gewesen, und doch flog ich jetzt am ganzen Körper, als Albert mir auf die Schulter klopfte. „Waidmannsheil, das hast du gut gemacht." Kein reiner Zufall hatte mir diesen schnellen Erfolg beschert. Dahinter stand Albert, der Jäger, der sein Wild kannte und am Fährtenbild ablesen konnte, wie oft das Rudel in den letzten Tagen bei konstantem Wetter diesen Wechsel benutzt hatte. Zufälle sind selten, der Rest war Glück und Routine.

Wir ließen das Erlebnis nachwirken – ich hatte zuvor erst ein einziges Stück Rotkahlwild im Forstamt Lauenau am Deister gestreckt dank der freundlichen Einladung des damaligen Forstassessors Günther Raschke –, war es doch für einen Niederwildjäger etwas Besonderes, auf Rotkahlwild waidwerken zu dürfen. Wir planten schon die nächsten Schritte, bevor ich die rote Arbeit verrichtete, während Albert den Wagen holte.

Im Dienstgehöft Torfhaus brachten wir das Schmaltier in den Wildkeller und machten bei den Kruses einen kurzen Antrittsbesuch. Der alte Wilhelm freute sich über mein Waidmannsheil, und sogleich wurden die Weichen für eine kleine Drückjagd oben in Torfhaus am zeitigen Nachmittag gestellt. Zurück nach Neuhaus: Marlis erwartete uns schon mit einem opulenten Frühstück.

Nach einer kurzen Mittagsruhe machten wir uns wieder auf den Weg nach oben und holten den Revierinhaber ab. Wie immer war Erco mit von der Partie, blieb aber auf „Abruf" im Wagen.

Der betagte Oberförster wollte es sich nicht nehmen lassen, mir mit Albert die sogenannte Dickung Bombenloch durchzudrücken. Hier hatten die Engländer im letzten Krieg eines Nachts ihre Bombenlast unfreiwillig abgeladen. Danach wurde die verwüstete Fläche und noch ein bisschen mehr mit Fichte aufgeforstet. Inzwischen zu einer geschlossenen, etwa fünfzehnjährigen Dickung herangewachsen, wurde sie gern vom Rotwild als Tageseinstand genutzt.

Dem „Bombenloch" war nach Westen ein etwa hundertjähriges Buchenaltholz vorgelagert. Im oberen Drittel bezog ich meinen Stand hinter einer starken Buche und war hier bei östlichen Winden gut aufgehoben. Ganz Auge und Ohr ließ ich die Stille auf mich wirken. Der Wind war eingeschlafen, kaum dass man von ihm im Gesicht gestreichelt wurde.

Meine Gönner verstanden ihr Handwerk, kannten die Wechsel und das Verhalten ihres Wildes. Sie wussten ein zu frühes Ausbrechen durch geschicktes Taktieren, durch Identifizierung mit dem Wild zu verhindern. Das setzte ein langsames An- und Durchgehen bei halbem Wind voraus, wie auch den Verzicht auf den vierläufigen Gefährten, der in Minuten alles verderben könnte. Die Dickung hatte eine überschaubare Breite. Wenn Wild hier seinen Tageseinstand bezogen hatte, würde man es eher in der Mitte vermuten.

Albert bewegte sich etwa 50 Meter vorgezogen am östlichen Dickungsrand, nur eine Breite von 20 bis 30 Metern abdeckend. Der Wind stand von ihm in die Dickung hinein. Sehr langsam bummelte er hin und her, auf und ab, von seinem Stock nur sparsam Gebrauch machend. Wilhelm, der alte Fuchs, hing zurück und wanderte bei halbem Wind betont langsam fischgrätenartig hin und her. Nur gelegentlich klopfte er mit dem Stock an einen Baum, nicht des Wildes wegen, das hatte längst Lunte gerochen, nur zur Standortbestimmung für seine beiden Mitjäger, vornehmlich für Albert. Der konnte sich bei Bedarf wieder zurücknehmen, um den Abstand zwischen ihnen nicht zu groß werden zu lassen. Nur so, bei Vollzug in großer Ruhe, geriet das Wild nicht in Panik und konnte ziemlich sicher gehindert werden, dass es nach hinten ausbrach.

Zwei Mann in einer Dickung von etwa vier ha sollten vorhandenes Wild locker machen und einem einzigen Jäger schussgerecht zudrücken. Das setzte große Erfahrung und hohes Können voraus. Und es gelang. –

Je näher meine Partner kamen, umso mehr stieg die Anspannung. Kein Laut, keine Bewegung entging mir, ich war ganz Jäger. Und dann war es soweit. Unterhalb meines Standes zeigte sich Bewegung am Dickungsrand, Schnee fiel von den Zweigen, wie ein Geist steckte das Leittier sein langes Haupt aus der grünweißen Wand und sicherte lange. Dann war es draußen und fiel sogleich in einen mäßigen Troll, um mit Kalb, Schmaltier und einem weiteren Alttier im Gefolge am Dickungsrand entlang in Richtung Süd zu flüchten. Fertig zum Schuss stand ich bewegungslos hinter meiner Buche. Das Wild musste meinen Stand passiert haben, bevor ich Maß nehmen durfte. Das Alttier am Ende würde passen.

Alles ging gut, und ich konnte dem Tier die Kugel auf sechzig Gänge antragen. Mit Hochblattschuss blieb es im Feuer, schlegelte noch kurz und war bereits verendet, als meine Gönner gemessenen Schrittes herantraten. Ende gut, alles gut. Das Wild war durch die meisterhafte Arbeit der Kollegen so lanciert worden, dass es wie selbstverständlich den Hauptwechsel zum nächstmöglichen Einstand wählte. Das Wild hatte seine Meister gefunden. Mir war letztlich nur das bescheidene Glück zugefallen, den i-Punkt draufsetzen zu dürfen.

Ich war selig und sehr, sehr dankbar für ein Jagderlebnis vom Feinsten. Das mittelalte, nicht führende Tier – vielleicht hatte es sein Kalb schon früh verloren – beschenkte mich mit prächtigen Grandeln.

*

Wieder hatten wir im Hause Sieck einen schönen Abend. Mit dem Verlauf des Tages durften wir mehr als zufrieden sein, er hatte uns gute Jagd beschert. Am folgenden Morgen, einem Samstagvormittag durften wir im Pirschbezirk des Kollegen Helmut Becker im Forstamt Boffzen ein Drückerchen auf Sauen versuchen. Albert mit Erco, Sohn Walter Becker mit Bautz, den beiden Rauhaarteckeln, sollten mir eine größere Fichtendickung durchdrücken, wobei die Hunde stöbern durften, um vorhandene Sauen locker zu machen. Ohne die Mithilfe von Erco und Bautz würden wir chancenlos sein, die Dickung war zu groß. Auch diese kleine „Privatjagd" zeigte einmal mehr, dass Albert zu seinen jagenden Kollegen und Rüdemännern einen guten Draht pflegte.

Ich nahm das Angebot dankbar an, hatte ich doch bisher keine Sau geschossen. Albert führte Regie und wollte mir etwas Gutes tun, nicht zuletzt, weil ich für ihn in Schleswig-Holstein jagdliche Pforten aufgestoßen hatte.

Wer geben kann und gibt, bekommt meistens auch seinen Teil zurück.

Die Fahrt von Neuhaus nach Boffzen genoss ich sehr. Wir wählten einen Umweg über Winnefeld. Albert ließ es sich nicht nehmen, mir einen Eindruck vom historischen Forstamt Winnefeld zu vermitteln, das als jagdliche Hochburg des Solling seit vier Generationen von der Forstmeister-Familie Steinhoff geleitet und geprägt wurde.

Was suchte der Kujel dort? – Eicheln!

Gestern auf dem Gipfel dieses schönen Mittelgebirges im Revier Torfhaus genossen gemacht, eilten meine Gedanken schon zum Forstort Hammeltrift voraus, Teil des Pirschbezirks des Kollegen Becker, wo unsere kleine Drückjagd stattfinden sollte. Walter Becker erwartete uns schon mit Dackel Bautz am vereinbarten Treffpunkt. Die beiden Teckel kannten sich und fieberten, wenngleich mit angemessener Dackel-Würde, der Jagd mit gleicher Passion entgegen wie ich. Sie waren erfahren genug, um instinktiv zu ahnen, was sie erwartete.

Man ging sofort zur Sache. Ich wurde mit gutem Wind an einer Art Zwangswechsel am Rande der Fichtendickung angestellt, im Rücken ein älteres Fichtenstangenholz. Die Schneise war schmal. Ich sah mich ein wenig in der Rolle eines Kunstschützen, wenn ich hier selbst mit Voranschlag auf hochflüchtiges Wild eine gute Kugel loswerden sollte. Aber Albert bedeutete mir, die Erfahrung habe gelehrt, dass vorhandene Sauen mit großer Wahrscheinlichkeit hier kommen würden. Es war am Dickungsrand von der ehemaligen Zäunung noch ein Stück Hordengatter stehen geblieben, das unweit meines Standes endete. Locker gemachte Sauen würden unter Druck der jagenden Hunde gern am Gatter entlang flüchten, um am Ende des Hindernisses die Dickung verlassen zu können. Wenn, dann würden sie voraussichtlich spitz auf mich zuflüchten, bevor sie im rechten Winkel die Schneise überfallen könnten. Ich war schon fast überzeugt, dass hier Sauen kommen würden, allein der Schuss machte mir etwas Angst. Als unverbesserlicher Optimist glaubte ich aber doch an meine Chance und wartete die weitere Entwicklung gelassen ab. Sollten sie nur kommen. Und sie kamen, stellten meine Geduld allerdings auf eine lange Probe. Eine Zeitlang tat sich gar nichts – Schweigen, Stille, nur einmal unterbrochen von einem Schwarzspecht, der meinen Stand in kraftvollem Flug passierte. Sein gellendes Krrii, Krrii, Krrii ließ keinen Zweifel daran, dass dieser Wald lebte. Und als hätte sich das Signal auf andere Waldbewohner übertragen, drang aus weiter Ferne das dumpfe Aufeinanderschlagen der Schläuche von Widderschnecken an mein Ohr. Einen Moment wusste ich das fremdartige Geräusch nicht zu deuten, bis mir einfiel, dass Albert vom Muffelwildvorkommen im Raum um Boffzen gesprochen hatte. Die erste Bekanntschaft mit diesem scheuen Wild hatte ich schon mal in Bad Harzburg gemacht. Die Kontrahenten beruhigten sich bald, und es herrschte wieder friedliche Stille ringsrum.

Ich sollte nicht mehr lange auf die Folter gespannt werden. Als der Bass des jagenden Erco an mein Ohr drang und fast zeitgleich auch der sich überschlagende Bail von Bautz in das Auftaktkonzert einstimmte, wusste ich, dass die Hunde fündig geworden waren. Sie jagten an Sauen.

Wenn zwei giftige, schneidige Teckel die Sauen zum Tanzen auffordern, dann tanzen die schwarzen Gesellen noch lange nicht nach deren Mütze. – Einzelne von ihnen stellten sich zwar kurzfristig ihren Widersachern, gingen aber immer wieder durch, folgten ihrem Rottenverband und flüchteten in Richtungen, die sie bestimmten. Auf keinen Fall wollten die Sauen ihre große, Sicherheit verheißende Dickung verlassen. War das ein Leben, die Frischlinge kreischten, tobten, galoppierten im Kreise. Dazwischen mischte sich das böse Blasen einer Bache.

Wie sich die wilde Jagd meinem Stand näherte, hörte ich auch das Anrüden der Hundeführer. „Fass' die Sau, Erco, pack' sie, schmeiß' sie raus," klang Alberts Stimme zu mir herüber, und sein Mitstreiter Walter wirkte seinerseits auf Bautz ein. Dann kam das Getobe auf mich zu, doch keine Borste zeigte sich. Hochflüchtig ging die Jagd auf zehn, fünfzehn Meter unsichtbar an meinem Stand vorbei. Die Teckel blieben hart dran, gifteten mit heiserem Bail hinterher und versuchten, die Rotte zur Umkehr zu bewegen.

Albert machte sich bemerkbar, verließ die Dickung und näherte sich meinem Stand. „Komme mit, Erich, ich weise dir einen neuen Platz in der Dickung zu, du darfst natürlich nur nach außen schießen." Zwanzig Meter vor uns tat sich eine Blöße von etwa zehn Metern Durchmesser auf. Die Randbäume waren fast bis zum Boden beastet, nur im Liegen konnte man sich einen Durchblick in den Hintergrund verschaffen. Diese kleine Lichtung hatte die Rotte kurz zuvor passiert, wie sich an einem stark genutzten Wechsel deutlich abzeichnete. „Etwa acht Meter oberhalb dieses Wechsels setzt du dich auf den Boden – der Wind passt – und legst dich hin, wenn die Sauen sich deinem Stand nähern. Sie werden sich voraussichtlich an den gewohnten Wechsel halten. Mit etwas Glück wirst du hier einem Wutz die Kugel antragen können, versuch's !" – Na, das waren ja schöne Aussichten.

Sprach's und verschwand in der Dickung, um sich im Bogen wieder dem Bail der Hunde zu nähern, die noch immer mit den Sauen beschäftigt waren. Und die Wende kam. Ich hatte mich im Schneidersitz niedergelassen und hörte schon bald die Jagd erneut auf mich zukommen. Sofort ging ich in Downlage, stützte mich auf den Ellenbogen ab und machte mich fertig zum Schuss. Jenseits der Blöße stieg das Gelände leicht an; für Kugelfang hinter dem Wechsel war also gesorgt. Es blieb nicht mehr viel Zeit, als ich die Büchse einzog und einstach. Die Rotte hielt Kurs auf meine Lichtung, dem vertrauten Wechsel folgend. Dann war die Bache heran, teilte die Randzweige wie einen Kamm, flüchtete breit an mir vorüber. Der erste Frischling folgte auf Tuchfühlung. Ich wurde nicht fertig, konnte mich aber genau auf die Bodenhöhe einrichten. Als der zweite Wutz heran war, ließ ich ihn in den Zielstachel hineinlaufen und drückte ab. Er rutschte in sich zusammen, lag wie festgenagelt auf der Stelle, schlegelte noch kurz und war sehr schnell verendet. Ich repetierte sofort, wurde aber auf keinen der beiden noch folgenden Frösche eine Kugel los. „Bleibe bescheiden, Junge", raunte die innere Stimme, „du hast soeben deine erste Sau erlegt." Ich war glücklich, sie war mir wahrlich nicht in den Schoß gefallen, auch wenn es nur zu einem Frischling von gut zwanzig Kilo gereicht hatte. Die schneidigen kleinen Dackelhunde waren heran, nahmen ihre schwer errungene Beute in Besitz und zausten sie mit Fletschen und Knurren – für mich eine wahrhaft glückliche Symbiose, die mich einmal mehr an die Binsenweisheit erinnerte, was wären wir Jäger ohne unsere zuverlässigen vierläufigen Mitjäger!

Albert und Walter freuten sich sehr mit mir und meinten, es wäre für einen Holsteiner Karnickeljäger eine ganz brauchbare Leistung, unter solchen Umständen eine Sau zu erlegen. Ihr spaßig gemeintes Wort in Gottes Ohr, genau dieses Vokabular hatte ich jüngst an anderer Stelle in fröhlicher Runde von einem hochwohlgeborenen Hochwildjäger schon einmal vernommen. Darüber später.

Gut, dass es so gelaufen war und mit Glück und Können auch meine vier „Mitjäger" auf ihre Kosten gekommen waren. Dank euch allen für diese, für mich, denkwürdige jagdliche Stunde! Nach der roten Arbeit schloss sich eine Fahrt durch das schöne, vorwiegend mit Laubholz bestockte Revier mit seinen gepflegten Beständen an. Das Glück meinte es noch einmal gut mit mir, wie bestellt genossen wir den Anblick eines gemischten Rudels Muffelwild mit Alt- und Schmalschafen, Lämmern und zwei jungen, wahrscheinlich zweijährigen Widdern. Sie mochten die Urheber des Rangordnungskampfes oder nur der scherzenden Auseinandersetzung gewesen sein, die mein Ohr vor einer guten Stunde erreicht hatte.

Am nächsten Tag fuhr ich heimwärts in Richtung Norden, in der Tasche Alberts Einladung, im nächsten Winter wieder auf ein paar Tage zu kommen, wenn er die Weichen im Sinne jagdlicher Unternehmungen stellen könnte.

*

Das Jahr hatte sich gerundet, die Einladung kam, und wieder lockte der Solling unwiderstehlich. Ich konnte nicht ahnen, dass mir dieser Jagdtörn zum Waterloo geraten sollte. In nur einer Stunde hatte ich den Kredit verspielt, mich vor einem Jahr als guter Jagdschütze im Solling empfohlen zu haben. Wie war das noch? – Der liebe Gott steuert die Bäume, dass sie nicht in den Himmel wachsen.

Aber der Reihe nach. Ich wurde von der Familie Sieck gewohnt herzlich aufgenommen. Alle waren gesund. „Sir Erco“ kam langsam in die Jahre, war aber immer noch die große Stütze und Zuverlässigkeit für seinen Herrn, wenn es auf Jagd ging. Wolfgang und Kristina lächelten mich vertraut an.

Die Geschwister schrieben im jugendlichen Alter ihre eigene, verhängnisvolle Geschichte. Bei einer Motorradfahrt auf dem Weg zur Schule mit Schwester Kristina auf dem Sozius verunglückte Wolfgang so schwer, dass beide nur knapp mit dem Leben davon kamen. Dennoch, sie schafften es und wurden den Eltern faktisch ein zweites Mal geboren. Wolfgang ist seit vielen Jahren passionierter Jäger, und Kristina heiratete einen passionierten Landwirt und Jäger.

Am Nachmittag machten wir einen freundlich verlaufenden Vorstellungsbesuch beim Forstamtsleiter, Oberforstmeister Fink, der mir großzügigerweise einen Rothirsch der Klasse IIb frei gab, falls uns einer kommen sollte. Hierzu gehörten damals Hirsche bis zum vierten Kopf und geraden acht Enden. Herz, was willst du mehr, ich war selig. Doch sei vorweg genommen, ein Hirsch, der in diese Schablone gepasst hätte, kam uns in den drei Tagen nicht in Anblick; allein schon das Gefühl zu haben – du darfst – schürt Hoffnung.

Am Nachmittag und Abend waren wir noch draußen im Revier Torfhaus und passten auf Rotwild. Ein Anblick blieb aus, das Wetter war neblig trüb und wenig einladend. Umso netter wurde dann der Abend bei Albert und Marlis.

Als wir am nächsten Morgen dem Ansitzplatz zustrebten, herrschte noch tiefe Dunkelheit. Leichter Regen verschluckte alle Geräusche. Lautlos erreichten wir unsere Kanzel zwischen Buchen- und Fichtenbaumholz und schoben uns in den regenabgewandten Winkel des Hochsitzes ein, so gut es zu zweit möglich war.

Es wollte nicht Tag werden, kein Vogellaut unterbrach die Stille. Auf Wild warteten wir vergeblich. „Das Rotwild wird heute nicht weit ziehen, schon eher einen Tageseinstand in windgeschützten Partien von Stangenhölzern suchen. Die Fichtendickungen sind ihm zu nass und zu unfreundlich", meinte Albert.

Nach dem Abbaumen aus luftiger Höhe schloss sich eine Morgenpirsch durch einige der Stangenhölzer an. Auch hier blieb uns ein Anblick versagt. Der Regen hatte aufgehört, leichter Wind schickte die Tropfen von den Bäumen zu Boden. Im Laufe des Tages mochte es besser werden. Wir fuhren nach Hause und frühstückten erst einmal kräftig. Marlis' starker Kaffee weckte die Lebensgeister und hob die Stimmung. Noch war nicht aller Tage Abend. Danach machten wir eine kleine Sollingfahrt. Es konnte nicht sein, dass Albert mir sein Heimatdorf Schönhagen vorenthielt. Schließlich musste er mir auch die Feldmark zeigen, in der er in den ersten Nachkriegsjahren mit Hund und langem Messer Sauen „wilderte". Darüber schrieb ich schon in meinem ersten Buch „Geliebte Wildbahn ... " unter dem Kapitel „Begegnungen mit Schwarzwild".

Für den Nachmittag war in Torfhaus – wie schon im letzten Jahr im Bombenloch – mit Oberförster Wilhelm Kruses Hilfe ein Drückerchen auf Rotwild angesagt. Wir mussten es ohne Schnee auf gut Glück versuchen, ein vorheriges Abfährten war nicht möglich.

Am frühen Nachmittag holten wir Wilhelm Kruse ab, und das Szenario begann, wo es vor einem Jahr endete, am Fuße der Bombenlochdickung. Wegen der veränderten Windrichtung nahm ich meinen Stand diesmal weit oben im Buchenbestand ein, unweit des Einwechsels, dem das Rudel damals gefolgt war. Im Übrigen lief das Drücken ab wie beschrieben. Wieder hatte ich das Glück auf meiner Seite, doch ich wusste es nicht zu nutzen. Das Dreier-Rudel Alttier, Alttier, Kalb verließ die Dickung wahrscheinlich an der gleichen Stelle wie ein Jahr zuvor und näherte sich mir in scharfem Troll. Ich ließ es passieren, visierte das Kalb an und beschoss es auf etwa 50 Meter leicht halbspitz von hinten. Nichts geschah. Ich repetierte, nahm wieder Maß, und schon hatte die zweite Kugel den Lauf verlassen, ohne auch nur die geringste Wirkung zu hinterlassen. Unmittelbar vor dem Einwechsel wurde ich, fahrig und unkonzentriert, die dritte Kugel los, und mit schöner Regelmäßigkeit ging sie in die Botanik, ohne ein sichtbares Zeichen zu hinterlassen. Ich schämte mich in Grund und Boden, nur gut, dass meine beiden Kollegen mein dummes Gesicht nicht sahen.

Wie konnte das geschehen? Ich meine, ich bin nicht in der Lage, es schlüssig zu begründen. Fakt, ich hatte aus einer aussichtsreichen Position dreimal gefehlt. Am einfachsten für den Jäger ist es immer, dem Gewehr die Schuld zu geben. Mit dieser Art von Rechtfertigung kann ich mich nur schwer anfreunden. Doch eine ganz kleine Tür darf ich mir auflassen. Ich hatte mir Freund Ottos Repetierer im Kaliber 7 x 64 geliehen, weil die Montage des alten Zeiss-Zielvier auf meiner 8 x 57er Büchse etwas Spiel hatte und deshalb derzeit nicht einsatzbereit war. Die beiden Probeschüsse aus Ottos 7 x 64 mit TM-Rundkopf saßen gut, obwohl der Stecher im Vergleich zu meiner Waffe hier deutlich härter stand. Ich nahm es als gegeben hin; an einer geliehenen Waffe verändert man nichts.

Auch diesen kleinen Unterschied lasse ich als Ausrede nicht gelten. Ich denke eher, dass ich die Fluchtgeschwindigkeit des Wildes beim ersten Schuss unterschätzt und nicht entsprechend mitgezogen habe. Glaubt man dann noch, doch gut drauf gewesen zu sein, ist die Patzerei bei den nächsten Schüssen mit Mucken und Verreißen, zumindest bei sensiblen Schützen, schon programmiert.

Wenn wir nun schon bei Technik, Waffe, Schuldzuweisungen sind, passt hier eine kleine Geschichte hinein, auch wenn sie etwas anders gestrickt ist. Ich führte viele Jahre eine Merkel Bockflinte in Kaliber zwölf, die sehr gut schoss. Als Waldjäger in den Jahren groß geworden, die mit Niederwild gesegnet waren, ärgerte ich mich immer wieder, wenn zu nah beschossenes Wild, insbesondere Kaninchen und Fasanen, gelinde ausgedrückt Verwertungsmängel aufwiesen. Es war das die Zeit, in der in den von mir betreuten Revieren 2000 – 3000 Karnickel jährlich zur Strecke kamen.

Ich entschloss mich, den unteren Lauf der Merkel aufbohren zu lassen, um die Chokewirkung abzumildern. Das erledigte ein namhafter Büchsenmachermeister zu meiner Zufriedenheit. In Waldtreiben und beim Frettieren war ich durchaus zufrieden, bei Feldtreiben musste ich öfter als gewohnt den zweiten Lauf bemühen. Ganz besonders beim Tontaubenschießen hatte ich das Nachsehen, traf die Tauben, wenn überhaupt, fast ausnahmslos erst mit dem zweiten Schuss. Ein solches Experiment würde ich nie wiederholen. Die gute Merkel hatte ich versaut. Da gibt es nur eine Alternative, zwei verschiedene Flinten, die den unterschiedlichen Bedingungen angepasst sind. –

Weitere Kommentare zu meiner Patzerei erspare ich mir. Es versteht sich, dass Albert mit Erco gründlich nachsuchte. Ich hatte dem Kalb kein Haar gekrümmt. Um das Maß voll zu machen: Am nächsten Morgen schoss ich auf 100 Meter auch noch einen Fuchs vorbei. Dieses Mal waren die Sollingtage nicht meine Tage gewesen. Aber auch Zwischenspiele dieser Art sind von der Jagd nicht zu trennen.

Mein unvergessener Freund Albert Sieck † mit Kapitalschaufler aus dem Yukongebiet (Foto: A. Sieck)

DRITTES KAPITEL

Eine Nachsuche im Wittgensteiner Land

Für unser Rotwild empfand ich als junger Jäger eine Art verklärter Verehrung. Der Hirsch, König des Hochwildes unserer großen Wälder und gering besiedelten Offenlandes, war für mich ein Souverän, der mir einen Hauch von Unantastbarkeit suggerierte. Vielleicht schien er mir deshalb als begehrenswertes Jagdwild so unerreichbar, weil ich im waldarmen, rotwildfreien Raum unseres nördlichsten Landesteiles als Niederwildjäger heranwuchs.

Erste Kontakte mit Rotwild hatte ich Ende der vierziger Jahre im lauenburgischen Sachsenwald. In meinen am Südrand dieses Waldgebietes gelegenen Lehrrevieren trat es nur als Wechselwild auf. Die Brunfterlebnisse in Revieren meiner Nachbarkollegen als stiller Beobachter hinterließen einen starken Eindruck auf mich. Das Gefühl der Verehrung für dieses großartige Wild hat bis heute an Intensität nichts verloren. Gleichwohl habe ich es später mit Passion, doch nie ohne den gebührenden Respekt bejagt.

In ersten Gehversuchen durfte ich bei Freunden und Kollegen im Solling und im Deister einige Stücke Kahlwild erlegen. Immer wieder erfreue ich mich der ausdrucksstarken, tiefbraun gemaserten Grandeln von zwei Alttieren aus dem Deister und Solling. Ihr Anblick holt die Erinnerung an Stunde und Erfüllung zurück. Sind es nicht immer wieder unsere Jagdtrophäen oder Erinnerungsstücke an der Wand, die die Brücken zum Rückwechsel in Abläufe aus der Vergangenheit schlagen und lebendig erhalten? Ich möchte sie nicht missen. Es ist eine wesentliche Triebfeder der Jagdpassion, höhere Leitersprossen erklimmen zu wollen, hat man erst die unteren überwunden. So träumte ich schon manchmal von der Freigabe eines Hirschabschusses – irgendwann, irgendwo –, und dieser Wunsch erschien mir angesichts der Geweihe zumeist junger Rothirsche an den Wänden meiner gleichaltrigen Kollegen nicht völlig unerfüllbar. Ich dachte dabei nicht an den Kauf eines Abschusses. Gelüste solcher Art waren *in der damaligen Zeit* für kleine Gehaltsempfänger ins Reich der Utopie zu verweisen. Ich konnte nicht ahnen, dass Traum und Wirklichkeit gar nicht mehr soweit auseinander klafften. Unverhofft kommt oft, lehrt uns der Volksmund.

Die erste Hirschgeschichte, die ich um der Erlebnistiefe willen für den Leser in die Gegenwart zurückholen möchte, basiert zwar nur auf einer Nachsuche, ist für mich aber weit mehr als ihr glückliches Ende durch einen gelungenen Fangschuss. –

*

Schwerer nässender Nebel, zeitweise in Sprühregen übergehend, verwandelt die Täler und Höhen des Siegerlandes in eine nur schwer zu durchdringende Milchsuppe. Blauschwarz lugen hier und da kegelförmige Fichtenkronen aus dem grauen Einerlei hervor, während das Filigran fein verzweigter Buchenhäupter an überdimensionale Schirme erinnert. Kein Vogelruf durchbricht die bleierne Schwere des nasskalten Morgens, der kaum dazu angetan ist, Frohsinn zu verbreiten.

Und doch spürt man in der elfköpfigen Jägergruppe, die vom Rande eines Bergdorfes dem schweigenden Wald zustrebt, nicht einen Hauch von Unmut. Zwei von ihnen tragen einen Kasten Bier (das nahm man damals noch nicht so genau) – Nachdurst ahnen lassend – wenngleich dieses Wetter eher zum Grogtrinken einladen möchte. Zwei der Jäger führen ihren Schweißhund am aufgedockten Riemen. Aus gewachsener Erfahrung wissen die Hunde, dass heute Arbeit auf sie wartet.

Die auf den Hubertustag folgende Nachtruhe war von kurzer Dauer gewesen. Nach mehr oder minder gelungener Wildjagd in einem Wittgensteiner Hochwildrevier bei Erndtebrück hatte die vorwiegend aus Forstleuten bestehende Jagdgesellschaft in Würdigung der Tradition dieses Tages das Schüsseltreiben in ihrem Stammkrug genossen, man hatte munter gezecht. Einige Male hatte man den Tag Revue passieren lassen und in der Erlebniswelt der Vergangenheit geblättert. Wenn sich die Gespräche um Jagd und Hunde, Anekdoten und Jägerlatein ranken, Bier und Wein die Zungen lösen, ist die Gefahr des Versiegens einer schier unerschöpflichen Unterhaltungsquelle gering. Zeit und Stunde pflegen in Bedeutungslosigkeit zu versinken. Kein Wunder, dass bereits der Samstagmorgen dämmerte, als sich der letzte harte Kern auf den Rückwechsel nach Hause begab. Man wusste um das Treffen zur Nachsuche um 9.00 Uhr.

Von Frankenberg/Eder kommend, in dessen Umfeld in mehreren Forstämtern wir einen mehrwöchigen dienstlichen Auftrag unseres forstwissenschaftlichen Instituts wahrzunehmen hatten, waren Forstassessor Pi-

Der Schweißhundführer H. Strothteicher (rechts) mit seiner HS-Hündin Heidi nach erfolgreicher Nachsuche (Foto: G. Strothteicher)

ork und ich, damals junger Revierförster, am späten Freitagnachmittag des 3. November nach Erndtebrück gefahren, um Kollegen und Freunden einen unangemeldeten Wochenendbesuch abzustatten. Insgeheim hofften wir, es könne an den Tagen um St. Hubertus auch für uns ein jagdlicher Brosame abfallen. Oft und lange genug zwang uns die Institutsarbeit zu jagdlicher Abstinenz.

Gegen Abend erreichten wir die Försterei Lützel des Forstamtes Hilchenbach. Erwartungsgemäß glänzte unser gemeinsamer Freund Hans Strothteicher durch Abwesenheit. Nach reichlichem Genuss von Kaffee und Kuchen wurden wir von seiner fürsorglichen Frau zur Fährte gelegt, fuhren nach Erndtebrück und platzten wenig später in die Jagdgesellschaft hinein, die uns mit „Hallo" begrüßte.

Wir wurden spontan zum Schüsseltreiben eingeladen und sagten nur zu gern unsere Teilnahme an der Nachsuche auf ein Rotschmaltier und einen jungen Achterhirsch am nächsten Morgen zu.

Der junge, dunkel gestromte Schweißhund des Kollegen G., eigentlich noch in der Vorprüfungsphase, sollte erste Erfahrungen auf der Naturschweißfährte sammeln. Die hirschrote HS-Hündin Heidi unseres Freundes Hans im dritten Behang stand zur Hauptprüfung auf schwieriger Fährte an. Sie hatte schon Praxis auf anspruchsvollen Fährten gesammelt. Zwei Verbandsschweißrichter würden am nächsten Morgen das Gespann begleiten.

Naturschweißfährten fallen nicht alle Tage an und müssen im Interesse der intensiven Ausbildung von Schweißhunden genutzt werden.

Zurück in die Gegenwart. Der Anschuss des angeschweißten Schmaltieres befindet sich auf einer breiten Schneise hart am Rande einer Fichtendickung. Die Schusszeichen am Anschuss in Form von breiig-körnigem, dunkelrot eingefärbtem Geäse lassen auf einen Weidwundschuss mit Verletzung der Leber schließen. Man darf davon ausgehen, das beschossene Stück Wild verendet im Wundbett zu finden. Mit der gebotenen Sorgfalt wird die Dickung rundum abgestellt. Nur die Richter werden dem Nachsuchengespann des Kollegen G. folgen.

Die Arbeit entwickelt sich wie erwartet. Schon bald ruft das Horn die Jäger mit den Signalen „Hirsch tot" und „Sammeln der Jäger" zum Ausgangspunkt zurück. Etwa 300 Meter war der Hund der Fährte zielstrebig gefolgt, bis der Riemen schlaff wurde. Das Schmaltier lag verendet im ersten Wundbett.

Zum Anschuss des Hirsches ist es nicht weit. Jagdleiter und Schütze hatten tags zuvor einige Splitter von Röhrenknochen gefunden und nach der Art des Zeichnens auf einen tiefen Vorderlaufschuss geschlossen. Ein von der Arbeit heimkehrender Waldarbeiter des Nachbarreviers war am Spätnachmittag auf einer Feuerschutzschneise unter einer Hochspannungsleitung zufällig auf einen jungen Hirsch gestoßen, der vor ihm hoch wurde und auf drei Läufen schwerfällig davon rumpelte. Kundig, wie die meisten interessierten Waldarbeiter in Hochwildrevieren sind, hatte er das Wundbett untersucht und Wildpretschweiß bestätigt. Seine Meldung an den Jagdleiter sollte uns viel Zeit sparen, die wir nachher noch nötig brauchen würden. Der Hirsch wurde immerhin vier Kilometer Luftlinie vom Anschuss entfernt aufgemüdet. In den Nachbarrevieren des Forstamtes war in den Tagen zuvor nicht gejagt worden. Die Wahrscheinlichkeit, dass es sich um den gestern beschossenen Hirsch handelte, ist groß.

Der jüngere Hund wird auch an diesem Anschuss zur Fährte gelegt, um ihn kontrollsuchend einige hundert Meter bei seiner Arbeit beobachten und bewerten zu können. Er hält die Wundfährte gut und bestätigt an Hand von Schweißspritzern mehrfach die Richtigkeit des Fluchtweges, dem er ruhig und besonnen folgt. Die Richter haben keinen Zweifel, einen hoffnungsvollen Hund für die Zukunft vor sich zu haben. Schließlich wird er abgetragen; die Zeit drängt.

Aufgemüdetes Rotwild mit Laufschuss pflegt oft weite Wege zurückzulegen, bevor es sich wieder nieder tut. Es ist zwingend geboten, den schon erfahrenen Hund von Hans an der Feuerschutzschneise erneut und möglichst bald anzusetzen. Ein Abbruch der Nachsuche wegen fallender Dunkelheit wäre fatal.

Mit den Autos sind wir wenig später vor Ort. Hans führt die kräftige hirschrote Hündin Heidi, die schon schwierige Nachsuchen meisterte. Das Wetter hat sich durch Verdichtung des Nebels für die bevorstehende Arbeit noch ungünstiger entwickelt und mahnt bei notwendig werdenden Kugelschüssen zu großer Vorsicht. Ununterbrochen fällt Nass vom grau verhangenen Himmel. Hans kennt das Revier und übernimmt von Beginn an das Kommando, wie es für einen Schweißhundführer ungeschriebenes Gesetz ist. Die Korona folgt dem Gespann in respektabler Entfernung durch ein junges Fichtenbaumholz, immer darauf bedacht, den Blickkontakt nach vorne nicht abreißen zu lassen. Auf halbem Wege dazwischen verfolgen die Richter den Ablauf der Fährtenarbeit. Es wird für sie, wie sich zeigen soll, im Verlaufe der nächsten Stunden kein einziges Mal einen Anlass zur Kritik geben – wäre wohl auch noch schöner. Nach einem halben Kilometer verhält das Gespann am Einwechsel in eine größere Fichtendickung und lässt uns aufrücken. Es herrscht verhaltene Ruhe, gesprochen wird im Flüsterton, niemand erwartet, dass sich der Kranke so rasch wieder niedergetan haben könnte.

Nach kurzer Abstimmung, wie die Dickung abzustellen ist, werden Schützen und Richter durch den Beständer und einen revierkundigen Helfer auf ihre Stände eingewiesen.

Unweit meines Standes, der sich in einem jüngeren Fichtenbaumholz auf der Rückseite der Dickung befindet, soll ein Hauptwildwechsel verlaufen. Mit den wachen Sinnen des überpassionierten jungen Jägers harre ich der weiteren Entwicklung. Kein Laut durchbricht die Stille. Der Nebel verschluckt alle Geräusche; hüllt den Wald in unwirkliches Schweigen. Ich kenne zwar die Richtung, in der meine Standnachbarn abgestellt sind, sehen kann ich jedoch keinen. Wieder und wieder rufe ich mir den festgelegten Schussausschnitt ins Gedächtnis zurück und markiere schließlich, einer Eingebung folgend, den Winkel am Boden mit zwei Ästen. Es ist ein mehr als mulmiges Gefühl, wenn man Geländestrukturen und den notwendigen Kugelfang nicht ausreichend übersehen kann.

Ich muss mich zur Konzentration zwingen, langsam macht sich die fehlende Nachtruhe unangenehm bemerkbar. Über die Augenlider legt sich bleierne Schwere. Fast hätte ich die Konturen eines aus der Nebelwand auftauchenden Stückes Wild übersehen, bin aber sofort hellwach. Unwirklich groß erscheint mir der Rothirsch, fast wie ein Geist, der sich dem Wechsel folgend in raumgreifendem Troll halbspitz auf mich zu bewegt. Welcher Jäger hätte ähnliche Empfindungen nicht schon erlebt, wenn ihm der die Perspektive vergrößernde Nebel auf den ersten Blick statt des heranhoppelnden Hasen ein ausgewachsenes Reh vorgaukelte oder anstreichende Stockenten die Größe von Graugänsen annahmen?

Ich kann nicht sofort erkennen, ob ich den kranken Hirsch vor mir habe. Noch trennen uns etwa 30 Meter. Plötzlich ändert er seine Richtung. Trug ihm der Wind einen Hauch meiner Witterung zu? Als er mir im Seitenprofil den Blick auf die Vorderläufe frei gibt, wird es offenbar. Der Hirsch setzt nur einen Vorderlauf auf. Er ist es!

Hans drückte mir heute morgen seinen Krieghoffdrilling mit dem Kugellauf in 8 x 57 IR in die Hand. Alles läuft in Sekundenschnelle ab. Als ich in Anschlag gehe, überfällt mich das Hirschfieber, als würde es ein Erdbeben auslösen. Der Zielstachel des vierfachen Hensoldt beschreibt Kreise und Bögen, unmöglich eine das Ziel erreichende Kugel los zu werden, und schon hat er die magische Grenze des Sicherheitslimits überschritten. Vorbei die Chance! – Ein mit sich und seinem Schicksal hadernder junger Jäger bleibt zurück.

Vielleicht ist es besser so, hat mir ein Schutzengel den Abzug blockiert, tröste ich mich, nachdem der Kopf wieder frei ist. Als wäre es nur eine Vision gewesen, hat der Nebel den Hirsch wieder verhüllt, hat ihn verschwinden lassen wie einen flüchtigen Traum.

„Armer Hundeführer, der du in triefend nasser Dickung derartige Strapazen auf dich nehmen musst, um im entscheidenden Moment von einem Versager um den Lohn deiner und deines Hundes Arbeit gebracht zu werden", geht es mir durch den Kopf. Buh, das ist schon eine Enttäuschung. In diesem Moment fühle ich mich sehr, sehr klein.

Die Müdigkeit ist Vergangenheit, langsam gewinne ich meine Fassung zurück. Eine stille Hoffnung verbleibt mir, der Hirsch könne noch einem Standnachbarn kommen, der sein Handwerk besser versteht als ich. Doch ein erlösender Schuss bleibt aus.

Schließlich holt mich mein Nachbar ab. Gemeinsam gehen wir zum Treffpunkt. Kleinlaut schildere ich ihm meine verpatzte Chance. Und siehe da, auch ihm kam der laufkranke Hirsch. Die Begleitumstände ließen das Antragen eines Fangschusses nicht zu, bemerkt er beiläufig. Wegen der geringen Sicht muss ihm der Hirsch auf kurze Entfernung gekommen sein, resümiere ich. Auch andere scheinen nur mit Wasser zu kochen.

Diese Aussage hebt mein angeschlagenes Selbstbewusstsein ein wenig. Unser Leitwolf Hans macht aus seiner Enttäuschung keinen Hehl. „Euch muss man die Hirsche an der Leine vorführen", sein bissiger Kommentar. Unbemerkt hatte sich der Hirsch in der Dickung davongestohlen. Sein Hund verwies ihm das warme Wundbett. Der Zeitpunkt zum Schnallen der Heidi schien ihm noch nicht gekommen.

Das Lamentieren hilft nichts, es muss weitergehen. Der Hund wird erneut zur Fährte gelegt, wo mein Standnachbar als Letzter den Hirsch verschwinden sah. Zügig geht es voran. Beim Einwechsel vor mehreren kleinen Dickungen am Fluchtweg trägt der Führer die Heidi ab, um sie auf der anderen Seite am Auswechsel wieder anzusetzen. So wird am wenigsten Zeit verloren und das überflüssige Vollbad in den triefend nassen Dickungen für das Gespann vermieden.

Der erfahrene Schweißhundführer schätzt das Verhalten des Kranken richtig ein, in so kleinen Deckungsinseln wird er höchstwahrscheinlich so rasch nicht wieder ins Wundbett gehen. Mehrere Kilometer führt der Weg bergauf, bergab durch ein vielfältiges Mosaik unterschiedlicher Bestände, Baumartenmischungen, Altersklassen von angehenden mannshohen Dickungen bis zu 130-jährigen Buchenbeständen mit Naturverjüngung aus Fichte und Buche. Die Suche geht durch ein Buchenaltholz, in dem kürzlich ein Holzeinschlag durchgeführt wurde. Mühelos lässt sich aus dem Fährtenbild ablesen, wie elegant der Hirsch selbst starke Buchenstämme überfallen hat. An einem lehnen Nordosthang liegen vereinzelt noch Schneereste eines kürzlich gefallenen Schneeschauers. Hier sieht man ganz deutlich, dass der Hirsch nur drei Läufe aufsetzte und nur hin und wieder ein paar wenige Schweißspritzer verlor.

Mit großer Ruhe und Sicherheit verrichtet Heidi ihre Arbeit, folgt dem Fährtenverlauf oft bis zu zehn Meter unter Wind. Für eine kurze Strecke erlauben mir Führer und Richter, das Gespann im raumen Altholz auf Tuchfühlung zu begleiten. Für mich ein faszinierendes Erlebnis. Verweist die Hündin Schweiß, wird sie von ihrem Herrn ausgiebig gelobt – tiefes Verständnis zwischen Führer und Hund auch ohne Worte, eine Augenweide für jeden passionierten Rüdemann.

Der Weg des Kranken will kein Ende nehmen, ein leises Unbehagen beschleicht die Gemüter der Beteiligten. Eine Turmuhr läutet aus der Ferne die vierte Nachmittagsstunde ein, und erste Abendschatten senken sich auf den schweigenden Wald. Gottlob hat der Nebel endlich seine Schleier gelüftet, doch immer noch kein Ende in Sicht. Unseren Schweißhundführer scheint das alles nicht zu berühren, er verkörpert die Zuversicht selbst.

Als das Zweiergespann am Rande einer ausgedehnten Fichtendickung vor dem Einwechsel steht, befällt den Hund eine sichtbare Unruhe, die sein Führer sofort zu deuten weiß. Im Umdrehen legt er zwei Finger auf den Mund und gibt der Korona zu verstehen, leise aufzurücken. „Der Hirsch ist dicht vor uns", flüstert Hans. „Nehmt die Stände so leise wie möglich ein, in einer Viertelstunde gehe ich ihn an und werde Heidi schnallen, sowie der Hirsch das Wundbett verlässt."

Jetzt gilt's. Eine Stunde dürfte das Büchsenlicht noch reichen. Die große Dickung kann mit den verfügbaren Jägern nicht lückenlos abgestellt werden. Der Schweißhundführer entwickelt mit dem Beständer seine Strategie. Geht man vom mutmaßlichen Verhalten des Wildes aus, sollte man annehmen, dass der Kranke den Fluchtweg über eine größere Freifläche meiden und sich eher durch die Buchenrauschen an der langen Nordflanke davonstehlen wird. Deshalb sollen an dieser Seite die erfahrenen Schützen in höherer Dichte abgestellt werden. Als unbedarfter Anfänger werde ich auf einen vermutlich aussichtslosen Stand an der Südwestecke der Dickung am Rande eines großen Kahlschlags eingewiesen. Unterhalb des westseitigen Dickungsrandes verläuft ein Waldweg, der die zwölfjährige Fichtenjugend von einer etwa 100 Meter breiten Talwiese trennt. Auf dem talseitigen Wegebankett mit ihrer abfallenden Böschung haben sich Fichtenvorwuchshorste aus Naturverjüngung gebildet. Hier und da geben sie einen Blick auf die lange Wiese frei, die auf ihrer Gegenseite von einem Erlen umsäumten, rauschenden Wildbach begleitet wird. Hinter dem Wildwasser steigt der mit Fichtenaltholz bestockte Osthang steil an.

Gelassen warte ich die weitere Entwicklung ab; ich stehe ja auf einem Abstellgleis. Und doch verschafft sich der Optimismus wieder freie Bahn; oftmals kommt es anders, als man denkt. Weshalb sollte der vom Hund bedrängte Hirsch nicht auch einen anderen als den von den Experten vermuteten Fluchtweg nehmen?

Zum Sinnieren bleibt mir nicht mehr viel Zeit. Als aus der Stille heraus der Hetzlaut der Hündin mein Ohr erreicht, bin ich hellwach und gehe vorsorglich in einen leichten Voranschlag, den Drilling fester fassend. Nicht zu überhören, dass sich die Jagd auf mich zu bewegt. „Ruhig bleiben, Nerven bewahren", hämmere ich mir ein. „Diesmal wirst du es schaffen. Eine zweite vertane Chance werden dir die Götter nicht verzeihen."

Nicht einmal ganz zu Ende gedacht, da teilen sich schon die Randfichten, und der Hirsch überfällt mit wenigen Fluchten den Waldweg, um sofort wieder in den wiesenseitig stehenden Vorwuchsfichten unterzutauchen.

Seinem harmonisch wirkenden Bewegungsablauf sah man auf den ersten Blick keine Behinderung an. Wäre da nicht der tiefe Hals des dichtauf folgenden Schweißhundes gewesen; fürwahr, ich hätte in diesem Moment schwerlich glauben können, den Kranken vor mir zu haben. Als die grüne Wand der jungen Fichten den Wildkörper wieder freigibt und der Hirsch über die Wiese flüchtet, fahre ich mit und tippe den gestochenen Abzug an, bevor ein weiterer Verjüngungshorst mir erneut die Sicht nimmt. Deutlich nehme ich den Kugelschlag wahr und beobachte mit großer Erleichterung, dass der Kranke die Kugel mit einer hohen Flucht nach vorn quittiert. Für Sekunden nur deckt ihn wieder die Randkulisse grüner Fichten, bis er mitten in der Wiese auftaucht und seinen Fluchtweg fortsetzt, als sei nichts geschehen.

Diesmal bin ich mir meiner Kugel absolut sicher. Lange wird es ihn nicht mehr auf seinen drei gesunden Läufen halten.

Vor mir überfällt Heidi mit ihrem tiefen Bass den Hangweg und folgt unbeirrbar der Wundfährte des für sie noch nicht sichtigen Hirsches, ohne indes den Abstand zu ihm merklich verringern zu können. Erstaunlich, wie rasch sich laufkrankes Wild an die unzweifelhaft schnelle Fortbewegung auf drei Läufen gewöhnen kann. Längst habe ich nachgeladen, allein, es will mir nicht gelingen, dem Kranken eine weitere erlösende Kugel anzutragen. Immer wieder schiebt sich die eine oder andere spitzkronige Fichte in die Schussbahn und nimmt mir die Sicht auf den Flüchtenden.

Doch was ist das? Die Büchse meines Standnachbarn von der Nordwestecke der Dickung bellt herüber – ein-, zwei-, drei-, viermal in rascher Folge. Donnerwetter, ist der schnell im Schießen und Repetieren, geht es mir durch den Kopf. Vermutlich war für ihn die Sicht auf den Hirsch erst jetzt frei geworden. Nun ja, auf ein krankes Stück Wild schießt man so lange, bis es umfällt.

Endlich kommt der Hirsch wieder in mein Blickfeld. Keiner der abgefeuerten Schüsse hat ihn offenbar aus der Fassung gebracht. Deutlich erkenne ich, wie der Kranke den Wildbach annimmt. Dichtauf folgt jetzt die Hündin. Als er den gesunden Vorderlauf am hangseitigen Steilufer ansetzt, sind seine letzten Kraftreserven verbraucht. Mit großer Erleichterung nehme ich wahr, dass sich der Hirsch rückwärts überschlägt und in einem Kolk des rauschenden Wildwassers unter tosendem Gischt verschwindet. In einem letzten Aufbäumen fällt sein Haupt auf einen aus dem Wasser ragenden Findling zurück. Wie Trockenäste ragen die Geweihstangen aus den schäumenden Strudeln hervor.

Schon ist Heidi heran und landet mit kurzem Sprung auf dem wildwasserumspülten Körper des Hirsches, nimmt ihr Wild in Besitz und steht einer Bronzestatue gleich auf der noch zuckenden Kreatur, um sie in unnachahmlicher Manier standesgemäß tot zu verbellen. Ein Anblick, den ich mein Lebtag nicht mehr vergessen werde.

Jetzt taucht auch Hans auf. Der weithin vernehmbare Standlaut seiner Heidi hat seine Schritte beflügelt. Gemeinsam eilen wir über die Wiese dem letzten Akt des Geschehens zu. Noch immer steht die Rote in Siegerpose auf ihrem Hirsch, um ihn mit heiserem Hals ununterbrochen zu verbellen. Nie zuvor und nie danach habe ich meine Kamera mehr herbeigesehnt als in dieser Sternstunde eines Jägers und Rüdemannes.

Um die Zeit der Lönsschen Uhlenflucht beendet des Jagdhorns Ruf mit dem erlösenden „Hirsch tot" die nicht alltägliche Nachsuche gerade noch früh genug, bevor sich die Schatten der Nacht über Wald und Wiesen legen. Verstohlen wische ich mir eine Träne aus dem Gesicht. Nach und nach treffen unsere Mitjäger ein und wollen den letzten Akt der Geschichte genau erfahren. Noch immer liegt der Gestreckte im Wildbach. Das Wasser bricht sich an Läufen, Keulen und Träger seine Bahn und hinterlässt kleine murmelnde Strudel.

Im Sprung landet Heidi auf der noch zuckenden Kreatur im Wildbach
(Gemälde: Rudolf Freiherr von Ulmenstein**)**

Schließlich besinnt man sich, dass noch nicht alles getan ist. Starke Hände packen den Geweihten und bergen ihn aus dem nassen Element. Auf der linken Blattschaufel zeichnet sich der vom Wasser geglättete kreisrunde Einschuss deutlich ab. Das Aufbrechen enthüllt die letzte Wahrheit. Der Hirsch erhielt nur meine Kugel, die keinen Ausschuss hinterließ. Das langsame, mit nur 2,65 g R5 geladene Teilmantel-Rundkopf-Geschoss aus dem 8 x 57 IR-Krieghoffdrilling gab ihre ganze Energie in der Kammer ab und verschlug sich unter der rechten Blattschaufel.

Die Nachsuche verursachende Kugel des Jägers, zugleich Pächter dieses Reviers, war oberhalb des Geäfters am rechten Vorderlauf eingedrungen und hatte den Mittelhandknochen zertrümmert. Der Achter vom dritten Kopf mit quergestellter Gabel zeigte die unverkennbaren Merkmale eines jungen Abschusshirsches. Was wären wir Jäger in den Hochwildrevieren unserer Wildbahn ohne unsere leistungsstarken Schweißhunde. Dafür hatte die schöne rote Heidi heute einmal mehr den Beweis angetreten. –

Ich hätte für den Achter aus dem Siegerland einen freien Platz an meiner Wand gehabt. Der Beständer, zugleich auch der „Erleger" des Hirsches, zog es vor, seine Jagdhütte mit dieser „Trophäe" zu schmücken. Ich habe sie ihm zu keiner Zeit geneidet, ein wenig gewundert habe ich mich schon. Nach dem gemeinsamen Imbiss hielt er eine flammende Rede, würdigte mit Recht die hervorragende Arbeit des Nachsuchengespannes und hatte lobende Worte für den „Karnickeljäger" aus Schleswig-Holstein.

Mit großzügiger Geste gab er mir für das nächste Jagdjahr in seinem Revier im Rothaargebirge einen Ia-Bock frei, den ich allerdings noch heute erlegen soll. Darüber ist ein halbes Jahrhundert vergangen, ich habe von diesem Jäger nie wieder gehört. Nun, diesem „Verlust" trauere ich nicht nach, das herausragende Erlebnis war mir für alle Zeiten Erinnerung genug.

VIERTES KAPITEL

Der kleine schwarze Hahn

Es trug sich Ende der fünfziger Jahre im Aprilmond zu. Schauplatz war ein ausgedehntes Moorgebiet mit viel Ursprünglichkeit und Wildnis auf der einen, großen, urbar gemachten Wiesenflächen auf der anderen Seite. Objekt meiner Begierde: ein schwarzweißroter Spielhahn, dem ich nach dem Leben trachten wollte, wenn ich meinen Willen bekäme. Natürlich sollte der Kleine Ritter gut präpariert meine Wand zieren, und am Erfolg hatte ich nicht den geringsten Zweifel.

Den balzenden Hahn auf frühlingsschwangeren Heidematten, eingeflochten in Erinnerungen an flötende Brachvögel, kreischende Kiebitze und Uferschnepfen, die sich über den Wiesen im Spiel des Windes heben und fallen ließen. Das war das Lied der Moorharmonie, von dem ich träumte.

Auch die ersten, zaghaft hervorkriechenden Wollgrasflöckchen am Rande des Hochmoores zwischen Sonnentau und Sauerampfer durften in meinem Bild so wenig fehlen wie der Gagelstrauch mit seinen gelbbraunbunten Blütenständen am Rande unergründlicher Moorgräben. Dazu gehörte die aufbegehrende, rätschende Bekassine, die mein unachtsamer Fuß aus ihrem Ruheplätzchen zwischen Seggenbülten herausstieß. Sie alle waren von meinem Wunschbild nicht zu trennen.

So tief empfinden kann diese Welt am besten der Mensch, der sie schon in seiner Kinderzeit, in frühen Jugendjahren auf sich wirken ließ, einer Zeit, in der er seinem Vater beim Torfgraben und -ringeln half, den Birkhahn aus der Ferne fauchen, kollern, zischen hörte, von Mücken und Blinden Fliegen zerstochen wurde, den aufrührerischen Ruf der Kiebitze in sich hineintrank und alle diese Eindrücke und Gefühle im Rückblick nicht missen möchte.

Von Beginn meines Naturempfindens an liebte ich das Moor in seiner unvergleichlichen Vielfalt über alles. Es lehrte mich, einen Lebensraum in seiner Ganzheit zu sehen, in dem nichts ohne das Andere, ohne den Anderen überleben kann. –

Wo war es schon in damaliger Zeit, fünfzig Jahre sind es her, von Hochgebirgslagen und nordischer Wildnis abgesehen, noch möglich, einen Birkhahn bejagen zu dürfen? An wenigen Stellen nur, denn wir Menschen hatten seine lebenserhaltenden Räume längst zerstört und unseren egoistischen Zielen untergeordnet. Mit ihm hatten sich Bekassinen und Brachvögel rar gemacht und viele andere Arten, wie zu befürchten ist, für immer verabschiedet.

Meinem damaligen Gönner, einem mir wohlgesonnenen Forstmeister aus dem Raum Wesermünde, war ich dankbar, dass er mir die Freigabe eines Birkhahnes im Eigenjagdbezirk eines 200-ha-Gutes bei Hagen, unweit von Bremerhaven, vermittelt hatte. Einmal im Leben nur sollte mein jagdliches Sinnen und Tun dem kleinen schwarzen Hahn gelten. –

Noch empfing mich stockdunkle Nacht, als ich in einem Bodenschirm am Außenrand des großen Moores Platz nahm. Vor mir eine schnurgerade Schneise, die linksseitig am Saum des Hochmoores entlang lief und an der gegenüber liegenden Nordseite über einen schmalen verbuschten Randstreifen zur meliorierten Wiesenlandschaft überleitete.

Das Umfeld dieses Schirmes hatte ich schon gestern Nachmittag unter die Lupe genommen. Der Gutsherr empfahl mir bei der Revierfahrt und Einweisung diesen Ansitzplatz. Am Anfang der schmalen, durch eine Lichtung verbreiterten Schneise spiele sich gelegentlich eine bescheidene Birkhahnbalz ab, die einen möglichen Erfolg verheißen könne, ließ er mich wissen. Im Übrigen gebe es in seinem Revier keine festen Balzplätze wie bei einigen Nachbarn. Das Birkwild sei hier nur sparsam vertreten. Ich könne mir gern auch im Moor einen Ansitzplatz herrichten, falls sich am Schirm kein Erfolg einstellen sollte.

Ich hatte das unbestimmte Gefühl, mein Jagdherr, seines Zeichens Berufsoffizier, könne durch seine ständige Abwesenheit, vielleicht auch mangelnde Passion, über die Vorgänge in seinem Revier nicht besonders gut informiert sein. Ich hatte dankenswerterweise freie Hand, konnte aber als Unkundiger mit diesem Faustpfand wenig anfangen, allenfalls meinem Jagdinstinkt folgen. Vielleicht führte der empfohlene Schirm tatsächlich weiter, sonst könnte nur der Zufall mit Glück helfen. Damit hatte die mir im Vorfeld eingeredete Euphorie, umrahmt von Träumereien, einen kleinen Dämpfer erlitten.

Es gab ein anderes, handfestes Problem, das war die Wetterlage. Seit Tagen steckten wir in einem Sturmtief mit Regen und sehr viel Wind, der sich manchmal zum Orkan hochschaukelte. Die Meteorologen versprachen vorerst keine Besserung. Wie sollte sich da eine Birkhahnbalz entwickeln. Hatte ich mit meinem jagdlichen Vorhaben eine Niete gezogen? Ich blieb gelassen; mal sehen! Der geneigte Leser wird sagen, wer bei einer derartigen Witterung zur Birkhahnbalz fährt, muss Tinte gesoffen haben. Recht hat er, doch der wahre Grund: Ich konnte diese Jagd mit einem einwöchigen dienstlichen Auftrag verbinden. Über Tag die uneingeschränkt durchzuführende Beratertätigkeit im Kreis Wesermünde, frühmorgens und abends draußen im Jagdrevier sein, zumal Urlaubspläne in der Zeit der Frühjahrskulturen völlig utopisch waren.

Eine Wetteränderung zum Besseren in dieser Woche konnte letztlich nicht ganz ausgeschlossen werden. Soweit einmal mehr der unheilbare Optimist. –

Mit geringer Erwartung blickte ich meinem ersten Morgenansitz entgegen. Auf 35 Meter vor dem Schirm hatte der Verwalter auf Anweisung eine Art Jule errichtet. Ein 40 Zentimeter langes Stück Querholz war auf einen Rundpfahl genagelt worden, der einen Meter über den Boden hinausragte. Mehrfach hatte er im Moor beobachtet, wie sich Hähne eine herausgehobene Anwarte suchten, um das Umfeld auf Sicherheit zu überprüfen, bevor sie auf dem Boden einfielen.

Hier saß ich nun, träumte in den erwachenden Tag hinein, der alles andere, nur nicht die Entwicklung einer Balz erwarten ließ. Sturm und Regen, gelegentlich mit einem Hagelschauer vermischt, peitschten von der nahen Nordsee herüber und ließen wenig Hoffnung zu. Nein, Jagdwetter war es nicht. Welcher Birkhahn sollte bei diesem Wetter Minnegelüste verspüren? Keine Amsel, die sich zu Worte meldete, kein Kiebitzruf aus den nahen Wiesen, selbst der heisere Schrei des Reihers blieb aus. Stille ringsum, wenn man das Röcheln des Sturmes ignorierte. Hier konnte tatsächlich nur der Kommissar Zufall helfen. Ich tat, was Ansitzjäger die halbe Zeit ihres Lebens tun, ich wartete auf ein Wunder.

Solange sich die Landschaft in Dunkelheit hüllt, jagt man mit den Ohren. Nehmen verwaschene Konturen Formen an, fordern die Augen ihr Recht. Eine Bewegung im Rückfeld der Schneise, wo sie sich zu verlieren beginnt, veranlasste mich, zum Fernglas zu greifen. Eine wintergraue, struppige Ricke, die ihre wachsenden Rundungen nicht mehr verbergen konnte, zog aus dem Aschweidengestrüpp auf die Schneise hinaus und begann zu äsen. Ein weiteres Reh folgte, gebührenden Abstand haltend. Es war ein Böckchen mit halblauscherhoch geschobenen Spießen in Bast und einem offensichtlich glatt anliegenden Haarkleid – grau und braun –, das Frühlingsahnen noch nicht aufkommen ließ. Ein Jährling normaler Entwicklung, der die Nähe der Sicherheit bietenden Mutter noch nicht aufgeben mochte, wenngleich sie ihn nicht mehr lange dulden würde.

Es wurde heller. Eine Bekassine, der ein Beutejäger zu nahe gekommen sein mochte, stand mit einem ärgerlichen Warnruf auf. Es war das erste akustische Signal eines Lebewesens aus dem Moor, das an diesem Morgen mein Ohr erreichte. Nur der Wind sang sein Lied, das die Rehe in stoischer Ruhe ertrugen, bemüht, die ersten grünen Blätter von Löwenzahn und Habichtskraut als Boten des Frühlings in sich aufzunehmen.

Hinter mir vernahm ich ein unüberhörbares Rauschen, ein singendes Vibrieren, das mit dem Lied des Windes wenig gemein hatte. Ich drehte mich um und erfasste den pfeilschnell heranstreichenden Hahn, als er über meinem Kopf die Schwingen und Ständer zum Bremsen ausfuhr, im Gleitflug gegen den Wind in die Schneise hineinstrich und auf der Anwarte wie selbstverständlich Platz nahm.

Die Überraschung war perfekt. Erhofft hatte ich einen Anblick dieser Art, erwartet unter den herrschenden Bedingungen keineswegs. Nun, ein Birkhahn war kein Fasan, der die sichere Deckung freiwillig so nicht verlassen würde.

Es hielt ihn eine Zeitlang auf der Jule, er trippelte einige Male hin und her, als wolle er mir jede einzelne seiner schmucken Federn zeigen, dachte aber nicht daran, zu Boden zu flattern, um zischend und blasend ein Balztänzchen zu vollführen. Nach Länge und Krümmung seiner Sicheln im Spiel hielt ich ihn für einen zwei- bis dreijährigen Hahn.

Sollte ich, sollte ich nicht? Der Schuss mit der Hornet ohne Kugelfang verbot sich, die Landschaft war flach wie ein Waschbrett. Eine Chance hätte ich nur, wenn er zu Boden reiten würde. Doch selbst dann wäre ich mir meines Handelns nicht sicher. Erstens war er mir nicht alt genug, zweitens wollte ich doch einmal gern eine Stafette von Balzarien erleben, bevor ich den Finger krumm machte, wollte das Lied des Heidehahnes in mich aufnehmen.

Der kleine Ritter enthob mich der letzten Entscheidung. Ganz plötzlich vollzog er einen Hopser und strich in Richtung Wiesen davon. Immerhin hatte ich einen Hahn vor mir gehabt, sichtbarer Beweis einer Chance. Es musste doch nicht gleich beim ersten Morgenansitz sein. – Das war es. Ich bummelte noch ein wenig und ging dann nach einem rustikalen Frühstück meinen Tagesgeschäften nach.

Eine Abendpirsch durch das Moor folgte, der Entspannung willen, der Suche nach Alternativen wegen. So ganz wollte ich mich nicht auf den Schneisensitz verlassen. Trotz des geringen Birkwildbestandes müsste es ein bis zwei weitere Plätze im Moorbiotop geben, die dem Birkwild einen höheren Anreiz für seine Balzrituale bieten würden als die vergraste Schneise vor der Jule. Ich versuchte mich mit diesem Wild zu identifizieren.

Auf der Suche nach bestimmten Attributen bummelte ich aufmerksamen Auges über die noch etwas kahle, aber langsam zu neuem Leben erwachende Moor-Heide-Welt. Was könnte beweisträchtiger sein als im Kampfe verlorene Federn wild gewordener Hähne oder bei allzu ungestümem Treten paarungsbereiter Hennen? Und ich wurde fündig. Zwischen Besenheide auf trockenen Torfrelikten und einer rosa blühenden Erikakolonie am feuchten Grabenrand eines alten Torfstichs fand ich, was ich suchte. Ein paar verstreut umherliegende schwarze und zwei graubraun melierte Federn von Hennen lieferten mir das Corpus delicti.

Etwas abseitig dieses Plätzchens stand am erwähnten Graben ein kugelrunder Öhrchenweidenbusch, der mir für einen provisorischen Schirm geeignet erschien. Zwar noch unbegrünt, bot er mir durch seinen kompakten, dichten Wuchs zumindest eine halbwegs brauchbare Deckung. Vorsorglich hatte ich meine Gartenschere eingesteckt und verschaffte mir durch einen sparsamen Formschnitt einen Ansitzplatz. Ich wusste, dass auch Birkhähne auf jeder Feder ein Auge haben. Darauf hatte ich mich einzustellen. Meine Zielstockschere rammte ich fest in den durchlässigen Boden hinein und war für einen Ansitz am nächsten Morgen gerüstet. –

Diesmal musste der Rucksack-Jagdstuhl herhalten, der infolge seiner Querstreben im weichen Moorboden nicht einsank. Er war nicht besonders bequem, aber für ein bis zwei Ansitze würde es schon gehen. Mein Weidenstrauch war an einer Seite hoch genug, dass ich zwischendurch auch mal aufstehen konnte, wenn die Extremitäten einzuschlafen drohten. So startete ich gut gerüstet in den erwachenden Tag, der witterungsbezogen allerdings nicht allzu viel erwarten ließ.

Es war kalt, der Wind orgelte mit ungebrochener Heftigkeit. Mehrere Regenschauer, vermischt mit Schnee und Hagel, überzogen das Land. Das Moor war und blieb leblos. Nichts rührte sich an diesem Morgen, kein Laut war zu hören, kein sichtbares Zeichen im weiten Rund. Ich hätte es wissen müssen – wenn der Wind jagt, sollte der Jäger zu Hause bleiben –, doch auch diese Weisheit trifft nur bedingt zu. Ja, wenn da nicht die nie versiegende Passion wäre, die mir zugeflüstert hatte: „Versuche es wenigstens, man kann nie wissen; im Bett könntest du allenfalls im Traum einen Hahn schießen."

Unverrichteter Dinge kehrte ich durchgefroren und misslaunig in meine Pension zurück, holte vor dem Frühstück noch eine Stunde Schlaf nach und ging dann meinen Pflichten nach. Am Abend blieb ich im Quartier und kroch früh in die Falle, um es am nächsten Morgen mit frischem Mut anzugehen.

Im Wechsel wählte ich diesmal den Schirm an der Schneise. Der Sturm hatte an Intensität verloren, gleichwohl blies der Wind noch immer stark aus westlichen Richtungen. Auch an diesem Morgen blieb ich Schneider. Nicht einmal die Rehe gaben sich die Ehre, geschweige denn das Wild, dem ich nachstellte. Das Hoffnungsbarometer sank, zumal die Meteorologen den Verbleib des Tiefdruckeinflusses vorhersagten.

Der angebrochene Freitag war der letzte Tag für meinen dienstlichen Auftrag. Ich wollte den Frühansitz auf alle Fälle noch einmal nutzen, diesmal wieder auf dem Hochmoor. Es wurde ein Morgen wie die vergangenen, ohne Anblick.

Eigentlich wollte ich heute nach Hause fahren, wenn nicht folgender Umstand zu einem Sinneswandel geführt hätte. Gestern Abend bummelte ich an der großen Wiese entlang und hatte den tiefen Vorfluter an der Reviergrenze entdeckt, der nur wenig Wasser führte. Beim Reinigen der Grabensohle war durch den Bodenaushub eine hohe Böschung entstanden, die ein leicht gebücktes Pirschen im etwa 400 Meter langen Graben ermöglichte, ohne von der Wiese aus gesehen zu werden, bevor der Vorfluter eine andere Richtung einschlug.

Auf den Wiesen könnte morgens Birkwild zur Äsung einfallen, wie ich es als Fahrschüler vom Zug aus in meiner Heimat mehrfach erlebt hatte. Offensichtlich liebte das Birkwild im zeitigen Frühjahr die saftigen Gräser und Kräuter der Wiesen. Der einzige von mir bisher gesehene Hahn war am ersten Morgen in Richtung der Wiesen abgestrichen. Könnte er nicht – – – ? Darauf baute ich meinen Plan und beschloss, den Samstagmorgen noch dranzuhängen. Wann würde ich noch mal einen Birkhahn frei bekommen? Wahrscheinlich nie!

Im Morgendämmern nahm ich meinen Platz am Grabenanfang hinter einem Hecktor ein. Von hier aus konnte ich die ganze Wiesenbreite übersehen und beim Einfallen von Birkhähnen im Graben hochpirschen, um die kürzeste Schussentfernung zu erreichen. Diese Taktik kam mir nicht wie der Strohhalm vor, an den ich mich kurz vor Toresschluss klammerte. Ich sah darin eine reelle Chance.

Es hätte so schön sein können, wenn mir der biestige Wind das Konzept nicht so restlos verdorben hätte. Ich hatte mich so auf ein Balzerlebnis gefreut, inzwischen innerlich längst abgehakt, doch der Jäger in mir gab sich noch nicht geschlagen.

Es wurde Tag – ein Tag, der sich in nichts von den bisherigen unterschied. Und dann geschah es. Mit sausendem Schwingenschlag strich ein Hahn heran, bremste den Flug, fiel mitten auf der Wiese ein, als habe er den

Abstand zum Birkensaum des Moores auf der einen, zum Grenzgraben auf der anderen Seite penibel genau abgemessen. Was für ein Sicherheitsbedürfnis – weit genug weg vom gefürchteten Ansitzjäger Habicht und auch vom Räuber Fuchs, der gerne den Tag im Schutze einer vergrasten Grabenböschung verschläft.

Jetzt war ich am Zuge, rutschte die Böschung hinunter und machte mich gebückt auf den Weg. Etwa 150 Meter konnten es bis zum Punkt der kürzesten Schussentfernung sein. Der Erdaushub auf der Kante würde eine gute Gewehrauflage bieten.

Plötzlich geschah Unvorhergesehenes. In der oberen Böschung hatte sich eine Strauchweide angesiedelt, die über die Oberkante ein Stück hinausragte. Beim Passieren dieser Stelle war ich etwas zu unachtsam, berührte einen Zweig mit meinem Rücken und setzte den Busch in eine leichte Bewegung. Damit hatte ich die Aufmerksamkeit des Hahnes unterschätzt. Flugs erhob er sich und strich ab, bevor er seine Morgenmahlzeit so recht beginnen konnte. Besser für den Bejagten, schlechter für den Jäger, der wieder einmal Lehrgeld zahlen musste.

Was war zu tun? Ich stutzte den Strauch soweit zurück, dass er kein zweites Mal Anlass für eine verräterische Störung sein würde. Dann blieb ich im Schutze der Weide im Graben stehen. Noch dachte ich nicht daran, aufzugeben. Von hier aus konnte ich je nach Bedarf im Graben aufwärts oder abwärts pirschen.

Meine Geduld wurde belohnt. Es mochte eine halbe Stunde vergangen sein, als ich erneut den vibrierenden Flügelschlag vernahm. Ich tauchte sofort ab und konnte beobachten, dass der zweite Hahn fast auf den Punkt genau dort landete, wo der erste wieder abgehoben hatte, als hätten sie ein Stelldichein verabredet. Ich musste noch 50 Meter grabenabwärts pirschen, um die optimalste Stelle für einen Schuss zu erreichen. Es gelang. Im Zeitlupentempo schob ich meinen Kopf über die Kante, suchte eine passende Gewehrauflage und unterfütterte sie mit meiner Mütze. Ich achtete peinlich darauf, mit den Vorbereitungen jeweils zu warten, bis der Hahn wieder zu äsen begann, um kein zweites Missgeschick zu provozieren.

Die schwierigste Arbeit stand mir noch bevor. Der Hahn bewegte sich sehr langsam gegen den Wind, den man getrost Sturm nennen durfte, sicherte in Intervallen viermal so lange, wie er Äsung zupfte. Der Schuss wurde zu einem Unsicherheitsfaktor, da die normale Windbewegung häufig in Böen ausartete.

Ich musste die windbedingte Abtrift des nur drei Gramm schweren Hornetgeschosses berücksichtigen, um die Kugel ins Ziel zu bringen.

Als er wieder einmal sicherte, hielt ich quer zur Windrichtung drei bis vier Zentimeter am Hahn vorbei und zog ab. Das Glück war auf meiner Seite. Getroffen schnellte der kleine Ritter aus dem Stand heraus mehrere Male bis zu einem Meter hoch, bevor er verendet liegen blieb. Stolz und glücklich nahm ich nach dem Abschreiten der Entfernung meinen Hahn auf. Der Einschuss zeigte ein rotes Mal auf dem weißen Schulterfleck am Buggelenk. An der Ausschussseite hatte das Geschoss den Flügelknochen zertrümmert.

Die gezielte Wahl meines Haltepunktes war kein Zufall gewesen, die Sache mit der Ballistik hatte ihre Vorgeschichte. Als mir mein Freund Schäfer seine Hornet lieh, bemerkte er beiläufig: „Die Waffe schießt Fleck, gebe aber acht bei starkem Wind, das leichte Geschoss ist seitenwindgefährdet."

Ich dachte, so schlimm wird es wohl nicht sein, gab aber sicherheitshalber einen Tag vor meiner Abfahrt in unserer alten Kiesgrube drei Probeschüsse auf 100 Meter ab. Ein sturmartiger Wind bestimmte schon das Tageswetter. Und siehe da, die Schüsse hatten eine Abtrift von sieben bis neun Zentimetern. Ich war vorgewarnt.

Nie zuvor hatte ich an einem Stück Wild vorbeigezielt, um es zu treffen. Man lernt nie aus. –

Mein Hahn war ein Jähriger, schmückte sich mit braunem, statt schwarzem Gefieder und hätte für ein stahlblaues Kleid noch mindestens einer bis zweier weiterer Mausern bedurft. Für den ersten mir zweimal in Anblick gekommenen, voll ausgefiederten Hahn war ich nicht gut genug gewesen. Dennoch, eine tiefe Befriedigung erfüllte mich, die jagdliche Herausforderung hatte es in sich gehabt.

FÜNFTES KAPITEL

Harzerinnerungen

Der Zweite von links

Hubertusjagd. Ein Gelände urwüchsiger Ausprägung für ein Mittelgebirge umfängt mich im wilden Bruchberggebiet des Oberharzer Forstamtes Oderhaus. Kulturwald, bürstendichter Naturwald aus Anflug und locker gestellter Urwald wechseln einander auf dem Wege zum Gipfelplateau ab, wo sich zwischen Felsblöcken weitständige, langsam wachsende, flechtenbehangene Kümmerfichten aus Naturverjüngung nach oben recken. Kurz sind ihre Triebe, chlorophyllarm ihre gelben Nadeln. Sie vegetieren dahin, ausgestattet mit einem Wachstumszyklus im Zeitlupentempo. Andere dazwischen sterben und vergehen im ewigen Kreislauf der Natur, schaffen Platz für die nächste Generation, die sich neben Blaubeerenstauden, Besenheide und silberfarbenen Matten von Kriechweiden den Weg zum Licht bahnt. Hier darf der wirtschaftende Forstmann der Natur freien Lauf lassen und sich der Vielfalt der Strukturen und Lebensformen unserer Schöpfung aus vollem Herzen erfreuen.

Blick vom Bruchberg in die Oberharzer Berge

An einem bogig verlaufenden Hangweg wies man mir meinen ersten Stand zu, beidseitig von einer dichtstehenden, etwa drei Meter hohen Fichtenjugend aus Naturverjüngung flankiert. Auf den ersten Blick wundert man sich, wie lautlos starkes Wild in diesem bürstendichten, undurchdringlich erscheinenden Jungwald seine Fährte zu ziehen vermag, obwohl noch reichlich Fallholz des Vorbestandes den Boden bedeckt. Der Eindruck täuscht bei oberflächlicher Betrachtung. Beiseite geschoben federn die elastischen jungen Bäume lautlos in ihre natürliche Stellung zurück. Das Dürrholz am Boden liegt im ewigen Schatten, nimmt bei der hohen Luftfeuchtigkeit durch reichliche Niederschläge in dieser Region viel Wasser auf, wird mit der Zeit mehr und mehr von Moosen, Algen und Flechten überzogen und gibt beim geräuschvermeidenden Tritt des Wildes nur selten einen verräterischen Laut von sich.

Keine sonderliche Überraschung, als sich etwa 50 Meter vor mir die vordere Hälfte eines Wildkörpers aus dem bis zum Boden begrünten Waldmantel am Bestandesrand herausschiebt, dessen Anwechseln ich trotz einer fast lähmenden Stille nicht vernahm. Die eigentliche Überraschung stellt sich erst auf den zweiten Blick ein. Vor mir steht ein Mönch, ein Plattkopf, dessen Anblick und mehr noch seine Erlegung selbst bei Jägern Seltenheitswert haben, die ein Leben lang in Rotwildrevieren beobachteten und jagten.

Der geweihlose, offensichtlich nicht mehr junge Hirsch mit eisgrauem Grind sichert lange regungslos und rührt keinen Lauf. Sekunden kommen einem wie eine Ewigkeit vor. Seine dunkle, stark entwickelte Mähne ummantelt ihn im doppelten Sinne des Wortes wie eine Mönchskutte. Auf dem trockenen Haupt zeichnen sich die kaum sichtbaren Rosenstöcke nur in Form von leichten Wölbungen ab.

Ich erstarre zum Denkmal, kneife die verräterischen Augen halb zu und wage mich nicht zu bewegen. Ach, würde er sich doch entschließen, die Schneise zu überfallen, bitte ich den Heiligen der Jäger, sie ist breit genug, eine gezielte Kugel los zu werden. Doch mein stilles Gebet verhallt ungehört. Hat der Hirsch einen Hauch menschlicher Wittrung aufgefangen, von mir, von meinem Nachbarn? Die Antwort gibt seine unerwartete Reaktion. Plötzlich wirft er sich ungewöhnlich schnell herum, und schon schließt sich die schützende grüne Wand hinter ihm. Meine Chance war nur ein Traum.

Die Kollegen des Forstamtes kannten den Mönch. Er galt als heimlich und sehr vorsichtig und hatte sich seiner Erlegung bisher immer wieder geschickt entziehen können.

Im Bruchbergtreiben kommt kein Wild zur Strecke. Nach einem kurzen Frühstück in Torfhaus wird am westlichen Fuße des Brockens unweit der damaligen Grenze zur DDR weiter gejagt. Mein väterlicher Freund, Professor Dr. Ernst Schäfer, dem ich die Einladung zu dieser Jagd wie auch die Freigabe eines IIIc-Hirsches durch Oberlandforstmeister Fritz Vorreyer verdanke, streckt auf einer schmalen Schneise ein Rotalttier mit Kalb. Ein Kollege des Forstamtes krönt mit der Erlegung eines kleinen Familienverbandes aus Alttier, Schmaltier und Kalb gekonnt die Gesamtstrecke dieser erfolgreichen kleinen Hubertusjagd im „Familienkreis", dem Forstamtskollegium mit ein paar Freunden. Für mich war sie ein Erlebnis der besonderen Art.

*

Die nächsten Tage sind dem Waidwerken auf einen jungen Abschusshirsch gewidmet. Die Erlegung eines Hirsches dieser Klasse ist in der Brunft zwar einfacher, verbietet sich aber in den meisten Revieren mit viel Rotwildaufkommen, weil in ihnen Gästeführungen auf starke, reife Hirsche immer Vorrang haben müssen. Ich bin trotzdem guter Hoffnung, zu meinem Hirsch zu kommen, zumal die Wilddichte im Oberharz in diesen Jahren noch recht hoch ist.

Am Morgen nach der Jagd bin ich mit Ernst zeitig draußen. Der Amtsleiter hat mich seiner Führung anvertraut. Vorher wurde besprochen, wie der für mich vorgesehene Hirsch nach Alter und Geweihmerkmalen aussehen darf.

Von der Kanzel am Rande eines lichten Fichtenaltholzes mit Dickungen zur Rechten und zur Linken schauen wir auf einen ebenfalls mit Fichten wieder aufgeforsteten Kahlschlag zu unseren Füßen. Das Panorama mit guten Tageseinständen an den Flanken riecht förmlich nach Wild, doch die Bühne bleibt leer.

Am Abend führt mich Ernst zum letzten Mal, bevor er nach dem Ansitz die Heimfahrt antreten muss. Der Wind hat über Tag einen leichten Schwenk von West auf Süd vollzogen und zwingt uns zu einem Standortwechsel. Wir beziehen eine Kanzel am Grat eines langen Südwesthanges, der nach Nutzung der abgängigen Fichtenaltholzreste im Verlaufe der letzten zwanzig Jahre streifenweise mit Fichte wiederbestockt wurde. Terrassenförmig schieben sich die verschiedenen Anpflanzungsjahrgänge nebeneinander hoch und bilden ideale Einstände, die vom Wild bei Tag wie bei Nacht genutzt werden. Die ältesten dieser heranwachsenden Dickungen bilden bei Störungen ausreichend große Rückzugsnischen und Tageseinstände, die jüngeren lassen noch soviel Licht zu Boden fallen, dass reichlich Äsung zwischen den Pflanzreihen wachsen kann, die dem Wild auch über Tag bei ausreichender Deckung verfügbar ist. Die jüngsten Jahrgänge, etwa drei- bis siebenjährig, bilden die Hauptäsungsflächen über Nacht und halten eine Fülle von Nahrung in Form von Drahtschmiele, Straußgras, Honiggras und Wildkräutern vor.

Dieser große Hang ist eine der bevorzugten Kinderstuben des Rotwildes im Revier. Wenn allerdings ein starker Wind voll in diesen Sonnenhang hinein bläst, bleibt der Jäger schon mal ohne Anblick. Die von uns bezogene Kanzel gehört zu den Lieblingsplätzen des Forstamtsleiters F. Vorreyer; das ist leicht nachzuvollziehen.

Wir genießen den Sonnenuntergang an dem selten schönen Novembertag. Noch schmücken sich in den Talauen und Senken die Randbuchen mit goldgelbem Herbstlaub, flattern weinrote Blätter des malerischen Bergahorns zögerlich zu Boden, verbreiten eine Stimmung, die es festzuhalten lohnt.

Inzwischen ist der Wind fast eingeschlafen. Als die Schatten der Nacht länger werden, zieht ein Tier mit Kalb aus der hohen Deckung heraus, dem wenig später ein weiteres Alttier mit Kalb und Schmaltier folgen. Vertraut beginnt das Rudel auf den Freiflächen zwischen den kniehohen Fichten zu äsen. Noch ist der Abschuss nicht erfüllt, und die Entfernung würde gut passen, doch heute Abend steht uns der Sinn nicht nach Kahlwildabschuss. Wir warten auf einen Hirsch, der richtig wäre. Beim Beobachten des Wildes kommt keine Langeweile auf, rundherum herrscht tiefer Abendfrieden. Die zunehmende Dunkelheit gaukelt dem Jäger einmal mehr wildähnliche Gebilde vor, bis das lichtstarke Glas den Irrtum aufklärt.

Drüben am Nordrand der höheren Fichten tut sich etwas, eine Fichte schaukelt verdächtig hin und her. Langsam schiebt sich ein Wildkörper ans Licht. Gemessenen Schrittes wechselt ein Hirsch auf das immer noch vertraut äsende Kahlwildrudel zu. Der erste Blick durch das Nachtglas gilt den Körperformen, wir versuchen das ungefähre Alter des Geweihten zu schätzen. Erst dann tastet sich das prüfende Auge an den Stangen hoch. Vor uns präsentiert sich ein gerader Eissprossenzwölfer, den Ernst als mittelalten Hirsch anspricht. Eine Nummer zu groß für mich, aber dessen ungeachtet gehört er zur Klasse der heranreifenden Zukunftshirsche. Sein Anblick lässt Freude aufkommen. Als die Nacht vollends die Oberhand gewinnt, treten wir unbemerkt den Heimweg an. Ernst hat noch eine zweistündige Autofahrt vor sich.

Am nächsten Morgen geht es vor Tau und Tag wieder hinaus. Diesmal führt mich mein Freund und Kollege Harald Drechsler. Harald war damals schon ein gediegener Kenner des Harzer Rotwildes und ist durch seine Markierungen, zahlreiche Veröffentlichungen und mehrere Bücher weit über die Grenzen des Harzes und auch der Bundesrepublik hinaus bekannt geworden. Bei ihm bin ich in besten Händen.

Nahe der Grenze zum Forstamt Andreasberg besteigen wir eine Kanzel auf einem Hochplateau am Rande einer noch jungen Fichtenkultur. Noch herrscht tiefe Dunkelheit, kein Laut durchdringt die Stille der Nacht. Es ist windstill, die Temperatur liegt nur knapp über null Grad. Ich bin gern zeitig vor Ort. Eine geringfügige Störung beim Angehen in der Dunkelheit toleriert das Wild leichter, wenn bis zum Tagwerden noch genügend Zeit verbleibt.

Mit gedämpfter Unterhaltung vertreiben wir uns die erste Stunde. Das Gespräch rankt sich um das Rotwild, wie könnte es anders sein. Als der junge Tag langsam heraufdämmert, sinkt die Temperatur noch weiter ab. Bodennebel kommt auf, ummantelt die jungen Fichten, die gerade Gestalt anzunehmen beginnen, und verhüllt sie mit einem undurchsichtigen grauen Schleier. „Das können wir ganz gelassen abwarten, die Sicht wird besser, sowie das Tageslicht zunimmt und die Luft sich erwärmt. Der Hauptwechsel verläuft nicht weit von hier. Wenn die Hirsche uns heute ihre Referenz erweisen sollten, werden wir sie nicht übersehen können", meint Harald leichthin und verbreitet Optimismus.

Wie sagte mein Führer soeben: „Wenn die Hirsche – " ... ?! Harald ist fast täglich draußen und kann die Gewohnheiten des Rotwildes gut einschätzen, sofern nicht unerwartete Störungen das Wild zum Umdisponieren zwingen. Zwar hält er sich bedeckt, aber man kann zumindest vermuten, dass ihm *die* Hirsche hier auf dem Morgenwechsel schon begegnet sind. Wenn nicht, hatten sie vielleicht ihre Fährten im kürzlich gefallenen Schnee oder im feuchten Lehm auf dem Wechsel zum Tageseinstand hinterlassen? Ich zügele meine Neugier, bin aber guter Hoffnung.

Manchmal entwickeln sich Dinge schneller als gedacht. „Horche", stößt mich Harald an, „die Hirsche kommen." Er scheint sich doch sicher zu sein, dass es kein Kahlwild, dass es Hirsche sind, bestätigt damit meinen Verdacht und soll Recht behalten. Deutlich vernehme auch ich Geräusche von ziehendem Wild, hier ein leises Knacken, dort ein verhaltenes Brechen von trockenem Dürrholz. Die Signale kommen näher, meine Pulsfrequenz steigt, meine innere Unruhe nimmt zu, gerade weil noch immer kein Wild in Anblick kommt. Eine Bodenkuppe nimmt uns die Sicht, spannt mich auf die Folter, nötigt Harald zu der Bemerkung: „Bleibe ruhig, Erich, sie wechseln ganz vertraut an und lassen sich viel Zeit!“ Ja, wenn das Ruhigbleiben denn so einfach wäre.

Fast kommt es einer Erlösung gleich, als ihre Häupter zuerst sichtbar werden, die Körper an Konturen gewinnen und sieben Hirsche wie an der Perlenschnur gezogen auf uns zuwechseln. In den letzten, noch sichtbaren Nebelschwaden schaukeln ihre Geweihe hin und her wie Fackeln im Wind. Schneller als erwartet nimmt meine stille Hoffnung reale Gestalt an und zugleich regt sich mein nur mühsam kontrollierbares Hirschfieber.

Über diese Hochfläche zogen die Hirsche an uns vorüber

So wie die Stücke hintereinander herziehen, erinnert dieses Bild einen Moment nur an ein Feisthirschrudel, allein ihr graubraunes Winterhaar, gekrönt von einem mehr oder minder gut entwickelten Brunftkragen, verleiht ihnen ein imponierenderes Aussehen von mehr Größe, mehr Würde. Ein mittelalter Adjutant führt den Trupp an, in der Mitte wechseln sich jüngere und ältere Hirsche ab, und am Ende des Rudels folgt der vermutlich älteste Pascha. Nicht ohne ein leichtes Zittern nehme ich den Gesamteindruck in seiner ganzen Ästhetik in mich auf.

Doch nun wird es ernst. „Mach dich fertig, aber bleibe ganz ruhig, du hast genügend Zeit“, raunt mir Harald zu. Noch ist die günstigste Schussentfernung auf das vertraut ziehende Wild nicht gegeben. „Der Zweite von links passt“ – und noch einmal – „bleibe ganz ruhig“, so Harald. Der Wechsel verläuft durch eine kleine Bodensenke auf der Kulturfläche, die die ersten fünf Hirsche erreicht und teilweise schon durchschritten haben. Linksseitig führt eine lehne, kaum auffallende Böschung in die Senke hinein. Als der vorletzte, breit anwechselnde Hirsch den Rand des abfallenden Geländeeinschnitts erreicht und im Weiterziehen vorne leicht einknickt und tiefer wird, bricht der Schuss und holt ihn schlagartig von den Läufen. Ich repetiere sofort, doch der Hirsch schlegelt nur noch einige Male und streckt sich. Ein Krellschuss ist nicht mehr zu befürchten.

Erst jetzt beginnt es mich zu schütteln, und ich habe fast Mühe, den Zigarillo in Brand zu stecken. „Waidmannsheil, Erich, so schnell habe ich noch nie einen Hirsch verenden sehen", klopft mir Harald auf die Schulter. Im Unterbewusstsein meldet sich bei mir ein leichtes Unbehagen. Beim Durchkrümmen des Fingers merkte ich, dass mein Hirsch abtauchte, konnte aber den Schuss nicht mehr korrigieren. Die Kugel muss sehr hoch gefasst haben. Die letzte Erkenntnis bleibt noch eine Weile im Dunkeln und kann nicht verhindern, dass ich grenzenlos glücklich bin über meinen ersten Hirsch.

Wir haben jetzt viel Zeit, schmöken unseren Zigarillo und genießen glückstrunken, was mich angeht, den erwachenden Tag. Immer wieder suchen meine Augen die Konturen des Gestreckten, von dem kaum mehr als eine Sechserstange sichtbar wird. Endlich lenken wir unsere Schritte zum Hirsch, vor uns liegt ein Sechserchen vom zweiten Kopf. Nicht das Alter, nicht die Enden zählen. Gewicht hat nur das Erlebnis, die Erfüllung eines bescheidenen jugendlichen Traumes, die Großartigkeit des jagdlichen Geschehens. Danke F. Vorreyer, danke Harald Drechsler. Ihr habt einen jungen Jäger sehr glücklich gemacht. Danke auch dir, Ernst Schäfer, der du die Weichen gestellt hast.

Dieser Hegeabschuss in der Jugendklasse geht in Ordnung. Ein kleiner Wermutstropfen fällt in den Wein. Oberhalb des Blattes hat das 11,6 g schwere Silvertip-Geschoss aus der Winchester .30-06 die Wirbelsäule durchschlagen und zum schlagartigen

Glücklich über meinen Sechser vom zweiten Kopf

Sonnenaufgang über Bodennebel

Verenden geführt. Noch einmal Glück gehabt; der Weg zum Krellschuss wäre nicht mehr weit gewesen. „Lass gut sein, das ist vor dir schon manch anderem passiert", tröstet mich Harald. –

Der Erlegung schloss sich ein bemerkenswertes Ritual an. Der älteste Sohn von Herrn Vorreyer half mir, den Erlegten in einem eisenbereiften Handwagen zu Tal zu ziehen. Der Ziehwagen mit dem Gekrönten wurde standesgemäß mit Tannengrün geschmückt und zog während der Fahrt auf der von St. Andreasberg kommenden Asphaltstraße in Richtung Oderteich manchen neugierigen Blick auf sich.

Es versteht sich, dass der Hirsch gerecht zur Strecke gelegt, zünftig verblasen und würdig tot getrunken wurde.

SECHSTES KAPITEL

Harzerinnerungen

Der Kronenzehner von Silberhütte

In den sechziger Jahren wurde der museale Teil des Jagdschlosses Springe unter Regie von Ernst Schäfer, damals als Kustos im Niedersächsischen Landesmuseum in Hannover tätig, neu gestaltet. Mit viel Liebe zum Detail entstanden unter Feder und Pinsel des unvergessenen Jagdmalers Fritz Laube bewundernswerte Dioramen. Viele jagdhistorische Exponate, Wildpräparate, Trophäen und mehr gaben den Räumen ein besonderes Gepräge.

Schäfer bat mich, eine Rehwildlehrschau aufzubauen. Aus einer Anzahl von Gehörnen aller Altersklassen sollte nach dem damaligen Stand der anerkannten Abschussrichtlinien und Hegeziele ein Modell gestaltet werden, das geeignet wäre, den Jägern Anregungen für die Bejagung ihres Rehwildes zu vermitteln.

Aus einem Nachlass, teilweise aus eigenen Trophäen, stellte ich die erforderlichen Entwicklungsreihen zusammen und machte mich an die Arbeit. Ich fuhr einige Male von Schleswig-Holstein nach Springe und hatte meine Freude an der offensichtlich gelungenen Aufgabe.

Soweit die kleine Vorgeschichte zu dem nächsten Harzer Hirsch. Als ein willkommenes Dankeschön gab mir der zuständige Minister Hasselmann einen Rothirsch der Klasse Ib oder IIb frei, auf den ich in der Brunft 1970 im Forstamt Walkenried waidwerken durfte. Der Harz war einmal mehr meine Hoffnung.

Im Revier Hohegeiß wurde ich vom zuständigen Kollegen des Forstamtes eingewiesen. Er zeigte mir die Grenzen meines Pirschbezirks, diskutierte mit mir die Abschusskriterien eines Ib- oder IIb-Hirsches und überließ mich meinem Schicksal. Eine letzte, durchaus nicht unfreundliche Bemerkung beim Abschied, eine Führung sei nicht möglich, aber bei einem gestandenen, nicht mehr ganz unerfahrenen Forstmann auch nicht erforderlich. Die Hintergründe dieses „Statements“ sollte ich bald erfahren.

Als geborener Optimist war ich nicht einmal böse, mein Heil allein versuchen zu dürfen. Dieses Bedürfnis hat mich im Laufe meines jagdlichen

Lebensweges immer begleitet. So konnte ich selber meine Fähigkeiten entwickeln und brauchte auf niemanden Rücksicht zu nehmen. Die anfängliche Euphorie wich alsbald einer realen Ernüchterung und machte mir unmissverständlich klar, dass ich – gewollt oder ungewollt – auf ein Abstellgleis geschoben worden war.

Mein Pirschbezirk bestand fast ausschließlich aus jüngeren und älteren Fichtenreinbeständen, vereinzelt von Stangenhölzern, nur selten von Fichtendickungen als mögliche Tageseinstände für das Wild durchsetzt, und zog sich an der innerdeutschen Grenze, am eisernen Vorhang entlang. Hochsitze waren fast nicht vorhanden, weil überflüssig. Beim Abfährten konnte ich das eine oder andere alte Trittsiegel von Rotwild bestätigen, frische Wildbewegungen waren so wenig erkennbar wie auch nur ein bescheidener Ansatz von einem Brunftbetrieb.

Fast war es ein Glücksfall, dass ich mich am zweiten Tag des Anblicks eines jungen Kronenhirsches erfreuen durfte, der auf weite Entfernung – vermutlich einem alten Fernwechsel auf der Suche nach Brunftplätzen folgend – einen Holzabfuhrweg kreuzte. Das war's dann auch schon.

Am Abend rief ich meinen Betreuer an und berichtete ihm vom aussichtslosen Unterfangen, hier zu einem Jagderfolg zu kommen. Er hatte ein Einsehen – im Nachhinein glaube ich, das war eingeplant –, und ich wurde kurzerhand umgesetzt nach Walkenried, wo ich mich am nächsten Morgen auf dem betreffenden Forstdienstgehöft einfand. Das Revier am Rande des Südharzes war jagdlich erschlossen und waldbaulich mit seinen abwechselungsreichen Strukturen und den Laub- und Nadelholzmischungen in unterschiedlichen Altersklassen für den passionierten Forstmann interessant.

Wie zuvor wurde ich auch hier in einen Pirschbezirk eingewiesen und war ab sofort meines Glückes eigener Schmied. Um es kurz zu machen, ich fuhr nach weiteren fünf Tagen nach Hause, ohne auch nur ein Haar von einem Stück Rotwild gesehen zu haben. Keine Bewegung, kein Brunftbetrieb, nicht der Hauch einer Chance. Aus der Ferne hörte ich abends einige Male verhalten den einen oder anderen Hirsch melden – das war's. Von der Niedersächsischen Landesforstverwaltung fühlte ich mich verschaukelt und habe kein Hehl daraus gemacht. Diese Art der Abwicklung war alles andere als fair.

*

Ein Jahr danach. Wiedergutmachung war angesagt. Diesmal fuhren Freund Bernhard Hansen und ich in der Hochbrunft auf vier Tage in den Harz. Jeder von uns hatte im Forstamt Grund einen Rothirsch der Klasse Ib oder IIb frei. Wir waren voller Hoffnung und Erwartung.

Bernhard hatte über zwei Winter gefangenes und erlegtes Raubwild aller bei uns in Holstein vorkommenden Arten gesammelt und dem Niedersächsischen Landesmuseum zur weiteren Aufbereitung zugeschickt. Die Präparate fanden zunächst Verwendung für die Jagdausstellung in München und wurden danach den Museen in Hannover und Springe zur Verfügung gestellt.

In der letzten Septemberwoche trafen wir am frühen Nachmittag des 28sten in Bad Grund ein und machten unseren Antrittsbesuch auf dem Forstamt. Ohne Zeitdruck konnten wir schon den ersten Abendansitz wahrnehmen. Bernhard wurde vom jungen Kollegen Töpperwien im Revier Wildemann, ich vom Kollegen Schlesinger in seinem Revier Silberhütte geführt. –

Wir bestiegen eine hohe Kanzel vor einer großflächigen Fichtenkultur mit Altholz im Rücken. Das Umfeld erinnerte mich stark an den Erlegungsort meines ersten Harzer Hirsches in Oderhaus. Das war nicht weiter verwunderlich, tragen doch die Bestockungen und Geländestrukturen in dem von reinen Fichtenbeständen aller Altersklassen geprägten Oberharz zum Verwechseln ähnliche Gesichter. Der Nachmittag war hell und klar, um uns herum Stille. Noch meldete kein einziger Hirsch im weiten Rund. Als die Sonne sich am Westhimmel verabschiedete, wurde es zwar kühler, doch für einen erlebnisversprechenden Brunftabend war es noch immer reichlich warm.

Fast hatten wir die Hoffnung auf Anblick schon aufgegeben, da tauchte bei schwindendem Büchsenlicht am Horizont ein Hirsch auf, der sich uns stetig näherte. Das Abendrot am Westhimmel zeichnete seine Konturen deutlich ab. Er hatte es eilig, wollte wohl auf der Suche nach dem nächsten potenten Brunftplatz keine Zeit verlieren und wechselte in flotter Gangart breit an uns vorüber. Wir schätzten sein Alter übereinstimmend auf den achten bis neunten Kopf. Als gerader Kronenzehner mit kurzen, relativ dünnen Stangen präsentierte er sich als klassischer IIb-Abschusshirsch.

„Sie können diesen Hirsch schießen, wenn er Ihnen gut genug ist", raunte mir mein Kollege zu. Ich überlegte kurz. Die Güteklasse war für mich eher nebensächlich. Einen Abschusshirsch, der das Halbstarkenalter deutlich hinter sich gelassen hatte, wünschte ich mir schon. Das war bei diesem Hirsch eindeutig der Fall. Für einen flüchtigen Augenblick kam mir die enttäuschende erfolglose Brunftwoche des Vorjahres in Hohegeiß und

Walkenried in den Sinn und gab den Ausschlag. Chancen sind nicht beliebig vermehrbar, das hatte mich die Erfahrung längst gelehrt. Ich nickte zustimmend und machte mich fertig zum Schuss.

Es blieb nicht mehr viel Zeit. Der Hirsch war am Saum einer vier Meter hohen Fichtendickung angelangt, in die er unverzüglich einwechselte. Es war sein Fehler, in der ersten Reihe verhoffend und sichernd stehen zu bleiben. Zwar deckte ihn der grüne Fichtenmantel fast vollständig zu, doch zeigte sich meinem Auge neben dem Haupt noch die rechte, unverdeckte Blattseite in Tellergröße. Die kleine Lücke in der trügerisch schützenden Wand müsste ausreichen, ihm eine tödliche Kugel anzutragen. Als sich das 11,8 Gramm schwere Geschoss aus meinem 8 x 57 IRS-Drillinglauf den Weg durch die Lücke suchte, war ich mir sicher, dass der Hirsch die Kugel im Kammerbereich haben müsste. Wie er auf den Schuss zeichnete, blieb uns mangels Sicht leider verborgen. Bevor die alles umhüllende Stille zurückkehrte, hörten wir ihn noch kurz davonrumpeln, zwei Jäger zurücklassend, die noch keine Antwort auf ihre unausgesprochene Frage erhielten: Hat der Hirsch die Kugel – oder hat er sie nicht? –

„Wie sind Sie abgekommen?", wollte mein Führer wissen. Wie oft hatte ich diese Frage bei Gästeführungen schon selber gestellt, ich hatte sie erwartet.

„Gut!", antwortete ich aus voller Überzeugung. „Der Hirsch müsste die Kugel an der richtigen Stelle haben." Nach einer kurzen Zigarettenpause – die Zeit begann uns mit Riesenschritten davonzulaufen – suchten wir den Anschuss auf und – fanden nicht die geringste Spur von einem Schusszeichen. Wie sollten wir auch? Inzwischen hatte uns die Dunkelheit eingeholt. Ein Folgen in die Dickung wäre sträflich gewesen, letztlich konnte ein Weidwundschuss nicht mit letzter Sicherheit ausgeschlossen werden. Wir verbrachen den Anschuss und machten uns auf den Heimweg.

Je weiter man sich von Zeit und Ort des Geschehens entfernt, umso mehr beginnen die Zweifel zu nagen. Für mich wurde es eine unruhige Nacht, obgleich ich an den Erfolg glaubte. In unserer Herberge fand ich Bernhard vor. Sie hatten in Wildemann keinen nennenswerten Anblick gehabt, berichtete er kurz und sprach mir Mut zu. –

Meinen Kollegen konnte ich verstehen, als er am zeitigen Morgen vorsorglich mit einem Schweißhundführer und seinem Hannoveraner aus Goslar am Treffpunkt erschien. Er hätte kaum eine andere Wahl gehabt. Um diese

Zeit waren Schweißhundgespanne gefragt und nicht immer sofort verfügbar.

Der rote Hund kam allerdings nicht auf seine Kosten, mein Hirsch lag zwanzig Meter vom Anschuss entfernt in der Dickung. Mit einem abgezirkelten Blattschuss hatte ihn der Tod wahrscheinlich schon wenige Minuten später eingeholt. Ich war glücklich über den guten Ausgang und freute mich meines Hirsches, der das vorher geschätzte Alter bestätigte.

Mein Kronenzehner

Der Erlegte wurde in die Wildkammer des Forstamtes verbracht in der Hoffnung, ihn mit einem von Bernhard in den nächsten Tagen gestreckten Hirsch gemeinsam zur Strecke legen und verblasen zu können. –

Auch vom Morgenansitz kamen Bernhard und sein Führer ohne ein nennenswertes Beobachtungsergebnis zurück. Hier und da ein meldender Hirsch, der neugierig machte; ein Anblick blieb ihnen versagt. Nun, es war erst der zweite Ansitz, und an Geduld mangelte es nicht.

Am Nachmittag konnte Kollege T. die Führung nicht wahrnehmen. Gern begleitete ich Bernhard, hatte ich doch jetzt alle Zeit der Welt, um ihn bei der Suche nach einem passenden Hirsch zu unterstützen. Im Übrigen hatte ich selber noch kaum einen Hauch von der Brunft gespürt.

Wir bestiegen eine gut verblendete hohe Kanzel auf dem Grat eines Höhenrückens mit Blick auf eine große Fichtendickung, die sich fast lückenlos hangabwärts zog. Auch die vom Hochsitz talwärts verlaufende Schneise war von den Rändern her schon stark zugewachsen und bot dem Wild jegliche Sicherheit. Bis an das Ende des Büchsenlichtes blieb sie leer.

Einige Male stieß in der Dickung zu unseren Füßen ein Hirsch kurz an. Genau so faul wurde ihm aus der Ferne Antwort.

Schließlich zeigte sich der Platzhalter rechter Hand von uns doch noch stark verdeckt auf einer kleinen Blöße. Seine Vorstellung reichte allerdings weder zum Ansprechen, noch hätte man ihm eine sichere Kugel antragen können. Wir stimmten überein, einen beidseitigen Kronenhirsch vor uns zu haben, der offen ließ, ob ihm noch die Zukunft gehörte oder ob er in die Schablone eines Abschusshirsches hinein passte. Als die Nacht den Tag mehr und mehr ablöste, machten wir uns auf den Heimweg. Von einem anwachsenden Brunftgeschehen war auch zu dieser Stunde noch nichts zu spüren. Offenbar war es noch immer zu warm. Oder ebbte die Brunft gar schon ab? –

Der nächste Morgen sah mich vor Tau und Tag allein auf einer Kanzel am Fuße eines breiten Feuerschutzstreifens, flankiert von Fichtendickungen. Vom eigenen Jagderfolg beglückt und erleichtert, genoss ich entspannt den Brunftmorgen in vollen Zügen. Allerdings war unverkennbar, dass die diesjährige Brunft in diesem Raum relativ still ablief. Aus der Ferne meldeten mit größeren zeitlichen Abständen mehrere Hirsche. Immerhin erinnerten sie mich daran, weshalb ich hier saß. Nichts wünschte ich mir in diesen Stunden der Muse mehr als die Bestätigung eines Hirsches für Bernhard.

Es war Tag geworden. Unerwartet wurde mir noch Anblick zuteil. Ein stark abgekämpfter Hirsch erschien am Dickungsrand, verhoffte kurz und zog schleppenden Schrittes mit hängendem Lecker in den Feuerschutzstreifen hinein. – Etwa 50 Schritte vor mir tat er sich nieder, als wolle er mir bedeuten: Bis hier her und nicht weiter, ich bin am Ende mit meiner Kraft. Ich hatte eine Dreiviertelstunde Zeit, ihn zu studieren.

Zunächst tastete mein 7 x 50 Steiner seine sichtbaren Körperteile nach Forkelstichen oder anderen Kampfspuren ab, ich entdeckte nichts. Es schien so, als sei er ganz einfach nur fix und fertig und brauchte Zeit zum Regenerieren. Vielleicht hatte ihm ein stärkerer Rivale nach hartem Kampf sein Rudel abgenommen. Zur Spekulation blieb viel Zeit.

Wie alt mochte er sein? Hirsche, die durch die Strapazen der Brunft „vom Fleisch gefallen" sind, lassen sich nicht immer leicht einschätzen. Zum genaueren Ansprechen seiner körperlichen Merkmale war mir bis zum Niedertun nicht genug Zeit geblieben. Sein Gesicht mit einer vorwiegend dunklen Maske wirkte jung. Irgendwann würde er wieder hoch werden, hin und her treten, und mir mehr verraten.

Der Hirsch trug ein knuffiges, kurzstangiges, dunkelgefärbtes Geweih von ungeraden vierzehn Enden, dessen ganze Masse im endenfreudigen Kronenbereich lag. Nein, alt konnte dieser Hirsch nicht sein.

Unvermittelt stand er auf, die Unruhe ließ ihn nicht länger verweilen. Er wechselte ohne Hast auf die gegenüberliegende Dickung zu. Ich war mir jetzt sicher, dieser Hirsch hat den sechsten bis siebenten Kopf noch nicht überschritten. Jetzt endlich durfte auch ich aufstehen und dem vereinbarten Treffpunkt zustreben.

Bernhard und sein Führer hatten wieder kaum Anblick gehabt. Ich berichtete von meinem Erlebnis mit dem abgebrunfteten jungen Hirsch, den ich in allen Einzelheiten beschrieb.

Am nächsten Morgen wurde mir eine andere Kanzel für den Ansitz zugewiesen. Einen Kilometer entfernt hatte Kollege T. mit Bernhard Posten bezogen. Vor mir blieb für die ganze Zeit dieses Frühansitzes die Bühne leer. Nur hin und wieder hörte ich aus der Ferne einen Hirsch melden, dessen Ruf sich als Echo in den Harzbergen brach. Ich hatte viel Zeit zum Sinnieren, und meine Gedanken schweiften zurück und blieben an einem Erlebnis hängen, das mir vor zwölf Jahren unweit von hier widerfahren war und das ich mein Lebtag nicht mehr vergessen sollte.

1950 war ich als Hilfsförster ein halbes Jahr im Forstamt Grund tätig. Es hatte sich spontan so ergeben, dass man einem Schleswig-Holsteinischen Forstanwärter in der damals schwierigen Zeit der Vorbereitung auf die Revierförsterprüfung eine Chance einräumte. Die Beschäftigung im Großkamp (Baumschule) des Reviers Badenhausen verdankte ich meinem Forstschuldirektor Professor Dr. Strehlke, der Kenntnis davon hatte, dass ich mir in der weltgrößten Forstbaumschule Pein & Pein in Halstenbek/Holstein gediegene Kenntnisse in der Forstpflanzenanzucht angeeignet hatte.

Die Leitung des Großkampbetriebes teilte ich mir in guter Kameradschaft mit dem Gärtnermeister Rakow und war zugleich mit der Betreuung der sogenannten Försterkämpe in Wildemann und Clausthal-Zellerfeld befasst. Soweit die kleine Vorgeschichte.

Eines Apriltages kamen von einem Göttinger Gymnasium zehn putzmuntere Oberprimanerinnen auf eine Woche zu uns, die ein Praktikum ableisten wollten. Sie wurden von einem Kollegen der Niedersächsischen Forstverwaltung betreut. Es war kein Problem, die Mädels in den Arbeitsprozess einzubeziehen. Wir hatten viel Spaß miteinander.

Es war ein sonniger Frühlingsmorgen, als wir mit Körben und Harken bergwärts wanderten, um in einem vierzigjährigen Fichtenreinbestand Nadelstreu für die Anlage von Saatbeeten einzuwerben. Wir waren übermütig und hatten Flausen im Kopf. Am Wochenende sollte eine Abschiedsfete stattfinden, für die Geld zum Einkauf von Kaffee, Leckereien und Schnaps benötigt wurde. Unsere Kamparbeiterinnen hatten sich erboten, den Kuchen mitzubringen.

Natürlich wurde fleißig gebalzt, und die Männer bemühten sich redlich, dem jeweils Anderen den Rang abzulaufen. Im Umgang mit Frauen war

Wir hatten unseren Spaß mit den zehn Abiturientinnen aus Göttingen

mir mein um einige Jahre älterer Kollege deutlich überlegen. Ich sann auf Abhilfe. Natürlich waren Eitelkeit und Gockelallüren im Spiel. Einmal wollte ich doch meinem dominanten Kollegen zeigen, dass es Dinge zwischen Himmel und Erde gab – und da war ich mir absolut sicher –, die er mir nicht gleichtun konnte. Geld war damals auch Mangelware, und nur zu gern hätte ich mich womöglich um die fällige Umlage herum gedrückt. Was lag also näher, als dem „bodenhaftenden" Team eine Wette anzubieten.

Nach eingehendem Studium der Baumabstände und der Kronenbeschaffenheit erbot ich mich, eine etwa 50 Meter weite Strecke von einem Waldweg zum anderen im Luftraum zu überbrücken, ohne mit den Füßen den Boden zu berühren. Der Einsatz sollte zwei Liter Hardenberger Korn betragen, zu zahlen vom Wettverlierer.

Die Wette wurde von meiner Gegenpartei gern angenommen. Da musste doch wohl einer übergeschnappt sein; ernst zu nehmen war er schon gar nicht. Was sich in den Köpfen unterschwellig abspielte, waren Neugier, Verunsicherung, Nervenkitzel und vielleicht bei einigen auch eine Spur von Angst. Wie das Unternehmen in der Praxis ablaufen sollte, hatte ich am Ende der Diskussion nicht mehr verheimlichen können.

Ich ging es an. Ein tiefbeasteter Randbaum am Ausgangspunkt machte es mir leicht, kletternd in den Wipfel der Krone zu gelangen, Der Zwischenraum zur Nachbarfichte betrug drei Meter. Das war etwa der mittlere Abstand von Baum zu Baum – eine Entfernung, die es jeweils im Sprung zu überbrücken galt. Ich brachte meine Fichte in gleichmäßige Schwingungen, schaukelte so lange hin und her, bis ich die Stammachse der Nachbarfichte fassen und zugleich wenigstens mit einem Fuß auf dem vierten oder fünften Astquirl von oben aufsetzen konnte. Geschickt wurde die Fliehkraft genutzt und der Bewegungsfluss schon auf den nächsten Baum übertragen. So konnte ein so unerwünschter wie riskanter Wipfelbruch am sichersten vermieden werden. Mit dem nötigen Fingerspitzengefühl geschickt den Schwung ausnutzend, ließ ich mich federnd von einer Fichte zur anderen hinübertragen.

Die Mädchen am Boden bekamen den Mund nicht mehr zu und der betreuende Kollege mochte sich innerlich schon verwünscht haben, dieses verrückte Spiel mit abgesegnet zu haben. Ich dagegen fühlte mich in der luftigen Höhe von vierzehn bis fünfzehn Metern pudelwohl und rief der Bodentruppe zu, sie möge sich bitte keine Sorgen machen.

Vierzig Meter hatte ich zwischen den beiden Wegen zurückgelegt – ganze zehn Meter waren noch zu bewältigen – als mein Manöver ins Stocken geriet. Vor mir tat sich eine größere Lücke im Kronenraum auf, die ich in der Vorwärtsbewegung nicht überbrücken konnte, ohne Kopf und Kragen zu riskieren. Die kleine Verzögerung entging meinen Spähern nicht. Geduld, rief ich ihnen zu, ich müsste ein kleines Stück zurück, um die Lücke in einem Bogen zu umschiffen. Doch ihre Geduld war am Ende, der Bonus verbraucht.

Die Klassensprecherin rief mir zu, dem grausamen Spiel ein Ende zu bereiten. Ich möge herunterkommen, die Wette hätte ich auch so schon gewonnen. Nun, ich ließ mich nicht zweimal nötigen, enterte abwärts und hatte bald wieder festen Boden unter den Füßen. Das Manöver hatte viel Kraft gekostet, wenngleich ich mit Sicherheit auch die letzte Klippe noch geschafft hätte.

Es war mir dennoch selbstverständlich, dass auch ich meinen Obolus bezahlte, und mit einem fröhlichen, harmonischen Fest nahmen wir Abschied von den erfrischenden Göttinger Mädels. –

Der Leser mag glauben, jetzt hat er uns einen dicken Bären aufgebunden. Mitnichten – siehe Foto! Einige der mit Sicherheit noch lebenden, jetzt etwa 75-jährigen Damen wären bestimmt gern bereit, den Wahrheitsgehalt dieser Geschichte zu bestätigen.

Besteigen eines Horstbaumes (Übungsklettern)

Was ich vorgeführt hatte, grenzte weder an Hexerei, noch war es zirkusreif. Durch meine Zapfenpflückerei zur Saatgutgewinnung im Sachsenwald war ich gut trainiert. Dort hatte ich unlängst bis zu 35 Meter hohe Douglasien mit dem Wolfganger Steigeisen bestiegen und in der Wipfelregion Zapfen gepflückt.

Das Springen von Baum zu Baum lernte ich auf einem Zapfenpflückerkurs unserer Düsterntaler Forstschule in der Waldarbeitsschule Münchehof vom Arbeitslehrer Dr. H. B. Platzer. Der ehemalige Flugzeugführer und Skispringer aus Österreich hatte damit kein Problem. Die Technik wurde ihm von professionellen Zapfenpflückern vermittelt, denen es lästig war, nach dem Abernten eines Baumes runter- und am nächsten Baum wieder hochklettern zu müssen. Deshalb hatten sie die Springertechnik entwickelt, die allerdings voraussetzte, dass bestimmte Maximalabstände von Baum zu Baum nicht überschritten wurden.

Stolz war ich schon ein wenig, dass es unter 48 Teilnehmern aus meiner Klasse nur zwei gab, Freund Waldfried Rath und meine Wenigkeit, die es dem Wiener Professor gleichtaten. Zehn Jahre später wurde er am Reinbeker Forstwissenschaftlichen Institut noch auf zwei Jahre mein Vorgesetzter. Ich hatte nie einen besseren Chef. –

Ein Schuss riss mich aus meinen Träumen. Deutlich vernahm ich den Kugelschlag. Da konnte eigentlich nur die 6,5 x 68 meines Freundes Bernhard gesprochen haben. Meine Neugier ließ mich nicht mehr lange auf meiner Kanzel verharren. Ich stieg alsbald hinunter und strebte dem vereinbarten Treffpunkt zu.

Bernhard (links im Bild) mit seinem Führer am gestreckten Hirsch

Meine Ansitzjäger standen schon vor Ort am gestreckten Hirsch, und des Jagdhorns Ruf „Hirsch tot" des Kollegen Töpperwien setzte den feierlichen Schlusspunkt unter das jagdliche Geschehen. Betretene Gesichter waren nicht zu übersehen. Als ich an den Gestreckten herantrat, wusste ich warum. Vor mir lag mein Bekannter vom Feuerschutzstreifen, den ich gestern so aus-

Es war der Vierzehnender von der Feuerschutzschneise

giebig studieren durfte. Leider bestätigte der Zahnabschliff meine Altereinschätzung. Man konnte es drehen, wie man wollte, dieser Hirsch mit einem zwar kurzstangigen, aber endenfreudigen Geweih auf beiden Seiten war jung, zu jung. Ihm hätte die Zukunft noch gehört. Nun, jeder macht Fehler, hinterher sind immer alle klüger. „... der werfe den ersten Stein ..." –

Bernhard, einer der drei Hansens, deren Name unter Schleswig-Holsteins Jägern und über die Landesgrenzen hinaus von besonderem Klang sind, war enttäuscht und hat als gestandener Jäger alter Schule nie rechte Freude an der Trophäe empfunden – von dem Hirsch aus den Harzbergen vor Wildemann.

SIEBTES KAPITEL

Ansitz-Sauen

Anfang der siebziger Jahre lernte ich die Eigenjagdbezirke Schnega und Kreyenhagen im Besitz des Rittergutes Schnega kennen. Unweit von Salzwedel im Hannoverschen Wendland lagen sie nicht weit vom damaligen Eisernen Vorhang entfernt und waren räumlich etwa zwei bis drei Kilometer voneinander getrennt.

Als sie Ende der Sechziger zur Neuverpachtung anstanden, konnte Ernst Schäfer die zusammen etwa 700 ha großen Reviere auf zwanzig Jahre pachten, nachdem er seine Pensionierung beantragt hatte. Im benachbarten Dorf Göhr kauften die Schäfers ein schönes Haus in ruhiger Lage. Aus dem großen Wohnzimmerfenster konnten sie die aus ihrem Pachtrevier austretenden Rehe beobachten, die in dem Hagenbekschen Revier Göhr friedlich ästen.

Als Freund des Hauses weilte ich von Zeit zu Zeit in ihrem gastlichen Domizil, durfte mich jagdlich betätigen und ging Ernst bei Revierarbeiten

Ruhesitz der Schäfers in Göhr

aller Art zur Hand. Unsere gemeinsame Liebe zum Rehwild schweißte uns in besonderem Maße zusammen und führte zu abendfüllenden Diskussionen.

Es verging kaum ein Tag, an dem Ernst Schäfer nicht auf einem der vielen Hochsitze oder Ansitzplätze saß, um Rehwild zu beobachten oder auch zu erlegen. Die Ergebnisse wurden sorgfältig aufgezeichnet. War er verhindert, sprang seine Frau Ursula ein, die durchaus sachverständig war.

In vergleichenden Studien trug Schäfer aus dem Sachsenwald, den Feldrevieren im Hamburger Umland und Otse bei Celle Material zusammen, verglich die Ergebnisse und brachte das viel beachtete, in mehreren Auflagen im Bayerischen Landwirtschafts-Verlag (BLV) erschienene Buch „Hegen und Ansprechen von Rehwild" heraus.

Damit der Leser meinen Jagderlebnissen besser folgen kann, möchte ich vorab von beiden Revieren einen kleinen Steckbrief erstellen:

Kreyenhagen lernte ich 30 Jahre zuvor als reines Kiefernheide-Revier auf der Grundlage von Sanderflächen ärmster Bodenprägung kennen. Kiefernwälder können, soweit sie vornehmlich aus den jüngeren Altersklassen bestehen, ziemlich einseitig sein. Auf ärmsten Heidesanden entstanden, warten sie mit einer geringen Wuchskraft auf. Und dennoch haben sie den reinen Fichtenwäldern unserer Mittelgebirge, auf das Wild bezogen, einiges voraus, sofern man die Wirtschaftlichkeit für den Waldbauern hintan stellt.

Die Lichtholzart Kiefer lässt viel Sonnenlicht auf den Waldboden fallen, was ihr in den Altbeständen durch eine oft üppige Bodenflora gedankt wird.

In Fichtenregionen, denen häufig auf größerer Fläche lockere, lichtdurchlässige Altholzreserven fehlen, vermisst man die Bodenäsung für das Wild genauso wie die Verbissgehölze in Form unterständiger Eichen, Vogelbeeren, Holunder und mehr, die sich in alten Kiefernbeständen in großer Zahl ansiedeln und für Deckung und Äsung gleichermaßen sorgen.

Ähnlich war es zumindest in Teilbereichen in Kreyenhagen. Es überwogen Jungbestände, doch in guter Mischung fanden sich immer wieder auch Altholzreserven, die die lebenswichtige Vielfalt vorhielten. Heide- und Beerkraut glichen Nahrungsengpässe im Winter aus, wiewohl die Rehe eine Zufütterung im Winterhalbjahr mit Apfeltrester, Eicheln, Abfallkorn, Zuckerrüben und Fallobst dankbar honorierten. Der Erfolg drückte sich in Gewichtszunahmen und dem Schieben besserer Gehörne aus, sofern man den notwendigen Eingriff in den Wildbestand nicht vernachlässigte.

Auch Sauen fühlten sich in diesem Revier wohl, fanden sie hier doch Deckung, Nahrung und Ruhe, die nur während der Pilzsammelzeit manchmal gestört wurde. Bedingt durch die strukturreiche, lichtdurchflutete, vertikale Schichtung der unterholzreichen Altbestände, war die Artenvielfalt der Vogelwelt auffällig. Der Biologe und begeisterte Ornithologe Ernst Schäfer hatte eine große Anzahl von Spezies bestätigt, die man in dieser Vielfalt weder in Laubholz-, noch in Fichtenregionen antreffen kann. Die gefiederten Freunde sorgten dafür, dass man auf Ansitzen selten Langeweile bekam. Wenn der Schwarzstorch dieses Revier als Brutstätte gewählt hatte, mag das ein Indiz für seine Vielfalt und die lebensnotwendige Ruhe sein.

Rehwild war reichlich, Schwarzwild als Standwild vertreten, in oft wechselnder Bestandeshöhe, wie es dieser unsteten Wildart entspricht; und eines Tages waren sie über Nacht gekommen, die Hirsche, auf die man schon geraume Zeit gehofft hatte. Vielleicht wurden sie auf ihrer Wanderung aus dem Rotwildgebiet Göhrde bis Kreyenhagen hin in den Nachbarrevieren durch Fütterungen gebunden. Gut Ding will Weile haben. Nach zaghaftem Beginn fährtete man Rotwild, zumeist Hirsche, auch im Revier Kreyenhagen. Einzelbeobachtungen nahmen zu.

Als Rotwildkenner begegnete der Beständer den Neubürgern mit großer Sorgfalt, vermied jede nur mögliche Störung in den Tageseinständen oder unterband sie. Obgleich möglich, dachte er gar nicht daran, ein Stück Rotwild zu erlegen. Zuerst sollte sich eine Population im neuen Lebensraum entwickeln und etablieren, dann würde man weitersehen. Als nach wenigen Jahren in einem der Nachbarreviere ein starker Hirsch erlegt wurde, der das Reifealter noch längst nicht erreicht hatte, war Schäfer ungehalten. So könne man eine ernsthafte Rotwildhege bei der Erstbesiedlung nicht angehen, sein Kommentar, von dem er kein Hehl machte.

Als Teil des Pachtvertrages gehörte das alte Forstdienstgehöft in Kreyenhagen dazu. Schäfer ließ es als Jagdhaus von seinem Mitpächter Jürgen Sander, durch Familienangehörige und Gäste des Hauses nutzen. Ich verbrachte einige Nächte in den gemütlichen alten Mauern mit dem knisternden Herdfeuer in der Wohnküche.

*

Ganz anders geartet war das Revier Schnega. Seine Wald-Feld-Verteilung lag bei etwa 35 zu 65 %. Der Wald setzte sich aus Laubholzbestockungen mit Eiche, Buche, Erle und einem größeren Anteil von Fichte neben Ahorn und Esche zusammen. Die älteren Bestände waren dank der Wuchskraft des Bodens mit reichlich Unterholz gesegnet. Mangelnde Pflege der Waldjugend hatte zu Dichtstand und Verwilderung geführt und optimale Bedingungen für Reh- und Schwarzwild geschaffen. Zahlreiche Eichenüberhälter sorgten in manchen Jahren für eine üppige Mast.

Diese idealen Wildeinstände erschwerten den Menschen das Eindringen. Nur im Herbst wurden die Randstreifen von Pilzsammlern heimgesucht. Ruhige Tageseinstände fand das Wild auch in den aus Ackeraufforstungen entstandenen Fichtendickungen.

Die Qualität des Reviers Schnega war seiner Vielseitigkeit zu verdanken. Neben wildfreundlichen Waldstrukturen geriet auch die Feldfläche mit ihren guten Ackerböden, Weiden, Wiesen und Brachlandpartien mit Moorcharakter zu einer optimalen Ergänzung. So war im Feld stets reichlich Rehwild anzutreffen. Die Ödländereien mit Wasser, Ried, Rohr und schattenspendenden Weidenkolonien übten eine magische Anziehungskraft auf die Rehe aus.

Die Niedermoorfläche enthielt einige von alten Torfstichen herrührende Tümpel, die Schäfer mit Hife von Sponsoren miteinander verbinden und zu einer flach auslaufenden Wasserfläche erweitern konnte. Es entstand ein erstklassiger Biotop, der vorrangig dem Schwarzstorch gewidmet war – und das mit gutem Erfolg.

Selten mehr als zweimal im Jahr wurde die Jagd beim abendlichen Ententstrich ausgeübt. Ein kleiner Besatz von Rebhühnern im Felde erlaubte eine sparsame Bejagung, von der kaum Gebrauch gemacht wurde, weil Ruhe im Revier oberstes Gebot war. Galt es ausnahmsweise einmal dem Niederwild, stand die Fürsorge für Schäfers treuen Jagdgefährten, einen großwüchsigen DD-Rüden, im Vordergrund. Begleitete mich bei meinen herbstlichen Besuchen meine DD-Hündin Cita, stellten wir in den ausgedehnten Zuckerrübenschlägen schon mal den Hühnern nach. Die Strecke blieb bescheiden, doch die Hunde konnten ein paar Stunden nach Herzenslust arbeiten.

*

Sah man von den selten geübten kleinen Jagden hinter dem Hund ab, rankte sich über die Jahre in beiden Revieren alles um die Rehe und die Sauen. Als überzeugter Verfechter der selektiven Bejagung beider Wildarten – über das Für und Wider könnte man trefflich diskutieren – lehnte Schäfer in seinen Jagdbögen Bewegungs- und Drückjagden kategorisch ab. Fand schon mal eine Gesellschaftsjagd im kleinen Rahmen statt, so war es eine Ansitzjagd. Der Beständer sagte jedem Teilnehmer, mit welchem Wild er rechnen, und was er erlegen könne.

Ich durfte mich nach klarer Absprache als Einzeljäger in beiden Revieren bewegen. Dabei ging es mir vornehmlich um die Bejagung von Sauen, auf die ich selten Gelegenheit hatte. Rehe gab es reichlich in meinen eigenen Revieren. Damit leite ich über zu meinen Erlebnissen auf den Ansitzjagden. –

Herbstzeit in Kreyenhagen. Um mich herum Schweigen, Dunkelheit, Nacht – eine Nacht, die zeitweise alles verhüllte, wenn der Halbmond von Wolkenbänken geschluckt wurde, die leichte Südwestwinde vor sich hertrieben. Der nur spärlich sichtbare Sternenhimmel, von Wolkenschleiern eingedeckt, konnte die Landschaft für das Auge des Jägers nicht ausreichend erhellen. Kam der Restmond gelegentlich zum Vorschein, wanderte das 15 x 60 Zeiss in der Hoffnung nach oben, wildähnliche Konturen zu orten und zu enträtseln. An Schießen war noch längst nicht zu denken.

Drei Uhr nachts hatte ich den einzigen Hochsitz an einer Waldzunge am Nordrand des Reviers unweit der Grenze zum nachbarlichen Bezirk Clenze bestiegen. Hier nun dämmerte ich dem neuen Tag geduldig entgegen. Mit einem Quäntchen Glück könnte ich hier vielleicht Anblick haben oder sogar Beute machen.

Vor mir breitete sich eine Ackerfläche aus, die einzige, die das Revier Kreyenhagen zu bieten hatte. Je ein abgeernteter Roggen- und Haferschlag in Stoppellage waren glücklicherweise noch nicht umgebrochen, wie es längst zu den Ausnahmen gehört. Stellenweise hatten sich Sauen um Fraß bemüht, waren mit dem Wurf den Mäusegängen gefolgt und hatten dabei dunkle Bahnen hinterlassen, die filigranartige Muster an der Oberfläche zeichneten. Sollte Wild in Anblick kommen, würde die gelbgraue Stoppelfläche im Morgengrauen einen brauchbaren Kontrast zu dunkelfarbenen Wildkörpern bieten.

Von den Stoppelfeldern umrahmt wurde ein Kartoffelschlag, den die Sauen in letzter Zeit zweimal heimgesucht hatten. Deshalb riet Ernst mir zu diesem Platz, um größeren Wildschäden rechtzeitig zu begegnen. Die Sauen würden diese ungastliche Stätte wenigstens eine Zeitlang meiden, wenn es gelänge, einen Frischling oder Überläufer aus der zu Schaden gehenden Rotte heraus zu schießen.

Bei meinem letzten Besuch vor einigen Wochen hatte ich hier schon einmal auf Sauen gepasst und mir bei Vollmond den größten Teil der Nacht um die Ohren geschlagen, allerdings ohne Erfolg. Wer auf Nachtansitzen Sauen schießen will, braucht nicht viel Bettwäsche. Als Naturfreund und Jäger war ich allerdings reich entschädigt worden. Bei Morgengrauen defilierten drei Feisthirsche über die frischen Haferstoppeln an mir vorüber, ließen sich viel Zeit, traten hin und her und sammelten genüsslich Haferrispen, die auf platten Lagerstellen dem Mähdrescherrachen entgangen waren. Ein junger Kronenzehner vom dritten Kopf, dem die Bastfetzen noch wie Wimpeln über die Lichter herunterhingen, führte als Adjutant das Trio an. Ein ungerader Eissprossenzwölfer mochte mit dem 7. bis 8. Kopf der Klasse der heranreifenden Hirsche zugeordnet werden, um mit Harald Drechsler zu sprechen. Sein Geweih war voll verfegt. Der dritte im Bunde, ein Vierzehnender mit einem ebenmäßigen Geweih, ebenfalls blank, mochte an der Schwelle zur Reife stehen. Bei allen war der „Grasbauch" auffällig.

Mit zunehmendem Tageslicht zogen sie schließlich hintereinander her, dem Tageseinstand entgegen, einer Fichtendickung am Waldrand, um der Ruhe zu pflegen. Mein Herz war voll des Erlebten, es sollte leider mein einziger Anblick von Rotwild im Revier Kreyenhagen bleiben.

Heute war die Wetterlage anderer Art. Es blieb während der nächsten drei Stunden so dunkel, dass die Nacht ihre Geheimnisse für sich behielt. Selten öffnete sich eine Lichtschleuse, die nicht ausreichte, das Nachtleben um mich herum zu erhellen. Gottlob hatte der Nebel heute keine Chance.

Um sechs Uhr begann der Morgen zu dämmern, diffuses Licht breitete sich aus. Das Büchsenlicht nahm stetig zu, mein Hoffnungsbarometer stieg. Bisher konnte ich nur mit den Ohren jagen, jetzt hatten auch die forschenden Augen in Aktion zu treten, und wurden fündig.

Vor mir standen vertraut vier Rehe im dunklen Erdäppelfeld und ästen genüsslich Kartoffelkraut, offensichtlich von einer Sorte, die sie mochten. Aber auch Sauen sind wählerisch, Kartoffel ist längst nicht gleich Kartoffel. Gourmets gibt es nicht nur bei Menschens.

Ich erkannte eine fahlgelbe Ricke mit zwei Kitzen, die schon voll im Haarwechsel standen. Abseits vom Sprung hielt sich ein Jährling mit lauscherhohen Spießerstangen auf. Er mochte ein vorjähriger Sohn der Alten sein. Körperlich gut entwickelt, trat auch bei ihm das graue Winterhaar schon deutlich hervor. Das Geschlecht der Kitze konnte ich noch nicht ansprechen, zu dunkel.

Nicht lange währte die spätsommerliche Idylle. Die Ricke warf plötzlich auf, sicherte, trat unschlüssig hin und her und stimmte ein Schreckkonzert an. Den vermutlichen Anlass – ich konnte nicht der Verursacher sein – nahm ich freudig zur Kenntnis. In dem Auslöser vermutete ich Sauen. Schon stimmte auch die Jugend in das Konzert mit ein. Kaum zu Ende gedacht, erschien auf der Haferstoppel eine Rotte Sauen, eine Bache mit fünf Frischlingen. Für die Rehe war es das Signal zum Aufbruch. Sie wurden verhalten flüchtig, entfernten sich mit wippenden Spiegeln und folgten dem Wechsel, den vor einigen Wochen auch die Hirsche genommen hatten. Eine Weile noch schimpften sie ob der respektlosen Störung aus der Fichtendickung herüber.

Die Sauen waren spät dran. Normalerweise hatten sie sich um diese Zeit schon in eine ruhige, sichere Tagesnische eingeschoben. Wo Störungen die Ausnahme sind, kann man sie manchmal noch bei gutem Licht auf den Läufen erleben. Heute könnte mir ihr unbekümmertes Verhalten zu Pass kommen.

Wenn ich gehofft hatte, sie würden noch auf der Haferstoppel verweilen, sah ich mich getäuscht. Die Nahrungssuche schien der Bache dort zu mühsam, eiligen Schrittes strebte sie dem Kartoffelacker zu; die Frösche mussten folgen. Sogleich begannen sie mit der Kartoffelernte. Wolkengleich flog der Heidesand durch die Luft. Ich konzentrierte mich auf einen abseits arbeitenden Frischling, doch noch ging nichts. Borsten und Kraut schwammen ineinander über. Folgte der Bursche der vom Anhäufeln entstandenen Furche, lugte nicht mehr als der schmale Saum seiner Rückenlinie hervor.

Doch Stetigkeit ist nicht die Stärke der Jugend. Mit lautem Grunzen und Quieken eröffnete einer den Reigen, boxte seinem Opfer kräftig in die Flanke und forderte zum Tanze auf. Die Geschwister stimmten in das Konzert ein, tobten mit und veranlassten Mutter Bache, ihre Schar zur Ordnung zu rufen.

Diese willkommene Einlage hatte ausgereicht, zwei Mitglieder der lebensfrohen Bande auf die Haferstoppel zu treiben. Als der warnende Ruf der Mutter ihre Teller erreichte, verhofften sie kurz, für mich lange genug, um dem Breitstehenden der beiden die Kugel anzutragen. Ich hörte keinen Kugelschlag, erkannte auch kein Zeichnen und war mir doch sicher, die Kugel würde den rechten Weg gefunden haben. Blitzschnell hatte die Bache nach vernehmlichem Blasen das Weite gesucht und ihre Schar in den nahen Wald geführt. Leer war die Bühne. Ich versuchte, mir den Anschuss einzuprägen, genoss den erwachenden Morgen und hatte alle Zeit der Welt, das volle Tageslicht abzuwarten. Schließlich war es soweit. Nach kurzem Suchen fand ich reichlich Herzschweiß auf dem Anschuss, vermischt mit ein paar Tropfen blasigen Lungenschweißes; nichts konnte mehr anbrennen. Ich wanderte zum abgestellten Wagen und fuhr dichter heran. Cita sollte den Erfolg mit mir teilen, auch wenn es nur auf eine kurze Totsuche hinauslaufen würde.

Beim Abdocken des langen Riemens wusste sie, um was es ging. Zügig arbeitete die Hündin die Fährte und stand alsbald vor dem verendeten Keilerchen, den die Läufe noch fast bis zum Waldrand getragen hatten. Tatsächlich blieb die Bache diesem ruchlosen Ort bis zur Kartoffelernte fern: kleine Ursache, große Wirkung; 26 Kilo wog der Kujel und lieferte für Ursulas Küche einen willkommenen Braten.

*

Winter, Schnee, Kälte und eisiger Ostwind von Sibirien herüber. Ohne den gesteppten Ansitzsack hätte ich es im Erdsitz schwerlich lange ausgehalten. Zwar war ich unbeweglich, die Kälte schnitt ins Gesicht, doch einen ernsthaften Grund, das Feld vorzeitig zu räumen, gab es nicht. Ich saß hier wie in Abrahams Schoß.

Um 19 Uhr hatte ich mich an der Südflanke des Jagdbogens Kreyenhagen hinter dem gras- und heidebewachsenen Erdwall unweit der Grenze zum Hagenbeckschen Revier eingeschoben. Als Sitzbank diente ein hergerichteter Fichtenstubben, den „Forstmeister Sturm" hier vor einigen Jahren hinterlassen hatte. 30 Meter vor mir eine Kirrung, die Ernst wohl vor einigen Jahren in den weitständigen Altkiefern angelegt, vielleicht auch nur von seinem Vorgänger übernommen hatte. In der abseitigen, ruhigen Lage ohne Weg und Steg reichte das Büchsenlicht zumeist auch dann noch aus, wenn der Schnee fehlte. Die volle Mondscheibe müsste die Szenerie nur ausreichend erhellen. In angemessener Entfernung verlief ein gut zu beschießender Hauptwechsel auf die Flanke der Hagenbeckschen Kieferndickung zu. Hier hatte im Laufe der Jahre so manche Rotte, vielleicht auch der eine oder andere griesgrämige Keiler, dem die Ruhe über alles ging, den Tag verträumt, .

Förster Luden Wulf, Holsteiner seines Zeichens, hatte den Wert dieses Platzes als langjähriger Revierbetreuer frühzeitig erkannt, entsprechend reagiert und genutzt. Im Laufe der Jahre waren ihm eine Anzahl starker, alter Keiler zur Beute geworden.

Vom historischen, im Fachwerkstil erbautem Forsthaus bis zu dieser Kirrung waren zu Fuß nur ein paar Minuten zurückzulegen.

Duplizität der Dinge: Um die Forstdienststelle Kreyenhagen-Schnega hatte ich mich als junger Förster vor Jahren beworben. Luden lief mir mit gediegenen Erfahrungen des Außendienstes im Privatwald den Rang ab, hatte er doch mit guten Referenzen aus seiner Tätigkeit beim Grafen Rantzau in Rostorf-Kellinghusen die Nase vorn gehabt. Später war ich froh, dass dieser Kelch an mir vorübergegangen war, hätte mir aber nie träumen lassen, in diesem Revier eines Tages jagen zu dürfen. –

Zurück zur Realität. Die Kirrung wurde mit Abfallgetreide, etwas Mais, Fallobst und Rüben beschickt. Einige Kiefern im Umfeld erhielten von Zeit zu Zeit in Meterhöhe einen Anstrich mit Buchenholzteer. Die Sauen scheuerten sich gern an diesen Malbäumen, um die unvermeidlichen Plagegeister in die Schranken zu verweisen. Im Revier gab es andere Kirrungen, an denen grundsätzlich nicht geschossen wurde. Das Ziel: Ruhezonen im Revier schaffen, um die Standorttreue der unsteten Sauen zu fördern und Wildschäden zu verringern. Alle Kirrungen wurden natürlich auch vom Rehwild aufgesucht, zumal aus ihnen auch schon mal kleine Fütterungen wurden. –

Meine fünfte Ansitzstunde brach an. Bisher hatte ich weder Haar noch Borste von einem Stück Wild gesehen. Zweimal gab ein Waldkauz mit einem gellenden Kju-witt seine Visitenkarte ab, sonst war rundum alles bedrückend still geblieben. Wieder einmal hatte mir auch der innere Schweinehund zugeflüstert: „Weshalb tust du dir das an? Ein Gläschen Rotwein in der Hand, eine gute Lektüre vor der Nase und knisternde Holzkloben im Herd, wäre das nicht eine wünschenswerte Alternative, anstatt dir hier den Arsch abzufrieren mit zweifelhaften Aussichten auf einen Erfolg?"

Ja, wenn – wäre da nicht die unbändige Jagdpassion und ganz nebenbei die Chance auf ein hauendes Schwein, das seine Trittsigel in jüngster Vergangenheit einige Male im Revier hinterlassen hatte. Die Aussicht auf einen möglichen Erfolg, von dem man immer träumt, schien Berge zu versetzen.

Ernst hatte mir Überläufer und Frischlinge freigegeben. Beiläufig hatte er erwähnt: „Sollte dir ein grober Basse kommen, darfst du unter der Bedingung schießen, dass die Sau im Feuer bleibt. Komme mir aber nicht mit einem drei- bis vierjährigen Halbstarken an, einem Jüngling!" Das war ebenso deutlich wie verlockend.

Sollte die Stunde der Wahrheit eintreten, hatte ich diese Hypothek ernst zu nehmen. Alt genug und im Feuer bleiben, dafür gab es zwei gute Gründe: Die Grenznähe und das eigene Überleben im Konfliktfalle.

Im festgezurrten Ansitzsack war ich so bewegungs- wie hilflos, vor einem annehmenden Hauptschwein konnte ich schwerlich davonlaufen. Wie gut, dass der zweite Lauf meiner Heym-BBF in 7 x 65 mit einem Flintenlaufgeschoss geladen war. Immerhin müsste das Büchsenlicht gut sein, die Waffe war nur mit einem sechsfachen Hensoldt ausgestattet, Rotpunkt-Leuchtabsehen oder ähnliche Zielhilfen gab es damals noch nicht, oder sie waren für mich unerschwinglich.

Ein Hochblattschuss führte in der Regel zur sofortigen Lähmung, allerdings sollte man sich hüten, wegen der langen Federn auf dem Widerrist zu hoch ins Ziel zu gehen, um einen Krellschuss zu vermeiden. Bei einem Nachtansitz in der Rhön war es mir einmal passiert. Der Überläufer lag im Feuer, war nach meinem kaum ausgekosteten Glücksgefühl überraschend schnell wieder auf die Läufe gekommen und auf Nimmerwiedersehen verschwunden.

Gedankenversunken harrte ich in stoischer Ruhe aus. Wann hat man schon soviel Zeit zum Sinnieren wie auf Nachtansitzen, bei denen kaum ein störender Laut den Gedankenfluss hemmt. Und dann war sie unerwartet da, die Denkpause. Eine ferne Kirchturmuhr läutete die Mitternachtsstunde ein. Als hätten die Sauen auf dieses Signal gewartet, tauchten sie mit Blasen und Grunzen auf, eine Rotte von sechs Frischlingen. Kein Wunschkeiler, und wenn schon, würde er zunächst einmal auf seine Sicherheit bedacht sein, bevor er die Deckung verließ. Auf diese geringste aller Möglichkeiten wollte ich nicht warten – lieber den Spatzen in der Hand als die Taube auf dem Dach.

Sie wuselten wild und ungeordnet durcheinander, machten sich sofort mit Heißhunger über die Kirrbrocken her. Vielleicht hatten sie bis zu dieser Stunde wenig Fraß gefunden, es brach sich schwer im gefrorenen Boden. Wo kamen sie her, wo war ihre Mutter? – Ich wusste bald, diese gab es nicht mehr. Vermutlich hatte wieder einmal jemand den Finger nicht gerade lassen können, hatte Dampf auf das größte Stück gemacht, war ja auch am leichtesten zu treffen. Opfer des Straßenverkehrs? Unwahrscheinlich, hätte sich längst rumgesprochen.

Die Schneelage ließ einen sicheren Schuss zu, wenn auch die schmale Mondsichel keine Hilfe bot. Es dauerte, bis sich einer der Sechs aus dem Verband löste und abseits nach Fraß stocherte. Als er mir endlich die Breitseite zeigte, brach der Schuss, und schlagartig war die Bühne leer. Mündungsfeuer, blitzschnelles Verschwinden der Rotte, wo lag der Beschossene? Ich glaste alles ab, meine Augen fanden nichts, auf dem Anschuss nicht das geringste Zeichen. War auch kaum möglich, beim Brechen hatten sie die weiße Pracht umgedreht. Keine andere Wahl, die Nachsuche musste ich auf den Morgen verschieben. Verhitzen konnte das Stück bei diesen Temperaturen nicht.

Noch lange saß ich wach im Forsthaus, fand keine Ruhe. Wie schon an anderer Stelle gesagt: Je weiter man sich vom Moment der Schussabgabe entfernt, umso stärker nagen die Zweifel. Nur der zunehmenden Müdigkeit verfallend, fand ich schließlich noch eine Mütze voll Schlaf.

Die Nachsuche musste ich allein angehen, Cita hatte mich diesmal nicht begleiten können. Das Tageslicht am Anschuss brachte Gewissheit, schon der erste Blick löste Erleichterung aus. Reichlich Lungenschweiß in der Fährte führte mich nach 60 Gängen zur verendeten Frischlingsbache. Mit gut 30 Kilo Mitte Januar brachte sie ein respektables Gewicht. Offenbar war die Rotte noch nicht lange führungslos. Mit dieser Kondition würde sie den Winter überstehen.

*

Dankbar stehe ich vor dem erlegten Überläuferkeiler, einem Schecken. Hingebettet zwischen blühender Heide und Blaubeermatten, umkränzt von den leuchtendgelben Korbblüten des kriechenden Hahnenfusses, liegt er friedlich vor mir, jäh dem pulsierenden Leben entrissen. Dankbar auch, weil sein Weg zwischen Leben und Tod kurz war, sehr kurz, ein Wechsel, der sich seiner Wahrnehmung fast entzogen haben muss. –

Aber zurück zum Anfang dieses Tages. Ernst hatte mir geraten, den Hochsitz am breiten, geschichtsträchtigen Waldweg nach Clenze zu wählen. Auf einem 8 bis 10 Meter breiten Randstreifen hatte er im Herbst Waldstaudenroggen eingesät und im Frühjahr mit Buchweizen, Leinsamen und Serradella ergänzt. Diese 80 Meter lange Wildäsungsfläche hatte sich nicht gerade üppig entwickelt, bot aber den Rehen und seltenen Waldhasen ein willkommenes Zubrot zu der recht kargen Äsung.

Selbstverständlich könne ich auch ein passendes Stück Rehwild schießen, aber mein Sinnen galt schon eher dem Schwarzwild. Einige Randeichen trugen Mast, die ersten Eicheln kleckerten zu Boden. Ernst hatte hier vor ein paar Jahren schon mal eine Sau gestreckt.

Ein klarer Morgen mit einem glitzernden Sternenhimmel versprach einen schönen Herbsttag. Bei Tagesanbruch könnte Bodennebel aufkommen. Abwarten, bis dahin hatte ich noch eine Stunde vor mir.

Als es heller wurde, schob sich am Rand der Äsungsfläche ein Wildkörper aus der grünen Deckungswand hervor. Es war ein Bock, der nur kurz sicherte, um dann sofort gierig mit dem Äsen zu beginnen. In meinem 7 x 50 Steiner konnte ich ein gut entwickeltes Sechsergehörn auf dem Haupt des zwei- bis dreijährigen Bocks bestätigen. Besonders die wenigen noch vorhandenen Buchweizenfruchtstände zogen ihn magisch an. Nach einer Stunde wechselte er vertraut in die Deckung zurück.

Inzwischen war es heller Tag geworden. Kein Laut rundum, nichts rührte sich. „Das war's wohl", sagte mir die innere Stimme, eine andere flüsterte: „Bleib' sitzen, der Tag ist noch so jung."

Ein leises, manchmal etwas lauteres Brechen erreichte mein Ohr. Hellwach, nahm ich vorsorglich meine Heym zur Hand. Und dann war er da, der Schecke, bewegte sich ungeniert am Wegesrand auf mich zu. Ein Einzelgänger, den ich als starken Überläufer ansprach. Was suchte der Bursche am hellen Tage auf der Freifläche, förmlich auf dem Präsentierteller? Rätselhaftes Wild.

Noch trennten uns 50 Gänge. Längst war ich in Voranschlag gegangen, einmal nur müsste er mir den Gefallen tun, breit zu treten. Er kam mir näher, stichgerade auf mich zu, ohne einmal zu verhoffen, vertraut, keine Spur von Misstrauen. Eine Sau kann man nicht auf den Stich schießen, ohne sich die Gefahr eines Gebrechschusses einzuhandeln.

Nur noch zwanzig Meter trennten uns, und immer noch zeigte er mir seine Schmalseite. Ich hatte nur halben Wind, aber der war so gut wie eingeschlafen. Ganz unerwartet sollte ich erlöst werden. Endlich verhoffte er, drehte den Wurf um 90 Grad dem Walde zu. Jetzt galt es. Intuitiv suchte der Zielstachel den unteren Rand des rechten Tellers. Als der Finger den gestochenen Abzug berührte, sah ich, wie sich der Überläufer aus dem Stand heraus anhob und rückwärts überschlug. Einen kurzen Moment nur schlegelte er noch und lag dann friedlich auf dem Anschuss. Der verlängerte Morgenansitz hatte sich gelohnt.

*

Der Oktober hatte Einzug gehalten. Die Eichen schmückten sich mit einer Vollmast, wie sie in dieser Üppigkeit nur alle 8 bis 10 Jahre einmal vorzukommen pflegt. Schwer hingen die Trauben mit nussbraunen Eicheln an den Zweigen, zogen sie hinunter. Manche hatten sich schon von ihren Becherschalen gelöst. Herabgetropft deckten sie den Boden in großer Zahl, lagen zwischen Gräsern und vergilbtem Herbstlaub.

Geschäftig flogen Eichelhäher hin und her, fielen ein, sammelten, vergruben und versteckten die Geschenke des Himmels, Vorrat für karge Winterzeiten. Manche fanden sie dank der Vielzahl ihrer Verstecke nicht wieder. Die Eicheln keimten, schlugen Wurzeln und sorgten für Naturverjüngung, die den kargen Kiefernwald aufwertete.

Eicheln hatten schon immer viele Freunde. In der geschichtlichen Frühzeit, als die Gletscher nach der letzten Vereisung abtauten und sich die Luft erwärmte, waren es die Ringeltauben, die für die Ausbreitung der Eiche aus dem Mittelmeerraum, aus Südfrankreich in unsere nördlichen Klimaregionen verantwortlich zeichneten. Nicht zuletzt trägt das Eichhörnchen den Namen seines Ammenbaumes zu Recht. Neben Fasanen und Enten zählt insbesondere das Schalenwild zu den Freunden der Eicheln. Sie sind es, die Reh und Hirsch ihre Kraft nach der körperzehrenden Brunft zurückgeben, die spätgeborenen Frischlingen noch das Überleben eines harten Winters sichern. –

Im Revier Schnega hingen die Eichen voller Früchte. Am Straßenrand konnte man das braune Gold zusammenkehren, um damit die Rehe im eichenarmen Revier Kreyenhagen zu füttern oder auch die Kirrungen zu beschicken.

Jäger, die ihren Abschuss auf der Einzeljagd selektiv erfüllen wollen, haben es in Eichel- und Bucheneckernmastjahren schwer, hat es das Wild in Revieren dieser Qualität doch oft gar nicht nötig, die sichere Deckung zu verlassen.

Ich weilte wieder einmal für zwei Tage in Göhr. Ernst riet mir, den Hochsitz an der westlichen Feldkante in Schnega zu wählen. Er hatte am Morgen entlang des Waldrandes abgefährtet und zahlreiche frische Schalenabdrücke von Schwarz- und Rehwild bestätigt, auch der Wind spiele mit.

Wo der Hochwald einen schon angesäten Winterroggenschlag rechtwinklig begrenzte, wartete der westliche Waldrand mit einer langen Reihe von breitausladenden Solitäreichen auf, die ihre Früchte in großer Menge auf den Acker fallen ließen. Die Kanzel stand an der Nordflanke mit einem jüngeren Erlenbestand im Rücken. Es war noch heller Tag, als ich es mir bei einem leichten Nordwest auf dem Sitz bequem machte. Über Göhr verabschiedete sich die Herbstsonne und tauchte das Haus meiner Gastgeber in goldenes Licht. Ich genoss den Spätnachmittag in vollen Zügen. Die Herbstlaubfärbung hatte ihren Höhepunkt fast überschritten. Während die Birken schon kahl waren, zeichneten rotbunte Bergahornblätter zwischen goldgelben Buchenkronen und braungrauem Eichenlaub noch immer einen farbigen Kontrast in die bunte Herbstlandschaft.

Würde mir Wild im Rücken kommen, hätte ich schlechte Karten. Die Haupttageseinstände lagen erfreulicherweise im unterholzreichen Eichen-Buchen-Eschen-Bestand östlich von mir, zugleich unerschöpfliche Quellen für den Eichelsegen bis tief in den Winter hinein. Eine gute Chance auf Sauen könnte mir winken, sollte das Büchsenlicht ausreichen. Vom Vollmond trennten uns nur noch drei Tage, die Luft war klar, der Himmel hoch; eigentlich müsste es passen.

Als die Dämmerung fiel, strichen unweit von mir die ersten Stockentenschoofe klingelnd vorüber. Das Spiel wiederholte sich einige Male. Ein Strichabend am richtigen Platz hätte heute Abend Beute versprochen, die Stimme des Niederwildjägers und Rüdemannes. Warum will der Mensch immer gleich alles haben?

Die Dunkelheit nahm zu, im Wald zur Rechten wurde es lebendig. Brechen von Ästen, Quieken von Frischlingen, Ordnungssignale und Blasen von Bachen, Musik in meinen Ohren. Das Wild war und blieb in Bewegung, spannte mich auf die Folter, konnte es sich leisten, die schützende und nahrungsreiche Deckung nicht zu verlassen – warum sollte es auch?

Abseits vom Treiben, unweit der Straße, traten zwei Rehe aus, wechselten weit ins Feld hinaus. Trotz der lockenden Eicheln war es ihnen im Waldesinnern offensichtlich zu unruhig geworden. Kaum 100 Meter von mir entfernt vernahm ich die akustischen Signale der Sauen, die mir bedeuteten, die Hoffnung nicht verkümmern zu lassen.

Inzwischen war es dunkel geworden. Aus dem Nichts tauchte nach geraumer Zeit ein schwarzer Klumpen am Waldrand auf, ein Gebilde, das vorher nicht da war. Es entpuppte sich als Schwarzkittel, der lange sicherte, bevor er aus dem Schlagschatten des Waldmantels heraustrat. Er entfernte sich vom Rand gerade soweit, etwa fünf bis zehn Meter, dass die herabgefallenen Eicheln für seinen Wurf noch erreichbar blieben. Noch einmal sicherte er kurz, um sich dann ganz dem Genuss des Sammelns der begehrten Früchte hinzugeben.

Vorsichtig hob ich meine Bockbüchsflinte, visierte die auf 80 Gänge im Gebräch stehende Sau an und stellte fest, dass ein sicherer Schuss angetragen werden könnte. Soweit war es vorerst noch nicht. Was stand da vor mir auf dem Acker? Ein Keiler, eine Bache, vielleicht eine führende, deren Frischlinge sich im Verbund mit Gleichaltrigen noch im Walde tummelten? Unwahrscheinlich, aber doch nicht auszuschließen. Schwierig, eine einzelne Sau bei schwachem Licht anzusprechen. Ihre Größe entsprach der eines starken Überläufers, so wollte mir scheinen. Ich nahm mir vor, mit einem Schuss noch zu warten, richtete die Waffe aber auf den Wutz, um jederzeit handeln zu können.

Geduld war die Devise, ich blieb ruhig, wollte nichts anbrennen lassen. Im Wald krachte und rumorte es in unverminderter Stärke. Die Gesellschaft fühlte sich sicher, und die Bachen wussten das Austreten ihrer Zöglinge mit Erfolg zu verhindern. Die Bühne vor mir blieb leer bis auf den Einzel-

Autor mit seiner dreijährigen Geltbache

gänger, den ich mehr und mehr für einen Überläuferkeiler hielt. Ihm war es offensichtlich da drinnen denn doch zu ungestüm geworden. Genug des Wartens, Zeit zum Handeln.

Im Mündungsfeuer sah ich einen Moment nichts, lud sofort nach, entdeckte die schlegelnde Sau auf dem Acker und richtete vorsorglich die BBF auf das noch nicht verendete Wild. Drüben im Wald war es sehr ruhig geworden. Wie die Spitzbuben hatten sich die Borstentiere, groß und klein, davon gemacht. Sie wussten die Zeichen zu deuten. Die beschossene Sau vor mir streckte sich, hatte es geschafft.

Die Rehe waren in Deckung gegangen. Der Lichtschein aus einem Fenster des Schäferschen Hauses leuchtete zu mir herüber. Ob die beiden wohl den Schuss gehört hatten?

Ich verharrte noch ein Weilchen auf meinem Platz und war dann doch überrascht, eine zwei-, möglicherweise gar dreijährige Bache vorzufinden. Sie hatte zweifelsfrei nicht geführt. Die Zitzen waren schwach entwickelt, trocken. Weshalb das junge Tier nicht gefrischt und geführt hatte, war nicht zu ergründen.

Ernst half mir bei der Bergung, ich brach das Stück Wild bei Fackelschein am Hause auf. Ein paar besinnliche, in der Diskussion manchmal auch lebhafte Stunden am Kamin schlossen sich an. Meine Freunde, die Schäfers, leben schon seit einer Reihe von Jahren nicht mehr. –

Danke Ernst, danke Ursula, ihr habt mir viele Jahre unvergessene jagdliche und zwischenmenschlich geprägte Erlebnisse beschert – danke!

ACHTES KAPITEL

Der besondere Bock aus der Rhön

Aus dem hügeligen Land schob sich nach Norden unübersehbar die kahle „Wasserkuppe" hervor. Mit wachsender Höhenlage zeigte sie aus der Ferne ein karges, ja steril anmutendes Bild. Unwillkürlich fragte ich mich, ob diese höchste Erhebung der Rhön immer ein solches Gesicht zur Schau getragen haben mochte? Hatte das in 950 Metern Höhe herrschende raue Klima die Baumgrenze so weit herabgesetzt, oder hatte der Mensch in grauer Vorzeit seine zerstörende Hand im Spiel gehabt? Das den höchsten Punkt dieses Mittelgebirges ringförmig umgebende Gebiet mit einer Fülle von Feldgehölzen, Solitärbäumen, Buschinseln und eingesprengten Wäldern strahlt durch seine Vielfalt Erlebnistiefe aus und entschädigt das Auge des Betrachters auf wohltuende Weise.

Von einem mir zugewiesenen Hochsitz aus genoss ich den weiten endlosen Blick über diese reich strukturierte, liebenswerte Landschaft. Ich bewegte mich im hessischen Teil der Rhön in den Grenzen des Truppenübungsplatzes Wildflecken auf einem Teilabschnitt, der keine Schießübungen auf großen Schießbahnen vorsah. Hier hielten sich Militärfahrzeuge an die ausgewiesenen Wege, Landschaftszerstörungen durch Raupenfahrzeuge gab es nur selten. Das Gebiet war von Buschsavanne, Pionierwaldflächen, zahlreichen Solitärbäumen oder Baumgruppen, von mehr oder minder großen, grasbewachsenen Freiflächen oder auch normal bewirtschafteten Waldbeständen geprägt. Einzelne Moorseen, Zwergstrauchheiden und Moore gaben dieser Landschaft einen besonderen Charakter: ein Rehwildlebensraum, wie er im Buche steht. Ich freute mich, in diesem so schönen wie aussichtsreichen Gebiet auf einen Bock waidwerken zu dürfen. Ich durfte pirschen oder die Ansitzjagd ausüben, war meines Glückes eigener Schmied.

Die Einladung vom Leiter des Bundesforstamtes Wildflecken, Forstdirektor Rudolf, war mir zu meiner großen Freude kürzlich auf den Tisch geflattert. Gern hatte ich zugesagt, zumal ich den Abstecher in die Rhön mit der Feier des 70. Geburtstages meines älteren Bruders Otto in Eberbach am 1. August verbinden konnte; zu einer Zeit, in der die Blattjagd auf Böcke ihren Höhepunkt erreichen würde. Mit Gerd Rudolf verbanden mich aus seiner mehrjährigen Dienstzeit im Bundesforstamt Plön unvergessene Jagderlebnisse in unseren damals mit Niederwild gesegneten Holsteiner Revieren. Er wusste um meine Passion, vermittelte mit seiner Botschaft das Gefühl der Fürsorge für Pensionäre, die manchmal gerne vergessen werden.

Hier saß ich nun am Abend des 28. Juli, konnte mich fallen lassen, konnte genießen, ohne das Ziel meines Hierseins aus dem Auge zu verlieren. Drei Tage vor mir, war ich einfach guter Hoffnung. Das hochsommerlich schöne, nicht zu stark aufgeheizte, fast windstille Wetter sollte die Rehe eigentlich munter machen, wenn nicht unerwartete Störungen ins Haus standen.

Vor mir Offenland aus vielen Mosaiksteinen. Freiflächen mit Graswuchs, Heideinseln, eine Fülle von großen und kleinen Blühpflanzen, rundum niedrige Bäume und Sträucher, die dem Wild Deckung, Schatten, Äsung und Sicherheit boten, kurz: Vielfalt überall. Ich nahm mir vor, nicht gleich mit Hubertuslocker oder Buttolo Blattjagdarien zu veranstalten und damit den Abendfrieden zu stören, wollte die Dinge einfach auf mich zukommen lassen. Um diese Zeit müsste sich in einem „Schokoladen"-Biotop auch ohne Nachhilfe etwas tun.

Mit offenen Augen träumte ich in den Abend hinein, war ganz Ohr und nahm die Geräusche um mich herum auf. Eine Singdrossel wetteiferte mit einem Amselhahn um die beste Stimme, fernab schimpften Eichelhäher um die Wette und das „Hiiäh" eines vorbeistreichenden Mäusebussards ertönte neben mir, wurde leiser, erstarb.

Ein gelungener Wildacker; aus der Ferne lugt die Wasserkuppe herüber

Im Westen verabschiedete sich die Sonne hinter Hügelkuppen, ein tiefrot leuchtender Abendhimmel versprach gutes Wetter für den morgigen Tag.

Ein Rehbiotop vom Feinsten – im Hintergrund wiederum die Wasserkuppe

In der sich abschwächenden Phase der Uhlenflucht hoppelte ein einsamer Waldhase aus der Deckung heraus auf die Freifläche und mümmelte friedlich vor sich hin. Bei diesem Anblick blieb es. Rehe hatten sich offenbar für eine andere Äsungsfläche entschieden, die ich nicht einsehen konnte. Alsbald baumte ich ab und war doch leicht enttäuscht, dass sich an diesem schönen Abend kein rotes Haar gezeigt hatte. Nun, als erfahrener Rehwildjäger wusste ich nur zu gut, dass es dafür eine Fülle von Gründen geben kann. –

Am nächsten Morgen war ich zeitig draußen. Bei halbem Wind von Westen saß ich auf einer Kanzel mit einer Baumkulisse im Rücken am Rande eines im Frühjahr angelegten, gelungenen Wildackers. Für Rehe müsste er bei der vielseitigen Mischung mit allerlei Leckereien ein Magnet sein. Rechts und links dieser Äsungsfläche schlossen sich der Sukzession überlassene Freiflächen an, die mit Tag- und Nachtlichtnelken, Weidenröschen und anderen Blühpflanzen zwischen Gras- und Trockenrasenflächen weitere begehrte Verbissgewächse für die naschhaften Rehe vorhielten.

An der Nordseite etablierte sich ein Feldgehölz bester Qualität. Wenn hier keine Rehe auftauchen würden, wüsste ich nicht, wo ich sie finden könnte.

Nein, es zeigte sich kein Reh, auch hier und heute nicht – weder in der stillen Morgendämmerung noch am hellen Tage. So rot, wie die Sonne sich gestern Abend verabschiedet hatte, so strahlend begrüßte sie den jungen Tag mit gleißendem Licht und ließ unzählige Tautröpfchen an den Grasspitzen gleich Diamanten funkeln. Eine hoffnungsträchtige Stimmung so recht nach meinem Geschmack. Doch wider Erwarten blieb die Bühne leer.

Ich hatte alle Zeit der Welt. Um 8.00 Uhr begann ich zu blatten, fiepte sechsmal hintereinander, wartete zehn Minuten und ließ eine weitere sehnsuchtsvolle Arie erklingen. Diesmal wartete ich eine halbe Stunde, wurde nicht erhört und versuchte es noch einmal mit dem Kitzgeschrei, das mir von Zeit zu Zeit zum Erfolg verholfen hatte. Keine Ricke fiel auf meine arglistige Täuschung herein, ein Bock ohne Anhang schon gar nicht. Nun, dann eben nicht, kein Grund zur Entmutigung.

In aller Ruhe nahm ich ein Frühstück ein und schloss dann einen ausgiebigen Pirschgang an. Nach Ruhephasen von etwa zwei Stunden zum Wiederkäuen und Verdauen pflegen Rehe wieder auf die Läufe zu kommen, um erneut Nahrung zu sich zu nehmen. Darauf gründete ich meine Hoffnung und machte mich auf den Weg.

Von Zeit zu Zeit blieb ich sehr lange stehen, pirschte mit großer Vorsicht an Ecken und Winkel von Feldgehölzen und Waldsäumen heran, durchmaß kleinere Waldbestände, glaste Freiflächen ab, umrundete einen glasklaren See und erfreute mich prächtiger Döbel in Flachwasserzonen. Wo es mir aussichtsreich erschien, blattete ich und – wartete weiter vergeblich auf Anblick. Gegen Mittag bemühte ich meinen Jagdstock, nutzte einen dicken Baum als Rückenlehne und gab mich einem Nickerchen hin. Ich träumte von einem starken Bock, der unerreichbar weit weg war und mir nicht den Hauch einer Chance ließ.

Mit neuem Tatendrang ging es weiter. Bis zum Abendansitz blieb noch viel Zeit. Zwischen 12.00 und 14.00 Uhr schlägt bei sonnigem, windarmen Wetter oft die Stunde der Wahrheit, sucht das Wild Bewegung und Äsung. Die Hoffnung trog – nichts!

In mir rührte sich der Jäger. Rehe gehören nicht zum fliegenden Inventar der Natur, Rehe hinterlassen Zeichen, wo sie sich bewegen. Auf Grasflächen und geröllhaltigen Böden sind Fährten kaum zu bestätigen, doch hier und da müssen sie ihr Inkognito preisgeben.

Ihre Trittsiegel auf Maulwurfshaufen, an Wegerändern und auf Grabensohlen bleiben dem geschulten Blick nicht verborgen. Wo es Böcke gibt, lösen sich Plätz- und Fegestellen nicht in Luft auf. Rehe müssen äsen, müssen verbeißen, um zu überleben. Ich nahm die mit Vorliebe genutzten, störungsarmen Freiflächen an Busch- und Waldrändern unter die Lupe. Nur zu gut wusste ich, welche Gehölz- und Blühpflanzen Rehe bevorzugt äsen. Natürlich gab es solche Pirschzeichen am Wegesrand, aber sie waren dünn gesät.

Nachdem ich drei Stunden sondiert hatte, wurde mir klar, dass aus einer vom Lebensraum abgeleiteten ehemaligen „Wilddichte" eine Wilddünne geworden war. Regulierende Luchse und Wölfe gab es hier nicht, also musste es andere Gründe geben. Vermutlich hatte man zu kräftig in den Wildbestand eingegriffen, aus welchem Grund auch immer. Der starke Jagddruck allein konnte es nicht sein, der bekanntlich Wild zu Nachtwild werden lässt – die Nacht ist lang, es müssten sich dann allemal mehr Zeichen vom Vorhandensein von Wild finden lassen.

Ich war über jeden Zweifel erhaben, dass Gerd Rudolf mir nichts mehr wünschte, als einen Bock aus der Rhön nach Hause zu tragen. Die reale Situation in dem mir zugewiesenen Pirschbezirk hatte er offensichtlich unterschätzt. Für den Abendansitz suchte ich mir eine weitere viel versprechende Stelle aus, blieb aber einmal mehr ohne Anblick.

Und wieder eine aussichtsreiche Stelle

Am dritten Tag wiederholte sich das gleiche Spiel. Eine kleine Abwechselung bescherte mir eine offensichtlich junge Ricke, die sich von meinem Kitzgeschrei betören ließ und ihren Nachwuchs in Gefahr wähnte. Flüchtig näherte sie sich mir von der Seite, ohne Galan, wenn es denn einen geben sollte. Die geleimte Mutter schimpfte lange anhaltend, als sie das schnöde Spiel durchschaute. Dabei blieb es.

Junge Ricke – vom Kitzgeschrei betört

Am Abend nahm ich Kontakt mit meinem Mäzen auf und berichtete ihm von meinen Erfahrungen. Provozierend fragte ich beiläufig, ob in diesem Gebiet Rehe ihre Fährte ziehen würden? Er kannte meine engen Beziehungen zu diesem Wild gut genug, um mir gebührenden Glauben zu schenken, verhehlte aber seine Enttäuschung nicht. „Ohne die Erlegung eines Rehbocks werde ich Sie nicht von dannen ziehen lassen", war sein Kommentar. Wie er das anstellen wollte, blieb zunächst sein Geheimnis und mir nur noch der nächste Vormittag. „Wir treffen uns morgen früh um 8.00 Uhr an der Wegesperre X und gehen es an." Mit Genuss tranken wir einen Schoppen des von ihm so geliebten Rieslings und plauderten von alten Zeiten. Als wir uns trennten, blieben bei mir erhebliche Zweifel zurück, ob er sein Wort wohl einlösen könnte.

Die etwas längere Nachtruhe hatte mir gut getan, und voller Tatendrang erwartete ich am vereinbarten Platz meinen Jagdherrn. Der ließ nicht lange auf sich warten, aber er war nicht allein. Mit ihm stieg ein baumlanger Kerl mit einem Kreuz wie ein Schrank, der ihn selber um Haupteslänge überragte, aus dem Geländewagen. Freundlich begrüßte er mich in seiner gemütlichen bayerischen Mundart mit einem wohlmeinenden, sympathischen Lächeln: „Mir schaffen's – do hoab i koa Zweifel net", und flößte mir gleich Vertrauen ein. Wer war der Hüne? Forstdirektor Rudolf stellte ihn mir als seinen Nachbarkollegen, Leiter des bayerischen Forstamtes Brückenau, vor und versicherte mir mit einem verschmitzten Lächeln: „Der versteht sich meisterhaft auf das Blatten", was mit einem Grinsen des Angesprochenen honoriert wurde. Nun war das Geheimnis gelüftet. In Holstein pflegt man zu sagen: „Dor kickt dat Swien ut de Luuk." Na, das konnte ja heiter werden.

Das Unternehmen geriet zu einer Pirschfahrt mit häufigen Unterbrechungen. Meinen bisherigen, mit Rehen offensichtlich dünn besiedelten Pirschbezirk sparten wir aus und wandten uns anderen Jagdgründen zu. Nach kurzen Pirschgängen wurde an aussichtsreichen Stellen geblattet. Der Meister bemühte das Buchenblatt virtuos nach alter Väter Sitte, modulierte in Fiepstafetten mit hohen und tiefen Tönen, wie es verführerischer kaum sein konnte. Mit den gebotenen Zwischenräumen nach imitierten Fieplauten von Ricke oder Schmalreh, nach Kitzfiep oder Angstgeschrei zog er alle Register seines Könnens. Die Verweildauer vor Ort – von wegen eine Stunde Wartezeit – beschränkte sich auf maximal zehn Minuten. Wichtig beim Angehen: Ist für drei Mann genügend Deckung da, passt der Wind, hat der Hauptakteur für den letzten Takt eine gute Schussposition? Rührte sich nichts, wurde der nächste Blattstand angesteuert.

Zwischen einigen Fehlversuchen folgten dreimal führende Ricken dem betörenden Kitzgeschrei, kamen allein und verabschiedeten sich mit einem mehr oder minder heftigen Schreckkonzert. Auch hier hatten es Böcke offenbar nicht nötig, auf noch so verführerische Lockrufe zu reagieren.

Darüber war es Mittag geworden. Wir durchpirschten einen etwa achtzigjährigen Buchenbestand mit Vorwuchshorsten aus Naturverjüngung. Am Wegesrand lagerten einige Langholzpolder. Meine Führer bedeuteten mir, hinter einem dieser Polder einen geeigneten Platz zu suchen und mich schussfertig zu machen. Wahrscheinlich hielten sie dieses Umfeld für besonders aussichtsreich, frühere Erfahrungen mochten ursächlich sein. Nur wenige Meter hinter mir nahmen die beiden jenseits des Weges Deckung hinter einer dicken Randbuche, und unser Meister begann zu fiepen.

Was dann geschah, ist nicht so schnell zu beschreiben, wie es ablief. Die Töne des Lockjägers hatten kaum den Äther erreicht, da rauschte es im Blätterwald. Hochflüchtig schoss eine Ricke aus einem Vorwuchshorst hervor und kam stichgerade auf mich zu. Fast auf Tuchfühlung folgte ein Bock mit einem gut lauscherhohen Gehörn auf dem Haupt, den ich intuitiv als älteren Vertreter sein Art einstufte, ohne indes nähere Einzelheiten erkennen zu können, es ging einfach zu schnell.

„Schießen!", zischte mir Rudolf zu, doch das war so noch nicht möglich. Ob der unüberwindbare Stammholzpolder der Anlass war oder das feine akustische Signal meines Gönners und Führers, sei dahin gestellt. Jedenfalls verhoffte die Ricke abrupt – unschlüssig, wohin sie sich angesichts ihrer vermeintlich bedrohten Kitze wenden

Der besondere Bock aus der Rhön

Autor (mit Hund) und Gerd Rudolf nach einer Jagd im Revier Langsee

und suchen sollte. Der Bock tat es ihr gleich, wobei ihm der Durchblick noch mehr fehlte.

„Jetzt oder nie!“, ging es mir durch den Kopf. „Meinen“ Bock riss es von den Läufen, und die Ricke verabschiedete sich, ohne einen Ton ihres Entsetzens preiszugeben, suchte fluchtartig die Deckung auf, die sie erst vor Sekunden verlassen hatte. Der Bock war indes erwartungsgemäß schnell verendet. So flott hatte ich im Leben noch kein Reh gestreckt. Es war mein erstes Stück Schalenwild, dem ich eine Kugel auf den Stich setzte.

Wider Erwarten war es noch geschehen – fünf Minuten vor zwölf. Gerd Rudolf sollte mit seiner optimistischen Einschätzung kraft seines Vertrauens zu dem bayerischen Freund und Kollegen Recht behalten, den Nordfriesen nicht ohne einen Bock aus der Rhön nach Hause ziehen zu lassen. Waidmannsdank beiden Herren – wohl ziemlich einmalig, dass es sich zwei gestandene Forstdirektoren nicht nehmen ließen, den alternden Forstamtmann im Ruhestand mit Erfolg auf einen Bock zu führen. –

Noch vor Eintritt seiner Pensionierung musste der so nette wie großherzige Kollege Gerd Rudolf den Weg in die Ewigen Jagdgründe gehen – eine Tragik für seine Familie und für alle, die ihn schätzten. Dazu gehöre auch ich.

NEUNTES KAPITEL

Heidehirsche

Nur, wenn er im Feuer bleibt

Das Wetter war zum Genießen, Altweibersommer zum Verlieben. So rechte Brunftstimmung wollte nicht aufkommen, offensichtlich war es zu warm. Wir schrieben den 20. September. Fast gelangweilt meldeten nachts in größeren Zeitabständen Hirsche von den Brunftplätzen, gerade so, als wollten sie nur einer lästigen Pflicht genügen.

Mit sinkenden Temperaturen gegen Morgen schwoll das Konzert noch einmal an, um nach Tagwerden vollends einzuschlafen.

Die Nacht war lang und anstrengend gewesen. Auch wenn es akustisch nicht wahrnehmbar war, herrschten um diese hohe Zeit des Jahres Brunftturbulenzen, die die Hirsche nicht zur Ruhe kommen ließen. Trotz reger Betriebsamkeit fanden die Tiere Zeit, sich den Weidsack zu füllen. Die das Brunftgeschehen dominierenden Hirsche dagegen übten sich in Abstinenz, verweigerten die Nahrungsaufnahme, hatten in diesen Wochen nur das Eine im Sinn – die Erhaltung der Art.

Nach dem Einwechsel in die Tageseinstände pflegten alle der Ruhe, legten ihre Häupter auf Mütterchen Erde, holten sich eine Mütze voll Schlaf, dösten in den Tag hinein und gaben sich Wiederkäuen und Verdauen hin. Jetzt endlich fanden auch die Hirsche Zeit für einen Dämmerschlaf. Im Unterbewusstsein blieben sie indes ständig auf der Hut, jederzeit bereit, das Rudel zu verteidigen. Wer wollte schon den Beihirschen oder starken Nebenbuhlern das Feld überlassen, wenngleich es mit wachsender Zahl der Köpfe nicht immer gelang.

Über Mittag wurde das Kahlwild wieder munter, suchte verschwiegene, ungestörte und nahrungsreiche Freiflächen auf, um sich in den Genuss der wärmenden Sonne zu bringen und erneut Äsung aufzunehmen. Der Pascha musste hinterher, durfte nichts anbrennen lassen. Auf Ruhe, auch vor seinen potenten Verfolgern, den Menschen, durfte das Wild um die faule Stunde noch am ehesten rechnen. Wer als Jäger und Gästeführer im Rotwildrevier während der Hirschbrunft täglich um vier/halbfünf Uhr in der Früh die Bettdecke abstreift und nach dem Abendansitz oft erst spät seine häusliche Burg erreicht, bedarf der Mittagsruhe. Dieses aus der Not geborene Verhalten rettet in der erfolgsträchtigsten Stunde des Tages so manchem Hirsch das Leben oder verlängert es zumindest. Es ist leichter, den Hirsch bei vollem Tageslicht anzusprechen und – wenn er passt – auch zu erlegen. Als Jäger mit der Kamera, für den ausreichendes Licht noch wichtiger ist, habe ich diese Erfahrung immer wieder machen können. Die besten Fotos schoss ich um die faule Stunde. Das gilt allerdings nur in Revieren, in denen Rotwild Tagwild sein darf, sieht man von Schneisen ab, die Tageseinstände durchschneiden. Auf ihnen muss der Anblick über Mittag auch in stark gestörten Revieren nicht ausbleiben.

Zwei Tage hatte mein Kollege Grunath versucht, mich in seinem Revier Schäferhütte des Bundesforstamtes Siebensteinhäuser auf einen IIb-Hirsch zu Schuss zu bringen. Wir waren noch nicht fündig geworden. Zwei Abendansitze und ein Morgenanstand mit anschließender Frühpirsch hatten uns Wildanblick beschert, ein passender Hirsch jedoch vermied es sorgsam, unseren Wechsel zu kreuzen.

Wir beide wussten nur zu gut, wie schwer es war, einen annehmbaren Vertreter der freigegebenen Klasse in einer gehegten Wildbahn anzutreffen. Das begehrte Ziel, einen Hirsch strecken zu können, der der jüngeren Halbstarkenklasse schon um ein paar Jahre entrückt war, stieß bei jedem passionierten Rotwildjäger auf Verständnis – so auch bei meinem Kollegen. Wirklich typische Abschusshirsche auf Grund mangelnder Gebäudestärke und Geweihausformung – ab dem dritten Kopf gut ansprechbar – verfielen als IIIer-Hirsche in diesem Alter schon dem Ausleseabschuss.

Nicht viele mit Mängeln behaftete Hirsche wuchsen in die mittlere Altersklasse vom 5. bis 9. Kopf hinein. Bei einem zahlenmäßig gut bestückten Rotwildbestand mit ausgeglichenem Geschlechterverhältnis konnte man nach dem Gesetz der Serie mit dem nötigen Glück den einen oder anderen Vertreter dieser Zuordnung antreffen, seltener auch einen der begehrten Abnormen.

Am Sonntagmorgen saß ich vor Tau und Tag auf einer hohen Kanzel inmitten einer knapp mannshohen Kieferndickung, locker überschirmt von Kiefernüberhältern. Ein gepflegter Pirschsteig hatte mich den Sitz lautlos erreichen lassen, der – eingebettet in eine schöne und interessante Umgebung – eine faszinierende Ausstrahlung hatte. Bei aller Vorliebe für diesen Standort barg er für den Jäger ein nicht zu übersehendes Risiko. Bei ihrer ausreichenden Breite konnte die Dickung vom Wild oberhalb und unterhalb der Kanzel als Tageseinstand genutzt werden. Die Abhängigkeit vom Wind schränkte damit die Benutzung nicht unwesentlich ein. Ein wenig vergrößerte die beachtliche Bodenhöhe der Kanzel den Spielraum und wirkte sich vor allem bei Windstille für den Benutzer positiv aus. Der über Nacht völlig eingeschlafene Wind kam mir an diesem Morgen entgegen.

Mein Kollege war Samstagvormittag noch einmal mit mir durchs Revier gefahren und hatte mir alle Möglichkeiten aufgezeigt, wo bei der gebotenen Vorsicht Wild anzutreffen wäre. So durfte ich Samstagabend und den ganzen Sonntag über versuchen, bewaffnet mit der 400 mm-Telekamera, Wild zu beobachten und vielleicht einen abschusswürdigen Hirsch zu bestätigen. Dafür war ich ihm dankbar. Verständlicherweise stand er mir am heutigen Sonntag für eine Führung nicht zur Verfügung.

Gelöst und voller Hoffnung dämmerte ich dem Tag entgegen. Es war noch dunkel, Stille ringsum. Kein Laut drang durch die Finsternis, sah man vom ewigen Lied der Reifen auf der entfernten Autobahn ab, das die Nachtruhe entweihte. So blieb es eine Weile, bis es plötzlich doch da war, das erste Signal dieses erwachenden Brunftmorgens. Der nicht zu überhörende Ruf, das Orgeln eines Hirsches aus weiter Ferne, erreichte mein Ohr – eine kurze Strophe nur, verhalten, leidenschaftslos und dennoch ein Signal, das sofort Zuversicht keimen ließ.

Gelöst dämmerte ich dem Tag entgegen

Aus dem nahen Obstgarten eines ehemaligen Bauerngehöftes unweit von hier meldete ein Hirsch mit guter Stimme. Gestern hatten wir an dieser für Wild lukrativen Stätte ein größeres Rudel Damkahlwild mit ein paar Spießern und Kniepern beobachtet. Auch das Rotwild schätzte die zu Hauf auf dem Boden liegenden Früchte. Das dort stehende Brunftrudel könnte vielleicht die Dickung zu meinen Füßen als Tageseinstand annehmen. So ganz falsch saß ich hier voraussichtlich nicht.

Geduld üben, warten können sind Tugenden des erfolgreichen Jägers, Misserfolge durch eigenes Verschulden wichtige Lehrmeister. –

Wieder meldete ein Hirsch und unmittelbar danach ein weiterer aus der gleichen Ecke. Platzhalter und Herausforderer, wer wollte es wissen? Es kam langsam Leben in die Szenerie, der dämmernde Morgen begann verheißungsvoll. Ich genoss die für einen Rotwildjäger unvergleichliche Stimmung. Wieder ließ sich der Obstgartenhirsch vernehmen, wie es mir schien, war das Rudel schon ein Stück weit näher gezogen. Sollte das Leittier tatsächlich meine Dickung als Tageseinstand wählen, hoffte ich, die Wahl würde nicht auf das nähere Umfeld meiner Kanzel fallen. Ich musste die Dinge an mich herankommen lassen. Vielleicht könnte ich den Platzhirsch ansprechen, obwohl die Höhe der Dickung wahrscheinlich nur noch Haupt und Geweih freigab.

Es wurde heller. Eine weitere, bisher nicht gehörte Stimme eines Hirsches ließ sich vernehmen. In das Orgeln der Hirsche mischte sich ein fremdartig anmutender Laut, den ich nicht sogleich deuten konnte. Es war eine Art röchelnden Gurgelns, ein mit Zischlauten vermischtes Blubbern aus der Ferne, das die Stille des Morgens durchschnitt. Und dann war plötzlich alles klar: Nicht sehr weit von hier kullerte ein Birkhahn vom Ostenholzer Moor herüber nach allen Regeln der Kunst. Zur Zeit der herbstlichen Hirschbrunft ein balzender Spielhahn? – Das war mir noch nicht untergekommen. Doch kein Zweifel, dort balzte der kleine Schwarze Ritter, als befänden wir uns im Wonnemonat Mai.

Insidern wäre dieses Verhalten durchaus vertraut. So wunderte ich mich gar nicht mehr, als ich ein paar Jahre später „die Arie des Birkhahnes" auf der Elchjagd in Lettland am frühen Morgen und zur Zeit der Sonnenbalz wieder und wieder erlebte. Man lernt nie aus. –

Unweit der Kanzel wurde es lebendig. Das einziehende Rudel hatte meine Kieferndickung erreicht. Stangen schlugen aufeinander. Hatte sich ein aufmüpfiger Beihirsch einem paarungsbereiten Tier zu aufdringlich genähert? Der Sprengruf des Herrschers setzte Zeichen. Etwa 100 Meter entfernt schien das Rudel Quartier beziehen zu wollen, das konnte mir recht sein. Bäume schaukelten hin und her, zu erkennen war jedoch nichts. Der Alte grollte und traktierte eine junge Kiefer, Zweige und Rindenfetzen flogen umher. Das Lüften seines Inkognitos blieb er mir noch schuldig.

Es wurde ruhiger um das eingewechselte Rudel. Vereinzelt meldeten Hirsche von nah und fern, das Konzert ebbte mehr und mehr ab, bis es ganz erstarb. Doch dann sollte es noch einmal kurz munter werden. Ein junger Achter vom dritten Kopf zog unbekümmert neben meinem Hochsitz vorbei in Richtung Brunftrudel. Auf seinen Empfang war ich neugierig. Die Antwort ließ nicht lange auf sich warten.

Als er den Dunstkreis des Rudels erreichte, wurde der selbstbewusste Jüngling vom Platzhalter wahrgenommen, mit einem abgrundtiefen Grollen begrüßt und vehement auf Trab gebracht. Die galoppierende Post bewegte sich in die Richtung, aus der der Abenteuer suchende Bursche angewechselt war. Das war meine Chance, längst war ich hellwach. Mit Bedauern wurde mir bewusst, dass meine Telekamera den Dienst mangels Licht noch verweigerte. Nur 30 Meter entfernt verhielt der Platzhirsch zwischen zwei Kiefernreihen und zeigte mir erstmals mit Haupt und Geweih einen wesentlichen Teil seines Steckbriefes. Deutlich bestätigte mir mein Glas vier Enden in der einen, mindestens drei in der anderen Krone. Das Gesicht schien mir ziemlich einfarbig dunkel, sein Gebäude hielt er bedeckt. Nein, hier hatte ein Vertreter seiner Art das Kommando, dem die Reife des jagdbaren Hirsches genau so fehlte wie die Merkmale eines abschusswürdigen IIb.

Noch ein kurzes Orgeln hinter dem Eindringling her, und der Pascha entfernte sich wieder in leichtem Troll seinem Rudel entgegen.

Ich baumte ab, um noch eine kleine Frühpirsch anzuschließen. Hier hatte ich genug gesehen, eine nicht auszuschließende Störung wollte ich nicht riskieren. Inzwischen war es heller geworden. Beim Absteigen genoss ich die typischen Begleiterscheinungen des Altweibersommers. Die Spinnen hatten Brücken geschlagen. Von Wipfel zu Wipfel der jungen Kiefern spannte sich ihr kunstvolles Gewebe gerade so, als habe ein Fischer aus dem Zwergenland seine Netze zum Trocknen aufgehängt.

Mein Spaziergang brachte keinen zählbaren Anblick mehr. Wo auch immer, gab sich das Wild der Ruhe hin, Stille im weiten Umfeld. Die wollte auch ich mir gönnen, fuhr ins Quartier und legte mich zwei Stunden aufs Ohr. Nach erholsamem Schlaf nahm ich einen Imbiss zu mir, genoss den starken Kaffee und machte mich wieder auf den Weg ins Revier, um die faule Stunde zu nutzen. –

Manche Dinge in der Wildbahn lassen sich mit mehr Abstand genießen, wenn man dem Druck des Schießenwollens oder Schießenmüssens innerlich nicht ausgesetzt ist. Mit dem Älterwerden empfindet man es intensiver, mit nachlassender Passion hat das wenig zu tun. – Das Revier war mir nicht vertraut, ich wollte keine Fehler machen. Viel versprechende Freiflächen in stillen Waldwinkeln am Rande von Dickungen glaste ich ab, ständig bemüht, kein Wild anzurühren. Obwohl es die Sonne gut mit mir meinte, blieb mir ein Anblick versagt. Vermutlich fand das Wild in den Tageseinständen Nahrung genug und schonte seine Kräfte.

Unweit eines Moores hatte mir Kollege G. einen Bodenplatz auf einem übererdeten Bunker empfohlen, der für einen Nachmittags- und Abendansitz hoffen ließ. Um 16.00 Uhr bezog ich Station und ersehnte den Anblick, der bei brauchbarem Licht vielleicht auch ein Fotografieren von Wild zuließ.

Vor mir breitete sich eine Steppe aus gelbgrauem Dürrgras aus, das dem Wild kaum Anreize für einen Verbleib bot. Auf etwa 150 Meter hatte sich am Rande des Moores eine Art Buschsavanne aus vorwiegend Strauchweiden in Mischung mit Birken, Aspen und Vogelbeeren entwickelt, vermutlich gefördert durch einen erhöhten Grundwasserstand. Hier, wo Licht und Schatten einander abwechselten, hoben sich am Rande der Gehölzgruppen saftiggrüne Grasmatten ab, die dem Wild gute Äsung boten. Mein Ansitzplatz könnte eine gute Wahl sein.

Noch war die glutrote Sonnenscheibe am Westhimmel sichtbar, ihre wärmende Kraft allerdings kaum noch vorhanden. Die Luft kühlte sich merklich ab. Langsam stieg Bodennebel auf und umfing die Landschaft mit einem zartgrauen Schleier. Für das Rotwild das Signal, seine Sicherheit bietende Deckung preiszugeben, um dem Nahrungserwerb zu frönen. In rascher Folge tauchten die ersten Stücke Kahlwild auf.

Zwei scherzend hintereinander her tollende Kälber eröffneten den Reigen, die Mütter erschienen auf ihrer Fährte. In wenigen Minuten war das zwölfköpfige Rudel versammelt. Nicht einmal ein Spießer, geschweige denn mehrjährige Beihirsche hatten es für würdig befunden, diese Damenriege zu begleiten. Irgendwo musste es offenbar noch interessantere Brunftplätze geben. Aber auch der dazu gehörige Platzhirsch glänzte durch Abwesenheit. Erst nach geraumer Zeit meldete ein Hirsch aus der Deckung, die das Kahlwild vor kurzem verlassen hatte.

Nicht ungewöhnlich, dass sich Hirsche Zeit lassen, ihrem Rudel zu folgen. Je länger die Brunft ihre Kräfte in Anspruch nimmt, umso größer werden oft die Auszeiten, die sich Platzhirsche gönnen. Niedergetan dösen sie vor sich hin oder kühlen sich in einer Suhle ab, um neue Kraft zu sammeln. Fehlen Beihirsche im Rudel, haben sie es noch weniger eilig.

So war es auch diesmal. Soeben der Suhle entstiegen, stand er schwarz wie ein Mohr plötzlich unübersehbar auf der Pläne, eine Baumkulisse im

Rücken, stieß dreimal kurz an, um den Damen zu bedeuten: „Ich bin wieder bei euch!“ Das braune Moorwasser aus der Suhle hatte sein Aussehen verändert, unterstrich seine urwüchsige Kraft einmal mehr und machte klar, wer hier das Sagen hatte.

Ich schoss ein paar Fotos. Der Nebel und schwindendes Licht nahmen ihnen zwar die letzte Schärfe, konnten aber nicht verhindern, die friedliche,

Schwarz wie ein Mohr zog er hinter dem Rudel her

entspannt wirkende Phase des Brunftgeschehens einzufangen, als wäre es nur die Ruhe vor dem Sturm.

Der Bodennebel verdichtete sich, die Dunkelheit nahm zu. Aus dem grauen Schleier tauchten Wildkörper auf, verschwanden wieder wie ein Spuk, gerade so, als schwebten sie schwerelos fast ohne sichtbar werdende Läufe über den Boden dahin. Es war ein unwirklich anmutendes Bild, wie der ungerade Vierzehnender ein brunftiges Tier beschlug und die Körper sich im Nebel wie ein denkmalhaftes Gebilde vereinten. Mangels Licht verweigerte mir meine Kamera den Dienst – man kann nicht alles haben.

Ich genoss das Brunfttreiben noch eine Weile, nahm die Stimme des Gebieters und die Antworten anderer Hirsche aus dem weiten Rund in mir auf, bevor ich tief beglückt vom Erlebten den Rückwechsel zu meinem Quartier antrat. Nur eines war mir dieser Tag schuldig geblieben: Wo könnte ich morgen oder in den nächsten Tagen auf einen abschusswürdigen Hirsch treffen, der den Kriterien der vorgegebenen Norm entsprechen würde? –

Jeder Zoll ein König

In tiefer Dunkelheit bestiegen wir am Montagmorgen, dem 22. September 1982, am Rande einer Kieferndickung eine hohe Kanzel. Unweit von hier meldeten regelmäßig zwei Hirsche, aus der Ferne ergänzte eine weitere Stimme das Brunfttreiben. Hoffnung auf Anblick und Erfolg klopften ungerufen an die innere Tür. Noch versteckte sich der neue Tag hinter der Finsternis einer alles verdeckenden Nacht .

Allmählich dämmerte der Morgen herauf, gab Konturen der Landschaft preis, ließ die Augen zu ihrem Recht kommen. Vor uns breitete sich eine größere Freifläche aus, deren flachstrukturierte Steppengrasmonotonie nur hin und wieder von breitwüchsigen Anflugkiefern unterbrochen wurde. Etwa 200 Meter vor uns zeichnete sich das Treiben eines Brunftrudels ab. Wir zählten acht bis zehn Stück Kahlwild mit einem geringen Beihirsch in ihrer Mitte. Der Platzhirsch am Rande, den wir noch nicht ansprechen konnten, umschlug seinen Harem in flottem Troll. Die geballte Kraft, die hinter seinen Bewegungen steckte, weckte Verständnis für die Einschätzung vieler Jägergenerationen vor uns, auf königliches Wild im Sinne des Wortes zu treffen. Eine Weile noch ging das Treiben hin und her, bevor sich das Leittier zum Aufbruch in den Tageseinstand anschickte.

Wie an einer Perlenschnur gezogen passierte das Wild auf gute Schussentfernung wenig später unsere Kanzel. Der Kronenzwölfer vom etwa siebenten bis achten Kopf ohne Fehl und Tadel weckte keine Begierde – hoffnungsvolle Zukunft. Bei diesem Anblick blieb es.

Wir fuhren nach Hause und verabredeten uns zu einer Nachmittagspirsch um 14.30 Uhr mit anschließendem Abendansitz. Dazu sollte es indes nicht mehr kommen.

Ein freundlicher, fast windstiller Septembernachmittag begleitete uns auf unserem Wege, als wir bekannte Brunftplätze und Tageseinstände im Revier anpirschten. Zweimal meldete ein Hirsch mit müder Stimme aus sicherer Deckung heraus.

Verschwiegene Freiflächen und Schneisen blieben uns einen Anblick schuldig, wir wussten sehr wohl, dass Glück dazu gehörte, um diese Zeit Rotwild auf Freiflächen anzutreffen. Was versucht man nicht alles, um zum Erfolg zu kommen!

16.30 Uhr. Unweit unseres Pirschpfades verriet uns ein Hirsch mit verhaltener Stimme seinen Standort. Dank der guten Revierkenntnis wusste mein Führer sofort, wo der Ruf herkam. Wir folgten einem verschwiegenen Pirschpfad am Rande einer Dickung und standen alsbald am Fuße einer drei bis vier Morgen großen Wildäsungsfläche. Die hellen, lilaweißen Blüten des Ölrettichs in Mischung mit anderen beliebten Äsungspflanzen waren durchaus geeignet, Wild anzulocken. Am oberen Ende der langgestreckten Fläche stand ein Rotwildrudel und pflegte sich am saftigen Grün. Halb verdeckt am Rande posierte der Platzhirsch und spannte uns einen kurzen Augenblick nur auf die Folter, bevor er uns die Chance zum Ansprechen bot.

Wir setzten die Gläser ab und schauten uns einen Moment wortlos an. Keiner wollte als Erster seinen Kommentar abgeben. Schließlich hielt ich es nicht länger aus. „Das ist doch einer von der Art, wie wir ihn seit Tagen suchen“, wagte ich mich aus der Reserve. „Vier Enden in der rechten, fünf in der linken Stange und ein Alter von etwa sieben bis acht Jahren. Der müsste passen, als wäre er bestellt“, wurde ich eine Spur mutiger. Noch immer zögerte mein Gegenüber mit seiner Meinung. „Ja, wenn er denn nicht ganz so ‚dick‘ (stark) wäre“, kam es ihm über die Lippen. Natürlich hatte er das letzte Wort, aber schließlich auch den nötigen Mut, als er mit einem Grinsen auf den Lippen zustimmend nickte.

„Bevor ick jrünes Licht jebe“, berlinerte er, „ene Bedingung: Schießen se den Hirsch so, dat er uff der Stelle liejen bleibt, sonst müssten wir ihn stückweise aus dem unwegsamen Moor herausholen.“

Ich hatte verstanden, ging es an. Das Rudel stand auf etwa 90 Meter vor uns, eine passable Schussentfernung. Ich musste eine Freifläche von zwanzig Metern mit Gewehr in Vorhalte robbend überwinden, um ungesehen an eine Birkengruppe heranzukommen, die mir Deckung bot und ein Anstreichen mit der Waffe erlaubte. Diese kleine Übung gelang mühelos, das Wild stand vertraut in der Äsung, und der Pascha changierte hin und her. Es galt! Die Wartezeit war kurz, bevor der Hirsch, von rechts nach links wechselnd, breit und frei stand. Um es in der Sprache meines Freundes und Hirschjägers Heinz Masloff zu formulieren: „Sieben hoch links musst du abkommen, dann bleibt er im Feuer." Und so geschah es. Blitzartig riss es den Hirsch von den Läufen, allerdings schlegelte er ohne Ende.

Er blieb im Feuer, schlegelte und – lag endlich still

Wir zögerten keine Sekunde, uns dem mit dem Tod kämpfenden vorsichtig mit geladener Waffe zu nähern. Mich schüttelte das Hirschfieber, ich war meinem Kollegen dankbar, dass er dem Leid des Tieres durch einen Fangschuss auf den Träger ein schnelles Ende bereitete. Sein Waidmannsheil kam aus ehrlichem Herzen.

Langsam fiel die Spannung von mir ab. Ich war glücklich. Nicht ganz einfache Voraussetzungen hatten mir zum Strecken eines Hirsches verholfen, der keine Wünsche offen ließ. Den ungeraden Kronenzehner durfte man getrost in die Schublade eines „Edel-IIb" stecken. Mit dem geschätzten achten Kopf zeigte er für einen Abschusshirsch ein respektables Geweih mit langen Enden.

Mein Kollege hatte sich vorübergehend verabschiedet. Bis zu seinem PKW war eine ansehnliche Strecke zurückzulegen, und schließlich musste er noch den Anhänger für den Transport des Hirsches von zu Hause abholen.

Das verschaffte mir alle Zeit der Welt für eine würdige Totenwacht und die anschließende rote Arbeit. Tief in Gedanken versunken gab ich mich entspanntem Träumen hin. Unwillkürlich dachte ich auch über die Geschosswirkung nach. Bei ähnlichen Schüssen auf Rotwild und anderes starkes Wild habe ich später mit der 9,3 x 64 Brenneke die Erfahrung gemacht, dass sie fast immer schnell zum Verenden führten. Es ist eben doch ein ziemlicher Unterschied, ob eine 7 x 65 TIG oder das TUG-Geschoss aus der großkalibrigen Waffe auf den starken Wildkörper trifft, eine stärkere Schockwirkung hervorruft und durch einen in der Regel stärkeren Ausschuss zum raschen Ausschweißen und Verenden führt.

Eine Trophäe, über die sich der hirschgerechte Waidmann freuen darf

Ich genoss diese beglückende Stunde eines Jägers und ließ die vergangenen Tage noch einmal Revue passieren. Sie hatten sich mit einem krönenden Abschluss verabschiedet. Den i-Punkt setzte der Forstamtsleiter Dr. K. Menzel drauf. Unbemerkt hatte er sich mit seiner Frau in gekonnt lautloser Pirsch von hinten meinem Platz neben dem Hirsch genähert. Sein nicht zu überhörendes Waidmannsheil riss mich aus allen Träumen und holte mich auf den Boden der Realität zurück.

Glückwunsch zum Abschusshirsch, eine kurze Schilderung der Erlegung meinerseits, und das Jägerpaar ging seiner Wege, einem Abendansitzplatz zustrebend.

Zeit, die rote Arbeit zu verrichten. Noch hatte ich sie nicht ganz beendet, als mein Kollege mit dem Transportfahrzeug neben dem Hirsch hielt. Nach dem Aufbrechen fuhren wir zum Forsthaus, um den Hirsch in die Kühlkammer zu bringen. Aus gutem Grund blieb ich meiner Herberge bis zum nächsten Tage treu, bevor mich die Räder wieder gen Norden trugen.

ZEHNTES KAPITEL

Heidehirsche

Ein Ende zuviel

Siebensteinhäuser – der Name dieses Forstamtes, in das ich einige Male zur Wildjagd eingeladen war, hatte für mich etwas Magisches, einen Hauch von Geheimnisvollem, der den nachdenklichen Betrachter unwillkürlich in die zeitgeschichtliche Epoche der Germanen zurückführte und eine Brücke zu unseren Vorfahren schlug, die hier vor Jahrtausenden geboren wurden, mit der Allmacht unserer Mutter Natur in Einklang lebten, jagten, starben.

Dieser Faszination – man mag es als Gefühlsduselei abtun – konnte ich mich nie ganz entziehen und folgte nur zu gern den wenigen Einladungen zu Ansitzdrückjagden auf Hochwild, Rehwild und Fuchs in den Revieren dieses Forstamtes.

Eines Novembertages in den achtziger Jahren fuhren mein Kollege Hubertus Korsch und ich frohgemut und guter Erwartung von Plön in Richtung Süden, dem Treffpunkt der Jagd entgegen. Wie so oft im lichtschwachen Nebelung machte sich die Sonne bei durchgehend grau verhangenem Himmel rar. Regen lag nicht in der Luft, die Temperatur versprach einen angenehmen Jagdtag.

Auf dem Sammelplatz herrschte rege Betriebsamkeit. In Gruppen standen Jäger mit roten Hutbändern beisammen, unterhielten sich anregend, tauschten gemeinsame Erlebnisse früherer Jagden aus und sahen dem heutigen Jagdtag voller Hoffnung entgegen. Manch einer von ihnen traf alte Bekannte, Freunde wieder, auf die er sich schon im Vorfeld gefreut hatte. Kurzum: Die Stimmung konnte besser nicht sein!

Von den Jagdhörnern erklang das Signal „Begrüßung", und der Jagdleiter, Forstdirektor Dr. Kurt Menzel, begrüßte die Gäste mit launigen Worten. Danach ging er auf den Tagesablauf ein, sprach die notwendigen Regularien an und erklärte präzise, welches Wild nach Geschlechtern, Alters- und Güteklassen, bei Sauen auch nach Gewichtsobergrenzen, erlegt werden dürfte. Beim Rotwild führte er aus, dass geringe Spießer bis etwa Lauscherhöhe und junge Hirsche mit Geweihen bis zu sechs Enden frei wären. Genaues

Ansprechen, diszipliniertes Schießen, Rücksichtnahme auf den Standnachbarn und andere wichtige Verhaltensregeln wurden angemahnt. Nichts blieb offen, was für die Sicherheit jedes Einzelnen, aber auch für seine Chancen auf den Jagderfolg von Bedeutung war. Bei der Teilnahme von 50 bis 100 Personen, manchmal noch mehr, ist eine straffe Ordnung für den präzisen Ablauf unabdingbar. Die geladenen Gäste sollten allerdings wissen, dass man auch von ihnen einen entsprechenden Beitrag zum Erfolg der Jagden erwartet.

Der nächste Schritt war die Gruppeneinteilung. Drei bis vier Jäger mit ihrem Führer, in der Regel einem Bediensteten des Forstamtes, bildeten zumeist ein Gespann. Damit übernahm zugleich der Gruppenführer seinen Teil der Verantwortung. Jeder Jäger musste zu seinem Stand geführt werden, um ihm den erlaubten Schussausschnitt deutlich zu machen und die Tabuzonen klar zu umreißen. Man durfte von einer erfahrenen, eingespielten Mannschaft ausgehen.

Beginn und Ende des Treibens wurden abgestimmt. Jeder Schütze hatte bis zu seiner Abholung auf dem Stand zu verbleiben, um dem Verantwortlichen gestrecktes Wild oder Anschüsse zu melden und wichtige Informationen weiter zu geben. Nur so konnte sichergestellt werden, dass alles seinen geregelten Gang nahm. Wie auf den meisten Jagden wurde auch heute nach Einnahme des Standes „Feuer frei" gegeben.

Für das erste Treiben richtete ich mich auf einem Ansitzbock hinter einem flachen Erdwall ein, lud die 9,3 x 64 Brenneke und stellte den Repetierer gesichert in die linke Ecke. Vor mir wechselten vergraste Flächen mit Solitärbäumen, zumeist Kiefern und Birken aus Anflug, und Buschgruppen einander ab und zeichneten ein abwechselungsreiches Landschaftsbild. Wild musste keine große Freifläche ohne Unterbrechung queren, konnte hinter Baum- oder Buschinseln verhoffen, sichern und in Ruhe seinen weiteren Fluchtweg wählen. Großrudel von Rotwild oder Schwarzwildrotten verhielten allerdings selten, wenn sie erst einmal in Bewegung waren, Damwild und Rehwild machten schon eher Gebrauch von den Deckungsmöglichkeiten. Der mir zugewiesene Platz schien mir gut gewählt. Den Verlauf der Hauptwechsel hatte mir mein Führer beschrieben, ich war gut vorbereitet.

Nur einige wenige Treiber mit roten Westen aus der Riege der Waldarbeiter gingen durch, klopften gelegentlich an Bäume, räusperten sich hin und wieder und sprachen ein paar Worte miteinander, wenn sie sich beim fischgrätenartigen Hin- und Hergehen trafen. Diese Art, sich bemerkbar zu machen, war notwendig, um den Schützen ihren jeweiligen Standort zu verraten.

Lautes Gröhlen und Toben verbot sich. Das Wild mit seinen scharfen Sinnen wusste auch so, was die Stunde geschlagen hatte. Es sollte die Schützen ohne Hast anwechseln, um ihnen Gelegenheit zum Ansprechen und für einen sicheren Schuss zu geben.

Die Treiber und Durchgehschützen kannten jede Ecke des Reviers. Einige wenige mitgeführte Hunde blieben am Mann, wurden nur im Bedarfsfalle geschnallt, um krankgeschossenes Wild zu Stande zu hetzen und den Durchgehschützen Gelegenheit für den Fangschuss zu geben. Nur die klugen Sauen ließen sich ohne Hilfe von Hunden aus großen Dickungen nur selten herausdrücken. Heute bildete das Rotwild den Schwerpunkt der Bejagung.

Auf der Sitzbank hatte ich es mir gerade bequem gemacht, als die ersten Schüsse fielen – in der Nähe, weiter weg. Zweimal vernahm ich Kugelschlag, der Adrenalinspiegel stieg. Vorsorglich griff ich zur Büchse, um nichts zu versäumen, der Jäger war hellwach. Doch nichts tat sich, Entspannung, Entwarnung, aber wiederum nur für kurze Zeit. Keine Chance einzuschlafen, aber wer wollte das schon – saß man nicht hier, um Wild zu erlegen?

Drei weitere Schüsse fielen in enger Folge, nicht weit von hier. Die Aufmerksamkeit stieg. Es könnte doch sein, dass – doch um mich herum blieb alles ruhig. Drückjagd-Sinfonie, irgendwie eine andere Art von Musik als auf der lautlosen Einzeljagd. Und urplötzlich hatte ich den ersten Wildanblick. Auf gut 200 Meter trollten Rotalttier, Kalb und Schmaltier, ein kleiner Familienverband, quer an mir vorüber, ohne einmal zu verhoffen. Zu weit, ich hätte ohnehin nicht geschossen, war schließlich nicht zu Gast auf einer Gamsjagd, bei der Entfernungen andere Gesetze schreiben.

Es blieb ruhig für eine geraume Zeit, nur Markwart der Häher unterbrach die Stille, meldete sich einige Male zu Wort. Das hatte doch etwas zu bedeuten, und schon waren sie da! Im Hintergrund, noch ein Stück weiter weg als das Rotwild, flüchtete eine Bache mit vier „Fröschen" über die Pläne. Ich hatte keine Chance, den harmonischen Ablauf ihrer Flucht zu stören, durfte mich aber des Anblicks erfreuen.

Dann blieb es still in meinem Sichtbereich bis an das Ende des Treibens, gleichwohl wurde rundherum bis zum Schluss fleißig geschossen. Kein Problem, dass ich nicht zu Schuss gekommen war, hatte die Herbstjagdstimmung auch so aus vollem Herzen genossen. Ein weiteres Treiben erwartete uns, noch war nicht aller Tage Abend. Über eine gute Strecke meiner Mitjäger würde ich mich freuen.

Das zweite Treiben war eingeläutet. Ein bis in Brusthöhe verblendeter offener Hochsitz bot mir Sicht nach allen Seiten. Der Platz vor einer stubenhohen Fichtendickung neben dem Hauptweg, nach der anderen Seite und im Rücken größere Freiflächen mit Dickungen im Hintergrund ließen Hoffnungen aufkommen. Ich fühlte mich gut. Etwa 300 Meter oberhalb meines Standortes befand sich ein Sitz gleicher Bauart, auf dem sich mein Kollege Hubertus Korsch eingerichtet hatte.

Erneut fielen Schüsse, kaum dass ich auf dem verschiebbaren Sitzbrett Platz genommen hatte. Meine Geduld sollte indes noch lange Zeit auf die Probe gestellt werden. Die Dickung neben mir schwenkte im Hintergrund im rechten Winkel nach links ab und bildete ein in eine Wiese hineinragendes Rechteck, vielleicht auch nur eine Art Zunge, die sich im weiteren Verlauf der Jagd noch als bedeutsam erweisen sollte. Es wurde auffallend häufiger geschossen als im ersten Treiben. Bei Schüssen, die in weiter Ferne fielen – schließlich erstreckte sich die Jagd über mehrere Forstdienstbezirke – fühlte man sich nicht angesprochen, im näheren Umfeld fallende dagegen ließen den Puls sofort steigen. Indes tat sich nichts, weder bei meinem Nachbarn Hubertus noch bei mir kam Wild in Anblick.

Der Himmel hatte seine Nebelung-Konturen abgestreift, gelegentlich stahlen sich gar ein paar Sonnenstrahlen durch den bewölkten, dunstverhangenen Himmel und belebten die Stimmung. Weit im Hintergrund tauchten für ein paar Minuten zwei Treiber in ihren leuchtend roten Westen auf und verschwanden wieder wie gekommen. Sie kannten ihre Aufgabe. Ein Blick auf die Uhr verriet mir, dass uns bis ans Ende des Treibens und damit zugleich der Jagd kaum mehr als eine Viertelstunde blieb. Nicht viel Aussicht, noch Wild – womöglich gar schussgerecht – in Anblick zu bekommen, zumal das Echo fallender Schüsse mein Ohr nur noch selten erreichte. Wie pflegte mein Freund, der lange Klaus, zu sagen: „Een Deel muss du weten, Erich, de Pietsch knallt jümmers an'n Enn!“ Er sollte damit einmal mehr Recht behalten. –

Am Rande der großen Dickung im Hintergrund tauchte Rotwild auf. Aus zunächst wenigen sichtbaren Stücken entwickelte sich rasch ein Großrudel, das kein Ende nehmen wollte. Würde es den eingeschlagenen Wechsel halten, müsste das Rudel in seiner vollen Länge breitseits den Stand von Hubertus in guter Schussentfernung passieren. Ich wünschte ihm von Herzen Waidmannsheil.

Mit meinem 15 x 60 Zeiss, das ich nicht mehr von den Augen nahm, konnte ich auf diese Entfernung bei voller Abdeckung des etwa 30-köpfigen Rudels durch das Sehfeld meiner Optik fast jede Einzelheit im Bewegungsablauf verfolgen.

Aus zuerst wenigen Stücken entwickelte sich rasch ein Großrudel

Stück um Stück flüchtete das Wild am Sitz des Kollegen vorbei, auf einen erlösenden Schuss wartete ich allerdings vergebens.

Nach dem Ende des Treibens schilderte er mir die Situation. Das Rudel hatte ihn so kompakt passiert, dass ein Wildkörper den nächsten ganz oder teilweise abdeckte. Es wäre ihm unmöglich gewesen, einem Stück Wild ohne Gefährdung des nächsten eine Kugel anzutragen. Schade, ich bin sicher, der jagderfahrene Hubertus hatte richtig gehandelt. –

Meine Zeit sollte noch kommen. Unbeirrt hielt das Rudel Kurs auf meinen Stand zu. War es ein Vorteil für mich gewesen, dass bei Hubertus keine Kugel den Lauf verließ? Hätte sich das Leittier sonst möglicherweise für das Ausweichen auf einen anderen Wechsel entschieden? Gedanken, nicht mehr als überflüssige Spekulation.

Das Rudel kam näher und näher. Auf Tuchfühlung zum Leittier klebte ein Hirsch vom zweiten Kopf an seiner Fährte, vielleicht der Sohn vom vorletzten Jahr, ein noch kaum selbständig gewordenes Muttersöhnchen? – Wieder kaum mehr als Spekulation. Körperlich schwach entwickelt trug er auf dem Haupt ein ebenfalls unterentwickeltes Sechsergeweih. „Der passt!", fuhr es mir durch den Kopf.

Bei einer leichten Drehung des Hauptes erkannte ich an einer Stange kurz vor deren Ende ein etwa drei Zentimeter langes Kleb-Endchen, womit er zum ungeraden Achter mutierte. Zwei Seelen rangen in meiner Brust. Das

Geweih brachte an Masse kaum mehr als die eines gut entwickelten Spießers vom ersten Kopf, seine körperliche Entwicklung blieb deutlich hinter dem Durchschnitt seines Jahrgangs zurück. Ich entschloss mich zu schießen, würde sich dazu eine Gelegenheit bieten.

Es wurde Zeit, das Prismenglas gegen die Büchse zu vertauschen. Ich richtete mich bequem ein, um einen sicheren Schuss abgeben zu können. Die Situation entwickelte sich ähnlich, wie sie mir Hubertus nach dem Abblasen schilderte. In der Rangordnung des vorbeiflüchtenden Rudels hatte sich nichts verändert. Nicht der Hauch einer Chance, dem Hirsch eine Kugel anzutragen. Abgesichert gegen „feindliche Übergriffe" folgte im langen Verband Stück hinter Stück, zumeist zwei nebeneinander. Ich suchte nach einer Möglichkeit, ein Kalb zu strecken, es blieb eine Illusion. Dennoch blieb ich in Voranschlag, ließ Stück auf Stück passieren, bis Diana flüsterte: – „Nimm deine Chance wahr!" Und sie kam beim Passieren des letzten Tieres.

Das Schmaltier war so leichtsinnig, nicht ganz bis zum vorletzten Stück Wild aufzuschließen. Drei Meter trennten es vom Alttier – genug, um eine saubere Kugel los zu werden. Mit einer aufsteilenden Flucht nach vorn zeichnete es deutlich, hielt Anschluss an das Rudel, wurde langsamer, begann zu torkeln, fiel und verendete in der Fährte.

Mittlerweile war das Rudel in das letzte Viertel der Fichtendickung abgetaucht, eingehüllt vom alles verdeckenden Grün. Doch dieser Deckungskomplex war zu klein, reichte nicht aus, dem Wild die erforderliche Mindestsicherheit zu bieten. Ich blieb auf der Hut. Erwartungsgemäß erschien das Leittier mit dem Hirsch im Gefolge vor dem letzten Zipfel der Dickungszunge auf der Freifläche, um die günstigste Fluchtrichtung mit dem möglichst kürzesten Weg zur nächsten Deckung zu prüfen. Das Rudel verblieb weiter in der sicheren Dickung, um das Kommando der Führerin abzuwarten.

Zwischen Tier und Hirsch klaffte eine Lücke von zwei Metern, genug, um zu handeln. Auf etwa 120 Meter trug ich dem Geweihträger die Kugel hochblatt an, repetierte sofort und blieb schussfertig. Der Hirsch war auf der Stelle zusammengebrochen und verendete ziemlich schnell, wie es mir schien. Das Rudel stürmte davon und bot meinem Nachbarn zur Linken in der Flanke keine Chance für einen vertretbaren Schuss.

Beim Bergen des Wildes verriet er mir: „Als ein Alttier am Dickungsrand mit dem Hirsch erschien, wusste ich noch nicht, dass es das Leittier eines hinter der undurchsichtigen grünen Wand wartenden Großrudels war. Den Sechserhirsch hielt ich für abschussnotwendig, zumal er frei war, visierte ihn auf etwa 100 Meter halbspitz von vorne an, stach ein und war im Begriff, den Finger durchzukrümmen, als der Hirsch nach ihrem Schuss wie vom Blitz erschlagen zusammenbrach. In letzter Sekunde konnte ich meine Kugel noch zurückhalten. Das vierte kurze Endchen in der rechten Stange hatte ich nicht wahrgenommen."

In letzter Minute hatte Diana ihr Füllhorn über mich ausgeschüttet. Dieser Akt vollzog sich kurz vor dem Ende des Treibens und der Jagd überhaupt.

Aus der Sicht des Hegeabschusses hatte ich richtig, entsprechend der Anleitung des Jagdleiters unkorrekt gehandelt. Wenn der Tadel ausblieb, mag die Einsicht des Jagdherrn „im Zweifel für den Angeklagten" Pate gestanden haben. Im Wiederholungsfalle (den es selten genau so gibt) hätte ich wahrscheinlich wieder so gehandelt, wusste ich doch, wie schwer es oft ist, innerhalb der vorgegebenen Altersklassen den Abschuss nicht nur nach der Zahl, sondern auch in guter Qualität zu erfüllen.

Diese Jagd in den geschichtsträchtigen Siebensteinhäuser Revieren war ein gutes Beispiel dafür, nicht zu resignieren, wenn den ganzen Tag alles an einem vorbeiläuft, als sei man nicht anwesend, um dann förmlich vor dem Schluss noch das Erlebnis des Tages einzufahren. – Insgesamt wurden um 50 Stück Wild gestreckt, die genaue Anzahl, getrennt nach Wildarten, ist mir entfallen.

Siebensteinhäuser – so selten ich es genießen konnte – war für mich immer für ein Jagderlebnis gut.

ELFTES KAPITEL

Heidehirsche

Ruf der Raubkammer

Selten hatte ich einen ungemütlicheren Septembervormittag erlebt, und die Monatsmitte war erst knapp überschritten, nicht sehr einladend für die Hirschbrunft im Bundesforstamt Raubkammer. Peitschender Regen traf unser Gesicht, kaum dass man die Augen aufhalten mochte, als wir gegen Mittag auf dem Wege zur Herzberghütte unser Auto verließen, um einem Brunftrudel nachzuspekulieren, das soeben unseren Weg gekreuzt hatte.

Irgendwo aufgemüdet strebte es in einem unterholzreichen Eichen-Kiefern-Mischbestand in flottem Troll einem offenbar ruhigeren, windstillen Tageseinstand entgegen. Die klugen Tiere verließen sich nicht nur auf ihren Geruchs- und Gesichtssinn, sie wollten auch vernehmen können, was ihnen der Wind an verdächtigen oder harmlosen Geräuschen zutrug.

Dem etwa zehnköpfigen Kahlwildrudel folgte ein Hirsch, der in seiner früh begonnenen Brunft offensichtlich schon viel körperliche Substanz verloren hatte, vielleicht war er ein schwachwüchsiger Typ, vielleicht auch nur stark abgebrunftet, zum genaueren Ansprechen bot er uns kaum eine Chance. Meine Zeiss-Optik war sofort verregnet und beschlagen, doch bevor der Hirsch im Hintergrund verschwand, verriet er mir bei einem letzten flüchtigen Blick von hinten in sein Geweih eine beachtenswerte Anzahl von Enden in beiden Kronen. Diesen Hirsch, wenn denn möglich, noch einmal in Ruhe zu studieren, schien mir lohnenswert.

Neben mir standen mein Freund Max Grothkopp und der Revierleiter, Kollege Schwark, der uns auf einer Rundfahrt sein Revier Herzberge mit den Ansitzmöglichkeiten und Wildbewegungen zeigte. „Das Rudel nimmt Richtung auf mögliche Tageseinstände an der Film-, der Herzberg- oder der Auerhahnwiese. Ich würde mich an Ihrer Stelle heute Abend für einen Ansitz an den beiden erstgenannten Wiesen entscheiden“, riet mir Kollege Schwark. –

Zunächst ging es darum, einen passenden Hirsch für mich zu bestätigen, auf den wir uns dann konzentrieren könnten. Ich hatte einen Pensionshirsch

Auf der großen Auerhahnwiese standen in der Hochbrunft nachts manchmal fünf bis sechs Brunftrudel

frei. Nach oben waren in der Stärke keine Grenzen gesetzt. Das Reifealter eines Einser-Hirsches sollte er allerdings haben.

Vorerst erfreuten wir beiden Nordlichter – mein Freund Max sollte einen Hirsch für mich bestätigen helfen – uns noch einer ausgiebigen Revierfahrt, bevor wir unser Quartier in der gemütlichen Jagdhütte „Herzberge" für den Tages- und Nachtaufenthalt aufschlugen.

Nach einer belebenden Tasse Kaffee machten wir uns früh auf den Weg zum Ansitz. Max überließ ich die Kanzel an der Filmwiese, einige Jahre zuvor Schauplatz der Dreharbeiten für einen Naturfilm, während ich mich für die Herzbergwiese entschied. Beide waren wir mit einer Telekamera ausgerüstet. Es klarte auf, und die Sonne fand sogar Lücken im Dachgebälk der Wolkenlandschaft am Himmel. Der Sturm hatte seine Schrecken wider Erwarten schnell verloren, das Wetter gab sich moderat.

Die Herzbergwiese blieb leer. Gelegentlich meldete ein Hirsch aus dem benachbarten Kiefernaltholz, dessen zum Teil üppiger Unterstand mir mit wachsender Entfernung die Sicht nahm. Der Hirsch behielt seinen Steckbrief für sich. Sein Ruf kam immer vom gleichen Standort. Das Kahlwildrudel hatte sich offensichtlich auf Stellen im Altholz eingerichtet, wo es genügend

Nahrung fand und musste (noch) nicht auf Freiflächen ziehen, die manchmal nach Pulver und Blei rochen. Im Übrigen waren von diesem Tageseinstand mehrere Freiflächen erreichbar, der Wind entschied, wohin sich das Wild wenden würde. Für den Jäger nicht immer einfach, sich für den richtigen Ansitzplatz zu entscheiden. Jagdinstinkt war gefragt. Ich wartete, bis die Nacht ihr dunkles Tuch über die Wiese gebreitet hatte, die Bühne blieb leer. Nicht auszuschließen, dass es sich nebenan um das Rudel von heute Mittag handelte.

Max hatte am anderen Ende der langgestreckten Filmwiese ein vielköpfiges Brunftrudel vor. Es war bereits früh ausgezogen. Nach genauer Abstimmung kamen wir überein, es an diesem Platz mit einem anderen Rudel zu tun zu haben. Die ein paar Tage später entwickelten Fotos belegten es eindeutig. Dem Platzhirsch, einem Kronenzwölfer der heranwachsenden Klasse der Mittelalten, fehlten noch ein paar Jahre zur Erntereife. Für Max, insgesamt auch für mich, war es ein guter Auftakt, der unsere Zuversicht stärkte.

Der Abend war kurz. Müde krochen wir zeitig in die Koje. Der nächste Morgen sah uns vor Tau und Tag unserem Ansitz entgegen pirschen, ein leichter Luftzug stand uns ins Gesicht. Wir wählten eine Kanzel an einem breiten Gestellkreuz im Rücken einer großen Fichtendickung oberhalb des „Sandweges“. Wenigstens einmal wollten wir gemeinsam die morgendliche Brunftstimmung genießen.

Die Ernüchterung ließ nicht lange auf sich warten, es blieb enttäuschend ruhig. Aus der Ferne vernahmen wir gelegentlich die Stimme eines Hirsches, keine Spur von leidenschaftlichem Orgeln, ein müdes kurzes Anstoßen nur, sonst Schweigen im Walde ringsum.

Im Rücken Fichtenaltholz, hatte ich linkerhand eine wiesenartig verbreiterte lange Schneise am Rande der großen Fichtendickung vor mir, die bei aufkommendem Tageslicht inmitten des langen Handtuchs eine lichtumflutete Suhle erkennen ließ. Meine Hoffnung auf Anblick stieg und wurde nicht ganz enttäuscht. Nicht Hirsch, nicht Sau gaben sich die Ehre, doch ein prächtig gefärbter Fuchs schnürte in der aufgehenden Morgensonne auf die Blänke zu und schöpfte ausgiebig vom köstlichen Gänsewein.

Max hatte seine Augen auf eine breite, leicht hangabwärts geneigte Schneise gerichtet, die die Fichtendickung teilte. Ein Grasweg zur Rechten erweiterte das Spektrum der Chancen, und gelegentlich suchte unser Blick auch die Schneise im Rücken, auf der wir gekommen waren. Nur einmal am helllichten Morgen wechselte ein einsamer dunkelfarbener Rotspießer auf uns zu, den Max auf nahe Entfernung ablichten konnte. Das war es an diesem etwas enttäuschenden Morgen, von dem wir uns mehr versprochen hatten.

Zurück an der Jagdhütte holten wir etwas Schlaf nach, der die Lebensgeister wieder mobilisierte. Während ich mit meinem DD-Rüden Ali, der mich immer begleitete, noch einen kurzen Spaziergang unternahm, zauberte Max ein einfaches, schmackhaftes Mittagessen auf den Tisch. Kollege Schwark kam zu einem Kurzbesuch und ließ sich unsere Beobachtungen melden, um mit uns die Weichen für das weitere Vorgehen zu stellen. Er hatte einen anderen Jagdgast zu führen und stand mir auch für den zweiten Abendansitz nicht zur Verfügung.

Mit der faulen Stunde hatte ich so meine Erfahrungen und ließ es mir nicht nehmen, sie zu nutzen. Ich bestieg einen Hochsitz an einer versteckten, kaum mehr als einen ha großen Waldwiese, die von Dickungen und Stangenhölzern umgeben war. Angesichts der geringen Größe stand mir mit dem passenden, aber auch fast eingeschlafenen Wind das Glück zur Seite. Dieser Entschluss erwies sich als Volltreffer. Gerade erst Platz genommen, zogen aus einem Winkel der Fichtendickung neun Stück Kahlwild auf die Grünfläche, denen sich später noch ein Alttier mit seinem Kalb zugesellte. Friedlich ästen die Tiere zu meinen Füßen. In Sorge, sie könnten bei der geringen Entfernung doch einen Windhauch von mir einfangen, bemühte ich sofort meine Kamera und schoss ein paar Bilder. Einmal mehr erstaunte mich, dass kein Stück Wild das Klicken des Verschlusses vernahm oder ernst nahm.

Kaum hatte ich einige Male den Auslöser betätigt, stand plötzlich auch der Platzhirsch wie ein Denkmal auf der Pläne. Er schrie sein Ouaah in den Äther und signalisierte: „Hier bin ich, der Gebieter."

Der mittelalte Achter mit einem ebenmäßigen Geweih war der Prototyp eines IIb-Abschusshirsches, ein „Beamtenhirsch" , wie er im Buche steht.

Einzelne Tiere taten sich nieder, um der Ruhe zu pflegen. Auch dem Hirsch schien die Zeit für ein Nickerchen gekommen. Mitten auf der Wiese machte er es sich bequem und legte sein Haupt mit einer abstützenden Stange auf Mütterchen Erde. Ein Kalb suchte seine Nähe und packte sich daneben. Ich schoss noch ein paar Fotos und genoss die friedliche Stille. Über mir im Geäst einer überhängenden Kiefernkrone turnte und zirpte ein Blaumeisenvolk, während zugleich am Totast eines Nachbarbaumes ein Großer Buntspecht nach Zimmermannsart in gleichmäßigem Takt hämmerte.

Trotz dieser Idylle zu Füßen und um mich herum übermannte auch mich die Müdigkeit, ich drückte mich in eine Hochsitzecke und nahm wie das

Plötzlich zogen neun Stück Kahlwild auf die Fläche ...

... und dann war auch der Platzhirsch da

Die Zeit für ein Nickerchen schien gekommen

Wild eine Auszeit. Als ich die Augen wieder aufschlug – ich weiß nicht, wie lange mich das Reich der Träume gefangen hielt –, war die Bühne leer. So lautlos wie gekommen, hatte sich das Wild wieder verabschiedet, ich hoffte, ohne mein Zutun, und hatte die sichere Deckung im kühlenden Schatten wieder aufgesucht.

Der bestätigte Hirsch war kein Trophäenträger meiner Wahl. Etwas älter und stärker wünschte ich ihn mir schon. Meine Beobachtung gab ich weiter, und ein paar Tage danach wurde dieser Hirsch von einem jüngeren Kollegen erlegt.

Max hatte eine Stunde an der Hirschbergwiese gesessen, war ohne Anblick geblieben und genoss hinterher noch einen kleinen Gang mit Ali. Kein Melden von Hirschen, die vielfältige Wald- und Feldlandschaft hatte sich in Schweigen gehüllt. Natürlich war dem aufmerksamen Naturfreund nicht entgangen, dass dieser „Lebensraum Heide" nie schläft. Wer ganz Auge und Ohr ist, wird hier im Sommer wie im Winter viele Vogelstimmen wahrnehmen und besonders in den alten unterholzreichen Kiefern- und Eichenmischbeständen mit einem stufigen Unterbau bis zur Bodenflora hin zahlreiche Arten beobachten können. Erst die vielen kleinen Dinge am Rande des Weges bilden den unverzichtbaren Rahmen für einen vielfältigen Naturgenuss, ohne den ein Jägerdasein letztlich doch etwas armselig wäre.

Wir luden unsere Akkus bei einer starken Tasse Kaffee auf und fuhren nach Munster, um Frischwasser für das Hüttenleben zu tanken. Unser nächstes Ziel war der geschichtsträchtige breite Sandweg für den Nachmittags- und Abendansitz. Unterwegs passierten wir die Ostkreuzwiese zur Rechten, die wir in der Folgezeit noch näher kennen lernen sollten, sowie tief ausgefahrene breite Panzerwege zur Linken, die das Bild eines Übungsschießplatzes mit bestimmen. Hier konnte ich Ali noch einmal ausgiebig bewegen und trinken lassen, bevor ich mit ihm meinem Ansitzplatz in einem Bodensitz, eingebettet in einen Erdwall, zustrebte. Dort fanden wir beide

Platz, und der Rüde freute sich, dabei sein zu dürfen. Der leichte Wind stand uns ins Gesicht und konnte dem Hund vielleicht schon vorzeitig Wittrung von Wild zutragen.

Vor uns erstreckte sich eine lange, grasbewachsene Schneise parallel zum Sandweg, die Wild zum Verweilen einladen mochte. Man würde sehen. 300 Meter oberhalb meines Platzes bestieg Max eine hohe Kanzel. Er konnte mehrere Schneisen, aber auch eine große, nur anderthalb Meter hohe Kiefernkultur übersehen, die zumindest von den Häuptern ziehenden Rotwildes überragt würde. Auf diesen Plätzen verblieben wir für die nächsten drei Stunden und waren am Ende wieder enttäuscht, dass sie uns nur wenig Anblick boten. Vor Max wechselten als kleiner Familienverband Alttier, Schmaltier und Kalb über eine Schneise; das war es auch schon. Ich hatte etwas mehr Glück. Als sich bei Ali die Nackenhaare sträubten, wusste ich, was die Stunde geschlagen hatte. Ein wenig später schoben sich die Konturen eines Schwarzkittels aus der grünen Dickungswand heraus. Ein jüngerer Keiler, ich schätzte ihn auf drei Jahre, begann ungeniert auf der Schneise Grassoden umzudrehen und nach Würmern und Insekten zu durchsuchen. Er beschäftigte sich etwa fünf Minuten, bot uns gute Unterhaltung und empfahl sich dann, weil diese Jagdgründe für ihn offenbar zu mager ausfielen. Die Kamera konnte mangels Licht nicht mehr in Aktion treten. –

Mich zog es am frühen Sonntagmorgen noch einmal zur Filmwiese. Der „Sturmhirsch" mit seinem Rudel kam mir nicht aus dem Sinn. Zu gern hätte ich seinen Brunftstandort herausgefunden, aber auch diesmal hieß die Antwort Fehlanzeige. Ich sah kein einziges Stück Wild, wohl aber schrieen um mich herum – nicht besonders weit entfernt – drei Hirsche, von denen mindestens zwei der Stimme nach ein Rudel führen mochten. Es war der letzte Ansitz an diesem Wochenende, was würde mir das nächste in der Zeit der Hochbrunft bringen? –

Max hatte heute Morgen die glücklichere Hand. Er saß auf einer hohen Kanzel an der Ostkreuzwiese. Zwei Alttiere mit je einem Kalb vertrieben ihm die Zeit. Bei vollem Tageslicht wechselte ein starker, alter Hirsch quer über die große Wiese, verhoffte von Zeit zu Zeit und schrie sich einige Male seinen Frust von der Seele. Eigenartigerweise nahm er vom Kahlwild kaum Notiz, ein mögliches Indiz dafür, dass die beiden Alttiere ihre Brunftphase schon hinter sich gelassen hatten.

Etwas weiter entfernt meldete offenbar von der gleichen Stelle her hin und wieder ein Hirsch mit tiefer Stimme, der wahrscheinlich Kahlwild um sich versammelt hatte, wie sein gelegentlicher Sprengruf vermuten ließ.

Ein Erntehirsch: reif und alt (Foto: M. Grothkopp)

Mit gebührendem Abstand zum starken Hirsch in der Wiese flanierten am Bestandesrand zwei Beihirsche hintereinander her und tauchten – wahrscheinlich auf dem Wechsel zum Brunftplatz – wieder in die Anonymität der grünen Dickungswand unter.

Zurück zum starken Hirsch, den Max einige Male mit der Kamera festhielt. Erst die Entwicklung seines Films machte deutlich, vor ihm hatte sich ein alter Herr getummelt, der den Zenit schon deutlich überschritten haben dürfte. Vermutlich war der langstangige und endenarme ungerade Zwölfer im Kampf abgeschlagen worden und befand sich auf der Suche nach neuen Abenteuern und Möglichkeiten. Das könnte sein etwas ungewöhnliches Verhalten erklären. – Hypothese ja, aber welcher Jagdinstinkt belastete Jäger ist nicht ständig auf der Suche nach Antworten auf Fragen, die im Dunkeln liegen?! –

Vor der Verabschiedung aus der Raubkammer berichtete ich meinem Kollegen unsere Ansitzergebnisse und bat ihn, falls möglich, bei unveränderter Windbewegung am Nachmittag und Abend nochmal einen Beobachter auf die Südkanzel an der Ostkreuzwiese zu schicken. Langeweile würde der kaum bekommen, mit Wildbewegung sei unbedingt zu rechnen. Vielleicht wäre es interessant zu erfahren, ob sich der starke Hirsch in diesem Umfeld etablieren würde und man ihn zugleich auf sein Alter ansprechen könnte.

Wir beide wussten, dass bis Freitag, dem 23. September, an dem ich wiederkommen durfte, noch fünf Tage ins Land gehen würden; eine Zeit, in der sich vieles und alles verändern mochte. Suchende alte Hirsche ließen sich nicht anbinden. Der Revierleiter versprach, alles zu tun, um mir im Rahmen seiner Möglichkeiten zu meinem Pensionshirsch zu verhelfen. Wie ich ihn einschätzte, war das keine Worthülse. Gelöst traten wir den Heimweg an. –

Freitag standen wir pünktlich auf der Matte, um den Hüttenschlüssel am Forstdienstgehöft abzuholen. Der nicht anwesende Hausherr hatte eine Botschaft hinterlassen, er würde uns in der Hütte aufsuchen. Das nachfolgende Gespräch war wenig ermutigend, keine neuen Erkenntnisse über einen bejagbaren Hirsch, er würde dranbleiben. Wir stimmten die Ansitzplätze ab und vertrauten auf das eigene Glück.

Am späten Nachmittag saß ich auf einer Kanzel an der so genannten Giftwiese unweit des Sandweges, eine von Stangenhölzern und Dickungen eingefasste Sukzessionsfläche, auf der vor Jahrzehnten Phosphorbrandbomben und andere Kampfmittel unschädlich gemacht worden waren. Schon die Vorstellung von ihrer Zweckbestimmung löste bei mir eine Aversion aus. Natürlich wies sie seit langem keine Spuren dieser Aktivitäten mehr auf, hätte aber vielleicht einmal einen besseren Namen verdient. Kollege Schwark hatte mir diesen Platz empfohlen, in dessen Umfeld seit einigen Tagen ein Hirsch mit einer ganz ordentlichen Stimme meldete. Oberhalb dieses unfreundlichen Platzes verlief eine breite Schneise, die man schon eher eine handtuchartig verbreiterte Graswiese nennen konnte. Sie wurde von mehreren Hauptwechseln gekreuzt.

Seine Einschätzung erwies sich als richtig. Der angekündigte Hirsch meldete fleißig, allein ein übervorsichtiges Leittier führte das Rudel so spät auf die Freifläche, dass ein Ansprechen nicht mehr möglich war. Am Samstagmorgen zog es mich wieder dorthin, diesmal blieb mir ein Anblick versagt.

Max hatte gestern Abend wieder die hohe Kanzel an der Ostkreuzwiese aufgesucht, genoss ein Brunftkonzert vom Besten, das sich in seinem Umfeld nah wie fern abspielte, doch die Bühne vor ihm blieb leer. So ist nun mal die Jagd.

An diesem Samstagmorgen blieb Max in der Nähe der Hütte. Nach dem Frühansitz wollte er mit Ali einen kleinen Pirschgang unternehmen, um zu verhören. Deshalb wählte er den Hochsitz an der Herzbergwiese. Unterschwellig spukte ihm wohl auch der verschollene „Sturmhirsch“ noch im

Kopf herum. Im Rücken seines Hochsitzes hatte er zunächst eine mit zahlreichen Kiefernkusseln bestandene Ödlandfläche, der sich ein Kiefernstangenholz anschloss. Aus diesem dichten Bestand ließ sich von Zeit zu Zeit ein grummelnder, grollender Hirsch vernehmen, der mit sich und seiner Welt offenbar nicht ganz zufrieden war. War er einer der richtig Alten, der allenfalls noch in der Lage ist, ein bis zwei Stück Kahlwild an sich zu binden und das Licht scheut wie der Teufel das Weihwasser? Vielleicht. Er verließ die sichere Deckung nicht und verschwieg nach Tagesanbruch vollständig.

Am späten Vormittag besuchte uns Kollege Schwark in der Hütte und brachte eine hoffnungsfrohe Botschaft mit. Sie wirkte wie eine Initialzündung und versetzte die Lebensgeister meiner Passion sofort in heftige Wallungen. Er hatte heute morgen am östlichen Platzrand vor der Nebelkrugfläche unweit des Ortes Wriedel einen starken Hirsch mit Kahlwild von der Freifläche in die lange Fichtendickung einziehen sehen. Die linke Geweihstange des Hirsches wartete mit einer Vierenden-Stiefelknechtkrone auf, während die rechte eine schaufelartig verbreiterte Dreierkrone zeigte. Ein massiger Körper, wuchtige dunkelfarbene Stangen mit weißpolierten Enden – ein Hirsch, der mit einem anderen kaum verwechselt werden könne. „Dieser Hirsch ist jagdbar", war sein abschließender Kommentar. Als unverbesserlicher Optimist schwebte ich sofort auf Wolke Sieben. –

Nach einem kurzen Mittagsschlaf gab es kein Halten mehr. Den mir beschriebenen Bodenschirm konnte ich nur über eine deckungslose Freifläche erreichen, ein Grund mehr, rechtzeitig draußen zu sein. Jede nur mögliche Störung wollte ich vermeiden. Erwartungsgemäß gab es keine Probleme. In friedlicher Ruhe lag mir die Landschaft zu Füßen, als ich mich dem durch Jutesäcke verkleideten Schirm näherte.

Froh, ungesehen hergekommen zu sein, tauchte ich unter und richtete mich ein. Sitzbreite und -höhe passten ebenso gut wie die leicht geneigte, von oben nach unten verlaufende Brüstung, die Jägern unterschiedlicher Größe ein bequemes Auflegen oder Anstreichen der Waffe erlaubte. Keine Frage, dieser Ansitzplatz war von einem Jäger mit Gespür für das Wesentliche gebaut worden.

Der schwache Seitenwind passte; bis zum Dickungsrand waren es immerhin an die 100 Meter. Eigentlich konnte nicht mehr viel schief gehen, wenn sich das Rudel zum Austreten im für einen vertretbaren Büchsenschuss erreichbaren Umfeld entschließen würde. Aber auch daran dürfte der Schirmerbauer gedacht haben. Die aus der Dickung herausführenden Hauptwechsel hatte er gewiss berücksichtigt.

Ausgeglichen und innerlich gelassen sah ich den nächsten Stunden entgegen, ich hatte alle Zeit der Welt. Eine gesunde innere Anspannung mit der Erwartungshaltung, die einem Vorhaben dieser Art entsprach, ließ sich allerdings nicht leugnen. Ich war Jäger mit allen Sinnen, Zerstreutheit und Nachlässigkeit durften keinen Raum haben.

Max ließ sich mit dem Aufbruch zum Ansitz eine Stunde länger Zeit. Er nahm sich meines Ali an, bevor er zum zweiten Mal die hohe Kanzel am Sandweg vor der brusthohen Kiefernkultur aufsuchte, nicht sehr weit ab von meinem Standort, um mir nötigenfalls zur Hilfe kommen zu können. Leider blieb ihm auch an diesem Abend ein Anblick von Wild versagt.

Ich hatte wohl eine Stunde in den Tag hinein gedöst, als in der linken Ecke vor der Dickung ein roter Fleck auftauchte, der vorher nicht da war. Mein Glas verriet mir einen fahlgelben kümmerlichen Knopfbock, der gierig von den Kräutern und Gräsern naschte. Wegen der gelben, stumpfen Farbe dachte ich zunächst an einen uralten, total zurückgesetzten Bock, bis die Konturen, Gesichtsfarbe und -zuschnitt keinen Zweifel an der Jugend dieses Vertreters mehr aufkommen ließen. Ungestört äste er eine geschlagene Stunde auf gute Schussentfernung vor mir, aber wer schießt schon in der Hirschbrunft, zumal in meiner gegenwärtigen Situation, auf ein Reh, selbst wenn das Hegerherz an die Tür klopft – ein absurdes Gedankenspiel.

Der Tag wurde zwar kürzer, doch noch umgab mich volles Tageslicht. Außer dem jungen Bock hatte mich bisher nur ein auffallend heller Mäusebussard beehrt, der auf einer Anwarte aufblockte und Ausschau nach Feldmäusen hielt. Sonst Stille rundum, kein Kleinvogel, den die Monotonie der Grassteppe anzog. „Lebensraum Feldlerche" – aber diese liebenswerten Sänger hatten sich schon auf die Wanderung in wärmere Gefilde begeben.

Und endlich, nach zweieinhalb Stunden, erreichte mich ein Lebenszeichen von Rotwild. Sofort war ich hellwach. Kein Schrei, nicht das Grollen oder Röhren eines Hirsches, nur ein verhalten vernehmbares Mahnen eines Alttieres drang an mein Ohr, wiederholte sich und brachte mein Gemüt doch sofort in Wallung. Wild vor mir am Rande der Dickung gegenüber, nicht sichtbar und doch greifbar nahe. Instinktiv spürte ich, nun wird es ernst; doch meine Geduld sollte noch geraume Zeit auf die Probe gestellt werden. Ungewollt und ungerufen nahm meine Nervosität zu.

Ich ließ die Dickung nicht mehr aus den Augen, und dann war es soweit. Die Randzweige der Fichten teilten sich und gaben Wildkörper frei. Ein Alttier tauchte auf, ein Kalb folgte, und im Minutentakt stand das zweite in Gesellschaft seines Kalbes auf der Pläne. Ich nahm das Zeiss nicht mehr von den Augen, die 9,3 x 64 Brenneke lehnte schussbereit an der Brüstung. Das Wild begann nach kurzem Verhoffen zu äsen. Je länger dieser Zustand anhielt, umso ruhiger wurde ich, bis – ja bis mich aus der Dickung heraus ein erster unmissverständlicher Schrei erreichte und um eine Spur nervöser machte. „Untersteht euch nicht, die gebotene Toleranzschwelle der Raumnutzung eines Brunftrudels zu überscheiten", mochte das Signal bedeuten. In der Dickung wartete vermutlich weiteres Kahlwild, das der Platzhalter zu kontrollieren hatte. Endlich ließ es ihm keine Ruhe mehr, er musste einmal nachschauen, was draußen vor sich ging.

Plötzlich stand der Pascha – ein Klotz von einem Hirsch – scheibenbreit im Freien am Rande der Dickung. Begleitet von drei kurzen Trenzern setzte er sich in Bewegung und umkreiste die vier Stücke Kahlwild wie ein gut abgerichteter Hütehund, um sie scheinbar ohne zwingenden Grund zur Ordnung zu rufen – ein Brunftritual nur, die Sprache des Wildes.

Die Optik verriet mir jede Einzelheit des Geweihaufbaus. Die Linsen tasteten sich von den Augsprossen über Eis- und Mittelsprossen zu den Kronen empor. Das Geweih deckte sich detailgenau mit der Beschreibung des Kollegen. Links eine Stiefelknechtkrone mit zwei übereinander stehenden Gabeln, rechts die deutlich verbreiterte Dreierkrone – ein ungerader Vierzehnender mit einem formschönen Geweih. Vor mir stand der Hirsch, den ich erlegen durfte.

Ich genoss dieses Bild von einem Kraftprotz, einem Souverän, nicht ohne die aufkeimende Angst des beutesüchtigen Jägers: „Er könnte dir noch davonlaufen, dann hättest du das Nachsehen, nutze deine Chance!" Das ist das Wesen der Jagd, das ungeschriebene Gesetz der pulsierenden Passion, manchmal unergründlich und dann wieder so klar in seiner Aussage: „Du willst die greifbar nahe Beute in Besitz nehmen, löse dich von widerstreitenden Gefühlen, handele!"

Als der Hirsch hochblatt getroffen in der Fährte zusammenbrach, sich nach kurzem Schlegeln streckte und ganz ruhig dalag, wusste ich, dass ihm der tödliche Forkelstich eines kampferprobten Rivalen mehr Qualen bereitet hätte. Kein Trost, aber auch keine Entschuldigung. Die Reise vom Leben zum Tod verläuft sehr unterschiedlich. Möge sie mit der Kreatur, möge sie auch mit uns gnädig verlaufen, wenn die Stunde der Wahrheit gekommen ist.

Ich repetierte sofort, aber es gab keinen Handlungsbedarf mehr. Wenn ich bis zum Durchkrümmen des Fingers bärenruhig gewesen war, begann mich das Hirschfieber jetzt gewaltig zu schütteln. Ich flog an Händen und Füßen und brauchte eine geraume Zeit, bis die Anspannung wich und

Mein „Pensionshirsch" auf der Strecke

dem erlösenden Glücksgefühl den uneingeschränkten Platz überließ. Große Dankbarkeit durchflutete mich. Sie galt vor allem meinem Kollegen, der die Weichen für dieses Waidmannsheil gestellt hatte. –

Rund um mich war nichts als wohltuende Stille, ich erlebte die letzte Stunde wieder und wieder. Schließlich hielt mich nichts länger im Schirm, ich packte mein Jagdutensil und schritt ohne Hast über die Grassteppe hin, meinem Hirsch entgegen. Schweigend verweilte ich am Gestreckten, der noch vor kurzem pulsierendes Leben gezeigt hatte.

Ein Fichtenreis als letzten Bissen und der symbolische Inbesitznahmebruch ehrten den Hirsch, dem ich mit einem Kopf voller Gedanken eine Zeitlang die Totenwacht hielt. Immer wieder griffen die Hände nach den starken Rosen und Stangen, lösten Freude über den Adel dieser Trophäe aus, bis mich die fallende Dunkelheit ermahnte, dass die rote Arbeit noch auf mich wartete. Ich hatte das Glück des Jägers gehabt, wenigstens einmal in meinem Leben einen Hirsch der vollen Reifeklasse erlegen zu dürfen, ein Glück, das ich zu schätzen wusste.

Den starken Hirsch zu wenden und passgerecht für das Aufbrechen zu lagern, erforderte den ganzen Mann. Ich ließ mir Zeit beim Versorgen, eine ebenfalls nicht ganz leichte Arbeit, aber schließlich hatte ich auch das geschafft. Max kam mir in den Sinn, auf mich wartend, würde er sich die Beine in den Leib stehen. So war es denn auch. Auf meiner Rückfahrt sah ich ihn im Scheinwerferlicht den Sandweg auf und ab gehen. Er hatte sich, nicht zu Unrecht, Sorgen gemacht, denn es war schon geraume Zeit dunkle Nacht. Max hatte meinen Schuss gehört, wusste aber nicht, wo genau ich zu finden war. Erleichterung und große Freude auch bei ihm. –

Neben der Jagdhütte hatten wir den Hirsch zur Strecke gelegt. Das Jagdsignal „Hirsch tot", geblasen von den Kollegen Schwark und Koch mit Freund, schallte in Anwesenheit des Forstamtsleiters Dr. Koschel durch die Nacht, unterschwellig begleitet von der Musik meines DD-Rüden Ali, der glauben mochte, noch den i-Punkt draufsetzten zu müssen. Das Szenario rührte mich in besonderem Maße an und kann wohl nur von einer wahren Jägerseele nachempfunden werden.

Es wurde eine lange, fröhliche Nacht in der gemütlichen Jagdhütte Herzberge, die mit uns ein weiterer Jagdgast, Dr. Kiefer aus Bonn, teilte, von dem noch die Rede sein wird.

Am nächsten Morgen verriet uns die Buschtrommel, dass im Nachbarrevier Breloh fast um die gleiche Stunde ein Hauptschwein von acht bis zehn

Mit mir freuen sich (von links) Max Grothkopp, Revierleiter Schwark, Dr. Kiefer

In der selben Nacht wurde dieses Hauptschwein, 8 Jahre, 164 Kilo, erlegt, rechts darunter das Gewaff des Bassen

Jahren geschossen und im Kreise der Jagdfreunde des Erlegers im Dorf ausgiebig gefeiert wurde. Der glückliche Erleger, den wir aufsuchten, hatte noch kein Bett gesehen.

Dieser erntereife Urian von einem Keiler brachte ein Aufbruchgewicht von 164 kg auf die Waage, im dortigen Gebiet seit Menschengedenken nicht erreicht. Duplizität der Dinge: Mein Hirsch wog aufgebrochen ohne Haupt knapp 163 kg, ein am 24. September respektables Gewicht für einen nicht unerheblich abgebrunfteten Heidehirsch.

Der Sonntagvormittag ließ uns spüren, wie groß der Missbrauch an geistigen Getränken gewesen war, der unser Nachtleben bestimmt hatte, und es fiel uns fast schwer, dem Bassen und seinem Erleger auch noch mit einem Schnaps die Ehre erweisen zu müssen. Ein Grund, die Heimfahrt noch um einige Stunden zu verschieben, um die Lungen mit aromatischer Kiefern-Waldluft zu füllen. Ich konnte nicht ahnen, dass diese zwingend notwendige Karenzzeit, als sollte es so sein, mit ungeahnten Erlebnissen ausgefüllt sein würde. – Manchmal wird man geführt von unsichtbaren Mächten.

Max verabschiedete sich gegen 13.00 Uhr und fuhr heimwärts. Ich blieb noch, bewaffnete mich mit meiner Telekamera – man konnte ja nie wissen – und begab mich mit Ali auf einen ausgedehnten Spaziergang. Als wir linker Hand ein größeres Kiefernstangenholz hinter uns gelassen hatten, erreichten wir eine mit einigen Überhaltkiefern bestockte und durch Anflugkiefern geprägte Lichtung, die ich vorsichtig abspekulierte. Sie war leer. Kaum zwanzig Meter weiter gepirscht, lugte durch das Filigran der Naturverjüngung der vordere Rand der Herzbergwiese hervor und – gab die Sicht auf ein ansehnliches Rotwildrudel frei, das ungestört in aller Ruhe in der strahlenden Mittagssonne äste. Was für ein Anblick!

Ich drückte Ali in die Grasmatte, legte ihn ab und wusste, dass ich mich hundertprozentig auf ihn verlassen konnte, selbst wenn ein Stück Rotwild auf Tuchfühlung an ihm vorbeidefilieren würde. Kriechend und robbend musste ich eine 50-Meter-Strecke überwinden, um die Kanzel am Rande der Wiese zu erreichen. Der kaum wahrnehmbare Wind stand mir ins Gesicht. Ich ging es an.

Wild, das ich im Auge hatte, müsste auch mich sehen können, wenn ich nicht mit großer Vorsicht zu Werke gehen würde, resümierte ich. Es war nicht einfach, beim Robben Kamera und Fernglas so von einander zu trennen, dass ein Aneinanderschlagen vermieden wurde. Alle zehn Meter verhielt ich und schaute nach, ob alles einsehbare Wild vertraut blieb. Ein misstrauisch gewordenes Tier konnte mir die Suppe ganz schnell versalzen. Mir lag vor allem daran, den Platzgebieter in Ruhe beobachten und ansprechen zu können.

Es gelang. Der Hochsitz war geschickt in einen Kiefern-Vorwuchshorst hineingebaut worden, die vollbenadelten Zweige ummantelten die Leiter bis zur halben Höhe und boten die notwendige Deckung. Mit großer Vorsicht erreichte ich die Plattform, ein Blick zurück bestätigte, Ali lag auf dem ihm zugewiesenen Platz.

Ich atmete erst einmal tief durch, ruhig äste das Wild zu meinen Füßen. Etwas abseits stand der Patriarch am Rande der Wiese, es war mein „Sturmhirsch", den ich auf unserer Orientierungsfahrt mit dem Kollegen Schwark vor zehn Tagen nur ein einziges Mal von der Seite und nach Verlassen des Wagens von hinten gesehen hatte. Teile der leicht nach hinten abgewinkelten Kronen mit vier und fünf fingerartig angeordneten Enden waren mir ein unverkennbares Indiz. Kein Zweifel, das war er! Ganz deutlich schwächer als mein Hirsch, schien er dem hier vorkommenden schwachwüchsigen Typ zuzuordnen zu sein. Nach sorgfältigem Ansprechen kam ich zu dem Ergebnis, einen Vertreter vom zehnten bis zwölften Kopf vor mir zu haben.

Plötzlich kam Leben in die Brunftgesellschaft. Ein junger Kronenzwölfer – er mochte vom vierten, allenfalls fünften Kopf sein – zog in raumgreifendem Troll über die Wiese am Kahlwild vorbei und for-

Im Gegenlicht stand der seit Tagen vergeblich gesuchte „Sturmhirsch" vor mir ...

... und wurde von einem jungen Zwölfer zum Kampf gefordert, ...

... der unterlag und das Weite suchen musste, ...

derte den Platzhirsch zum Kampfe heraus. Die Stangen prallten aufeinander, man maß seine Kräfte. Der körperliche Unterschied wurde schnell

... während der Souverän hinter dem Rudel her zog ...

... und drei Tage später von Dr. Kiefer erlegt wurde (Foto: Dr. Kiefer)

deutlich, und der junge Draufgänger musste beim Hin- und Hergeschiebe alsbald erkennen, dass er noch ein paar Jahre zuzulegen hatte, um Scharmützel dieser Art mit Erfolg bestehen zu können. Von einem Sprengruf des Alten begleitet, suchte er abgeschlagen das Weite, wechselte mit Würde unter meinem Hochsitz hindurch und passierte Ali auf etwa zehn Meter, der ihn mit gleicher Würde großzügig pardonierte.

Inzwischen begab sich das Rudel auf den Wechsel zum Tageseinstand, der Hirsch beschlug ohne Vorspiel ein Tier, als wolle er nur mal eben unterstreichen, wer hier das Sagen hatte. Ich nahm mir vor, Dr. Kiefer zu informieren, der mit seinem Führer weiterhin auf der Suche nach einem Einserhirsch war.

Nachdem ich die letzten Bilder im Kasten hatte, wanderten wir gemächlich zur Hütte zurück. Ich packte meine Siebensachen und brach auf in Richtung Heimat.

Vorher hatte ich noch meinem Mitjäger gegenüber der kleinen Pflicht genügt. Vor Abtransport meines Hirsches in die Wildkammer am späten Vormittag empfahlen wir Dr. Kiefer, über Mittag ein bis zwei Stunden auf die Kanzel an der Ostkreuzwiese zu gehen, um Ausschau nach einem passenden Hirsch zu halten. Möglicherweise könnte der alte Kämpe noch einmal auftauchen, den Max dort vor einer Woche fotografiert hatte.

Ich folgte dem Pirschsteig am Südrand der Ostkreuzwiese und bestieg die Hochsitzleiter. Wild stand nicht draußen, so war keine übertriebene Vorsicht notwendig. In der Kanzelecke schlief Dr. Kiefer den Schlaf der Gerechten, auch bei ihm hatte die anstrengende Nacht ihren Tribut gefordert, er hatte mich nicht kommen hören. Ich räusperte mich verhalten und tippte ihm auf die Schulter. Er war sofort wach und ganz Ohr. Meine Empfehlung, mit dem Kollegen Schwark über den von mir als jagdbar angesprochenen ungeraden Sechzehnender zu reden, nahm er dankbar an.

Drei Tage später konnte er diesen Hirsch unter Führung in der Nähe des von mir bestätigten Brunftplatzes erlegen und war hoch zufrieden. Sein Alter wurde auf den elften Kopf geschätzt, das Geweih brachte knapp sieben Kilo auf die Waage. Damit war er noch ein wenig stärker als meiner, dem die Kommission allerdings nur den zehnten Kopf zugestand. Körperlich starke Hirsche werden hinsichtlich ihres Alters oft leichter überschätzt als schwächere – ein Restrisiko bleibt immer.

Die Raubkammer und mit ihr meine Kollegen hatten mir glückliche Stunden beschert. Waidmannsdank!

ZWÖLFTES KAPITEL

Auf Gams in Kärnten

Es sollte kein Traum bleiben. Einmal in meinen Jägerjahren wollte ich die Bergjagd auf Gamswild erleben. Die Art oder Güte der Trophäe war mir nicht wichtig, zumal die Kostenfrage auch eine Rolle spielte. Allein die vielgenannten Strapazen waren mir als Flachlandtiroler dieses Erlebnis wert. Hermann Huttels Buch „Auf silbernen Zinnen“ und die Schilderungen Ernst Schäfers von seinen Tibetexpeditionen im Himalaja hatten bei mir in der Sturm- und Drangzeit des jungen Jägers Begehrlichkeiten geweckt, die mich nie ganz losließen.

Bis 1980 dauerte es, diesen Wunsch als Mittfünfziger in die Tat umzusetzen. Gemeinsam für meinen Freund Rolf Kann und mich buchte ich in einem Privatrevier in Kärnten den Sommerabschuss auf Bock oder Geiß, wie es sich ergeben würde.

Vor dem Alpenhotel Pflüglhof im Maltatal

Mitte August spannte Rolf eines Tages an und voller Erwartung fuhren wir den Alpen entgegen. Gegen Abend erreichten wir das Alpenhotel Pflüglhof im Maltatal, ein rustikales, gutbürgerliches Haus, in dem man sich wohlfühlen durfte. Die Weichen zum Berufsjäger Joseph Hofer, der uns führen sollte, waren rasch gestellt. Wir vereinbarten den ersten Termin für die Mittagszeit am nächsten Tag und hatten bis dahin Muße genug, dem Jagdbeginn entgegen zu fiebern. Nach einem herzhaften Essen blieb uns noch die Zeit für einen ausgiebigen Spaziergang in die landschaftlich reizvolle Umgebung der Herberge, für einen Schoppen Südtiroler Roten, dann hatten wir die nötige Bettschwere.

Pünktlich zur vereinbarten Zeit stand Berufsjäger Sepp auf der Matte, und auf ging es, dem Beginn einer uns unbekannten Jagd entgegen.

In seinem Geländewagen folgte er den zahlreichen Serpentinen eines befestigten Waldweges in den Berg hinauf, bis es nicht mehr weiterging und der Wagen in einer Kehre abgestellt wurde.

Das Maltatal geizt nicht mit Schönheiten

In mittlerer Höhenlage knapp oberhalb der Baumgrenze waren dem Jäger in der beginnenden Latschenregion mehrere Böcke bekannt, von denen mindestens einer passen könnte. Einem ausgetretenen Pfad folgend, stiegen wir ein Stück weit im mäßig steilen Hang hoch und verhielten oft, damit Sepp an den geeigneten Stellen mit seinem Spektiv hinter Schroffen und Schrunden die nähere und weitere Umgebung abglasen konnte, um nach Krickelwild Ausschau zu halten.

Es währte nicht lange, bis der Jäger einen Bock ausmachen konnte, den es anzupirschen lohnte. Rolf hatte die erste Wahl, wollte er doch lieber einen Gamsbock als eine Geiß erlegen. Mir wurde geheißen, in Deckung eines Geröllfeldes zu verbleiben. Man würde mich wieder abholen. Ich hatte einen weiten Überblick, machte es mir bequem und schaute den Pirschenden nach, bis sie hinter einer Bergkuppe verschwanden.

Ich spekulierte mit meinem achtfachen Glas die nähere und weitere Umgebung ab, konnte aber kein Wild entdecken. Für einen Ungeübten, dessen Augen sich erst einmal an ein anderes Umfeld mit anderen Farben und Formen gewöhnen müssen, ist es am Anfang besonders schwierig, die gelbbraunen Sommergämsen im flechtenüberzogenen, bunten Gestein zu entdecken. Mit wachsender Entfernung ist es schier unmöglich, wenn sich das Wild niedergetan hat und wiederkäuend ruht.

Ich blieb nicht ohne Anblick. Unweit vor mir tauchte ein Murmeltier auf, prüfte kritisch die Umgebung und tauchte auffallend schnell wieder ab. Der Grund für sein nervöses Verhalten konnte ich eigentlich nicht sein. Der Wind stand gut, und ich hatte jede Bewegung vermieden. Ich sollte es umgehend erfahren. Ein auffälliger Schatten stand plötzlich über mir. Ein Steinadler war's, der in geringer Höhe gleitend über meinen Standplatz hinweg schwebte. Das Murmantel mochte den Jäger frühzeitig genug entdeckt haben, um sich in Sicherheit zu bringen.

Kein Zweifel, dieser Adler jagte, hielt Ausschau nach möglicher Beute, nach zurück gebliebenen schwachen Gamskitzen, Schneehasen, Murmelwild oder Füchsen. Das wunderbare Bild des prächtig gefiederten Altadlers war für mich ein großes Erlebnis, da ich nur den gelegentlichen Anblick unserer nordischen Seeadler bewundern konnte. An Eleganz war der wendige Steinadler unserem größeren Aar zweifellos überlegen.

Nicht eine Minute stellte sich Langeweile ein, doch hellwach wurde ich, als ein naher Büchsenschuss, vermutlich von Rolfs .300er Weatherby Magnum, mein Ohr erreichte und die friedliche Stille zerriss. Ich hörte keinen Kugelschlag, dessen Wahrnehmung ohne große Bedeutung war, weil von zu vielen Faktoren abhängig. Auf das Ergebnis war ich natürlich neugierig.

Eine weitere halbe Stunde verging, bis die beiden Jäger – leicht frustriert – neben mir auftauchten. „Ich habe einen sechs- bis siebenjährigen Bock auf 200 Meter gefehlt. Das kann nicht mit rechten Dingen zugehen. Schussentfernung gut, sichere Auflage, beste Bedingungen", soweit Rolfs Aussage. „Ich habe mit Jäger Hofer vereinbart, die Waffe auf dem hauseigenen Stand einzuschießen, sobald wir zurück sind. Das Zielfernrohr muss einen Schlag bekommen und sich verstellt haben." –

Wer Rolf kannte, der wusste, dass für ihn Vorbeischießen auf stehendes Wild mit der Kugel ein Fremdwort, eine kleine Katastrophe war.

Gegen Abend erfolgte die Probe aufs Exempel, und siehe, die Waffe zeigte einen Tiefschuss von acht bis zehn Zentimetern, auf 200 Meter noch ein wenig mehr. Kein Zweifel, den Gamsbock hatte er unterschossen. Nach der

Korrektur schoss sie auf 150 Meter Fleck. Darauf konnte man sich einlassen, waren doch die Schussentfernungen im Berg oft sehr weit, wobei die hohe Rasanz der verwendeten Patronen eine zusätzliche Unterstützung schaffte. –

Das eigentliche, für uns vorgesehene Jagdgebiet lag in der Oberen Tröska mit Höhenlagen von 2400 bis etwa 2600 Meter. Dort in den Grasmatten der Kare pflegte sich im Hochsommer das meiste Wild einzustellen. Mit Auf- und Abstieg war das Unternehmen im Fußmarsch mit zeitraubenden Klettereinlagen, Erlegung, Bergen und Versorgen von Wild an einem Tag nicht zu packen, eine Unterteilung in zwei Tagesetappen daher unverzichtbar.

Erst gegen Mittag des folgenden Tages brachen wir auf. Einem Höhenweg mit dem Auto folgend, der einen Wildbach mit seinen vielen Windungen begleitete, mussten wir schließlich den Wagen an einem Wendehals stehen lassen. Mit gepackten Rucksäcken, die das Nötigste einschließlich Wechselwäsche enthielten, mit Büchse, Fernglas und Bergstock ging es ein paar Stunden zu Fuß weiter, bis wir gegen Abend eine Almhütte erreichten. Hier fanden Bergsteiger, Touristen und Jäger eine Herberge, in der sie nächtigen konnten, um für den anstrengenden nächsten Tag neue Kräfte zu sammeln. Ein dazu gehöriger Kiosk hielt das Notwendigste für leibliche Bedürfnisse vor.

Wir stärkten uns, tranken ein bis zwei Schoppen Rotwein und plauderten über Wild, Jagd und Berge – ein schier unerschöpfliches Thema. Eingedenk des frühen Aufbruchs am nächsten Morgen schoben wir uns auf den einfachen Pritschen wie die Heringe nebeneinander rechtzeitig ein, ohne allerdings die erhoffte Ruhe zu finden. Eine ausgelassene Touristengruppe zechte mit reichlich Lärm im Gepäck bis weit über Mitternacht hinaus und raubte uns den Schlaf, bevor uns die Müdigkeit übermannte.

Gegen 5.30 Uhr klingelte unmissverständlich der Wecker. Leicht gerädert, bemühten wir das glasklare Bergwasser vor der Tür, die schlaftrunkenen Geister zu neuem Leben zu animieren. Jagdpassion und hoffnungsfrohe Erwartung taten ein Übriges. Nach einer kurzen Brotzeit begann der Aufstieg, der noch schlafenden Sonne entgegen. Bis zum Erreichen unseres Zieles in den oberen Lagen galt es noch viele Höhenmeter zu überwinden, die ein paar Stunden in Anspruch nehmen würden. Beim steten Steigen sollten wir bald merken, wie hilfreich so ein stabiler Bergstock aus erlesenem Hasel war und wie man ihn kräfteschonend einsetzen konnte.

Einige hundert Meter stiegen wir im Bergwald hoch, der sich aus Fichtenbaumholz in Einzelmischung mit Alpenlärchen und einzelnen Schwarz-

kiefern zusammensetzte. Stammfüße und Felssteine waren mit einer üppigen Matte von Flechten und Moosen überzogen, während Beerkraut verschiedener Arten den Boden abdeckte.

Als die Sonne aus der Versenkung aufstieg und ihr glutroter Ball hinter silbernen Zinnen hervorlugte, füllte sich der Waldesdom sofort mit pulsierendem Leben. Spechte hämmerten am Totholz abgestorbener Bäume, Kleiber kletterten baumauf, baumab, und nach langer Zeit sah ich wieder einmal den putzigen, braunweiß gefleckten Tannenhäher vorüberstreichen.

Langsam, aber stetig ausschreitend näherten wir uns der Baumgrenze. Plötzlich erfreuten uns wie hingezaubert drei Berghirsche, nachdem wir eine herausragende Felsenkuppe umschlagen hatten, mit ihrem Anblick. Zwei Achter und ein Eissprossenzehner vom dritten bis vierten Kopf, die vertraut unter einer Lärchengruppe standen, waren offensichtlich von diesem unerwarteten Zusammentreffen genau so überrascht wie wir. Wildtiere brauchen nicht lange, um sich für den sichersten Fluchtweg zu entscheiden. Mit Würde zog sich das Trio in gemessenem, aber raumgreifenden Troll zurück und entschwand rasch unseren Blicken.

Ein wenig später erreichten wir den Übergang von der Baumgrenze zur Latschenregion. Stand das Scharwild im Sommer unter Führung der Leitgeiß in den oberen Lagen, deren Grasmatten für diese anspruchslose Wildart genügend Nahrung vorhielten, so waren, wie uns Sepp erklärte, einzeln gehende Böcke häufig auch in den Latschenfeldern zu finden.

Um die Chancen in diesem Bereich auszuloten und vielleicht nutzen zu können, wurde ich einmal mehr gebeten, zurückzubleiben und die Rückkehr der beiden Kameraden in Ruhe abzuwarten. Das fiel mir nicht schwer. Beim Aufstieg warm geworden – die Temperaturen waren durch die intensive Sonneneinstrahlung hoch geschnellt – würde mir eine Pause im Halbschatten der niedriger gewordenen Bäume gut tun. Ich suchte mir ein bequemes Plätzchen mit guter Aussicht auf die gegenüber liegenden Hänge und Schroffen, die ich mit dem Glas auf Leben absuchen wollte, und ließ mich auf meinem gut gepolsterten Rucksack nieder.

Rolf und Joseph pirschten erst mal allein weiter

Das Jagdgebiet hat viele Gesichter

Trotz intensiven Suchens konnte ich kein Wild entdecken, allerdings waren die Entfernungen weit, und es hätte wohl eines Spektivs bedurft, tarnfarbene Gämsen auszumachen. Mehrfach unterhielt mich eine lärmende Schar gelbschnäbeliger Alpendohlen mit ihren feinen Flugkapriolen, sonst blieb es still rundum. Es währte fast eine Stunde, bis meine Pirschjäger ohne Ergebnis zurückkehrten. Gemeinsam stiegen wir weiter nach oben, der Gipfelregion entgegen. Die Augusttage waren so schön und sonnendurchflutet, dass man das Wild wohl am ehesten in den Hochlagen finden würde.

Ziemlich steil ging es im Latschenfeld bergan. Man konnte sich gut an den zähen Zweigen der Krummholzkiefern festhalten und hochziehen, wobei der Bergstock in der anderen Hand für die letzte Sicherheit sorgte. Zum ersten Mal merkte ich hier, dass die zu harten Profilsohlen meiner Bundeswehr-Springerstiefel nicht die beste Wahl waren. Ich musste acht geben, nicht vom glattpolierten Gestein abzurutschen. Mit Befriedigung nahm ich zur Kenntnis, dass sich mein wochenlanges Jogging vor Antritt der Reise auszahlte.

Um 13 Uhr brachen wir auf und pirschten eine größere Fläche ab, die aus unterschiedlichen Perspektiven immer wieder neue Gesichter zeigte, wie sie in ihrer Vielfalt nur die alpine Bergwelt zu verschenken hat. Sepp wurde nicht müde, von geeigneten Stellen aus Kessel, Kare und Spalten mit seinem Spektiv abzuglasen, und seine Antwort war stets nur ein bedauerndes Achselzucken – Geduld, Jäger, Geduld! –

Die Sonne entfaltete ihre ganze Kraft und schickte ihre Strahlenbündel fast unbarmherzig herab. Die Waffe begann meine Schultern herunterzuziehen und zwang öfter mal zum Seitenwechsel, um eine Entlastung zu erfahren. Weiter ging es, keine Müdigkeit vortäuschen, Schweiß aus dem Gesicht wischen und an die Chance glauben, die kommen würde.

Und sie kam. Eine gute Stunde mochte vergangen sein, als unser Jäger wieder einmal von einer erhöhten Felsplatte in die Tiefe eines Talkessels hinabspekulierte. Verdächtig lange ließ er sein Spektiv auf einem bestimmten Punkt ruhen, das machte neugierig. Schließlich nahm er die Optik vom Auge, legte sie beiseite, drehte sich bedächtig um und winkte mir, zu ihm heran zu kriechen. Unwillkürlich stieg mein Adrenalinspiegel, die Stunde der Wahrheit schien zu winken. Ich wischte mir noch einmal die Augen trocken, nahm die Büchse von der Schulter, legte mein Glas beiseite und robbte zum ihm.

Meine Waffe auf den Rucksack legend, lugte ich erst einmal über die Kante, um mir ein Bild von der Situation zu verschaffen. Im Kar unter uns tummelte sich ein etwa fünfzehn- bis zwanzigköpfiges Rudel Scharwild: Geißen, Kitze und wahrscheinlich einige Jahrlinge, wie man dort die einjährigen Böcke nennt.

Mit seinem Spektiv glast Sepp das Umfeld ab

Es herrschte ein munteres Treiben – ruhendes, äsendes Wild, spielende Kitze, die sich, Kräfte messend, im Laufen und Springen gegenseitig überboten.

Im Kar unter uns herrschte ein reges Treiben

Sepp raunte mir seine Anweisung zu: „Schaun's nach links n'über. Am Rand von dös Rudel, ganz außen vor dem Felsquader, steht a helles, fahlgelbes, auffällig schwaches Goaßl. Dös können's schiaßn." –

„Wie weit ist die Entfernung dahin?", fragte ich zurück. „Na, so um die 220 bis 230 Meter san's scho. Lassen's ehna Zeit, ganz ruhi dabei bleib'n." Die Beschreibung war eindeutig, mehr brauchte ich nicht zu wissen.

Merkwürdigerweise war ich ganz ruhig, als ich mich fertig machte. Vorsichtig schob ich den Rucksack als Unterlage hart an die Kante heran, nahm probehalber einmal Maß – stand doch das Wild völlig vertraut in den Grasmatten – und musste feststellen, dass es für mich Flachlandtiroler doch eine arg weite Entfernung war.

Im Vertrauen auf meine bewährte, weich schießende .243 Winchester, stach ich ein und zielte sehr sorgfältig, bevor die Kugel den Lauf verließ. Ich musste ziemlich steil nach unten schießen, fasste tiefblatt an, und im Schuss hob es die Geiß mit allen vieren, bevor sie sich rückwärts überschlug und auf der Stelle liegen blieb. Sie schlegelte noch kurz und war verendet. Der Hegeabschuss ging in Ordnung. Die kümmerliche Geiß brachte aufgebrochen ganze 17 Kilo auf die Waage, gerade einmal soviel, wie bei uns ein durchschnittlicher Rehbock wiegt. Auf den schwierigen Schuss war ich insofern stolz, als mein Zielglas auf der Büchse nur mit einer sechsfachen Vergrößerung ausgestattet war.

Das Echo des Büchsenknalls war kaum verhallt, da kam das Rudel in Bewegung, um schon nach 50 Metern wieder zu verhoffen. Als habe er es erwartet, ließ unser Jäger Freund Rolf sofort aufrücken, der den Platz hinter dem Rucksack einnahm. Ich rutschte zur Seite, konnte aber den weiteren Ablauf der Vorgänge genau beobachten.

„Wann se's packen, Herr Kann, können's das drittletzte Stuck vom Rudel schiaß'n – es san ca. 280 Meter bis dahin." Rolf fackelte nicht lange, nahm Maß und ließ fliegen. Die Geiß zeichnete sichtbar mit einem gehobenen Sprung nach vorn, begann nach zehn Metern zu torkeln und fiel. – Wenn's denn will. – Alles zusammen hatte sich in wenigen Minuten abgespielt, mit dem Jagderfolg konnten wir beide zufrieden sein, es war rundum gutes Jagen gewesen.

Aus vollem Herzen genossen wir unser Jagdglück, aber im Bewusstsein, noch einen langen, fordernden Rückweg ins Tal vor uns zu haben, suchten wir unser erlegtes Wild auf. Sepp sprach meine Geiß als vierjährig an – das 6,2 Gramm KS-Geschoss hatte gute Arbeit geleistet – während Rolfs Gams acht bis neun Jahre im Geburtsschein stehen hatte. Ein wenig Stolz konnte man auch unserem Jäger ansehen, als er uns mit einem Lächeln den Erlegerbruch in Form eines wohlriechenden Latschenzweiges überreichte.

Nach dem Aufbrechen wurden die Lasten verteilt und der Rückweg angetreten. Was der Tag uns bisher an körperlichen Strapazen aufgebürdet hatte, war nichts gegen die Herausforderungen der nächsten Stunden. Für einen Bergjäger tägliches Brot, bedeuteten sie für mich eine arge Schinderei. Rolf, neun Jahre jünger als ich und sportlich durchtrainiert, packte es leichter und konnte mit Sepp locker mithalten. Allerdings – warten brauchte niemand auf mich, doch habe ich manchmal Angst und Blut geschwitzt.

Weshalb? Aus voller Überzeugung wollten mir meine Mitjäger etwas Gutes antun. Ich durfte meinen mit Jagdgläsern, Kameras und anderen Utensilien prall gefüllten Rucksack sowie Rolfs und meine Fernrohrbüchsen tragen. Sepp schulterte meine, Rolf seine Gams, und ab ging es zu Tal. Die Verteilung der Gewichte ging in Ordnung, allein das Problem waren die Waffen, die weder aneinander schlagen, noch Kratzer davon tragen durften. Am stärksten allerdings belasteten mich meine glattsohligen Stiefel, die zu einer unberechenbaren Gefahr gerieten. In den oberen Berglagen führte der Weg mehrfach über vereiste Gletscherplatten an den Nordseiten, die

Die glücklichen Erleger – rechts der Autor

für mich zu einem Tanz auf Eiern wurden, glatte Steine auf dem Jägerstieg in steilen Hängen taten ein Übriges.

Die Stunden des Abstiegs waren und blieben die härtesten in meinem Jägerleben. Einige Male wünschte ich mir unterwegs, ich hätte statt der Waffen meine Geiß auf den Schultern. Doch es gab keine Alternative dazu, Zähne zusammenbeißen und hindurch. Ich verlor kein Wort über meine Gefühle, gestehe aber freimütig, dass mich unterwegs manchmal Angst befiel, ich könnte diese etwas ungewöhnliche Probe nicht bestehen.

Alles ging gut. Auf der Endstation angekommen, war ich mit wundgelaufenen Füßen fix und fertig, stolperte fast über meine eigenen Beine. Zugleich fiel mir ein dicker Stein von der Seele, und ich bekenne: Um keinen Preis möchte ich die Stunden der Gamsjagd im schönen Kärnten missen – den Bergjägern gehört mein ganzer Respekt.

DREIZEHNTES KAPITEL

Jagdreise in die lettische Wildnis

Träume – Brot der Hoffnung

Zwei Tage nach dem Ablegen im dänischen Container-Hafen Arhus schrieben wir den 16. September 1994. Sonderbar, wie rasch sich der Körper an neue Lebensumstände gewöhnen kann. Unsanft wurde ich aus dem Schlaf gerissen. Schwer hatte mir im Traum der Elch mit seinen riesigen Schaufeln zugesetzt, der mir zum Greifen nahe schien. Der tanzende Zielstachel suchte das Blatt. Als ich den eingestochenen Abzug berührte, verweigerte mir die vertraute Brenneke den Dienst. Wieder und wieder krümmte ich den Schießfinger durch, vergebens! Der Schaufler wurde klein und kleiner, verlor sich einem Schatz-Gemälde gleich im Nebel und mit ihm die Chance meines Lebens.

Schlaf und Traum hatten mir im Jenseits von Gut und Böse die Sinne verwirrt. Mochte der verdammte Wodka schuld daran sein, den ich in den frühen Abendstunden, veredelt mit einigen Flaschen Pilsener Urquell, mit der polnischen Besatzung gekippt hatte. In die Gegenwart zurückgeholt, war ich plötzlich hellwach. Verflogen die letzten Stunden wie eine Fata Morgana. Das röchelnde Stampfen der Schiffsmotoren der „Ostwind“ wurde vom Orgeln des Sturmes übertönt. Schon gestern Abend briste der Nordost immer stärker auf und hatte sich bis Mitternacht zu einem handfesten Orkan um Windstärke zehn, in Böen mehr, hochgeschaukelt. Als das 500-Tonnen-Containerschiff bei voller Kraft voraus nur noch fünf Knoten lief und schließlich fast auf der Stelle stand, ließ der deutsche Kapitän Peter Schöning vor der Südküste von Gotland Anker werfen.

Was mochte im Kopf des Käpitäns vorgehen?

Wie hatte ich überhaupt schlafen können? Einem Spielball gleich wurde das Schiff hin und her geworfen. Schreiend und quietschend rasselten seine Ankerketten an den Stahlwänden des Rumpfes. Manchmal stieß ich mit dem Kopf an die Rückwand der Koje, um gleich darauf mit den Füßen wieder Halt am Fußende zu suchen. Dann wiederum drohte der Körper in ein Fass ohne Boden zu fallen, wenn das Schiff von einer haushohen Woge angehoben wurde, um sogleich wie von riesigen Polypenarmen in ein Wellental zurück gerissen zu werden.

Unberechenbare bretthart Schläge aus unterschiedlichen Richtungen erschütterten Mensch und Fahrzeug. Was mochte im Kopf des Kapitäns auf der Brücke vor sich gehen? Es war sein Job, wahrscheinlich würde er alles in stoischer Ruhe wegstecken.

Ein Anflug von Angst wollte in mir hochkriechen. Seekrankheit, nein, die war noch nie mein Problem gewesen. Aber war diese Nussschale dem Toben der Elemente gewachsen? Würde ich mein Reiseziel Riga und mit ihm die baltische Wildnis Lettlands, die mich seit Monaten in Träumen von urigen Keilern, starken Kurlandhirschen und Elchen in der Lubans-Niederung gefangen hielt, überhaupt je erreichen? –

Doch dann schalt ich mich einen Narren und gewann mein seelisches Gleichgewicht zurück. „Du Idiot", flüsterte die innere Stimme, „lasse dich nicht verhöhnen. Dieser Pott hat in seinen zwanzig Lebensjahren noch schwerere Stürme erlebt und ist immer sicher in seinen Heimathafen zurückgekehrt." – Intensives autogenes Training ließ mich tatsächlich wieder einschlafen.

„Have you had any problems last night?", meinte der Steuermann mit einem Anflug von hintergründigem Lächeln während des Frühstücks in der O-Messe. „Not at least", gab ich gleichmütig zurück und strafte ihn Lügen, indem ich mir die Spiegeleier auf Speck zu starkem Kaffee munden ließ. Überhaupt war die Verpflegung an Bord Spitze. Der Smutje wurde seinem Ruf als gelernter Hotelkoch gerecht. Insgesamt gesehen waren alle sieben Besatzungsmitglieder freundlich und hilfsbereit.

Mit vierzigstündiger Verspätung ließ der lettische Lotse die „Ostwind" an der Pier des Container-Hafens von Riga festmachen. Geschafft! Im Rückblick Dankbarkeit, das Toben der Elemente einmal aus erster Hand erlebt zu haben. Noch immer das heisere Geschrei der unsere Route begleitenden Möwen im Ohr, metallisch glänzende Kormorane in raumgreifendem Flug über der schaumgekrönten, aufgewühlten See und unvergessen die einsame hilflose Sumpfohreule unter Schwedens Südküste, die verzweifelt versuchte, sich an den glatten Containerwänden festzuhalten. Von Windböen erfasst, wurde sie wieder und wieder in den grauen, regenverhangenen Himmel zurückgeworfen, um schließlich nach einem letzten kraftlosen Landeanflug Opfer der erbarmungslosen Fluten zu werden. Zuschauen dürfen und nicht helfen können – das tut weh.

„Manchmal wird ein Flug von Kleinvögeln auf der Wanderschaft nach Süden vom Sturm überrascht", so der Kapitän. „Entkräftet lassen sich die Tiere auf dem Schiff nieder, löschen ihren Durst aus den Salzwasserpfützen an Deck und sterben."

Einmal wollte ich diese Art von Reisen erleben – Geduld ist angesagt! Warten auf den nachlassenden Sturm, auf den Lotsen, auf einen freien Liegeplatz im Hafen und mehr. Noch ist die Infrastruktur nach der wieder gewonnenen Freiheit mehr als desolat, dennoch ist es für mich ein tolles Erlebnis.

Jetzt möchte ich die so lebendig gebliebene Vergangenheit in die Gegenwart zurückholen. An der Pier erwartet mich mein junger lettischer Freund Ugis Bergmanis, mit dem ich mich auf einer Wiesenweihen-Tagung in Raisdorf bei Kiel anfreundete.

Um ihn kurz vorzustellen: Er ist für mich im Rahmen meiner beiden Lettlandfahrten die wichtigste Person und ein Glücksfall ohnehin. Letzterer – so hat es nunmehr nach dreizehnjähriger Freundschaft den Anschein – muss wohl auf Gegenseitigkeit beruhen. Ugis studierte in Riga Biologie, bevor er ziemlich schnell zu einem Vollprofi im Naturschutz avancierte. In Lettland galt er schon bald als ***der*** Adlerexperte, dem vom Naturschutzreferat im Landwirtschaftsministerium die landesweite Betreuung der Schreiadlerpopulationen übertragen wurde. Alljährlich beringt er den Nachwuchs von Stein-, Schrei- und neuerdings auch von den wieder heimisch gewordenen Seeadlern, soweit technisch möglich, gemeinsam mit Fachkollegen.

Junger Schreiadler, beringt vom Adler-Vater Ugis (Foto: U. Bergmanis)

Die Erforschung der Schreiadler, über die er schließlich promovierte, war ihm ein besonderes Anliegen, zugleich eine Lebensaufgabe. Ugis' Persönlichkeit erhält für uns Deutsche eine ebenso pikante wie bemerkenswerte Note, ist er doch als hauptamtlicher und überzeugter Naturschützer, als Leiter der Forschungsabteilung Teici, auch ein über die Maßen passionierter und tüchtiger Jäger, der mit Büchse und Falle gleichermaßen gut umzugehen versteht und ungebrochen Jagd praktiziert und lebt.

Noch bin ich nicht von Bord. Die Sicherheitsbeamten des Grenzschutzes in ihren schmucken Uniformen haben etwas dagegen. Wie kann ein so unkonventionell auf einem Handelsschiff anreisender deutscher Jäger sich anmaßen, eine Repetierbüchse in ihr Land einzuführen? Trotz der per Post vorausgeschickten Patronen und wasserdichter Einfuhrpapiere vom lettischen Forstministerium bedarf es tatsächlich der ganzen Überzeugungskraft von Ugis, bis man mich ziehen lässt. Mit dem Zoll gibt es keine Probleme. Meinen lettischen Jahresjagdschein, gültig für ein ganzes Jagdjahr, hat Ugis schon im Landwirtschaftsministerium gelöst. Nach Geldumtausch und einer kurzen Stadtbesichtigung fahren wir im Lada Niva auf der in Richtung Moskau führenden alten Heer- und Handelsstraße gen Südost, ein Stück weit dem Ostufer des breiten Daugava-Stromes folgend.

Der lettische Jahresjagdschein des Autors

Das Wetter hat sich gemausert, bei strahlendem Sonnenschein treffen wir nach drei Stunden in Ugis' Heimatort Laudona, Kreis Madonas, ein. Als Wissenschaftler und Abteilungsleiter im Naturschutzreferat des Umweltministeriums bewohnt er eine Dienstwohnung – ein Einfamilienhaus mit Garten und Wiese für eine Kuh. Beim bescheidenen Gehalt ist es lebensnotwendig, von den Produkten aus Garten, landwirtschaftlichem Nebenerwerb und Jagd zu leben.

Für das im Rahmen von Abschussplänen erlegte Wild ist lediglich eine Anerkennungsgebühr zu zahlen. Ein Elchbulle kostet umgerechnet etwa fünfundzwanzig, ein Rothirsch zwanzig, Kahlwild zehn und ein Wildschwein gleich welcher Größe fünf DM. Wie auch in Schweden üblich, teilen die Jäger das Wildpret untereinander auf.

Ein bemerkenswertes Erlebnis für mich: Gegensätze zwischen Jägern als Nutzer und so genannten Nur-Naturschützern – wie in unserer ideologisierten Welt – gibt es hier nicht. Zahlreiche Bedienstete aus Natur- und Umweltschutzbehörden – Biologen, Ornithologen, Universitätsdozenten dieser Fakultäten – sind passionierte Jäger, Angler oder beides. Ich lerne einige von ihnen, auch Forstbeamte, kennen und rate ihnen eindringlich, sich nicht von weltfremden Fantasten auseinander dividieren zu lassen und tendenziöse Anfänge im Keim zu ersticken. Noch wird es ihnen nicht schwerfallen. Die allgemeine Armut im Lande – Wilderwerb ist Broterwerb – und die große Fülle unverbrauchter Natur schaffen ein besseres Keimbett dafür als in unserer Wohlstandsgesellschaft.

Etwa 50 Prozent der Landesfläche bedeckt Wald, dazwischen liegen ausgedehnte Feuchtgebiete und einige Seen, Ödlandflächen, Brachland und unbewirtschaftete Flächen ehemaliger Kolchosen sowjetischer Prägung. –

Die Begrüßung durch Ugis' liebenswerte Frau Gunta und ihre vier- bis zwölfjährigen Kinder Ilze, Janis und Ansis ist ungezwungen und herzlich. Nach dem Genuss von Guntas vorzüglichem Wildschweingulasch und einem Plausch bei Kaffee und Kuchen hält es die Jäger nicht mehr im Hause. Ungeduldig springen die Laika-Hündinnen Taiga und Negra auf den Rücksitz des Lada Niva, und auf geht's in das achtzehn Kilometer entfernte Naturschutzreservat „Teici". Das 20.000 ha große Areal enthält das größte Hochmoorgebiet Europas, hat viele interessante Gesichter und obliegt neben dem zwanzig Kilometer nordwestlich gelegenen, 3.000 ha großen Naturreservat „Krustkalni" der wissenschaftlichen und jagdlichen Obhut von Ugis und einigen seiner Kollegen, von denen jeder ein Fachgebiet betreut.

Floristische und faunistische Veränderungen werden akribisch genau festgehalten. Jedes erlegte Stück Wild ist zu wiegen und zu vermessen. Die Überwachung der Abschusspläne obliegt der Zuständigkeit der staatlichen Forstverwaltung. Jede beabsichtigte Jagdausübung, auch Einzeljagd, ist der zuständigen Forstdienststelle spä-

Unser Jagdgebiet, die „Insel Namikis" in Teici

testens einen Tag vorher, das erlegte Wild bald danach anzuzeigen. Diese Kontrolle hat auch mit Wildereiüberwachung zu tun. Der Armut zufolge wird viel gewildert, darüber hinaus von unbeaufsichtigten Hunden, vornehmlich kommen diese aus den in Streulage vorhandenen Gehöften.

In Teici werden Elch- und Schwarzwild, Marderhund und andere Raubwildarten außer Wolf und Luchs bejagt, die eine latente Gefahr für den Fortbestand von Auer- und Birkwildpopulationen sind. Auerwild und Rehwild genießen hier ganzjährig Schonzeit. Die Regulierung der Rehe besorgen strenge Winter, Wolf und Luchs, in geringem Maße auch der Steinadler, dem es – wenn auch selten – sogar gelingt, Wolfswelpen zu erbeuten, wie Ugis an Hand von Funden auf dem Horst nachweisen konnte. Es mag ein Indiz dafür sein, dass der Wolf, vom Menschen abgesehen, Feinde hat, was bisher im mittelosteuropäischen Raum nicht bekannt war. Außerhalb vom Naturschutzgebiet Teici erlegt Ugis alljährlich ein bis zwei Wölfe auf Ansitz oder bei Lappjagden.

In Krustkalni wandert das Rotwild mehr und mehr vom Westen ein und hat, wie Ugis auf Grund von Stangenfunden starker Hirsche und von Fährtenbildern neben dem Jagdhaus nachwies, auch das zwanzig Kilometer südöstlich gelegene Großgebiet Teici inzwischen längst erreicht. Es unterliegt allerdings einem starken Prädationsdruck expandierender Wolfsrudel und hat ganzjährige Schonzeit.

Große Gebiete von Teici sind mit Natur- und Bruchwaldflächen bedeckt. Vormals landwirtschaftlich genutzte Flächen überließ man der Sukzession. Sie wurden von Bauern bewirtschaftet, die man in der Stalin-Ära nach Sibirien deportierte. Noch immer sind die Ruinen ihrer Gehöfte auf der so genannten Eicheninsel sichtbar. – Neben Steppenbildung und Versumpfung entstanden auf den feuchten bis nassen Flächen Sekundärwälder aus Birke, Aspe und einer Mischung verschiedener Weidenarten. Eine zum Teil nur schwer zu durchdringende Unterholzzone aus Faulbaum und anderen Sträuchern rundet das

Von den ehemaligen Gehöften stehen nur noch Ruinen

Bild ab und bietet Elch- und Schwarzwild neben vielen anderen Säugetier- und Vogelarten einen optimalen Lebensraum.

Es versteht sich, dass Sauen in diesem weg- und steglosen Gebiet ohne das Hilfsmittel der Kirrung ungewöhnlich schwer zu bejagen sind. Die meisten lettischen Jäger sind noch von Flinten mit Flintenlaufgeschossen abhängig, weil sie weit tragende Waffen nicht bezahlen können. Geringe Schussentfernungen schränken den Erfolg stark ein. Drückjagden auf Elch und Lappjagden zur Einregulierung der Wölfe sind außerhalb des Schutzgebietes Teici erst ab Oktober erlaubt. – Als notorischem Einzeljäger gefällt es mir, dass meine jagdlichen Aktivitäten auf Ansitz und Pirsch beschränkt bleiben.

Vollmondphase, Elchbrunft im hiesigen Raum und Rothirschbrunft im Kurland bewogen mich, für meine erste Reise die zweite Septemberhälfte zu wählen.

Seinem Gast zuliebe hat Ugis am Rande des Teici-Reservates vier hohe provisorische Baumsitze in Birkengruppen an Waldrändern, eine von ihnen in einer meterdicken Solitäreiche inmitten eines Ackers errichtet. Am ersten Abend wähle ich den Ansitz in einer dreistämmigen Birke am Saume eines Bruchwaldes neben einem breiten Vorfluter. Vor mir erstreckt sich eine extensiv genutzte Grünlandfläche. Zahlreiche umgedrehte Grassoden sind ein Indiz für die Heimsuchung durch Sauen. Auf dem Wege zu meinem Sitzplatz stieß ich schon auf mehrere Betten von Elchen, als eine Auerhenne vor mir hochpurrte. Wenige Meter unterhalb meines Sitzes wird der Graben beidseits von Wald begleitet. An dieser Nahtstelle hat Ugis eine Kirrung für Sauen angelegt.

Sehr bald wurde sie von den Breitschnäbeln entdeckt und auseinander genommen. Kein Wunder, dass in der fallenden Dämmerung fast auf Tuchfühlung Stockenten vorüberklingeln und vor mir auf dem Graben einfallen. Von einem nahen, herbstrotfarbenen Spitzahorn läutet ein Kolkrabenpaar die Nacht ein. Die klugen und scharfsichtigen Wotansvögel sind ein gutes Beispiel für die funktionierende Lebensgemeinschaft in unserer Tierwelt. Noch so gut getarnte Jäger erkennen sie mit ihren „Röntgenaugen" und verknüpfen den Büchsenknall mit dem Aufbruch erlegten Wildes, der ihnen neue Nahrung verheißt. Ugis glaubt an die Abhängigkeit der Wölfe von den Raben und behauptet, Wölfe müssten in strengen Wintern verhungern, wenn ihnen die Kundschafterdienste der schwarzen Gesellen fehlen würden. Sowohl ihr Ruf zum Sammeln als das heftige Gekreische aus Futterneid hallen weit über die Landschaft. Davon profitieren auch viele andere Säuger und Vögel, zum Beispiel die Seeadler.

Gegen Abend weicht der schöne Altweibersommertag einem aufziehenden Tief. Die Scheibe des sich rundenden Mondes taucht hinter dicken Wolkenbänken ab. Nur kurz verläuft die Zeit um die Uhlenflucht, unversehens hüllt die Nacht alle Konturen der Landschaft in ein undurchdringliches Dunkel. Vorbei die Chance an diesem Ansitzabend. Ich wandere zum Jagdhaus zurück.

Ugis lädt ein zu einer Revierfahrt im Scheinwerferlicht, da es noch ziemlich früh am Abend ist. Es gilt, die Nachtstimmung im Moor einzufangen, und wenn es nur darum geht, dem klagenden Ruf der Wölfe zu lauschen. Auf einem breiten Sandweg flüchten zwei Marderhunde vor uns her. Mit der Art ihrer Bejagung ist man hier nicht zimperlich. Ihre Vorliebe für Bodenbrüter mit besonderer Gefährdung der Raufußhühner und ihre hohe Reproduktionsrate erfordern eine scharfe Bejagung, vor allem in Naturschutzgebieten.

Ugis' Hunde sind auf diese Art von Jagd spezialisiert. Ein Sprung aus dem haltenden Lada, und ab geht die tödliche Hatz. Trotz seiner Kurzläufigkeit entwickelt der Enok eine erstaunliche Geschwindigkeit. Gerät er zu stark unter Druck, drückt er sich in der nächstbesten Deckung wie ein Hase. Die junge, schnelle Negra stellt und würgt eine mittelstarke Fähe. Im Hagel von Schroten wäre sie kaum schneller verendet, was allerdings diese Jagdmethode eines Wolfes nicht rechtfertigen soll.

Der zweite Enok hatte sich der Verfolgung durch zahlreiche Widergänge zwischen hohen Bentgrasbülten geschickt entzogen, um vermutlich in einer Erdhöhle zu verschwinden.

Der nächste Tag versinkt im Regen. Die Fahrt zum Hechtangeln auf einem Moorsee wird verschoben. Wir statten dem Reservat Krustkalni einen Besuch ab, ich lerne die nähere Umgebung kennen. Trotz großer Armut im ländlichen Raum erfreut man sich der wiedergewonnenen Unabhängigkeit und Freiheit. Die ungeliebten Russen stellen hier einen Bevölkerungsanteil von 30 Prozent. Man lebt relativ friedlich nebeneinander, es gibt zahlreiche Mischehen. Die Kleinbauern, ehemalige Kolchosearbeiter, haben auf ihren kleinen, von Verfall gezeichneten Höfen selten mehr als drei bis fünf Kühe und weniger als fünf ha extensiv bewirtschafteten Landes. Entsprechend klein strukturiert sind die Äcker, Wiesen und Weiden. Der Einsatz von Pflanzenschutzmitteln verbietet sich aus Kostengründen. Gedüngt wird nur mit Naturmist, ökologische Wirtschaft im besten Sinne des Wortes. Die Rebhühner sind im Aufwind – am Rande eines Dorfes steht ein Volk von etwa zwanzig vollreifen Hühnern vor uns auf. Ihre Populationsdichte kann infolge des Winterverlaufs von Jahr zu Jahr stark schwanken, zumal der Habicht hier wie bei uns jagt. Neben den etwa viermal im Jahr planierten Schotterstraßen, asphaltierte gibt es im südlichen und östlichen Landesteil kaum, stehen auf dem Milchreck für den Molkereiwagen einige 10 bis 20 Liter-Kannen, alles noch so wie bei uns vor 50 Jahren. Die Menschen kennen es nicht anders, lachen und sind zufrieden. –

18.30 Uhr sind wir wieder draußen im Revier. Es regnet noch immer. Einer halbstündigen Pirsch folgt ein einstündiger Anstand an einem Hauptelchwechsel. Neben uns Bruchwald, Moor, Grasflächen mit Anflughorsten aus Weide, Aspe und Birke. Es riecht hier nach Elch, doch auch heute haben wir keinen Anblick.

Am Rande des Reservates kaufte Ugis 1990 vom Staat ein einsames Gehöft, das vorher vom Forstdienst und seinen Gästen als Jagdhaus genutzt wurde. Das aus roten Ziegeln gebaute Haus, dessen Besitzer von Stalins Horden nach Sibirien verschleppt wurde, hört auf den beziehungsreichen Namen „Auerhahnbalz". Tatsächlich kam Auerwild hier früher zahlreich vor und ist heute in einem geringen Bestand noch vorhanden.

Ugis nutzt das gut gebaute Haus als Jagdhaus und Sommersitz. Dazu gehört ein stabiler Holzschuppen mit eingebauter Sauna, Stallungen und

Ugis' Jagdhaus, liebevoll und treffend „Auerhahnbalz" genannt

Ugis mit unweit des Jagdhauses erlegtem Wolf (Foto: U. BERGMANIS)

ein Kaminraum, in dem die Schüsseltreiben nach den Jagden abgehalten werden.

Fünf ha Wald und Ackerland im Umfeld runden das Anwesen ab. Damit ist der Holzbedarf gedeckt. Der geringwertige Acker wird nach Ansaat mit Getreide als Wildäsungsfläche genutzt.

Hier machen wir es uns nach einem stärkenden Imbiss am offenen Kaminfeuer, das wohlige Wärme ausstrahlt, bequem. Nach vier Stunden Schlaf endet die Nacht. Unsanft reißt mich der Wecker aus dem Tiefschlaf. Zwei Stunden Frühansitz auf Sauen. Trotz hoffnungsvollen Wetters bleibt die Bühne leer.

Sowie der Tag die Nacht verdrängt, pirschen wir in den Moorwiesen des ehemaligen Großhofs Namikis im Herzen Teicis auf Elch. Der Lebensraum ist für dieses Wild prädestiniert. Wir kreuzen zahlreiche Betten und Schlagstellen an Aspen und Weiden, doch die Elche halten sich bedeckt. Sie müssen nicht weit ziehen, Nahrung gibt es hier die Fülle. Selbst während der Brunft stehen sie auf kleinem Raum eher passiv in sicherer Deckung. Der Brunftruf der Bullen, ein gurgelndes Rülpsen, ist nur über eine kurze Distanz vernehmbar. Der Dichtstand von Bäumen und Sträuchern und mannshohe Stauden und Trockengräser bieten für das Angehen keine Chance. Zweimal springen Rehe vor uns ab, ohne dass wir im hohen Gras auch nur ein Haar von ihnen sehen. Was hier an den aussichtsreichsten Stellen fehlt, sind Hochsitze, die Einblick und Schussfeld bieten würden! Sie sind, von unauffälligen Behelfseinrichtungen abgesehen, im Naturschutzgebiet nicht erlaubt.

Auf dem Heimweg verweisen die Hunde Wolfslosung. Nach kurzer Untersuchung nickt Ugis: „Der Wulf hat junge Wildschwein gegessen!“ –

Am Abend begleitet uns Guntar, ein Jungjäger mit Jagdverstand. Er hat eine Lizenz für einen Elchabschuss. Als Biologe ist Guntar in den Naturschutzreservaten für die Paarhufer und Mäusepopulationen zuständig. Während Ugis und ich uns bei halbem Wind an einem Haupt-Elchwechsel anstellen, pirscht Guntar in einem anderen Revierteil. Bei fallender Dämmerung hören wir in unserem Rücken einen Elch über den Schotterweg ziehen. Er stößt auf unsere Herfährte, wird misstrauisch und stiehlt sich lautlos davon. Ein anderer Elch lässt seitlich von uns im Bruchwald ein kurzes Mahnen vernehmen, bleibt aber in Deckung. Immer wieder erstaunlich, wie leise sich dieses schwere Wild bewegen kann.

Hinter uns bellen Jungfüchse. Der nahe Mutterbau in einem Erdhügel wäre Taiga beim Verfolgen eines Marderhundes eines Tages fast zum Verhängnis geworden. Im steinhart gefrorenen Boden der Röhre verkeilte sich die Hündin bis zur Bewegungsunfähigkeit. Ugis kroch hinterher und konnte sie mit spitzen Fingern und letzter Kraft an der Rute herausziehen. –

Zum ersten Mal höre ich das langgezogene, klagende Heulen von Wölfen – Jungtiere, die sich zusammenrufen. Die volle Scheibe des Mondes steht am klaren Nachthimmel, als wir, immer wieder stehen bleibend, den langen Weg zum Auto zurückpirschen, ohne Wild in Anblick zu bekommen.

Gegen Mitternacht erreichen wir das Jagdhaus. Guntar hatte einen vermutlich mittelalten Keiler vor. Nur Widerrist und Federn schauten aus der hohen Krautvegetation heraus, keine Chance für einen sicheren Schuss. Wieder hat die Nacht verdammt kurze Beine; Jäger haben sich so viel zu erzählen. Nach drei Stunden raus aus den Federn, eine heiße Tasse Kaffee, eine Stulle in die Hand, und ab geht's in die Nacht hinaus. Mit dem Mond ist wieder nicht viel Staat zu machen. Der Himmel hat sich stark bezogen, die Hoffnung auf den „Schweinemond" erhält einen Dämpfer. Nur selten kriecht die gelbe Scheibe hinter der dichten Wolkendecke hervor und ergießt in rasendem Lauf flutendes Licht über die Landschaft, das ebenso schnell wieder verglimmt.

Ugis bedeutet uns zu warten und pirscht auf einem Sandweg ein paar hundert Meter voraus, um die Lage an der Feldkante zu sondieren. Unter einem breitkronigen alten Solitär-Apfelbaum erkennt er schemenhaft eine Bache mit den sich von der Roggenstoppel kaum abhebenden hellfarbenen Frischlingen, die genussvoll schmatzend das Fallobst zermahlen. Nur 50 Meter weiter steht die alte Eiche mit dem Baumsitz, der mich aufnehmen soll. Wäre ich nur erst oben, am Waldrand tanzt der Wind hin und her.

Wir trennen uns, jeder strebt seinem Platz zu. Vorsichtig pirsche ich voran, erreiche die Feldkante und trete langsam aus dem Waldschatten heraus. Der schwarze Erdhaufen zur Rechten, nicht mehr als 80 Meter entfernt, wird plötzlich lebendig, bläst vernehmlich und hat mit wenigen Fluchten den schützenden Wald erreicht. Überläufer, vielleicht auch ein zwei- bis dreijähriger Keiler. Keine Chance, noch fehlt das Büchsenlicht. Vernommen hat er mich nicht, eine Prise Wind war ihm Warnung genug. – Nur führende Bachen sind tabu, in der Rotte selbst wird, wie bei uns, vom Schwachen her geschossen. Leichtgewichtige Frischlinge sind durch Feinddruck und strenge Winter naturgemäß am stärksten gefährdet.

Die Bache unter dem Apfelbaum mit ihrem Nachwuchs hat das Blasen des Einzelgängers vermutlich nicht überhört, die Bühne ist leer.

Außerhalb der Reichweite meiner Büchse stehen auf der durchgewachsenen Gerstenstoppel eine Bache mit sechs und eine mit vier Frischlingen im Gebräch. Noch 100 Meter weiter bestätigt mir mein lichtstarkes Zeiss zwei sich bewegende dunkle Klumpen. Es mögen Überläufer sein. An Sauen mangelt es wahrlich nicht.

Bei halbem Wind erreiche ich meine Eiche und hangele mich mühsam hinauf, mit der schweren Brenneke gar nicht so einfach. Vorsichtig entferne ich mit dem Nicker ein paar Zweige, und schon sind Ausblick und Schussfeld deutlich besser geworden. Bei der herrschenden Dunkelheit sind die Sauen noch völlig vertraut, aber unerreichbar, sie denken auch nicht daran, näher zu kommen. Ab und zu geben die Wolken den Mond frei, das Büchsenlicht würde reichen.

Für einen Augenblick kämpfe ich mit dem Schlaf, drücke mich mit Hilfe eines stabilen Astes in eine Ecke hinein, um das Gleichgewicht nicht zu verlieren. Nach kurzem Wegtreten bin ich wieder zurück und glase die Freiflächen ab. An einem dunklen Punkt, der vorher nicht da war und plötzlich lebendig wird, bleiben die Augen hängen. Kein Zweifel, hinten in der Wiese ist ein grober Wutz im Schatten des Steilrandes am Bruchwald beschäftigt. Sollte es etwa ? – Ugis sprach von einem starken Keiler, dessen Handschrift manchmal auf dem Sandweg am Sommerhaus steht. 400 Meter in unwegsamem Gelände mit einer hohen, Lärm verursachenden Trockenkrautschicht bis zum Wiesenrand ermuntern nicht zum Angehen, zumal der halbe Wind mehr als unzuverlässig ist.

Ich bleibe sitzen und hadere mit dem Schicksal. Würde ich doch jetzt in der Doppelbirke am Graben sitzen. Ja wenn, reine Spekulation! „Beim Auswechseln, wer weiß woher, hätte der Basse vielleicht schon Wind von dir bekommen und sich mucksmäuschenstill wieder nach hinten verkrümelt, ohne dir auch nur eine Borste zu zeigen. Nein, sei zufrieden mit diesem Platz. Ugis wusste, wo er dich hinsetzte. Sauen sind ja da in Feld und Wald rundum. Vielleicht wählt eine Rotte den Einwechsel zum Tageseinstand unter deiner Eiche hindurch."

Doch es kommen keine Sauen an der Eiche vorbei. Es wird Tag, ich baume ab und pirsche dem Treffpunkt entgegen. Meine Jagdkameraden erwarten mich schon. Gemeinsam folgen wir dem Weg zum Jagdhaus und bleiben am Rande eines Gerstenstoppelschlages abrupt stehen. Hinter einer Hügelkuppe zeichnen sich die dunklen Rückenlinien zweier Sauen deutlich ab. Im Schatten des Waldrandes pirsche ich allein langsam vor, mehr stehend als gehend. Als ich den höchsten Punkt des ansteigenden Geländes erreiche, steht am jenseitigen Waldrand eine starke Bache mit fünf Frischlingen im Gebräch und mitten auf dem Acker eine geringe Bache mit nur einem, noch gestreiften Frosch. Der gehört vordringlich erlegt. Ich muss noch ein Stück näher heran, setze Fuß vor Fuß, alle Sauen im Blick behaltend. Hebt nur eine sichernd das Haupt, erstarre ich zum Denkmal. Der dunkle Hintergrund des Waldrandes unterstützt mein Tun.

Endlich passt es. Das Mündungsfeuer blendet mich wie immer, aber mit der zurückgekehrten Sicht zeigt sich auch, dass der Acker vor mir wie leergefegt ist. Im nahen Hochwald lässt das Brechen des Astholzes erkennen, wohin die Flucht geht.

Ich leuchte die Stelle des Anschusses ab. Leer, keine Sau, friedliche Stille ringsrum. Für die Untersuchung des Anschusses ist es noch zu dunkel. Überall haben die schwarzen Gesellen gebrochen. Sollte Schweiß ausgetreten sein, ist er mit dem braunen Sandboden zusammengewachsen. Und wie sollte man hellbraune Borsten zwischen Dürrgras und Gerstenstoppel finden.

Ich warte, bis meine beiden Mitjäger zur Stelle sind. Ugis eilt nach Hause, um die Hunde zu holen. Guntar stellt sich jenseits des Waldes vor, in den die Sauen hineinflüchteten. Bald ist Ugis zurück. Die beiden Hunde zugleich am vermeintlichen Anschuss zu schnallen – eine Leine kennen sie kaum – ist wahrscheinlich nicht sehr glücklich. Taiga und Negra schießen wie die Raketen davon, kommen auf die Fluchtfährten der großen Rotte und sind nicht mehr zu halten. Als klassische Stöberhunde jagen sie weit und haben sich dem Einfluss ihres Führers schon entzogen, bevor die Arbeit richtig beginnt. Das war ein Eigentor. Mit der bei uns üblichen Schweißarbeit gibt es hier Nachholbedarf, vor allem fehlen die für Nachsuchen geeigneten und entsprechend abgeführten Hunde, von Ausnahmen abgesehen.

Inzwischen ist es hell genug geworden. Beim Untersuchen des Anschusses finden wir schmutzigbraunen, körnigen Schweiß und nehmen selber die Wundfährte auf. Nach 50 Metern stehen wir am Einwechsel in den Wald vor dem verendeten Keilerchen. Fast unsichtbar hat er sich zwischen Trockengraskaupen in den tiefen Grenzgraben eingeschoben, den er nicht mehr überwinden konnte. Das 16 Gramm KS-Geschoss war tief weidwund eingedrungen und hatte die Leber angerissen. Aufgebrochen wiegt das Kerlchen mal eben fünfzehn Kilogramm. Inzwischen sind auch die Hunde zurück, die nach längerer Abstinenz erst einmal kräftig Dampf ablassen mussten. Wer wollte es ihnen verübeln.

Erster bescheidener Jagderfolg – ein Frischling

40 Kilometer nordöstlich von Laudona trifft man auf den 8000 ha großen Niedermoor-Flachsee Lubans, den größten See Lettlands, der sich in

Ausschnitt des 8000 ha großen Lubans-Sees

einem schleichenden Verlandungsprozess befindet und mit eineinhalb Metern eine Tiefe erreicht , die nur an einigen Stellen mit zwei bis fünf Metern überschritten wird. Soweit möglich, nutzen Berufsfischer den See. Trotz des Fischreichtums ist er durch den starken Gras- und Krautwuchs für Angler wenig attraktiv.

Mittendrin entspringt der Fluss Aiviekste, durchfließt mit seinen Nebenarmen ein buschsavannenartiges Niedermoorgebiet großer Ausdehnung und hat bei Laudona schon eine ansehnliche Breite, bevor er sich nach weiteren 30 Kilometern in den Daugava-Strom ergießt.

Das Niedermoorgebiet am Lubans-See ist ein Eldorado für Schnepfen, Wasserwild, zahlreiche andere Vogelarten und nicht zuletzt für Elche, zumal das Äsungsangebot unerschöpflich ist. An manchen Stellen bauen die Biber ihre Dämme aus Baum- und Strauchmaterial, verschmieren die Zwischenräume mit Wasserpflanzen und Schlamm und schaffen damit in den schmalen Wasserläufen kleine Stauseen oder Tümpel, die den vielen Enten und Gänsen Brut- und Tagesruhestätten bieten – auch eine Art Lebensgemeinschaft.

Im Spätwinter wird dieses Moorgebiet durch Schneeschmelze und Rückstau regelmäßig unter Wasser gesetzt. Aus dem entstandenen riesigen See schauen dann von den Bäumen und Sträuchern oft nur noch die Spitzen hervor. Die Ornithologen befahren diese Fläche, Teil von Ugis' Schreiadler-Forschungsprojekt, um diese Zeit mit ihren Kanus. Nach Abfluss der Wassermassen kann man mit Gummistiefeln wieder alles begehen, muss nur gelegentlich Biberdämme als Jägernotweg nutzen, um Fluss- und Bachläufe zu überwinden.

Für Teile dieses großräumigen Gebietes ist die etwa 10.000 ha große Staatliche Oberförsterei Klani unter Leitung eines Oberförsters zuständig. Sie gehören zum Forstrevier Klani I und werden von Förster Janis bewirtschaftet, der mich zwei Tage in seinem 1.200 ha-Revier auf Elch führen wird, teilweise unter Beteiligung von Ugis und Guntar. Ich treffe auf ausgesprochen gastfreundliche und aufgeschlossene Forstkollegen und spüre, wie gern sie mir zum Erfolg auf einen Bullen verhelfen würden.

Das Elchjagdgebiet im Revier der Oberförsterei Klani

Am späten Nachmittag setzt wieder Dauerregen ein. Trotz geringer Chancen kann er uns nicht von einer vierstündigen Pirsch abhalten. Wir bewegen uns auf endlos langen, schnurgeraden Schneisen in einem unterholzreichen Bruchwald auf Niedermoor, der sich aus langen feinastigen Kiefern, Birken und Erlen zusammensetzt. Die auffallend geraden vollholzigen Bäume schieben sich wie eine Wand an den Schneisenrändern hoch und erfreuen das Herz eines jeden passionierten Försters aus der Sicht der Holzverwertung und Vermarktung. Wildanblick bleibt uns versagt.

Zeitig am nächsten Morgen brechen wir zu vierstündiger Pirsch auf und folgen den mit Bentgras und Sandrohr bewachsenen Schneisen im endlosen Auwald-Niedermoorgebiet zwischen Aiviekste und dem Nebenfluss Zvidze. Nachtschwalben flattern schlaftrunken vor uns hoch, paakend steigen Stock- und Spießenten auf. Wieder wird das Pirschen zwischen den zahlreichen, kegelförmig nach oben gewachsenen Gras- und Seggenbülten zu einem Veitstanz.

Manchmal droht mir die schwere Brennekebüchse von der Schulter zu rutschen. Mechanisch setzt man Fuß vor Fuß, nimmt den starken Verbiss im oft undurchdringlichen Weidengewirr wahr, schöpft neue Hoffnung aus den fast noch warm erscheinenden Betten des Wildes, schüttelt ungläubig den Kopf, dass nicht der Hauch von einem Elch in Anblick kommt. Schweigend gehen und stehen wir, ständig verhörend. Von Zeit zu Zeit klettert Janis bis in die Spitze schlanker Birken hinauf, um die Weite der Buschsavanne aus der Vogelperspektive zu überschauen. Ein kurzes Kopfschütteln ohne Worte – nichts! Dann wieder ahmt er den Brunftruf des Bullen täuschend ähnlich nach und findet doch kein Gehör. Dennoch ist Leben um uns. Flach über unseren Pirschweg jagt ein Habichtsweib pfeilschnell dahin, rätschend vor uns im Zickzack-Flug abstreichende Bekassinen zeigen, in welchem Lebensraum wir uns bewegen.

Schließlich stehen wir am Rande großer Blößen, die mehr Einblick gewähren. Janis stellt Ugis und mich an Hauptwechseln vor und umschlägt in weitem Bogen ein bekannt gutes Einstandsgebiet. Er will versuchen, Wild locker zu machen und in unsere Richtung zu lancieren.

Auf dem Stand bleibt mir Zeit für einige Verbissstudien am Rande der Schneise. Viele der gern auf moorigen Böden wachsenden Weidenarten und deren Kreuzungen sind hier vertreten. Die Aschweide ist häufig, wird aber nur sparsam verbissen. Mandel- und Schwarzweiden sind gut angenommen, Lorbeer- und Purpurweiden dagegen werden wie bei uns von den Rehen vollends verschmäht. Auf höheren Partien mit Mineralbodenanteilen wuchert üppig der stark verbissene Faulbaum. Die nahe zoologische Verwandschaft von Elch und Reh drückt sich sogar in der Beliebtheits-Rangfolge der Verbissgehölze aus, allerdings stets auch abhängig vom verfügbaren Angebot der vorhandenen Arten.

Unverrichteter Dinge taucht Janis nach einer Stunde wieder auf. Parallel zum Hinweg pirschen wir ein paar hundert Meter jenseits unserer Schneise zum Ausgangspunkt zurück. Beim Queren eines Flussarmes nimmt uns ein arg schwankender Biberdamm wie Seiltänzer auf.

Beiläufig erwähnt Ugis, dass er sein Biologiestudium aus den Erträgen vom Biber- und Raubwildfang finanziert habe.

Nach beendeter Morgenpirsch erfahre ich mehr. Das Trappern begann er mit vierzehn Jahren zur Zeit der sowjetischen Herrschaft. In Lettlands berühmtestem Präparator Valdis Rèders, einem der erfolgreichsten Jäger und Fänger im Lande, hatte er einen guten Lehrmeister zur Seite. Im Jahresdurchschnitt fing Ugis zwei Fischotter, 25 Biber, zehn Marderhunde, fünf Baummarder, zehn Minks, acht Iltisse, eine Nutria und einige Bisam. Füchse waren wegen des hohen Zeitaufwandes wenig interessant. Otter wurden mit 120, Biber mit 100, Marderhunde mit 30 und Minks sowie Marder mit 10 Rubel je Balg bezahlt. Verglichen mit dem durchschnittlichen Monatslohn von 130 Rubel für einen Arbeiter macht der doppelt so hohe Jahreserlös aus Bälgen den Stellenwert dieses Einkommens für den jungen Trapper und Studenten deutlich. –

Zurück zur Pirsch, die uns durch ein fruchtbares, höher gelegenes Auwaldgebiet führt. Alle Indizien sprechen für beste Elcheinstände, doch außer dem unangenehmen Gekrabbel der Unmengen von Elchläusen, die in Nase, Augen, Ohren und Mund kriechen, ist nichts gewesen, was zum Erfolg für den Jäger hätte beitragen können.

Bei ruhigem schönen Wetter durchpirschen wir am Abend eine Buschsavanne nördlich des Lubans-Sees und folgen einer breiten weidengesäumten Schneise, die sich in der Unendlichkeit zu verlieren scheint. An größeren Lichtungen und Blößen wird einige Male eine halbe Stunde vorgepasst. Einmal vernehmen wir auf etwa 150 Meter deutlich den wiederholten Ruf eines Elchbullen. Janis antwortet ihm und traktiert Bäume und Sträucher mit seinem Pirschstock. Doch der Elch reagiert nicht, wahrscheinlich steht er bei einer brunftigen Kuh.

Ein Stück weiter des Weges zieht schweres Wild bis an den Rand unserer Schneise. Vorsichtig entsichere ich meine Waffe, wage kaum zu atmen. Nichts geschieht, Stille umfängt uns, als hätten wir das Geschehen nur im Traum wahrgenommen. War es das leise Klicken des Sicherungshebels meiner Büchse, oder war es eine Mütze voll Wind? Was nur mag uns diesmal wieder verraten haben?

Wenig später höre ich aus sicherer Deckung Sauen blasen. Einige Male zieht schaukelnd der Vogel mit dem langen Gesicht vorüber. Das Wild meiner Sehnsucht hält sich verborgen. Der Mond meint es gut mit uns, doch der Schein trügt. Schon bald ziehen wieder dicke Wolken auf und lassen Böses ahnen. Im Schwarzdunkel der Nacht erreichen wir den Sammelplatz. Unser Oberförster, der einen anderen Teil abpirschte, erwartet uns schon. Er erfreute sich des Anblicks vieler Enten. Elche wollten auch von ihm nichts wissen.

Nach drei Stunden Schlaf kennt der Wecker keinen Pardon. Draußen schüttet es vom Himmel. Liegenbleiben, flüstert der innere Schweinehund, dem meine beiden Nimrode fast erliegen. „Ugis, im Bett können wir keine Elche schießen, und um vier Uhr erwartet uns Janis“, lache ich ihn an. „Wohl wahr, Erriech“, gibt er gähnend zurück und springt aus den Federn. Der heiße Kaffee weckt die müden Geister, und auf geht's zum Forsthaus von Janis, zwanzig Kilometer entfernt.

Die Pirsch trete ich mit dem Kollegen allein an. Die beiden jungen Leute pennen im Lada weiter. Ihr Morgenanblick, wie sie später berichten: ein starker Fuchs und ein zur Weide einfallender Birkhahn. Wie gut, dass sie nicht mitkommen, selbst bei zwei pirschenden Jägern ist noch einer zuviel.

Der Regen beginnt zu versiegen, hört schließlich ganz auf und weicht schon bald einem strahlenden Morgen. Wieder folgen wir der Endlosschneise des Vorabends, Janis drei Schritte unhörbar hinter mir. Noch im Dunkeln begann weit vor uns ein Birkhahn anhaltend zu kullern. Die Herbstbalz aus dem Ostenholzer Moor kommt mir wieder in den Sinn. Alle 200 Meter verhören wir fünf Minuten. Janis versucht es ab und zu mit dem Nachahmen des Brunftrufs, doch kein Bulle erhört ihn.

Stunde um Stunde schieben wir uns am Saum der Weiden entlang, tasten mit den Gläsern die Ränder von Lichtungen ab, queren Wassergräben auf schwankenden Stämmen, werden von zudringlichen Elchläusen gequält, schöpfen angesichts frischer Lagerstellen, großer und kleiner, noch junger Fährten im von Sauen umgepflügten Moorboden neue Hoffnung und jagen doch nur unsichtbaren Phantomen nach. Der Anblick einer starken, noch sommerroten Ricke mit ihrem herbstgrauen Bockkitz schließt den Kreis dieser Morgenpirsch. –

Abschied – armer Janis, wie gern hättest du deinen Gast aus Deutschland zum Erfolg geführt., ihm in deiner selbstlosen, bescheidenen Art eine Freude gemacht. Unwillkürlich stellt man sich die Frage nach Alternativen. Die Jagd hinter dem Elchhund verbietet der Lebensraum. Kein Jäger könnte hier dem stellenden Hund folgen, ohne zwischendurch ein Vollbad zu nehmen. Drückjagden ab Oktober sind in Teilbereichen auch hier möglich, setzen wegen der Unberechenbarkeit der Elche für den einzelnen Teilnehmer immer eine gute Portion Glück voraus. Ich kenne Jäger, die zehn Jahre lang alljährlich nach Schweden zur Elchjagd fuhren, ohne zum Erfolg zu kommen, teilweise nicht einmal Anblick hatten.

Ich darf einen Blick in die Forsthäuser von Janis und Arvids, Leiter des Reviers Klanis II, werfen. Nicht ohne Stolz zeigen mir die Kollegen ihre Erinnerungsstücke. Auch sie sind Trophäenjäger wie die meisten von uns. Schöne Bälge von Wolf und Luchs, sauber präparierte Auer- und Birkhähne, einige gute Elchschaufler und knüppeldicke Stangenelche bis zum „Vierzehn-Zacker" hin, daneben zahlreiche hell- und dunkelfarbene Rehkronen in der auch bei uns üblichen Formenvielfalt zieren die Wände. Die Gehörngewichtsobergrenze von 350 Gramm wird seltsamerweise kaum überschritten. –

Am Abend sitze ich am Rande von Teici bis 23 Uhr in der dicken Eiche an. Bei wechselnden Lichtverhältnissen bleibe ich auch diesmal ohne Anblick. Guntar hatte neben der Eicheninsel einen Pirschgang gemacht und musste, für seine mit dem Brenneke-Flintenlaufgeschoss geladene Flinte unerreichbar, einen groben Keiler passieren lassen, dessen Rückenlinie das hohe Steppengras noch um zwanzig Zentimeter überragte.

Am nächsten Morgen regnet es wieder einmal. Ich suche meine Eiche auf und bleibe mit dem schützenden Stamm im Rücken auf meinem Jagdstock sitzen. Die zum provisorischen Sitz in der Krone führenden Leitern sind mir zu glatt und zu rutschig, ich will mir nicht den Hals brechen. Von Wald umgeben, können die Sauen hier von allen Seiten kommen. Im günstigsten Fall habe ich halben Wind, brauche aber das nötige Glück dafür.

Es kommt, wie es kommen musste. Schon bald überfällt mich, unbekümmert und lärmend heranstürmend, eine Rotte Halbstarker, die vor dem Einwechsel zum Tageseinstand noch rasch einige vom Winde verwehte Eicheln mitnehmen wollen. Es sind acht Überläufer. Bei halbem Wind wuseln sie behaglich grunzend ganze zehn bis fünfzehn Meter vor mir herum. Verzweifelt versuche ich, einen der Burschen ins sechsfache Hensoldt zu bekommen. Zu dunkel, es gelingt nicht. Einer der Kadetten schert in Richtung des bereits erwähnten Apfelbaumes aus. Genau dahin weht der Wind meinen penetranten Körpergeruch. Zweimal bläst er kurz, aber vernehmlich, und unglaublich schnell ist die Bühne leer. Das war's an diesem Morgen.

Für den Abend ist eine Stehpirsch mit Ugis auf der Eicheninsel angesagt. Weit vor dem eigentlichen Pirschgebiet lassen wir das Auto stehen und wandern durch einen Bruchwald, der nur hin und wieder etwas Einblick gewährt, der „Insel“ entgegen. In der Zeit um die Uhlenflucht verharren wir lange am sich öffnenden Westrand und verhören. Der Abend ist kühl und klar. Ein Stück weit südwestwärts unseres Standplatzes melden in kurzen Intervallen mit sehnsuchtsvoll klagendem Geheul Wölfe. Am Nordrand balzt ein liebestoller Birkhahn, der sich in der Jahres- und Tageszeit geirrt hat, bis tief in die Nacht hinein.

Während des Weiterpirschens bleiben wir häufig stehen und erreichen schließlich den Ostrand der Insel. Klatschend steht neben uns eine Waldschnepfe auf, und der erste, westwärts strebende Flug Saatgänse aus östlichen Brutgebieten der Tundra rauscht mit nimmermüdem, auf- und abschwellendem Ruf über uns hinweg – Musik in den Ohren des Wasserwildjägers aus Holstein. Unweit vor uns zieht unüberhörbar Wild im Hochwald vorüber, ohne die Deckung aufzugeben. Beeindruckt von der großartigen Vielfalt der Abendstimmung und doch mit einem Anflug von Enttäuschung streben wir dem Nachtquartier im „Auerhahn“ zu.

„Nur der Jäger unverdrossen ... – “ Nach kurzer Nacht und stärkendem Frühstück mit heißem Kaffee zieht es mich einmal mehr zum Eichensitz. Durch den weiten Rundumblick auf seine langen Waldränder verheißt er noch am ehesten Erfolg. Der Kampf gegen den seit Tagen fehlenden erholsamen Schlaf lässt sich nicht leugnen. Der Ruf eines Elchbullen unweit meines Sitzes holt mich aus der Lethargie zurück. Ich bin hellwach. Kaum mehr als 200 Meter entfernt steht er im Hochwald des Nachbarreviers nur wenige Meter jenseits des Grenzweges und lässt ein zweites Mal seinen gurgelndrülpsenden Brunftschrei ertönen. Der Hirsch denkt nicht daran, die sichere Deckung preiszugeben und über die Grenze zu wechseln.

Fast unmerklich ist Nebel aufgestiegen, der die Konturen der Landschaft mit einem Schleier umhüllt. Der Morgen graut, ich baume ab. Ist es eine Eingebung, ist es Neugier, die mich zum Grenzweg treibt? Eine magische Kraft zieht mich jedenfalls zu der Stelle, von der der Bulle meldete. Ein Anblick bleibt aus, und der Elch verschweigt. Einige hundert Meter folge ich dem Grenzweg, horche in die Waldfinsternis hinein und kehre resignierend um. Doch was ist das? Bis zum Klick bedarf es einer Schaltsekunde im Kopf. Aus dem lichter gewordenen Nebel taucht feldseitig ein Elchtier wie ein Geist auf, gefolgt von zwei Kälbern. Eilig will es das freie Feld überwinden, verlässt das Stoppelfeld, findet im abfallenden Hang einer hohen Gras-, Distel- und Beifußsteppe des Ödlandstreifens schon erste Deckung, aus der die Kälber nur noch zur Hälfte herausschauen. Leichter Westwind trägt der Mutter meine Wittrung zu und macht sie nur noch schneller, unbeirrt Kurs haltend. Kälber sind noch frei, geht es mir durch den Kopf.

Dann geht alles sehr schnell. Büchse von der Schulter, das Hensoldt-Diavari auf 1,5-fach gestellt, auf das hintere Kalb mitgefahren, und raus ist die Kugel. Kein Zeichnen, das beschossene Kalb folgt dem Duo, als sei nichts geschehen. Sofort habe ich repetiert, bin mir aber sicher, dass es eines zweiten Schusses nicht bedarf. Nach 30 Metern wird das Kalb langsamer, verliert den Anschluss, beschreibt nach links ausscherend eine kurze Todeskurve, torkelt und fällt in die hohe Krautdeckung hinein.

Nach einer kurzen Pause suche ich den Anschuss in der Gewissheit auf, das Kalb im nahen Umfeld verendet zu finden. Auf Anhieb finde ich den Anschuss in der graubraunen Monotonie der Steppenflora. Hellrotblasiger und dunkelgefärbter Schweiß bestätigen die Richtigkeit meiner Einschätzung.

Ein Kalb liegt – das zweite bleibt unbeschossen (Foto: U. Bergmanis)

Und doch wird alles noch einen Augenblick spannender als erwartet. Nach wenigen Metern hört die anfängliche Schweißbahn auf. Ich suche und suche im hohen Kraut, beschreibe Bogen um Bogen, gehe fischgrätenartig hin und her und finde das Kalb nicht. Dabei bin ich mir sicher, dass es nimmermehr aufgestanden ist.

Auf dem Grenzweg tuckern Guntar und Gundars, ein weiterer Ornithologe des Instituts, in ihrem Lada heran. Sie haben im Wagen übernachtet und ohne Erfolg auf Elch gepirscht. Im letzten Moment erkennen sie mein Winkzeichen und kommen herüber.

Nach kurzem erfolglosen Suchen wird Ugis per Funk zur Hilfe gerufen. Wenig später ist er mit den Hunden zur Stelle. Die junge Negra bleibt im

Der Autor mit den Elch-Hunden am gestreckten Kalb

Wagen. Taiga nimmt am Anschuss die Schweißfährte auf, bögelt sich ein und folgt zielstrebig. Gleich darauf stehen wir am verendeten Hirschkalb.

Mir war nicht bewusst geworden, dass das Alttier nach dem Schuss die Fluchtrichtung um etwa 45 Grad verändert hatte, um die schützende Deckung im Waldsaum so schnell wie möglich zu erreichen. Ich ordnete den Fluchtweg des Kalbes falsch ein und suchte im unübersichtlichen Gelände nicht weit genug zurück. Das KS-Geschoss war hinter der sechsten Rippe eingedrungen, hatte den Thorax fast ohne Knochenkontakt durchschlagen und gleichwohl Lunge und Leber, durch Splitterabgabe auch noch das Herz, erfasst. Feist und Gewebe verstopften den Schusskanal, so dass schon nach wenigen Fluchten kein Schweiß mehr austrat.

Die Freude ist groß. Nach deutschem Brauch überreicht mir Ugis am Jagdhaus den Erlegerbruch, und wir lassen uns den Brandy schmecken. Das Kalb wird gewogen, vermessen, zerwirkt und fachgerecht in vier Portionen für die Beteiligten aufgeteilt, wie es in Lettland üblich ist. Endlich findet sich wieder einmal Zeit für ein paar Stunden wohlverdienten Schlafs. –

Ein letztes Mal winkt am Abend die landschaftlich so faszinierende, geheimnisvoll anmutende „Insel", deren Geschichte mit ihren Menschen einer fast schon vergessenen Vergangenheit angehört. Wieder ist sie nicht bereit, die Schleusen der im Umfeld liegenden Wildkammern mit den guten Wildeinständen zu öffnen. Wir sehen nichts.

Am nächsten Morgen habe ich die Wahl der Qual zwischen Eichen- und Grabensitz. Eingedenk des kürzlich pardonierten Urians und der größeren Chance auf Elch entscheide ich mich für die Dreierbirkengruppe am Graben. Ugis bezieht den Sitz in der Eiche.

Der Vorfluter hat es ihnen angetan, denn neben mir fallen alsbald fünfzehn Stockenten ein, führen sich die Kanadische Wasserpest zu Gemüte und vertreiben mir die Zeit. Bei ihrem Anblick bleibt es.

Ugis wird Opfer seiner unzulänglichen Ausrüstung. Auf etwa 80 Meter wechselt vertraut ein starker Keiler an der Eiche vorbei. Für das alte Zielvisier auf seiner Büchse reicht das Licht nicht aus. Verzweifelt versucht er, den Bassen ins Zielglas zu bringen, vergebens. Als dieser in seine Windschleuse kommt, wird er sehr schnell und taucht in den Waldmantel ein. Vorbei die Chance, die für ihn keine wirkliche war. Ich hatte im Verlauf des Morgens öfter Grasbülten und Maulwurfshaufen anvisiert, um im Falle der Fälle gerüstet zu sein. Kein Problem, mein Hensoldt hätte es gerichtet. Schade, die Gunst Dianas ist unergründlich. Alte Keiler haben eben doch ihren Schutzengel im Gepäck. –

Heute ist Sonntag. Wir fahren nach Laudona. Ich bestehe darauf, den Abendansitz zu streichen. Gunta hat es wahrlich verdient, dass wir diesen Abend mit ihr verbringen. Zum Nachteil der Familie opfert Ugis einen erheblichen Teil seines Urlaubs für mich. Das ist mehr, als großzügige Gastfreundschaft gebietet.

Ein Kleinunternehmer hat die Kartoffelreihen auf dem Acker der Bergmanis' aufgepflügt. Die fleißige Gunta, in der Woche berufstätig in einer Apotheke, sammelte schon gestern mit ihren drei Sprösslingen die gelben Erdäpfel. Sie ist heute mit den beiden Jungs wieder dabei, um das gute Wetter zu nutzen, zumal obenauf liegende Kartoffeln von der Sonneneinstrahlung schnell entwertet werden. Ugis fährt sofort zum Acker, nicht ohne darauf zu bestehen, dass ich zuerst einmal mein Schlafdefizit auszugleichen habe.

Zwei Stunden später wandere ich zum Acker. Gemeinsam sammeln wir bis in den späten Nachmittag, endlich ist die letzte Kartoffel aufgenommen.

Am Abend verwöhnt Gunta uns mit geschmorten Wildschweinrippchen, Röstkartoffeln, Tomatensalat und weiteren Leckereien. Mit sanfter Unterstützung geistiger Getränke sind wir bald im richtigen Fahrwasser und genießen einen harmonisch-vergnügten Abend. „Ich bin eine Germanin, Erriech", sagt die sympathische blonde, blauäugige Förstertochter, wobei ein strahlendes Lächeln über ihr Gesicht huscht. Dieses Bekenntnis kommt mir später noch öfter in den Sinn. „Wer weiß, Gunta, wo deine Urahnen ihre Wurzeln hatten. Ich habe keinen Zweifel an deiner Aussage. Und schaut man deine Kinder an, wird einem schnell bewusst, wie üppig du deine Gene weitergegeben hast", entgegne ich lachend. –

Meine Gastgeberfamilie

Im Banne unserer guten Stimmung haben wir die in dieser Nacht fällige Zeitumstellung verschwitzt und fahren bereits um 2.00 Uhr wieder ins Revier hinaus. Der richtig gepolte Guntar klopft um 3.00 Uhr vergebens an die Tür und schlieft leicht frustriert wieder unter die Bettdecke. Für mich heißt es Abschied nehmen von Teici. Ein letztes Mal klettere ich in die erinnerungsträchtige Eiche.

Ugis besteigt die Leiter am Acker, wo ich den Frischling schoss. Alsbald stehen zwei Bachen mit Frischlingen im langen Schatten des Hochwaldes vor ihm im Gebräch, etwas abseits von ihnen ein Überläufer. Es gelingt ihm nicht, den Halbwüchsigen ins Zielglas zu bekommen. Bald wird den misstrauischen Schwarzkitteln das nicht enden wollende Geschimpfe zweier Habichtskäuze zuviel, sie wechseln ein.

Ich habe das Glück nicht gerade gepachtet. Im weiten Rund taucht nicht einmal der Schatten eines Stückes Wild auf. Vielleicht habe ich die falsche Wittrung in der Tasche. Der sich langsam verabschiedende Mond als Hoffnungsträger und Wegbegleiter verweigerte mir die meiste Zeit meines Hierseins die notwendige Unterstützung, und Petrus ließ es zu oft regnen. Ich bin nicht unzufrieden, habe viel gesehen und erlebt. Chancen werden nicht aus einem unversiegbaren Füllhorn verstreut.

*

Der Sildu-See ist unser Ziel. Ein Kanu wird auf das Dach des Lada geschnallt, Angelzubehör verstaut, und ab geht die Fahrt. Nicht übermäßig schnell tuckern wir über die Schotterstraße dahin. Plötzlich klinkt der Haltegurt aus. Der Schwerkraft folgend, schießt das Kanu über das Autodach hinaus, rutscht über die Kühlerhaube ab und liegt unversehens quer vor dem Wagen auf der Fahrbahn. Wie gut, dass hier auf dem flachen Land Verkehrsnotstand herrscht. Neben den vielen vorhandenen Blessuren ist der Lada um ein paar Beulen und Schrammen reicher geworden, das tut der Liebe zu ihm keinen Abbruch. Unbeschadet erreichen wir unser Ziel.

Auf zum Hechtangeln auf dem Sildu-Moorsee

Moorbiotope sind für einen Naturfreund besonders attraktiv. In ihrer herben Schönheit bergen sie vielfältiges Leben. Der zwölf ha große Sildu-See, ein flaches Niedermoorgewässer mit einer Wassertiefe von selten mehr als ein bis zwei Metern, ist in einen solchen Lebensraum eingebettet. Roterlen in Mischung mit Birken und Baumweiden, die auf eine üppige Unterholzstufe von Strauchweiden und Wasserschneeball herabschauen, säumen die eine Seite der Uferregion. Jenseits des Gewässers ragen Birkengruppen über Seggen- und Rohrglanzgraskolonien hinaus, die bei wechselnden Wasserständen permanent um das Überleben kämpfen. Manche von ihnen verlieren diesen Kampf und stehen zum Segen von Spechten, Kleibern und Baumläufern als Totholz in der Landschaft. Von Rohr und Ried durchwachsene Aschweidengruppen schieben sich in Nischen hinein, Wohnraum für Rohrsänger, Anwarte für Rohrweihe und Kuckuck. Libellen, Käfer und allerlei Fliegen finden gute Lebensbedingungen, und viele Zuckmückenlarven enden genauso wie die ins Wasser fallenden stahlblauen Erlenblattkäfer im Schlund der zahlreichen Fische. Vom aufsteigenden Gelände jenseits des Sees grüßt die Silhouette des sich dunkel abhebenden Hochwaldes herüber.

Gegen Mittag setzen wir das Boot zu Wasser. Wenigstens einmal sollen Spinnrute und Schleppangel für ein paar Stunden die Repetierbüchse ersetzen. Auch die Jagd auf Schuppenwild ist nicht zu verachten. Meine Liebe gehört der Raubfischangelei. Ich bin mir nicht so sicher, ob mir der erfolgreiche Drill des 10,5 kg-Hechtes im letzten Sommer nicht mindestens so viel bedeutet wie die Erlegung eines starken Bocks, die eher erreichbar ist.

Am Anfang schaukelt das Kanu ein wenig hin und her, bis man es ausbalanciert hat. Das braune Wasser des Moorsees ist mit dem Auge nicht zu durchdringen. Was sich darin tummelt, bleibt für den Betrachter ein Geheimnis und erhöht seine Neugier. Hart am Rande der Teichrosenbank taucht mein mit der Spinnrute geworfener Wobbler ein und hinterlässt einen größer werdenden Kreis auf dem Wasserspiegel. Langsam holt die Rolle Schnur ein, während der Wobbler einen halben Meter unter der Oberfläche im Zickzack-Kurs hinterher läuft. Schon nach dem zweiten Wurf geht ein kurzer Ruck durch die Rute, die einen Halbmondbogen zum Wasser beschreibt, doch der Widerstand ist gering. Ich lande einen untermaßigen Grashecht, der sich zurückgesetzt seiner wiedergewonnen Freiheit erfreut.

Ugis fischt mit 10 Gramm-Efzetblinkern. Zu schwere Kunstköder sinken in dem Flachsee zu schnell auf Grund und bleiben wirkungslos. Wenig später fange ich einen Halbpfünder Barsch, dann ist nach einem Fehlbiss bei mir Sendepause. Nach zweistündiger Abstinenz fängt Ugis nacheinander drei kleine Hechte, denen die Freiheit zurückgegeben wird. Es geht ihm noch ein größerer Barsch an den Haken sowie ein 100 Gramm-Fisch, der mit der barscheigenen Gefräßigkeit den Drilling tief geschluckt hat. Als toten Köderfisch hänge ich ihn an die Schleppangel, doch auch damit ist kein Räuber mehr zu betören. Die größeren Hechte haben heute offenbar keinen Hunger, oder sie hatten ihre Beißzeit schon hinter sich, als wir ankamen.

*

Zu Besuch im Kurland

Der Abschied von der gastfreien, selbstlosen Gunta und Klein-Ilze ist kurz, aber herzlich. Ansis und Janis nutzen ihre Herbstferien, um mit uns zu den Verwandten ins Kurland zu fahren. Am 28. September um 5.30 Uhr starten wir von Laudona, damit uns auf der 400 km-Fahrt noch Zeit für einen Stadtbummel in Riga bleibt. Die alte Hansestadt mit fast einer Million Einwohnern beeindruckt mich durch viele schöne historische Bauwerke. Abseits der Hauptstraßen und auf den Hinterhöfen ist der Verfall groß. Die Auslagen in den Geschäften sind Indiz für die chronische Geldnot. Wir suchen sechs Jagd- und Angelgerätegeschäfte auf, die neben einigen Vorzeigewaffen selbst einfaches Zubehör vermissen lassen. Die Zeit wird für sie arbeiten.

Interessant ist für mich ein Kurzbesuch in der biologischen Fakultät der Universität Riga wie auch die Besichtigung der Arbeitsräume des schon erwähnten Präparators Valdis Rèders, die mit einer Fülle starker Trophäen und lebensnah präparierter Dermoplastiken aufwarten.

Auf unserer Weiterfahrt nach Westen treffen wir hinter Riga auf waldreiche Landschaften wie auch auf offene, landwirtschaftlich geprägte Gebiete, deren Relief in gemischten Strukturen durchaus dem Östlichen Hügelland bei uns in Schleswig-Holstein entspricht. Wir lassen die größeren Orte Tukums, Kandava und Kuldiga hinter uns, bevor wir das Dorf Alsunga im westli-

Waldbilder wie bei uns im Herzogtum Lauenburg

chen Kurland, unweit der Ostseeküste erreichen. Die Landschaft erinnert mich tatsächlich stark an Teile Ostholsteins und des südöstlichen Herzogtums Lauenburg. Damit erhält der bei uns übliche Begriff „Baltischer Höhenrücken“ seinen realen Sinn.

Unweit des Dorfes kaufte Ugis' Bruder Valdis aus der „Konkursmasse der baltischen Sowjetrepublik Lettland“ ein einsam gelegenes Jagdhaus, umgeben von Wacholder unterstandenem Kiefernwald auf der einen und offener Wiesenlandschaft auf der anderen Seite. Es ist ähnlichen Zuschnitts und gleicher ehemaliger Zweckbestimmung wie Ugis' Jagdhaus „Auerhahn“. Die Brüder hatten Mut zum Risiko und bewiesen Cleverness. Hier wohnen Valdis mit seiner Frau Ligita und ihren beiden Töchtern. Vor der Tür liegen zwei Laiki für die Jagd und ein Deutscher Schäferhund, der das Grundstück von unerwünschtem Gesindel freihalten soll. Ein großzügiges Nebengebäude, eine Sauna, eine Reihe von Bienenstöcken und ein Mitsubishi Pajero vor der Tür runden das Bild ab.

Die Begrüßung ist freundlich, unverkrampft und natürlich, wie es der Mentalität selbstbewusster baltischer Menschen entspricht. Während Ligita zum Essen anrichtet, zeigt Valdis mir nicht ohne Stolz das Innenleben ihres Wohnhauses. Es ist geräumig, schlicht und geschmackvoll eingerichtet. Birkenparkett, Wandtäfelungen und Einbauschränke aus erlesenem Holz im Obergeschoss verraten den Hausherrn als „Holzwurm“. Sauber präparierte Wolfs- und Luchsbälge zieren die Wände und Treppengeländer genauso wie ein gutes halbes Dutzend Hirschgeweihe von zwölf bis sechzehn Enden, dunkelfarben und starkstangig in der Art, wie sie auch in Holstein gewachsen sein könnten. Schade, dass ihre Träger kaum älter waren als sechs bis acht Jahre. Nur in der Diele im Erdgeschoss hängt das Kapitalgeweih eines reifen Hirsches von 10,2 Kilo mit 220 Internationalen Punkten. Der ungerade 16-Ender hat eine Stangenlänge von 116 Zentimetern. Zweifellos ist die genetische Veranlagung des hiesigen Rotwildes gut.

Wie sein Bruder, kaufte auch Valdis ein Jagdhaus mit Nebengebäuden aus der Konkursmasse

Einem opulenten Mahl folgen ein paar unvermeidliche Brandys und lockern die Zungen. Bald finden sich die Jäger im Fahrwasser von Jagd, Waffen und Ballistik wieder. Ich stelle fest, dass die beiden Brüder sich im Inhalt von Frankonia- und Kettner-Katalogen weit besser auskennen als ich. Darin drückt sich fraglos ihre Sehnsucht aus. Ihr Hunger nach Information ist groß. Fast hätten wir uns festgeklönt; der Abendansitz wartet.

Die Dämmerung fällt, als Valdis mich zu einer der wenigen Ansitzleitern bringt. Sie steht am Rande eines Gerstenstoppelschlages, umgeben von Kiefern-Birken-Heide. Ich darf einen Rothirsch gleich welcher Stärke und welchen Alters schießen, Sauen, Wolf und Luchs habe ich ebenfalls frei. Elche gibt es hier fast nicht; sie sind ganzjährig geschont.

Die Chance, heute Wild in Anblick zu bekommen, ist gering. Von der Ostsee weht ein scharfer Wind in Stärke sieben herüber, der den aufkommenden Regen vorerst mühsam zurückhalten kann. Weshalb sollte Wild, von Sauen abgesehen, bei diesem unfreundlichen Wetter auf eine Freifläche hinausziehen. Äsung gibt es im Windschatten des nach Kahlschlag angekommenen Sekundärwaldes die Fülle. Aus einem nahen Fichtenhochwald meldet zweimal kurz aufeinander ein Hirsch. Hoffnungsschimmer, schon bald verdichten sich indes die dunklen Wolkenbänke, das Licht zum Ansprechen schwindet. Ich träume noch ein wenig von Sauen. Sie würden auf der kontraststarken hellen Stoppel noch einen Schuss erlauben. Es bleibt ein Wunschtraum, ein heftiger Regenschauer taucht alles in ein undurchdringliches Dunkel. Ich baume ab und wandere zum Treff. Valdis kennt den meldenden Hirsch, hält ihn für sechsjährig. Der Hirsch steht mit vier Stück Kahlwild auf dem nahen Brunftplatz.

Der Abend ist mit Diskussionen über Wald, Wild, Jagd und Hunde ausgefüllt. Die Verständigung ist prob-

Die beiden Brüder Valdis, der studierte Förster, und Ugis, der Biologe, beide passionierte, erfolgreiche Jäger

lemlos. Der 35-jährige Valdis hat seit siebzehn Jahren kein Deutsch mehr gesprochen und ist erstaunlich schnell wieder drauf. Die Brüder hatten in ihrer Schulzeit in Liepaja (Liebau), wo der Vater als Chirurg am Hospital arbeitete, eine deutsche Hauslehrerin. Valdis hat zehn Semester Forstwirtschaft studiert und war acht Jahre Leiter einer Oberförsterei, bevor er wegen des geringen Einkommens den Staatsdienst quittierte. Als technischer Abteilungsleiter trat er mit ungleich höherem Verdienst in eine finnisch-lettische Holzverwertungs- und Handelsgesellschaft ein und kontrolliert heute Einschlag, Transport und Vermarktung des Holzes aus einem Nutzungsgebiet von 25.000 ha fast ausschließlich staatlicher Waldungen. Die lettische Forstverwaltung arbeitet kein Holz in Eigenregie auf, dagegen finden Wildbewirtschaftung und Jagd im Allgemeinen in eigener Zuständigkeit statt. Nur in 5 bis 10 % der fiskalischen Reviere werden derzeit Abschüsse an Jagdtouristen vergeben.

Valdis konnte sich die jagdliche Nutzung eines zu 90 % aus Staatswald bestehenden 7.000 ha-Reviers mit weiteren neun Jägern lizenzieren lassen. Die Pachtentschädigung besteht in der Bezahlung der Lizenzgebühren für das vom Forstamt freigegebene Schalenwild. Es ist praktisch nicht mehr als ein Entgelt für die Überlassung von Wildpret und Trophäe. Bei einem Aufwand von etwa 20 DM für einen Rothirsch und 10 DM für ein Stück Kahlwild kann man nicht einmal von einer Aufwandsentschädigung sprechen.

Das war im Herbst 1994 so. Inzwischen ist diese Art der Abwicklung Vergangenheit.

Auf den 7.000 ha wurden nur drei Hirsche und vier Stück Kahlwild freigegeben, bei einem geschätzten Gesamtbestand von 40 bis 50 Stück Rotwild weniger als ein Stück Wild auf 100 ha. Die Wilddichte ist wegen fehlender Nachhaltigkeit in Hege und Bejagung, weit verbreiteter Wilderei, Raubwilddruck und strenger Winter eher mit „Wilddünne“ zu umschreiben.

Nicht immer wird selbst dieser geringe Abschuss erfüllt. Manche der Jäger sind unzureichend ausgebildet und noch schlechter ausgerüstet. Nur 2 % von ihnen besitzen weittragende Waffen westlicher Normen, 98 % der Jäger jagen mit Flintenlaufgeschossen aus Doppelflinten und sind froh, wenn sie überhaupt ihr freigegebenes Stück Wild bekommen. Auf den Treibjagden fällt häufig zuerst das Leittier.

Nur Valdis und sein Jagdfreund, ebenfalls ein Forstmann, sind in ihrem Team mit einer Fernrohrbüchse ausgerüstet. Beide bemühen sich neuerdings immer mehr um die Schonung der jüngeren Hirsche und werben für eine mehrjährige Sperre des Kahlwildabschusses in der Hoffnung auf eine Bestandesstützung und Verbesserung des Sozialgefüges. Das Geschlechterverhältnis von 1,2 : 1 ist vornehmlich eine Folge des höheren Eingriffs von Wolf und Luchs sowie höherer Winterverluste im Kahlwildbestand. –

„Bleibt ruhig liegen, es regnet in Strömen", dringt Valdis Stimme am nächsten Morgen wie aus weiter Ferne an unser Ohr. Eine Stunde später hält uns nichts mehr im Bett, und Valdis resümiert: „Du kannst nicht finden Hirsch und Sau im Bett", Errich." Der Morgen dämmert, als wir abfahren. Noch immer fällt schwerer Regen. Ugis erhält einen Ansitzplatz an einem guten Schwarzwildwechsel. Beiderseits eines breiten Weges liegen Kahlschläge, bewachsen mit meterhoher Schlagflora.

Ugis lädt seinen Bruder alljährlich zur Elchjagd nach Teici ein. Dafür darf er bei Valdis gelegentlich auf den begehrteren Rothirsch waidwerken. In diesem Jahr verzichten beide zu meinen Gunsten. Der Verzicht falle ihnen nicht schwer, ihr kurzer Kommentar. Doch der Erfolg lässt sich nicht programmieren.

Wir fahren noch zwei Kilometer und pirschen dann einen langen Waldweg durch bis zur nächsten Feldkante. Hier liegt ein Weizenschlag, der regelmäßig von Rotwild und Sauen aufgesucht wird. Der Dauerregen verhinderte nach dem Abreifen den Mähdrusch. Valdis beobachtete hier gleichzeitig vier im Gebräch stehende Bachen mit ihrem Nachwuchs, einzeln gehende starke Keiler seien keine Ausnahmen, bemerkt er. Heute ist die Fläche jedoch trotz des sprichwörtlichen Sauwetters leer.

Im Kurland wechseln Wälder und Felder

Zurück zum Wagen. Wir fahren ein Stück und pirschen dann einen rechtwinklig abbiegenden Waldweg entlang, der beidseits von dichtem Buschwerk aus Ohrweide und Faulbaum gesäumt ist. Nach 10 Minuten erreichen wir eine versteckte, von Wald umgebene, etwa zwei ha große Wiese, die im Spätsommer gemäht wurde. Sie schmückt sich mit einer üppigen, 20 Zentimeter hohen Gras-Kraut-Flora und muss ein wahrer Magnet für Schalenwild sein.

Die Symbiose von guter Äsung, Rundum-Tagesdeckung und Ruhe ist das Beste, was ich an Lebensraum für Schalenwild bisher auf meiner Jagdwanderung in Lettland antraf. Der sechs bis zehn Meter hohe Aufwuchs aus Birke, Aspe und Weide mit dichtem Unterholz auf der einen, Kusselkiefer-Heide-Gelände mit einzelnen Vogelbeeren, Faulbaum und Machandel auf der anderen Seite und einem locker stehenden Fichtenhochwald mit viel Unterstand jenseits des Herweges bietet dem Wild bei Tag und Nacht alles, was sein Herz begehrt.

Längst ist die Nacht dem Tage gewichen. Wenn hier über Nacht Wild stand, hat es inzwischen die Tagesdeckung aufgesucht. Von Rand zu Rand zeichnen sich die Wechsel im herunter getretenen Gras ab, frische und ältere Lagerstellen sind Indiz für die Nutzung durch Rotwild. Zweimal verspringt die Wiese im rechten Winkel um Waldzungen herum und bildet etwa die Form eines Z. Ein einfacher Leitersitz im stillen Winkel, der ständigen Einblick in zwei der dreigeteilten Wiesenflächen bieten würde, könnte dieses jagdliche Kleinod erheblich aufwerten, zumal man ungünstigenfalls für eine der Teilflächen immer noch halben Wind hätte.

„Ich suche diesen Winkel fast nie auf, Erriech", bemerkt Valdis. „Dann weißt du nicht, was dir entgehen dürfte", entgegne ich lächelnd, um die Anmaßung zu kaschieren. Da er sehr erfolgreich jagt, ist es für mich nur ein Indiz dafür, wie vielfältig die Möglichkeiten in diesem Großrevier sind, zumal acht der zehn Mitjäger ihre Chance vornehmlich auf den Treibjagden suchen.

„Darf ich hier meinen Abendansitz beziehen, Valdis?", wage ich zu äußern. Er stimmt sofort und offensichtlich gerne zu. – Ugis war ebenfalls ohne Anblick Das Wasser läuft ihm aus den Taschen heraus, und es regnet immer noch unaufhörlich.

*

Es ist mein vorletzter Tag in Lettland. Nach ausgiebigem Frühstück zeigt mir Ugis das Umfeld seiner Heimat. Hier ist er geboren. Kurland hat viele Gesichter. Auch in seinem westlichsten Teil ist das Profil des Hügellandes in Wald-Feld-Gemengelage mit sehr wechselhaften Böden dominierend. Schwere Lehme und gute Mittelböden im Binnenland werden von Kiefern-Heide-Sandböden im Küstenraum abgelöst, aber auch landeinwärts wechseln arme und bessere Standorte einander ab. Zwischen landwirtschaftlich genutzten liegen weite Brachflächen, die die ökologische Vielfalt unterstreichen. Es sind aus der Not geborene Relikte ehemaliger Kolchosen. Im Gegensatz zu östlichen und südlichen Regionen des Landes verbinden hier Asphaltstraßen zumindest die größeren Ortschaften miteinander. Ein Hauch ehemaligen Wohlstandes wird erkennbar.

Tatsächlich war das Kurland früher die wohlhabendste Provinz. Hier wohnt und lebt ein anderer Menschenschlag als im Osten des Landes. „Sein Sinn für mehr Ordnung und Sauberkeit nimmt in dem Maße ab, je mehr wir uns den russischen Grenzen nähern und je höher der Anteil der Mischehen mit Russen in den Ortschaften steigt", kommentiert Ugis.

Der ehemalige Einfluss deutschen Kulturgutes spiegelt sich auch im ländlichen Raum wider, so mein Eindruck. Die Dörfer, Höfe, Siedlungen sind anders als um Laudona – ein Spiegelbild ihrer Bewohner. Der Verfall als Erbe der Sowjetherrschaft lässt sich allerdings auch hier nicht leugnen. Deprimierend ist der Anblick ehemaliger Schlösser und Herrensitze des deutschen Adels, umgeben von verwilderten Parks mit schönen alten Bäumen, Seen und Teichen, die an vergangene Epochen erinnern.

„Hier wohnten die deutschen Barone, die die Rothirsche aus Mitteleuropa einbürgerten, Erriech", klärt mich Ugis auf. –

Unweit des Dorfes Edole auf dem Bauernhof des Onkels verbrachten Valdis und Ugis einen Teil ihrer Kinder- und Jugendjahre. Ihre Mutter verstarb früh, der Vater war in der Klinik so beansprucht, dass er sich kaum um die Kindererziehung kümmern konnte. Der Bruder und die Schwägerin nahmen die Kinder zu sich und erzogen sie früh zur Selbständigkeit. Wie man sieht, haben sie keinen Schaden davon getragen. Weder körperliche noch geistige Arbeit kamen zu kurz, und mit der Jagd fingen sie früh an, zumal man es mit dem Gesetz nicht so genau nahm.

Wir kehren kurz ein und werden von der Tante fürstlich bewirtet. Gastfreundschaft wird hier groß geschrieben. Zurück in Valdis' Burg, wird etwas Schlaf nachgeholt, und auf geht's zum Abendansitz in meinem „Stillen Winkel", dem ich schon den ganzen Tag entgegen fiebere. Ob die Wetterbesserung ein gutes Omen ist? Ab und zu kriecht die Sonne träge hinter wandernden Wolken hervor, der Wind hat seine scharfen Krallen verloren.

Gemächlich pirsche ich am Spätnachmittag meinem Ansitzplatz entgegen. Um die 400 Meter westlich von mir meldet einige Male ein Hirsch. Es muss vom anderen Ende des Fichtenaltholzes kommen. Von nirgendwo wird ihm Antwort, und schließlich verschweigt auch er. Für ein Konzert ist es noch zu früh am Tag, oder flaut die Brunft etwa schon ab? Immer diese Ungeduld. Die geringe Wilddichte bedingt zum Teil weite Entfernungen zwischen den Brunftrudeln, die zu einem akustischen Kräftemessen wenig beitragen. Stimulierend auf den Jäger wirkt es allemal, zeigt es doch an, dass Rotwild im Raum ist.

Den Hauptwechsel vom Fichtenaltholz zur Wiese, den ich heute früh zur Kenntnis nahm, darf ich nicht kreuzen. So krieche ich schon vorher durch einen acht Meter breiten, buschbewachsenen und verwilderten Graben, um die Ansitzecke im Wiesenwinkel zu erreichen. Das ist ein schwieriges Unterfangen, der Bewuchs ist dicht und sperrig. Mit dem Knicker schneide und säge ich mir eine Bahn und kann doch bei aller Vorsicht einige der vielen, im Gras eingewachsenen Trockenäste nicht vermeiden. Mehrfach bricht es unüberhörbar unter meinen Stiefeln. Endlich bin ich hindurch und beginne mit Akribie, mir in der Wiesenecke hinter einem Weidenbuch einen Ansitzplatz herzurichten. Auch hier sind zahlreiche Trockenäste von Aspe und Weide unsichtbar im Grasfilz eingewachsen, die sich nicht immer lautlos entfernen lassen. Für den vorgesehenen Zweck ist dieser Winkel noch nie genutzt worden.

Ich arbeite mit Umsicht so lange, bis ich mich auf meinem Stand lautlos um etwa hundert Grad drehen kann und mögliche Schussrichtungen freigeschnitten habe. Endlich kann ich zwei der drei Wiesenabschnitte mit Aussicht auf Erfolg abdecken.

Südlich von mir liegt die große Wiesenbreite, 180 Meter tief und 50 bis 80 Meter breit. Der Südwestwind um Stärke drei wird mir keinen Kummer machen. Nach Osten verspringt der schmale Wiesenteil mit 100 Metern Tiefe und 10 bis 30 Metern Breite zwischen den Waldparzellen. Hier könnte schon ein leichtes Küseln des Windes das Spiel jäh verderben. Mit ein paar abgeschnittenen Weidenzweigen, vor mir in den Boden gesteckt, schaffe ich eine bescheidene Sichtblende. Mehr ist nicht drin. Endlich kann ich mich auf meinem Jagdstock einrichten.

Erfolgreiches Jagen setzt die Anwendung richtiger Strategien voraus. Gut für das Wild, dass wir Jäger oft die Rechnung ohne den Wirt machen. In meinem Planspiel darf ich die große Wiese am ehesten vernachlässigen. Beim herrschenden Wind dürfte hier Wild vertraut ausziehen und Zeit zum Ansprechen und Schießen bieten, solange das Licht ausreicht. Der Knackpunkt ist die Handtuchwiese. Sollte hier Wild auftauchen, wäre rasches Handeln geboten. Also setze ich mich in Blickrichtung zu dieser und postiere den Zielstock entsprechend. Noch was? Mir fällt nichts Wichtiges mehr ein.

Entspannt lasse ich die fallende Abenddämmerung auf mich wirken. Rastlos wandern die Augen zwischen der kleinen und der großen Wiese hin und her. Nur nichts verpassen. Leise raunt der Wind in der weinrot geschmückten Blättertracht sperriger Espenkronen, die in auffälligem Kontrast zu den elegant schwingenden Zweigen weißstämmiger Sandbirken stehen. Das Wispern ihres honiggelben Herbstlaubes erinnert mich an das ununterbrochene Zirpen einer lockenden Goldhähnchenschar. Kein Motorenlärm auf fernen Straßen, kein Düsenjet am Himmel. Wie wohltuend die Ruhe, die vom melancholischen Abendlied eines im Raum verlorenen Rotkehlchens nur noch unterstrichen wird.

Schade, dass mich die Amsel nicht früher warnte, ich hätte besser reagieren können. Den von weither mit seinem tiefen „Wuhu“ meldenden Habichtskauz nehme ich fast nur noch im Unterbewusstsein wahr, als meine suchenden Augen an den Konturen eines Stückes Wild am Ostrand der großen Wiese hängen bleiben. Wie eine Statue präsentiert sich dort auf 80 Meter ein fremdartig anmutendes Reh. – Oder was sonst mag es sein? Im Zeitlupentempo führe ich mein Zeissglas an die Augen. Die Optik bringt sofort Licht in das Halbdunkel. Starr sichert ein Luchs zu mir herüber. Kein Windhauch am Boden lässt seine Grannenhaare spielen. Allein die Mimik verrät, wie sehr sich Pinselohr einer drohenden Gefahr bewusst ist. Sie kann nur aus einer ganz bestimmten Ecke kommen, nämlich aus jener, von der die Signale unfreiwillig knackender Äste vor kurzem herüberwehten. Nicht weit die Entfernung zur Tagesruhestatt der Raubkatze am Rande der Dickung, an der sie den Tag verdöst haben mag, um sich vom nächtlichen Raubzug zu erholen und in Ruhe die Stunde des nächsten Aufbruchs zur Jagd zu erwarten.

Der Luchs fixiert mich. Ich wage mich nicht zu rühren, die Arme erlahmen, die halbgeschlossenen Augen beginnen zu schmerzen, und noch immer äugt er in meine Richtung. Nach endlos erscheinender Zeit wendet er das Haupt nach links hinüber. Runter mit dem Fernglas, die Büchse ohne den in den Boden gerammten Zielstock um neunzig Grad nach rechts geschwenkt, den Körper um eine Vierteldrehung mitgenommen; alles läuft wie ein Reflex ab. Für mein Gegenüber war das schon ein Tuck zu viel. Zu schnell richtet er seine Seher wieder auf die verdächtige Ecke und fixiert mich aufs Neue. Als mein rechter Fuß tastend Halt sucht, knackt kaum vernehmbar einmal mehr ein Winzling von einem Trockenzweig unter der Sohle. Das beziehungsreiche Wort vom „Hören wie ein Luchs“ wird für mich zur bitteren Wahrheit. Auf der Hinterhand wirft sich die Katze herum und gewinnt mit einer einzigen Flucht die sichere Deckung zurück. Jagdinstinkt in Ehren. Man wird rasch ganz klein, wenn Fortuna nicht mitspielt. Meine Sitzrichtung war falsch. Als Linksschütze hätte ich eine, wenn auch geringe Chance gehabt.

Es könnte sich eine zweite auftun, rede ich mir ein. Der Luchs wollte die Wiese an dieser Seite kreuzen. Sie ist lang. Vielleicht versucht er es noch einmal oberhalb. Ich richte mich entsprechend ein, meine Augen wandern hin und her. Doch erneut unterliege ich einer Fehleinschätzung. Nach kurzer Zeit erscheint am Rande der kleinen Wiese hinter einer Doppelbirke ein brauner Fleck, der vorher nicht da war. Im Fernglas zeichnen sich Haupt und Hals meines Luchses ab, nicht mehr als 50 Meter vor mir. Wieder sitze ich falsch. Mit der Büchse im Voranschlag in der Gabel meines Zielstocks, das hätte es sein können.

Es endet, wie das Spiel begann, diesen Luchs begleitet ein Schutzengel auf seinen Wegen, unterstützt von seiner Klugheit und Vorsicht. Natürlich hat der Bursche die verdächtige Ecke nicht vergessen, wie mir seine Blickrichtung bestätigt. Der Pass kreuzt, wie sollte es anders sein, die schmalste Landzunge der Wiese, kaum mehr als zehn Meter breit. Bevor ich die Büchse in Anschlag bringen kann, hat er die Enge bis zum jenseitigen Waldrand mit vier langen Fluchten überbrückt.

„Mein Freund, du warst in der Vorhand, heute werden deine Karten nicht noch einmal gemischt“, flüstert die Göttin. – Nur ein gut verblendeter Leitersitz in diesem stillen Winkel hätte es richten können.

Es dunkelt. Zum Ansprechen und Schießen reicht das Licht noch allemal. Ich konzentriere mich voll auf die große Fläche. Wenn überhaupt, ist hier Rotwild zu erwarten, wie das frühe Melden des Hirsches am Spätnachmittag ahnen lässt. Kaum zu Ende gedacht, tut sich etwas dort hinten auf der Heide. Eine Kiefer wird plötzlich lebendig. Ich sehe die Fetzen fliegen. Ein Stück Wild löst sich aus dem Waldschatten und betritt die Wiese. Deutlich stellen die hellblitzenden Enden des Geweihs den Kontrast zur dunklen Kiefernkulisse her.

Der Hirsch wechselt zielstrebig auf mich zu. Er scheint zu wissen, dass auf dieser Wiese nachts das Leben tobt. 80 Meter gegenüber tritt er unentschlossen ein paar Schritte hin und her und zeigt mir wie bestellt seine Breitseite. Vor mir steht ein sechs- bis siebenjähriger Hirsch, den ein starkes gleichmäßiges Geweih mit geraden vierzehn Enden ziert. Beste Zukunft, Traum eines jeden Rotwildhegers.

Den Luchs wollte ich gern, hätte kein schlechtes Gewissen dabei gehabt. Dieses Wild kommt zahlreich und flächendeckend in Lettland vor. Die Jäger müssen regulierend eingreifen. Das stellt nicht einmal die „reine" Naturschutzlobby in Frage. Ähnlich verhält es sich mit dem Wolf. Sein Bestand wird gegen Ende des 20. Jahrhunderts auf 800 bis 1.000 Stück geschätzt, von denen 1997 immerhin 400 Stück erlegt wurden. Für das kleine Land sind das eindrucksvolle Zahlen.

Der Hirsch vor mir hat noch nicht einmal die Hälfte seines Lebens erreicht und würde mir wie ein halbreifer Apfel in den Schoß fallen. Ich darf ihn schießen, aber ich will ihn nicht; möchte mich nicht für den Rest meines Jägerlebens schämen müssen. Symbolisch bringe ich den Zielstachel der Büchse einmal kurz ins Leben und erfreue mich seines Anblicks. Mittlerweile hat er sich mir auf 40 Meter genähert.

Plötzlich wird es auf dem Weg vor der Wiese lebendig; Äste knacken. Wie ein kleiner Geist steht ein vorwitziges Kalb nur wenige Meter vor mir. Offensichtlich nähert sich mir das Rudel aus dem Fichtenaltholz. Wird es gar von einem jagdbaren Hirsch angeführt? Sofort schießen Spekulationen ins Kraut. Vorsorglich mache ich mich schussfertig. Sollte mir das Kalb noch dichter auf die Pelle rücken, könnte es eng werden. Von dem vor mir sichernden Hirsch erwarte ich, dass er jeden Moment seinen Kampfruf hinüberschickt. Doch dazu soll es nicht mehr kommen.

Der Todesschrei eines Rehs dringt mir durch Mark und Bein. Ich frage mich, ob ich je zuvor ein Reh so furchterregend klagen hörte. Gewiss mag dieses Empfinden subjektiv sein, geboren aus der herrschenden Stimmung. Wer hätte nicht schon Rehwild in höchster Not klagen hören, das unsere Hunde ungewollt an Kulturzäunen würgten?

Plötzlich ist hier der Teufel los. Das Kalb flüchtet zurück, das Rudel prescht mit Krachen und Bersten davon, als sei der Leibhaftige hinter ihm her. Der Hirsch vor mir bekommt es sehr eilig, flüchtet dahin zurück, woher er gekommen ist, wird vom schützenden Wald verschluckt.

Das Drama hat sich etwa 200 bis 300 Meter von diesem Platz entfernt abgespielt. Das Klagen in höchster Not kam aus der Richtung, die der Luchs einschlug, als ich ihn zum letzten Mal auf seinem Pass verschwinden sah. Man kann den Wolf als Verursacher nicht ganz ausschließen, allein – ich bin überzeugt, der Luchs spielte hier zum dritten Mal Schicksal. Zweimal entzog er sich seiner Erlegung, und beim dritten Mal verprellte er mir möglicherweise „den Hirsch meines Lebens“. Es war mein letzter Abend in diesem kurländischen Revier – voller Dramatik, voller Erleben. Danke, Valdis – unvergesslich für einen Jäger und Naturfreund, auch ohne Beute ein Stück jagdlicher Erfüllung!

An diesem letzten Abend sitzen wir noch lange beisammen, diskutieren über Wild, Jagd, Hege und über die Menschen, die in dieses Wechselspiel eingebunden sind. „Warum hast du Hirsch pardoniert, Erriech?“, will Valdis wissen. „Weil ich euer verzinsliches Kapital nicht vorweg nehmen wollte. – Wer von euch zehn Jägern aus der Jagdgemeinschaft hätte diesen Hirsch ziehen lassen?“, möchte ich wissen. „Mein Freund und ich“, kommt die knappe Antwort von Valdis. – „Nun, dann befinde ich mich in guter Gesellschaft.“ Zufriedene Gesichter und Gleichklang rundum, auch Ugis nickt zustimmend. –

Am 30. September fahren wir um 5.30 Uhr in Richtung Riga. Erstmalig sind die Temperaturen unter null Grad gerutscht. Feiner Reif bedeckt den Rasen, kein Lüftchen regt sich. An diesem letzten Septembermorgen dürften die Hirsche noch einmal richtig munter werden, zu spät für mich. Auf dem Waldweg flüchtet ein Jungfuchs vor unserem Wagen her und wenig später ein Dreiläufer, der den Winter kaum überleben dürfte. Noch immer flattern Ziegenmelker im Scheinwerferkegel vor uns hoch. Zeit, sich aus dem unwirtlichen Gebiet zu verabschieden.

Noch ist es still auf den Straßen. Der Berufsverkehr nimmt zu, je näher wir der Landeshauptstadt kommen. Pünktlich um 8.00 Uhr setzt uns Valdis in Riga vor der Zollschranke am Containerhafen ab. Einzelne Schneeflocken tanzen am Himmel, der Sommer nimmt Abschied. Vier Stunden stehen wir am Zollhaus, die durch nichts zu begründen sind. 9.30 Uhr stehen Gunta und Ilze vor uns, um Abschied zu nehmen. Ein Freund der Familie, Chefredakteur einer Jugendzeitschrift, brachte sie her. Er trauert um zwei seiner Redakteure, die vor drei Tagen beim Untergang der Estonia-Fähre ums Leben kamen. Gunta bringt mir die Knollen ihrer schönsten Dahlien, deren Blütenpracht im nächsten Sommer eine Brücke schlagen soll zwischen Lettland und Holstein. Endlich darf ich die Planken der „Ostwind“ betreten. Gemeinsam nehmen Ugis und ich die „Henkersmahlzeit“ in der Messe ein, dann heißt es Abschied nehmen. Damit enden meine Tagebuchaufzeichnungen, meine erste Reise noch nicht ganz. –

Am Nachmittag stachen wir in See. In der Nacht zum 1. Oktober kam ein harter Nordwest auf. Wieder trat das Schiff auf der Stelle. Das Unwetter zwang den Kapitän zum Rückzug hinter die Kolka-Spitze, um im Windschatten der Rigaer Bucht vor Anker zu gehen. Um uns herum ein Dutzend kleinerer und größerer Schiffe. Der Russe „M. Gerasimow“ mit seinen 5.000 BRT sollte es eigentlich nicht nötig haben, sich vor einem Ostseesturm zu verkriechen. Offensichtlich steckte einigen Kapitänen der Estonia-Untergang noch in den Knochen. Nach 26 Stunden Wartezeit konnte unsere Fahrt fortgesetzt werden. In der Nacht zum 4. Oktober erreichte die „Ostwind“ ihren Zielhafen Arhus.

Sonnenuntergang auf der Ostsee vor Arhus

Lettland mit seinen liebenswerten, gastfreundlichen Menschen, seiner vielseitigen, ursprünglichen Natur in einer abwechselungsreichen Landschaft war für mich ein großartiges Erlebnis. Sein Wetter hätte sich manchmal von der besseren Seite zeigen können. Die „Schweinesonne“ blieb mir einiges schuldig. Für den Jäger: keine Trophäe für die Wand – und doch kein bisschen traurig.

VIERZEHNTES KAPITEL

Jagd- und Reiseerinnerungen aus Südafrika und Namibia

Im Frühjahr 1981 lud mich mein Freund Ernst Schäfer ein, ihn auf einer Jagdreise nach Namibia – damals hieß es noch Südwestafrika – zu begleiten. Ursula, seine liebenswerte, selbstlose Frau, erbot sich, zu meinen Gunsten zu verzichten. Die Flugtickets waren schon gelöst. Nicht ohne eine gehörige Portion Hemmungen – wie sollte ich das wieder gutmachen – stimmte ich nach Rücksprache mit meiner Frau schließlich dankbaren Herzens zu.

Unsere Gastgeber in Südwest würden zwei miteinander verwandte Farmerfamilien sein, die in unterschiedlichen Gebieten und Höhenlagen ihre Farmen bewirtschafteten. Genau genommen wurde eine der beiden Betriebe von einer älteren Dame, der sehr resoluten und ungewöhnlich tüchtigen Büdi Bergmann geführt. Büdi war die Tante von Angelika und Hubertus Kühl, deren 12.000 ha-Farm Rooisand in der Vornamib am Fuße der Hakosberge lag. Von dieser Farm wird später noch die Rede sein. Im Geiste der sprichwörtlichen Südwester-Gastfreundschaft – „Deine Freunde sind auch meine Freunde!“ – wurden mir, dem „Ersatzmann“, offene Türen bekundet.

Das Glück war nicht mein Pate. Ein Todesfall in der Familie wenige Tage vor dem Abflug ließ meine Pläne wie eine Seifenblase platzen. Ursula Schäfer konnte ihre Koffer ein-, ich meine wieder auspacken.

Der Wunsch, die verhinderte Reise eines Tages nachzuholen, ließ mich nicht mehr los. Dass bis zur Verwirklichung weitere sechs Jahre ins Land gehen sollten, hätte ich mir nicht träumen lassen. Eines Tages im Sommer 1985 erhielt meine stille Sehnsucht neue Nahrung. Mein Freund Hartwig Wilckens ließ mich wissen, dass sein Onkel Wolfgang, Farmer seines Zeichens in Namibia zwischen Omaruru und Okahandja, mit seiner Frau Elisabeth einige Wochen in Schleswig-Holstein zu Besuch weilte. Er würde mich gerne kennen lernen. Wolfgang hätte auf seiner etwa 6.000 ha-Farm viel afrikanisches Wild, aber noch nie einen europäischen Rehbock erlegt. Ob ich vielleicht helfen könne, ihm mit einem Bock eine Freude zu bereiten? –

Ich konnte. Mein Freund Jürgen aus dem Nachbarrevier stimmte sofort zu, und Wolfgang erlegte unter meiner Führung seinen ersten Rehbock, über den er sich herzlich freute. Wir sahen uns noch einige Male, fanden Gefallen aneinander, und Wolfgang lud mich gemeinsam mit meinem Sohn Eckart spontan für zwei Wochen auf seine Farm Ongangasemba, soll heißen „Perlhuhnfarm", ein. Ich könne auf Warzenkeiler, Kudu- und Oryxantilopen jagen. Wenn das kein Angebot war! Eine Einladung auf die Kühlsche Farm Rooisand war seinerzeit nur aufgeschoben, nicht aufgehoben worden. Damit hatten wir zwei Standbeine, die nichts zu wünschen übrig ließen. Ich nahm Wolfgangs Einladung dankend an, ohne die genaue Zeit schon festlegen zu können.

Was lange dauert, wird endlich gut. Nach Beratung und Rücksprache mit unseren Gastgebern buchten wir unseren Flug bei der KLM für die Zeit vom 30. Juli bis 1. September 1987. Für die Entscheidung sprachen gemäßigte Temperaturen und gute Chancen für den Jäger. Auf der südlichen Halbkugel herrscht um diese Zeit Frühling. Die meisten Bäume und Sträucher sind dann schon sparsam belaubt, doch noch ist die Durchsichtigkeit und damit Möglichkeit, Wild in Anblick zu bekommen, zu keiner Zeit besser als im zeitigen Frühjahr.

Endlich war es soweit. Frohgemut und voller Erwartung flogen wir dem Schwarzen Kontinent entgegen. Es herrschte gutes Wetter und überwiegend auch gute Sicht. Kumulus- und andere Wolkenbildungen unter dem in etwa 10.000 Meter Höhe fliegenden Luftgiganten muteten an wie eine Hochgebirgslandschaft mit eisbedeckten Gletschern und schneegeschmückten Zinnen. Unwillkürlich kam mir Reinhard Meys romantisches Lied in den Sinn: „Über den Wolken muss die Freiheit wohl grenzenlos sein." Ich genoss meinen Platz am Fenster.

Auf den Kanaren wurde eine Zwischenlandung zum Auftanken eingelegt. Wegen der in Südafrika noch immer geübten Rassentrennung bestand ein Überflug- und Landeverbot in den autonomen afrikanischen Staaten. Bis zur Höhe des unter südafrikanischer Verwaltung stehenden „Protektorats" Südwestafrika war nur der Flug über den Atlantik möglich.

Von da an galt die südafrikanische Lufthoheit, die einen Überlandflug zu den dortigen Flughäfen ermöglichte. Demzufolge waren wir fast vierzehn Stunden in der Luft, bevor wir auf dem Airport Johannisburg wieder festen Boden unter die Füße bekamen. Froh, mit steifen Gliedern der „grenzenlosen Freiheit" entronnen zu sein, konnten die Strapazen die Vorfreude auf die uns bevorstehende Zeit allerdings nicht schmälern.

Vom Flughafen holte uns Harald Abel, Sohn von Freunden meiner Familie aus dem Dänischen Wohld, mit seiner kleinen Tochter Birte ab. Die Begrüßung war herzlich, wir hatten uns lange nicht gesehen. Harald bewohnte mit seiner Familie eine gepflegte Wohnung in Johannisburg. Das hoch eingezäunte, großzügige Grundstück wurde Tag und Nacht von einem Deutschen Schäferhund bewacht. Einbrüche waren an der Tagesordnung. Vor großen, wehrhaften Hunden hatten insbesondere farbige Diebe einen Heidenrespekt.

Harald war für ein deutsches Versicherungsunternehmen in Pretoria tätig. In seinem gastlichen Hause, verwöhnt von seiner lieben Frau Anke, durften wir zwei Tage unsere Füße unter den Tisch strecken und abends in froher Runde den guten südafrikanischen Wein genießen.

Die Abels in ihrem Haus in Johannisburg

Harald ließ es sich nicht nehmen, uns die wichtigsten Sehenswürdigkeiten in Johannisburg und Pretoria zu zeigen. Beeindruckend waren die Besichtigungen des Gold-Bergwerks und des Voortreckerdenkmals. Die europäisch geprägte Architektur vieler Gebäude in Pretoria, die uns auch während der nächsten Tage in Kapstadt auffielen, vermittelten dem Nordeuropäer nicht wirklich das Gefühl, sich im Süden des afrikanischen Kontinents zu bewegen. Hier hatte die Kolonisation ihre besonderen Spuren hinterlassen, die zugleich vom Reichtum jener Epoche zeugten. Die nüchternen, nur auf den Verwendungszweck ausgerichteten viereckigen Gebäude und Hochhäuser der Neuzeit ließen andererseits keinen Zweifel aufkommen, dass auch in diesem Erdteil die Zeit nicht stehen geblieben war.

Einen deprimierenden Eindruck hinterließ dagegen die Fahrt am Rande der Soweto-Slums, wo man mit seinem Auto besser nicht anhalten sollte. Wie auf vielen Plätzen der Welt gab es auch hier auf relativ engem Raum

Licht und Schatten nebeneinander.

Harald und Eckart vor dem Voortreckerdenkmal

Am zweiten August bestiegen wir den Flieger für den Interflug nach Kapstadt. In der Südmetropole wollten wir uns drei Tage aufhalten und umsehen. Ein gutes Hotel der Mittelklasse war gebucht, es ließ keine Wünsche offen. Die beiden ersten Tage nutzten wir, das schöne Kapstadt kennen zu lernen. Der Besuch des völkerkundlichen Heimatmuseums war interessant und informativ. Gern hätten wir den Blick vom Tafelberg über die Weite der großartigen Kaplandschaft genossen. Leider lag er so unter Dunst, dass es Zeitverschwendung gewesen wäre.

Der Tafelberg – Wahrzeichen von Kapstadt

Erwähnenswert ist die nicht alltägliche Methode, den Parlamentssitz den Jahreszeiten anzupassen. Im südafrikanischen Sommerhalbjahr tagten die Regierungsvertreter im kühleren, vom Atlantik beeinflussten Kapstadt, während sie im Winterhalbjahr in Pretoria zu Rate gingen. Warum nicht, wenn man es so haben kann. Ob dieser Brauch nach der Ausrufung der Republik weiter aufrecht erhalten wurde, entzieht sich meiner Kenntnis.

Für den dritten Tag hatten wir ein Auto gemietet, um uns auf der Kap-Halbinsel umzusehen. Bei bestem Wetter genossen wir dankbaren Herzens die Fahrt zum Kap der guten Hoffnung. Während die malerischen Ortschaften mit ihren schönen Häusern entlang den Küstenstraßen – im Osten am Indischen Ozean, im Westen am Atlantik – vornehmlich von gut situierten Kapstädter Bürgern und von Tourismus und Fremdenverkehr als Bade- und Erholungsorte genutzt werden, stehen weite Teile dieser begnadeten Landschaft unter Naturschutz. Hier sind keinerlei Eingriffe baulicher Art oder sonstiger Nutzungsformen erlaubt. Das gilt auch für die Jagdausübung.

Auf unserer Fahrt nach Süden passierten wir das Grote-Schur-Krankenhaus. Hier hatte Christian Barnard am 03. Dezember 1967 die erste erfolgreiche Herztransplantation am Menschen vorgenommen. Am südlichen Stadtrand lud uns der Botanische Garten Kirstenbosch zu einem kurzen Besuch ein. Wir wanderten durch gepflegte Anlagen, deren subtropische, flächig angeordnete Blütenteppiche unterschiedlichster Arten, blühende Gras- und Simseninseln, von einem Bächlein durchflossen, eine starke Ausstrahlung auf uns hinterließen. Manche dieser dekorativen Arten werden zur Garnierung und Bereicherung anspruchsvoller Blumensträuße längst in heimischen Gärtnereien nachgezogen.

Der weitere Verlauf des Weges durch das angesprochene Naturschutzgebiet führte uns an Gras- und Buschsavannen mit Zwergbüschen und Blühpflanzen in großer Artenvielfalt vorbei. Es gehörte wahrlich wenig Fantasie dazu, die Unterschutzstellung dieses Naturkleinods nachzuvollziehen. Zwar kam uns wenig Wild in Anblick, doch an Abwechselung und Augenweide fehlte es nirgends. Einen Vorgeschmack auf die vielen Antilopenarten, deren Wechsel wir während der nächsten Wochen noch kreuzen sollten, lieferten uns zwei vermutlich jüngere Bontebocks (Buntböcke). Auf etwa 300 Meter standen sie auf einer vergrasten Fläche in der Äsung. Ihre weithin sichtbaren, schneeweißen Gesichtsmasken, Körperunterseiten und Läufe bis zu den Hand- und Fußwurzelgelenken leuchteten zu uns herüber und verrieten sie auf weite Entfernung.

Eine Überraschung besonderer Art wartete auf uns. Zwischen vielen Zwergsträuchern, immer wieder sichtbar werdend, jagte ein Mink nach Mäusen. Weder die faunistische Region, noch der Lebensraum passten hier zu der aus Nordamerika stammenden Marderart. Zum längerfristigen Überleben braucht er Wasser, das hier nur sparsam vorhanden war. Ich vermute, dass dieser prächtige, tiefbraune Bursche mit seinem weißen Kinn aus einer Pelztierfarm ausgebüchst war. Eine Fehlbeobachtung ist auszuschließen. In Schweden war ich dem Mink auf Tuchfühlung mehrfach begegnet.

In einem Böschungseinschnitt hinter einer Straßenkurve sahen wir uns unversehens einer lärmenden Schar von Bärenpavianen gegenüber, die sich mehr als aufdringlich gaben und uns einige Male zum Halten zwangen. Es fehlte nicht viel, und die frechen Halbstarken wären uns auf die Kühlerhaube gesprungen.

Schuld an diesem Verhalten sind undisziplinierte Touristen, die sich trotz Verbots immer wieder hinreißen lassen, die Tiere zu füttern. „Ach Papi, darf ich ihm nicht eine Banane geben, er ist doch so süß?!"

Bei den Farmern, die ihnen aus gegebenem Anlass manchmal nachstellen, und sei es nur, um einen Abschreckungseffekt zu erzielen, sind sie sehr unbeliebt. In der Landwirtschaft richten sie gelegentlich große Schäden an. Es werden Gärten geplündert, Ziegen-, Schaflämmer und manchmal sogar Kälber gerissen. Schlimm wird es, wenn sie die für Vieh und Wild unverzichtbaren Pumpenanlagen zerstören – soweit nur einige Beispiele ihrer „Untaten".

Auch mein späterer Gastgeber, Wolfgang Wilckens auf der Farm Ongangasemba, hatte verständlicher Weise ein stark gestörtes Verhältnis zu den Pavianen, wurde der Farmbetrieb doch oft genug von ihnen heimgesucht. Er war viel zu feinsinnig und taktvoll, mich um den Abschuss eines Primaten zu bitten. Mehrfach hätte ich dazu Gelegenheit gehabt. In der Tat wäre es mir sehr schwer gefallen, wie mir auch nach einem Elefanten oder Rhino nie der Sinn stand. –

Zurück zur weiteren Fahrt zum Cape point. Über Mittag nahmen wir in einem Imbisshäuschen unweit der Küste des Indischen Ozeans eine kleine Mahlzeit zu uns. Kurz zuvor waren wir einem Trupp weiblicher Strauße begegnet.

Es war auffallend, dass die Küstenregion am Indischen Ozean übersät war mit zahlreichen großen Steinen, die wie in Schwedens Scherenlandschaft weit aus dem Wasser herausragten. Die Atlantikküste zeigte dagegen ein lieblicheres Gesicht mit vorwiegend weißen Sandstränden, der Grund, dass hier die meisten Badeorte angesiedelt waren.

Am Kap der guten Hoffnung, links indischer Ozean

Die Atlantikküste oberhalb von Cape point

Schließlich hatten wir das heutige Endziel, die Kapspitze erreicht. Es war ein beeindruckendes Gefühl, an der Scheide zwischen zwei Weltmeeren zu stehen. War es Einbildung oder die richtige Einschätzung, Unterschiede in der Wasserfärbung der aufeinander treffenden Ozeane wahrzunehmen? Ich hatte diesen Eindruck und fühlte mich an ein Pendant an der Nordspitze Jütlands bei Skagen erinnert, wo Nord- und Ostsee ineinander übergehen und zumindest optisch zwei verschiedene Gesichter zeigen.

Hunderte von Kormoranen hatten ihre Brutstätten in der Felsensteilwand am Cape Point. Es war ein ständiges Kommen und Gehen – Nahrung holen, Nahrung bringen, und alle wählten die Flugroute zum Atlantik, Indiz für einen größeren Fischreichtum? Zumindest bei Swakopmund fanden wir später die Bestätigung für gute Fischbestände.

Und wiederum drängte sich mir ein Vergleich auf. Ich sah den Lummen-Felsen von Helgoland vor mir und mit ihm das geschäftige Treiben der Trottellummen, die eine Art Wahrzeichen dieser Insel sind. –

Viel Zeit zum Verweilen und Genießen blieb uns nicht. Eckart, der sich schon die letzten Tage nicht besonders wohl gefühlt hatte, wurde im Laufe des Nachmittags krank und kränker. Wir mussten so schnell wie möglich nach Kapstadt zurück, wo er im Hotel sofort das Bett aufsuchte. Er schwitzte wie aus dem Wasser gezogen, das Fieber stieg permanent. In der Nacht ließ ich durch die Rezeption einen Arzt rufen, der bald eintraf. Inzwischen war das Fieber auf über 40 °C geklettert. Der Doktor diagnostizierte eine fieberhafte Erkältung und verabreichte Medikamente und Bettruhe. Der Rest der Nacht wurde etwas erträglicher. Ich machte mir erhebliche Sorgen, weil Eckarts Stoffwechsel – er ist Diabetiker seit Kindesbeinen – vorübergehend ziemlich durcheinander geriet. –

Mit der verordneten Bettruhe wurde es allerdings nichts. Wir hatten schon vorher für den nächsten Morgen einen Interflug von Kapstadt nach Windhoek gebucht und traten ihn in der Überzeugung an, richtig zu handeln. Der Plan, vom Flugzeug in ein Taxi und zum Krankenhaus Windhoek zu fahren, verlief reibungslos. Die Aufnahme machte kein Problem, und die fachliche Betreuung durch einen tüchtigen holländischen Arzt war gut und erfolgreich. Mit fieberhafter Erkältung war es allerdings nicht getan, der Doktor diagnostizierte eine handfeste Lungenentzündung.

Der Große Kudu – Wahrzeichen von Windhoek

Es mögen die gute Therapie und das gesundheitsfördernde Klima geholfen haben, den Kranken schneller als erwartet wieder auf die Beine zu stellen. Am sechsten Tag konnte Eckart auf eigene Verantwortung, allerdings mit

Auflagen und Verhaltensregeln, die Klinik verlassen. Er fühlte sich verständlicherweise schwach, war aber sonst guter Dinge, und unser Zeitplan geriet nicht völlig durcheinander. Bei den bevorstehenden Farmaufenthalten würde er sich erholen und wieder zu Kräften kommen.

Während seiner Kliniktage besuchte ich ihn täglich zweimal und schaute mir nach Anmietung des bestellten Toyota Corolla Windhoek und seine Umgebung an. Am Ende unserer Reise blieben wir noch ein paar Tage in der Hauptstadt. So konnte Eckart Versäumtes nachholen. Wir wohnten in der Pension Handtke, wo die meisten deutschen Touristen traditionsgemäß Quartier bezogen. –

Windhoek ist eine junge, liebenswerte Stadt und bietet viel Sehenswertes. Mir blieb genügend Zeit und Muße, sie kennen zu lernen. In den meisten Geschäften konnte man sich mit freundlichen Menschen auf Deutsch

Die malerische Jesus Christus-Kirche

Eine der drei Burgen des Grafen Schwerin

unterhalten. Das Museum in der „Alten Feste", einer ehemaligen, von der Schutztruppe genutzten Anlage, war historisch informativ und einen Besuch wert. Der Kolonialzeit begegnete man nicht nur in der Kaiserstraße, eine Anzahl von Denkmälern und Monumenten klärten über geschichtliche Vorgänge auf.

Die drei durch den Grafen von Schwerin für sich und seine Frau erbauten Burgen in und am Rande der Stadt erregten meine Aufmerksamkeit.

Der architektonisch eigenwillige Baustil jeder Burg und die jeweilige Standortwahl, die einen weiten Überblick über Stadt und Landschaft bot, waren gleichermaßen interessant.

Viele Straßennamen hatten einen deutschen Bezug, eine Auffälligkeit, die auf die Gründerzeit durch den deutschen Major von Francois zurückzuführen war. In der Stadt konnte man preiswert und gut essen. Es gab mindestens eine bekannte Gaststätte, die fast ausschließlich von deutschen Farmern und Touristen aufgesucht wurde. Man durfte sich hier getrost wie zu Hause fühlen.

Es würde den Rahmen dieses Buches sprengen, auf Windhoek genauer einzugehen. Bevor ich mich einigen Abstechern in seine nähere und weitere Umgebung zuwenden konnte, galt es noch einer wichtigen Pflicht zu genügen: Wolfgang Wilckens hatte mir aufgetragen, in der Landeshauptstadt in der von Berufsjägern betreuten Abteilung für Naturschutzfragen und Jagd die mit ihm abgestimmten Abschusslizenzen für seine Farm Ongangasemba einzulösen. Ich erhielt die Freigabeerlaubnis für je einen Großen Kudu-, einen Oryx-Antilopenbullen und einen Warzenschweinkeiler. Die Lizenzgebühren waren Bagatellbeträge. Nach der freundlichen Abwicklung wurde ich mit einem Waidmannsheil verabschiedet.

Was mich an jagdlichen Möglichkeiten auf unserer ersten Besuchsstation, der Kühlschen Farm Rooisand erwartete, wusste ich noch nicht und würde mich überraschen lassen. Eine Woche auf der Farm im Hochland wäre mir auch schon ohne Jagd recht gewesen, zumal ich hoffte, Eckart könnte sich dort bei dem um diese Zeit immer schönen Wetter von seiner Lungenentzündung schon leidlich erholen.

Nach dieser Mission verließ ich die Stadt in Richtung Norden, um dem Daan-Viljoen-Wildpark einen Kurzbesuch abzustatten. Eingebettet zwischen Auasbergen und Khomashochland in eine vielfältig strukturierte Landschaft und ausgestattet mit einer artenreichen Flora, einem Hauptstaudamm und zwei kleineren Dämmen, schafft der Park für seine angestammten Bewohner alle Voraussetzungen zum Wohlfühlen und

Webervogelkolonien im Daan Viljoen-Park

zum Überleben. Es ist wichtig, dass der Stausee am Hauptdamm auch in extremen Dürrejahren fast nie ganz austrocknet. So überbrückt das lebenserhaltende Nass auch längere Krisenzeiten. Diese Grundausstattung bietet der Tierwelt in diesem vielseitigen Ökosystem, ob behaart oder befiedert, ob Reptilien, Amphibien oder Insekten, ein stabiles Umfeld, das ihnen die notwendige Sicherheit gibt. Von daher ist die Fülle der Arten zu verstehen, besonders die Vielfalt der Vogelwelt.

Genügend Brutmöglichkeiten finden sich in Baum oder Strauch, am Boden oder auf den Felsschründen in den Steilwänden und sorgen für eine enorme Bereicherung dieser Landschaft. Auch die beuteabhängigen Greifvögel und Eulen, wie Kaffernadler und Felsenbussard, Turmfalke oder der kleine, steinkauzähnliche Perlkauz, kommen auf ihre Kosten und ergänzen den Naturhaushalt auf ihre Weise.

Man findet hier Arten, die ihre Wohn- und Lebensansprüche längst auch in Mittel- oder gar Nordeuropa angemeldet haben, zum Beispiel Nil- und Rostgans, sei es durch Klimaerwärmung oder ihre von Parkgewässern ausgehende Verbreitung. Der Austausch findet weltweit statt, man denke an die starke Ausbreitung der Kanadagans, nicht nur in norddeutschen Räumen. Es gibt auf der Welt keine unüberbrückbaren Entfernungen mehr. Große Strecken von einem Erdteil in den anderen werden in kurzer Zeit bewältigt, sei es mit Transportflugzeugen oder Containerschiffen, in deren Nischen ungewollt Tiere mit transportiert werden, die zu einer Faunenverfälschung beitragen.

Im Daan-Viljoen-Park war der Graureiher zu finden, das Grünfüßige Teichhuhn, der Zwergtaucher oder der Weltbürger Nr. 1, der Sperling, auch wenn ich geringe Farbabweichungen beobachten konnte. Den großen Säugetieren, die hier ihre Fährte zogen, begegneten wir später ausnahmslos im Etosha-Nationalpark. Deshalb kann ich sie auf dieser Stippvisite vernachlässigen. Gleichwohl beeindruckten mich Rudel des Streifengnus oder ein Trupp Roter Kuhantilopen stärker als in der Etosha-Pfanne, weil das Umfeld, in dem sie sich bewegten, viel mehr Ausstrahlung bot in dieser lieblichen Hügellandschaft mit zum Teil schroffen Felsenköpfen, die den Kaffernadlern Brutstätten bieten. Der Besuch dieses Wildparks hatte sich gelohnt. –

Am nächsten Tag fuhr ich von Windhoek in Richtung Süden. Mein Ziel war der „Hardap Dam“, größter Stausee Namibias, etwa zwanzig Kilometer nordwestlich von Mariental gelegen. Ich wollte mir die Zeit des Wartens sinnvoll vertreiben. Den Aufwand von 500 Kilometern für die Hin- und Rückfahrt nahm ich in Kauf, um ein wenig über Land und Leute zu erfahren.

Nach Verlassen der Hauptstadt Windhoek, eingebettet in einem weiten Talkessel der Auasberge bei einer durchschnittlichen Höhenlage von 1700 Metern, bot sich mir ein weiter Überblick über die Landschaft, nachdem ich den Höhenpass bei Bergtop hinter mir gelassen hatte. Die Sicht war gut, das Auge schweifte über die sparsam bewachsene Gebirgswelt, deren Baum- und Strauchvegetation mit fallender Höhenlage in Richtung Rehoboth mehr und mehr zunahm und dichter wurde. Gruppen von Giraffenakazien schmückten sich zum Teil mit großen, Jahrzehnte alten Gesellschaftsvogelnestern, die wie riesige Trauben in den Baumkronen hingen und ihnen ein eigenwilliges Gepräge verliehen.

Zum ersten Mal sah ich unweit des Ortes Tsumis ein kleineres Rudel der schön gezeichneten Springböcke und wenig später einen starken Oryxbullen am Rande eines umzäunten Farmcamps. Ein Stück weiter graste nahe der Straße eine Herde bunt durcheinander gewürfelter Rinder, die unterschiedlichen Rassen angehörten. Alle Tiere erfreuten sich einer guten Verfassung, waren hervorragend ernährt und zeigten sich glatt und glänzend im Fell. Ich fragte später meinen Farmerfreund Wolfgang, bekannter Südwester Züchter der Rasse Santa Gertrudes, woran es läge, dass die Rinder eine so gute Kondition aufwiesen, obwohl sie sich doch vorwiegend von verbranntem Dürrgras ernähren müssten? Seine Antwort war für mich so aufschlussreich wie interessant. Dieses äußerlich verbrannt aussehende Dürrgras habe einen hohen Nährwert. Es wären schon Viehzüchter aus Texas zu ihnen gekommen, um die Samen der hier wachsenden Gräser für die Nachzucht in ihrer Heimat zu ernten, ließ er mich wissen. –

Vorher hatte ich in Rehoboth Station gemacht, um Trinkwasser und etwas Obst zu erwerben. Eigentlich war es mehr Neugierde als ein notwendiges Bedürfnis. Ich wollte versuchen, mir ein Bild über die Baster zu machen, die diesen Ort autonom bewohnen und ein von ihnen zur Besiedlung zugewiesenes Gebiet bewirtschaften oder für bestimmte, lebensabhängige Zwecke nutzen. Es entspricht der Größe eines kleinen Landkreises bei uns.

Die Baster sind Nachkommen von Mischehen oder eheähnlichen Verbindungen aus weißen Kapländern, vornehmlich Buren, und Hottentottenfrauen aus der Zeit der Besiedlung Südafrikas durch die Holländer. Sie verstehen sich als ein Volk mit eigenständiger Kultur und Ethik, das sich gegenüber Eindringlingen aus anderen Rassen oder Volksgruppen abzugrenzen weiß.

Ihre Sprache ist Afrikaans. Sie sind vielseitig und geschickt. Neben Farmbewirtschaftung fristen sie ihren Lebensunterhalt aus Handwerk, Handel und Dienstleistungsberufen. Als Maurer, Zimmerleute, Tischler und Installateure sind sie gefragte Fachleute und genießen ein respektables Ansehen.

Bei meinem Kurzbesuch traf ich fast ausschließlich Frauen an, die geschäftig hin und her eilten, im Tante-Emma-Laden wie überall auf der Welt einen kleinen Schwatz abhielten, mich reserviert, aber nicht unfreundlich bedienten und durchaus Selbstbewusstsein ausstrahlten. Rein gefühlsmäßig unterschieden sie sich kaum von Menschen aus Mischverbindungen, wie man sie anderen Orts antrifft.

Unterschwellig kam ich mir ein wenig wie ein Fremdkörper in einer homogenen Gemeinschaft vor und fühlte mich wieder wohler, als mich meine vier Räder auf der Pad weiter in Richtung Süden trugen.

Je mehr ich mich von Rehoboth entfernte, umso auffälliger nahm die Baum- und Strauchvegetation ab. Einzelne Solitärbäume, kleine Buschgruppen an der Westseite des Weges, dazwischen vereinzelt hohe Grasbülten glichen schon eher einer Parksteppe.

Außer ein paar Springböcken, seltener noch Oryxantilopen und manchmal noch einem Steinböckchen am Straßenrand, versteckt zwischen Büschen, gab es hier nur wenig Wild zu beobachten. Ostseits der Straße, vor und hinter Kalkrand in Richtung Mariental, hatte sich in Urzeiten der so genannte Weißrand, ein Kalkplateau, gebildet. Hinter dessen Steilabfall schlossen sich alsbald schon die roten Kalaharidünen an. Auf dem Weißrandgebiet sind Farmen angesiedelt, die bei einer Niederschlagsmenge um 400 mm im Jahr durchaus wirtschaftlich arbeiten können. Hier gibt es mittlere bis gute Springbockbestände, während Oryxantilopen eher sparsam vorkommen.

Einige Kilometer vor Mariental bog ich in Richtung Hardap Dam nach Westen ab. Dieser Stausee wird vom Fish-Rivier gespeist, einer der wenigen Flüsse Namibias, die nie ganz trocken fallen. Ich war nicht überrascht, unweit der Straße satte, tiefgrüne Gemüsekulturen zu sehen, die vor Gesundheit strotzten. Jeden Tag strahlende Sonne in Verbund mit künstlicher Bewässerung aus dem Fluss oder See ließen keine Wünsche offen.

Je nach Geländeausformung und -einschnitten in die Hügellandschaft waren an den Böschungen durch Menschenhand malerische Bepflanzungen aus Steinbrechgewächsen und anderen, trockenresistenten Arten entstanden, teilweise ergänzt durch Naturansamungen.

Vor hoch aufgeschichteten Steinmauern zur Absicherung eines erodierenden alten Steinbruchs waren zwischen Felssteinen Aloen und andere Sukkulenten angesiedelt worden. Neben Steinwall und Aloestauden entdeckte ich zum ersten Mal einen hier sicher nicht seltenen Klippschliefer, den ich wegen seiner perfekten Tarnfarbe fast übersehen hätte. Aus Erfahrung gewachsen, fühlte er sich in seiner angepassten Tarnkappe so sicher, dass ich ihn, wenn auch bei geringem Kontrast, fotografieren konnte.

Der Hardap-Stausee, für die Touristik erschlossen, hat viele schöne Gesichter, teilweise aus der gewachsenen, felsigen Geländestruktur hervorgegangen, teilweise durch menschliches Zutun geprägt. Er darf ganzjährig für den Wassersport genutzt werden. Ein Hotel und ein Restaurant über den Klippen sorgen für Unterkunft und Verpflegung. Bei meinem Besuch glänzte der See allerdings durch gähnende Leere, obgleich Wetter und Temperaturen alle Möglichkeiten offen ließen. Ob er durch die geringe Besiedlung dieses Landes wenig frequentiert war, vermag ich nicht zu sagen.

Teilansicht vom Hardap-Stausee

Den Heimweg legte ich ohne Zwischenaufenthalt zurück, um Eckart in der Klinik noch einen Besuch abstatten zu können. Mit Erleichterung erfuhr ich, dass er die Krankenstation, wenn auch nicht voll genesen, am nächsten Morgen verlassen könne. Damit stand unserer Fahrt zu den Kühls auf der Farm Rooisand nichts mehr im Wege.

Frühzeitig schob ich mich am Abend in die Koje, nachdem ich den geschäftlichen Teil mit der Pension abgewickelt hatte. Ausgeruht empfing mich der neue Tag, dem ich voller Erwartung entgegen sah. Gepäck verstauen, Aufsuchen der Tankstelle von Harald Wilckens, Sohn meines Freundes Wolfgang, um aufzutanken, Ersatzbenzin und Trinkwasser in ausreichender Menge zu fassen – in Südwestafrika musste man bis zur nächsten Tankstelle weit fahren – und ab ins Krankenhaus.

Eckart hatte alle Formalitäten erledigt und war startklar. Erwartungsgemäß fühlte er sich noch schwach, war aber guten Mutes, als wir die Fahrt in Richtung Südwesten durch die Hakosberge antraten. Alles konnte nur noch besser werden!

Wir fuhren auf einer breiten Schotterstraße durch Berg- und Höhenland. Sie wurde von Zeit zu Zeit durchplaniert und erlaubte, je nach Zustand der Deckschicht, eine Höchstgeschwindigkeit von 60 bis 70 km/h, langsam genug, die bizarre, karge Landschaft mit ihrer sparsamen Vegetation aus Gras- und Niedrigstrauchwuchs in uns aufzunehmen. Von weitem grüßte der 2.347 Meter hohe Gamsberg herüber. Auf der ganzen Fahrt sahen wir kein einziges Stück Wild, das hier offensichtlich dünn gesät war. Die Räder wirbelten eine riesige Staubwolke hoch, die sich durch den Fahrtwind nach hinten verflüchtigte. Kam uns ein Auto entgegen – gottlob passierte es in dieser außerordentlich dünn besiedelten Gegend nur zweimal – hieß es, Fenster schließen und ein gutes Stück weit geschlossen halten. Dennoch war das Auto am Ende der Reise nach mehr als 5.000 km durch die Namibwüste, Etosha-Pfanne und andere staubgesättigte Gebiete des Landes außen wie innen, besonders der Motorraum, so vollgestaubt, dass mir eine annehmbare Reinigung unmöglich erschien. Diese Hypothek kannte man offensichtlich, der Toyota wurde von Avis widerspruchslos zurückgenommen.

Eine ähnliche Erfahrung machte ich mit meiner Minolta 7000-Kamera, die kurz vor dem Ende der Reise den Dienst verweigerte. Sie musste im Werk entstaubt und überholt werden. –

Nach etwa drei Stunden erreichten wir die Farm Rooisand in der Vornamib am Fuße des Gamsberges. Die Höhenlage des Farmgebietes beträgt 1.300 bis 1.400 Meter. Von Hubertus und Angelika Kühl wurden wir mit einer Herzlichkeit empfangen, als würden wir uns schon viele Jahre kennen. Man fühlte sich sofort wie zu Hause, geborgen in der ungezwungenen Südwester Gastfreundschaft und Lebensart, die ihresgleichen sucht.

Ankunft auf der Farm Rooisand

Das Farmgebiet von Rooisand umfasste 12.000 ha. Damit nicht genug. Hubertus hatte eine Nachbarfarm zugepachtet und für die dritte Farm eines Münchener Besitzers die Betreuung und kostenfreie Nutzung im Rahmen seiner Bedürfnisse und Möglichkeiten übernommen. Damit kontrollierte er ein Gebiet von kaum glaublichen 31.000 ha. Diese unvorstellbaren Größenordnungen ermöglichen erst eine reale Einschätzung, wenn man ihre Nutzungsmöglichkeiten einzuordnen weiß.

Ein großer Teil dieser Flächen ist vegetationsarm, sieht man von Flechten und niederen Pflanzen ab, die den anspruchslosen Wildarten, weniger dagegen den Haustieren, noch eine Ernährungsbasis bieten, solange ein Mindestmaß an Wasser verfügbar bleibt.

Die durchschnittliche Niederschlagsmenge beträgt für dieses Farmgebiet etwa 140 mm im Jahr, ein Wert, der in extremen Dürrejahren noch deutlich unterschritten wird. Es ist vorstellbar, wie stark Mensch und Tier in Gebieten dieser Art vom Wasser abhängig sind. Überlebenswichtig ist daher der Erhalt der Funktionstüchtigkeit ihrer selbstgebauten Brunnen mit den Förderpumpen, die bei einem hohen Fahraufwand täglich kontrolliert werden müssen.

Die im Raum vorhandene Vegetation – Gräser, Kräuter, Zwergsträucher und halbhohe Büsche – deckten unter den beschriebenen Voraussetzungen die Bedürfnisse von Vieh und Wild. So war es nicht verwunderlich, dass die auf geringen Ansprüchen basierende Zucht von Karakulschafen ein wichtiges Standbein war. Standorte in den Talsenken trockengefallener Riviere oder Teilflächen, auf denen die Zersetzung des hochanstehenden Grundgesteins schon zur Bildung einer dünnen Bodenkrume geführt hatte, ließen dank der besseren Entwicklung der Gräserflora eine Rinderhaltung und -zucht in bescheidenem Umfang zu.

Hubertus Kühl in seinem Reich

Wichtigstes Standbein war die Karakulzucht

Die Kühls hielten ein paar hundert Rinder, die ausschließlich vermarktet wurden. Rindfleisch kam nicht auf den Tisch; zu teuer, es hatte der Aufrechterhaltung des Farmbetriebs zu dienen. An seine Stelle musste Wildpret treten, wenn es denn verfügbar war – keineswegs immer selbstverständlich. Der Preis für den Erwerb war oft mit viel Mühe und Zeitaufwand verbunden, weil der bei uns geläufige Begriff Wilddichte durch „Wilddünne“ zu ersetzen ist. –

Eine Woche verweilten wir auf Rooisand. Es waren schöne, so interessante wie informative Tage, die uns das arbeitsintensive und entbehrungsreiche Farmleben im Hochland nahe brachten. Die Eheleute Kühl erfreuten sich ihrer beiden Töchter Stephanie und Daniela. Während die Jüngere ihre Beine noch unter Mutters Tisch strecken durfte, weilte Stephi schon in Windhoek im Internat. Ein Schicksal, das die meisten Kinder in diesem weiten Land teilen.

Zur Familie durfte man getrost auch die beiden Hunde zählen, einen Deutsch-Kurzhaar und einen Scotch Terrier, die Wohnrecht im Hause hatten. Der starke DK-Rüde half aktiv bei der Jagd auf Geparden, die zu den ärgsten Feinden der Schafe, vor allem auch frisch geborener Kälber zählten. Trotz ihres Schutzstatus durften sie aus gegebenem Anlass im Rahmen der Freigabe bejagt werden. Der an felsige Gebiete gebundene Leopard dagegen durchstreifte das Farmgebiet nur selten. Er gehörte zu den definitiv geschützten Großkatzen.

Wenn ich die Abende in der behaglichen Wohnküche Revue passieren lasse, so waren sie bei Kapwein aus dem Anbaugebiet Paarl und Biltong aus dem eigenen Hause, Erzählen und Diskutieren ohne Ende urgemütlich.

Für das leibliche Wohl sorgte Angelika. Der trockene Bordeaux löste die Zungen, und vom permanenten Kauen des Biltong – gut gewürztes, in Stücke und Streifen geschnittenes, luftgetrocknetes Wildpret von verschiedenen Arten – konnte man süchtig werden. Ein stilles Dankeschön schickte ich an meinen Gönner, Ernst Schäfer, der die Brücke zu dieser Verbindung geschlagen hatte. –

Die nächsten Tage fuhren wir mehrfach mit Hubertus über Stock und Stein durch dieses riesige, zerklüftete Farmgebiet über kaum sichtbare Pads, auf der Sohle trockenliegender Riviere, durch Rinnen und Furten mit Überwindung schier unmöglicher Hindernisse. Es waren Rallyefahrten im besten Sinne des Wortes, und ich wunderte mich nicht, dass der Toyota-Geländewagen pro Jahr fünf Reifensätze verschliss.

Eines Morgens hätten wir fast ein Springbocklämmchen überfahren, das von seiner Mutter mitten auf der Pad abgelegt worden und von einem

Stein kaum zu unterscheiden war. Wir sahen das Kleine erst in letzter Sekunde. Wegen der gegenwärtigen Seltenheit dieses Wildes im Raum ein großer Zufall, zumal sich der Verlauf des Weges von seiner Umgebung kaum abhob.

Plötzlich lag ein Springbocklamm vor uns in der Pad

Am Abend zuvor diskutierten wir die Wildsituation auf der Farm. Zwei böse Dürrejahre hintereinander ließen den Bestand an Springböcken, Oryxantilopen und Warzenschweinen, hier ohnehin nur dünn gesät, durch Verdursten oder frühzeitige Abwanderung fast auf Null sinken. Verblieben war für die Übergangszeit bis zur Wiederbesiedlung ein bescheidener Bestand an Bergzebras, die in ihrer Anspruchslosigkeit besonders hart im Nehmen sind.

Die Folge war die jagdliche Abstinenz und Vollschonung im Farmbetrieb. Lediglich ein paar wenige Hartmannzebras, wie dieses Wild auch genannt wird, durften „geerntet“ werden.

„Erich, ich habe meinen Leuten vor zwei Wochen gesagt, es kommt demnächst ein Gast und Jäger aus Deutschland auf unsere Farm, der mit dem Abschuss eines Hengstes für Frischfleisch sorgen wird. Das ist deine jagdliche Aufgabe und Herausforderung zugleich. Denke nicht, dass es einfach ist, aber ich hoffe, du wirst es packen.“ –

Damit war die Katze aus dem Sack. Ich wusste nicht, ob ich mich darüber freuen oder es als notwendige Pflichtübung aufnehmen sollte, zumindest noch nicht bei dieser Eröffnung. An die mögliche Bejagung eines Wildpferdes hatte ich mich innerlich nie gewöhnen können, jetzt musste ich mich ernsthaft damit auseinandersetzen. „Gehe es morgen einmal an, und ich verspreche dir, es wird kein Zuckerschlecken.“

Hubertus sollte Recht behalten. In Afrika war das Bergzebra die Wildart, die mir alles abverlangte. Nur durch Zufall kam ich in letzter Minute zum Erfolg. Es war so, als ob ein Stürmer in der einminütigen Verlängerungszeit noch das spielentscheidende Tor schießt.

Ich musste einsehen, dieses Wild war mir in seinem angestammten Lebensraum klar überlegen. Da nutzte auch eine weittragende, gut schießende Büchse nichts. Aber der Reihe nach ...

Der Himmel war blau und hoch, 30 °C im Schatten, vielleicht mehr. Schatten? Der war Mangelware. Die Sonne stand im Zenit. Dennoch, diese Temperatur hier oben im Bergland auf etwa 1.600 Metern Höhe konnte man verkraften. Eine Flasche Wasser, ein Butterbrot und zwei Apfelsinen im Rucksack, dazu die Kamera, waren eine zumutbare Belastung. Als die größere Hypothek erwies sich die schwere 9,3 x 64-Brenneke-Büchse. Von Stunde zu Stunde zog sie die Schultern stärker herab. Andererseits war es mir wichtig, die eigene Büchse zu führen, auf die ich mich hundertprozentig verlassen konnte.

Hin und wieder tupfte ich mir die Schweißperlen von der Stirn. Die Okulare des Zeiss-Dialyt beschlugen vom rascher gehenden Atem, wenn ich einen Hang erklommen hatte und das fallende und wieder ansteigende Gelände abglaste. Ernüchterung und Enttäuschung folgten stets auf dem Fuße, erwies sich die Bühne vor mir einmal mehr als leblos und leer.

Auf meinem Pirschweg hörte ich zweimal das Steineln von trabenden Hufen, natürlich hinter dem Geländekopf, den ich in langsamem Vorwärtsgang zu erreichen suchte. War ich glücklich oben, hatte sich der Hufschlag längst in ein Nirwana aufgelöst. Dabei war ich sicher, das Wild meiner Begierde in erreichbarer Nähe vor mir gehabt zu haben.

Das Pirschen zwischen Geröll und zahllosen kleinen Steinen, die den Boden überall bedeckten, erwies sich als schwierig bis unmöglich, besonders im Hinblick auf die weiten Fluchtdistanzen der vorsichtigen Bergzebras. Im Gelände, gleich welcher Art, bewegten sich dagegen die Eingeborenen häufig auch ohne Schuhe lautlos wie Katzen.

Mein Jagdgebiet auf Bergzebra

In der Wahl meiner Pirschstiefel hatte ich in völliger Unkenntnis der Verhältnisse speziell in diesem Raum in die falsche Kiste gegriffen; denn langschäftige

Turnschuhe oder leichte Bergstiefel mit einer ausreichend dicken Sohle und griffigem Profil aus nicht zu hartem Gummi wären zielführender gewesen.

Nach mehrstündiger Pirsch entdeckte ich auf meiner Pad einen trockengefallenen Flusslauf, der nur in der Regenzeit Wasser führte. Steingruß bedeckte zwar den Boden, doch die meisten kleineren Steine hatte das reißende Wasser in der alljährlichen Regenzeit fortgetragen. Hier war ein fast lautloses Pirschen möglich.

Ich folgte dem Verlauf des Riviers einen Kilometer, vielleicht auch mehr, bewegte mich langsam voran, immer wieder stehen bleibend, um zu horchen und zu spekulieren, wenn der Uferbewuchs Sichtschneisen frei gab. Bäume, Sträucher und Graswuchs hatten am Rande dieser „Scheinflüsse" im kargen Hochland der Vornamib noch die bestmögliche Chance für eine annehmbare Entwicklung. Wenn überhaupt, traf man wegen der verfügbaren Nahrung in diesem großräumig vegetationsarmen Gebiet hier noch am ehesten auf Wild und war gut beraten, aus dem Pirschengehen ein Pirschenstehen zu machen, zumal das afrikanische Wild über sehr gute Tarnfarben verfügt.

Und ich wurde fündig. Auf etwa 400 Meter vor mir stand in einem sanft ansteigenden Hang reglos ein Trupp von vier, wie mir schien, erwachsenen Bergzebras, die offenbar schon misstrauisch geworden waren. Sie verschmolzen so sehr mit dem Gestein, dass ich sie fast übersehen hätte. Alle vier sicherten unentwegt in meine Richtung. Der Wind war eingeschlafen, Wittrung konnten sie kaum von mir bekommen haben. Und doch konnte nur ich der Anlass ihres äußerst vorsichtigen Verhaltens sein. Vielleicht hatten sie weit vor mir, im Ufersaum stehend, das Feld schon rechtzeitig geräumt. Wenn ja, hätte ich es eigentlich hören müssen.

Dieser kleine Familienverband bestand aus einer Stute, zwei zweijährigen Fohlen – vermutlich Sohn und Tochter – und dem etwas stärkeren Leithengst. Der würde passen; doch es gab nicht die Spur

Auf 400 Meter hatte ich unerwartet ein Rudel vor

Die Leitstute im Hang (Pfeil) verschmilzt nahezu mit dem Gestein

einer Chance, an ihn heranzukommen. Im weiten Rund war das Gelände kahl und deckungslos. Ich hatte noch viel Zeit, konnte ihr weiteres Verhalten abwarten. Vielleicht war ich ja gar nicht der Anlass ihrer Aufmerksamkeit – der berühmte Strohhalm! Es war unwahrscheinlich, dass sie ihre Marschrichtung auf den Berggrat zu um 180 ° ändern würden, um talwärts zu ziehen. Ich beobachtete weiter.

In der Schussentfernung hatte ich mich auf maximal 200 Meter festgelegt. Daran hieß es festzuhalten. Es kam, wie es kommen musste. Der Trupp setzte sich hangaufwärts langsam in Bewegung. In unnachahmlicher Manier verhofften die Bergzebras auf dem Kamm, gaben gegen den strahlendblauen Himmel ein herrliches Bild ab und empfahlen sich in den für mich nicht mehr einsehbaren Raum. – Das war's.

Ein Hinterherpirschen wäre verschwendete Zeit gewesen. Ich setzte meinen Gang auf der Flusssohle fort und hoffte auf eine neue Möglichkeit, an Wild heranzukommen. Tatsächlich ergab sie sich schon nach kurzer Zeit. Als ich eine Biegung des Riviers hinter mir gelassen hatte, öffnete sich der Blick auf einen weiteren Hang, an dessen Fuß auf etwa 250 Meter erneut ein vierköpfiges Rudel vertraut in der Äsung stand. Durch Verkürzung des Winkels wäre ich mit etwas Glück auf eine annehmbare Schussentfernung herangekommen. Leider stach dieser Trumpf nicht. Vor mir standen zwei Stuten mit je einem Fohlen. Mir blieb der Genuss des schönen Anblicks.

Es gab keinen Grund, das vertraute Idyll zu stören. Ich drehte um und setzte mich unauffällig ab. Bis zum Treff für die Abholung durch Hubertus um 16 Uhr blieb mir noch eine gute Stunde. Weithin sichtbar hatte ich auf einem erhöhten Punkt im Gelände ein weißes Tuch in einen Strauch gebunden, den ich mit Hilfe des Sonnenstandes und einiger markanter Punkte mühelos wiederfinden würde. Außerdem würde Hubertus nach seinem Eintreffen dreimal hupen.

Meine Gedanken schweiften zurück. Eines hatte ich heute gelernt. Bergzebras sind so scharfsinnig wie vorsichtig und halten eine weite Fluchtdistanz ein, die ich bei den Antilopenarten, selbst bei den Warzenschweinkeilern in den nächsten Wochen so nicht beobachten konnte. Im Misstrauen kamen ihnen die Großen Kudus noch am nächsten. Gestern konnte ich bei der Farmrundfahrt aus dem Autofenster zwei Fotos von Bergzebras schießen, die mit dem Gelände fast verschmolzen. Trotz weiter Entfernung verhofften sie nur kurz und wurden rasch wieder flüchtig. –

Auf meinem Weg zum Ausgangspunkt sah ich kein Wild mehr. Hubertus nahm mich pünktlich auf, und auch der Rückweg zur Farm blieb ohne Anblick. Der Abend im Hause Kühl wartete mit einer kleinen Überraschung für uns auf. Angelika und Hubertus hatten die Frauen ihrer Farmarbeiter mit ihren Kindern zu einem Filmabend eingeladen. Wir nahmen ihr Angebot zur Teilnahme gerne an. Vorgeführt wurde ein Film aus dem Umfeld ihrer Heimat: „Die Wüste lebt". Das Wohnzimmer war randvoll. Alle saßen einträchtig nebeneinander auf dem Fußboden, verfolgten diszipliniert, und wie es schien, durchaus interessiert, die ansprechende, ausdrucksstarke Handlung. Es ist schon erstaunlich, wie reich die Namibwüste an Artenvorkommen ist – eine Wüste, die man für fast leblos zu halten geneigt ist.

Im Umgang mit dem Farmpersonal zeigten die Kühls eine glückliche und geschickte Hand. Das war mir schon während der Farmrundfahrten aufgefallen. Die Zuverlässigkeit der Helfer, die oft zu wünschen übrig lässt, musste ständig neu angeschoben und gefördert werden.

Den nächsten Morgen brachte mich Hubertus wieder hinaus ins weite Farmgebiet. Diesmal wählte er einen anderen Revierteil. Ich pirschte, stand, wartete an aussichtsreichen Stellen, versuchte Geländeteile zu finden, die eine möglichst lautarme Pirsch erlaubten, schaute in Täler und Kare hinein und blieb trotz aller Mühe den ganzen Tag unbelohnt – nichts! Dies war mein letzter Tag auf Rooisand. Die Hoffnung schwand, nein, sie sank auf Null, noch zu einem Erfolg zu kommen. Es mochte ein Wink des Schicksals sein. Schließlich hatte ich mich vorher so gar nicht recht mit dem Gedanken anfreunden können, ein Wildpferd zu erlegen.

Über Tag gab es reichlich Zeit, mir ein Bild vom entbehrungsreichen Leben auf einer so risikobelasteten Farm wie Rooisand am Rande der Wüste Namib zu machen. Diese anspruchsvolle Aufgabe kann nur von Menschen bewältigt werden, die mit einem eisernen Willen, mit Disziplin, Fleiß und Verzicht auf viele Annehmlichkeiten des Lebens ausgestattet sind.

Darüber hinaus darf das Glück des Tüchtigen nicht fehlen. Ohne ein gerüttelt Maß an Können und Geschicklichkeit läuft nicht viel. Hubertus und seine

Angelika verkörperten diese Eigenschaften. Farmer, Mechaniker, Schmied, Tierarzt, Geburtshelfer, Jäger – kurz: Alle Fertigkeiten und Eigenschaften, die in Namibia die unverzichtbare Unabhängigkeit schaffen, will man bei Entfernungen von 120 bis 160 Kilometer zu den nächsten größeren Ortschaften überleben, zeichnen die Kühls aus. Das kann man getrost auf viele andere Farmer im Lande – ich beziehe hier unsere Wilckens-Freunde ausdrücklich mit ein – übertragen. Diese Pioniere müssen aus hartem Holz geschnitzt sein.

Hubertus, Förstersohn aus Karlsruhe, war ein typischer Aussteiger und Abenteurer mit einem gehörigen Schuss Selbstbewusstsein, bereit, seinen Daheimgebliebenen zu zeigen, was man aus seinem Leben machen kann. Eine Reihe von Jahren hatte er sich als Farmverwalter verdungen, bis das Geld zum Kauf der Farm Rooisand flüssig gemacht werden konnte. Inzwischen gründete er mit seiner Frau Angelika, einer echten Südwesterin, eine Familie.

Er dürfte nicht Hubertus Kühl heißen, wenn er den Rest seines Lebens mit den Seinen auf dieser arbeitsreichen, aber bei hohem Risiko relativ ertragsarmen Farm verbringen sollte. Zum richtigen Zeitpunkt trennte er sich von Rooisand, um in einem besseren Gebiet mit 350 bis 450 mm Jahresniederschlag die Farm Tokat zwischen dem Flughafen Windhoek und der Grenze von Botswana zu erwerben. Mit der Zeit erweiterte er seinen Wirtschaftsraum um sechs weitere Farmen namens Seeis, Timor, Voorslag, Ondorohaka, Okatunde und Die Vlakte. Von den etwa 20.000 ha Farmland mit einer Ausdehnung von 350 km zwischen dem Flughafen Windhoek und der Grenze von Botswana sind 10.500 ha Eigentum, die andere Hälfte ist zugepachtet. Immerhin reicht der Regen aus, auf den geeigneten Standorten in nicht unerheblichen Mengen Mais und Bohnen anzubauen. Ein gewisses Risiko durch Dürrejahre oder Insektenkalamitäten bleibt natürlich immer bestehen. Sicherer ja, aber tatsächlich arbeitsärmer ist die Bewirtschaftung der großen Fläche in weiter Streulage keineswegs geworden. –

Familie Kühl mit den Töchtern Stephi und Daniela

Während ich diesen Teil der Lebensgeschichte von Hubertus Kühl niederschreibe, erreicht mich Angelikas Nachricht, dass er nach schwerer Krankheit vor ein paar Wochen viel zu früh den Weg in die Ewigen Jagdgründe gegangen ist. Ich verneige mich vor diesem großartigen Mann und liebenswerten Menschen.

Gedankenversunken hatte ich den Treffpunkt erreicht, wo mich Hubertus und Eckart schon erwarteten. Hubertus riet mir, auf der Pritsche des Toyota Platz zu nehmen. Sollte sich auf der langsamen Heimfahrt durch ein erfahrungsgemäß wildträchtiges Gebiet noch eine Chance bieten, könnte ich schneller reagieren. Wie zu verfahren wäre, müsste aus der Situation heraus entschieden werden. Beim Anblick von Wild auf größere Entfernung sollte ich an das Rückfenster klopfen und beim Halten den Wagen verlassen, um vom Zielstock zu schießen, oder näher heran zu pirschen, um eine günstigere Schussentfernung zu erreichen. An diese Version mochte ich nicht so recht glauben.

Sollte alles sehr schnell ablaufen und zu sofortigem Handeln zwingen, wäre vielleicht der stehend freihändig abgegebene Schuss von der Pritsche die einzige Möglichkeit. Eine Chance dieser Art wünschte ich mir nur ungern. Ich war allerdings weit davon entfernt, noch an einen Erfolg zu glauben. So ließ ich die Dinge mit etwas Abstand nicht ganz ohne Hoffnung an mich herankommen. Hoffnung aufgeben, das würde meiner Natur widersprechen. Es war warm, die Zugluft vom Fahrtwind ließ sich gut ertragen und kühlte angenehm. Wie immer, wenn es auf der Jagd um etwas geht, war ich ganz Auge und Ohr.

Unweit des Farmgehöftes durchfuhren wir eine lockere Buschsavanne auf einem ziemlich ebenen Plateau, als plötzlich Unerwartetes eintrat. Hinter einer kleinen, von Randbüschen verdeckten Wegebiegung flüchtete ein Rudel von sechs Bergzebras in scharfem Troll auf etwa 60 Meter vor uns über die Pad und verschwand wieder hinter der Strauchdeckung.

Vorneweg die Leitstute mit Fohlen, dahinter eine weitere Stute mit Nachwuchs, gefolgt von einem zweijährigen Tier und am Ende der Beschützer des Rudels, ein erwachsener Hengst.

Hubertus hielt und raunte mir durchs offene Fenster zu: „Der Letzte, wenn es möglich ist." –

Vorbei die Vorbehalte, ein Wildpferd zu erlegen. In diesem Moment gingen die Pferde mit mir durch, wollte ich nur noch Jäger sein. Die Passion, Beute zu machen, brach sich Bahn und verdrängte Empfindlichkeiten.

Im Herbeisuchen von Ausreden ist der Mensch bekanntlich Meister. Der willkommene Gedanke schoss den Pfeil ab, nicht länger zu zögern. „Du hast die verdammte Pflicht, die Farmleute mit Wildpret zu versorgen, basta!", und riss damit alle noch schlummernden Barrieren ein.–

Einen Bogen schlagend, um die vorhandene Deckung voll zu nutzen, erschien das Rudel auf 80 bis 90 Gänge auf einer Sichtblöße von etwa 15 Metern. Die beiden Stuten mit ihren Fohlen verhofften auf der Lichtung, fielen aber sogleich wieder in leichten Trab und verschwanden auf der Gegenseite, als die Nachhut drüben erschien.

Glücklicherweise war der Abstand zwischen beiden groß genug, dass ich dem Hengst die Kugel guten Gewissens antragen konnte. Es riss ihn aus dem Stand von den Läufen, er schlegelte einen Moment und verendete kurz darauf.

In der Sorge um einen möglichen Krellschuss hatte ich sofort nachgeladen und blieb schussbereit. Doch es gab nichts mehr zu tun. Hubertus wünschte mir Waidmannsheil und sagte anerkennend: „So schnell habe ich in meinem Leben noch kein Bergzebra verenden sehen." Nun, ich hatte Glück gehabt. Auf Großwild dieser Art war die 9,3 x 64 eine gute Wahl. Das voll ausreichende 16 g-KS-Geschoss hatte seine Schuldigkeit getan.

Noch Fragen? Ja, ich habe unter Zuhilfenahme meines Zielstocks vom Wagen aus geschossen – vom Boden hätte ich wegen einiger Büsche am Wegesrand keine freie Schussbahn gehabt – und für dieses Verhalten schäme ich mich noch heute. Es war und blieb das einzige Mal, dass ich vom Auto aus ein Stück Wild erlegte, wenn ich von Kaninchen bei der Schadwildbejagung (-bekämpfung) absehe.

Zur Strecke – mein Hartmann-Zebrahengst

Auf der Farm wurden wir mit Hallo begrüßt. Man freute sich meines Erfolges in letzter Minute, erfreute sich des Zugewinns an frischem Wildpret, das auf dieser Farm nicht immer einfach zu erbeuten war. Das Alter des Hengstes wurde auf acht bis neun Jahre geschätzt.

*

Wir folgten der Gamsbergpad in Richtung Westnordwest quer durch die Namibwüste. Bis Swakopmund waren etwa 160 Kilometer zurückzulegen. Hinter uns wirbelte der Wagen eine Staubwolke aus feinem gelben Sand auf, die einen Kilometer weit in der Luft stehen bleiben mochte, bevor sich die feinen Partikel wieder am Boden abgesetzt hatten. Niemand versuchte, einen anderen zu überholen, fuhr in gebührendem Abstand hinterher, um sich eine erträgliche Sicht zu bewahren. Bei gottlob nur selten auftretendem Gegenverkehr musste jeder die Staubwolke seines „Widersachers" ein Weilchen ertragen.

Der Abschied von Rooisand und seinen liebenswerten, gastfreundlichen Menschen, die uns in kurzer Zeit zu Freunden geworden waren, hatte uns fast ein wenig melancholisch gestimmt, doch der Aufbruch zu neuen Ufern versprach weitere, unbekannte Eindrücke, Erfahrungen, Erlebnisse, die uns versöhnlich stimmten, hinter uns Liegendes überlagerten und neugierig auf Kommendes machten.

Nach Verlassen der Farm wurde unsere Pad noch ein Stück weit von einzelnen Halbbäumen und Sträuchern gesäumt, die mehr und mehr in Zwergwuchs übergingen und schließlich ganz wegblieben. Stattdessen nur noch Geröll und Sand, aus dem Steinquader in Streulage oder in Reihen angeordnet an der Oberfläche hervorlugten und die Monotonie ein wenig unterbrachen. Dann blieben auch diese weg, und wir hatten nur noch den kristallfeinen, gelbgrauen Sand neben, vor und hinter uns.

Die Namibwüste – Sand und Geröll, soweit das Auge reicht

In der Ferne tauchten zwei junge Oryxantilopenbullen auf, ein fast unwirkliches Bild. Grauschwarzweiß gezeichnete Wildtiere, die kraftvoll und elegant ihre Bahn auf uralten Fernwechseln zogen, auf Wildwegen, die man nicht sah und die doch vorhanden waren. Wurden sie mit ihren feinen Sinnen von Wasseradern geführt, wie oft behauptet wird? Was für ein seltener Kontrast – ein Motiv, wie es sich ein Jagdmaler, mehr noch ein Steinbildhauer, nicht besser vorstellen könnte.

Was zum Teufel suchten diese Spießböcke mitten in der Wüste, kein Tropfen Wasser zum Trinken, keine Grashalme zum Füllen des Weidsacks. Gab es keine begehrlicheren Plätze in ihrem Lebensraum?

Diese Situation verliert an Brisanz, wenn man weiß, dass Oryx lange ohne Wasser auskommen können, wenn in ihrer Nahrung, vornehmlich Gräsern, genügend Wasser gespeichert ist. Im Übrigen sind sie in der Lage, Wasser im Organismus zu binden, während zum Beispiel der Große Kudu mehrmals täglich zum Schöpfen ziehen muss, um sich eine gute Kondition zu bewahren. – Vielleicht waren die jungen Herren auf der Suche nach neuen, ruhigeren Einständen, abgeschlagen von stärkeren, die ihr erkämpftes Heimrecht verteidigten. Gottes Wege sind unergründlich.

Unweit von Swakop, wie die Stadt von Einheimischen genannt wird, türmen sich 100 Meter hohe Wanderdünen auf. Mit ihrem messerscharfen Grat, wie es aus der Ferne ausschaut, und ihren bizarren, skulpturartigen Formen bieten sie einen interessanten, nicht alltäglichen Anblick.

Ein Stück weiter taucht neben der Pad eine alte Dampflok namens „Martin Luther" auf. Als Zeuge der Geschichte und Museumsstück hat man sie auf einen gemauerten Sockel gestellt, um sie der Nachwelt zu erhalten. Die geplante Bahnverbindung von Windhoek nach Swakopmund verlief schon im Ansatz bei ersten technischen Maßnahmen förmlich im Sande, soll heißen, wenn ich es richtig erinnere, dass die verlegten Schienen fast schneller beerdigt wurden, als sie installiert werden konnten.

Zwei Tage blieben wir in Swakopmund, der Ortschaft in Namibia, die wahrscheinlich die stärksten deutschen Züge trägt. Hier konnte man sich uneingeschränkt wohlfühlen, weil der Umgang mit den Menschen unwillkürlich an das eigene Heimatland erinnerte. In jedem Geschäft, jedem Restaurant wurde deutsch gesprochen. Die Gastronomie war vorzüglich, die Fischgerichte zergingen einem auf der Zunge – Essen und Trinken in jeder Hinsicht gut und preiswert.

Die Stadt machte einen piksauberen Eindruck, das atlantische Seeklima war mild und wohltuend. Verständlich, dass hier besonders die deutschen Farmer gern eine Auszeit nahmen, um sich in Swakopmund von den harten Mühen des Alltags zu erholen. Schöne, geschichtsträchtige Gebäude zierten das malerische Ortsbild, gepflegte Palmenreihen säumten die Straßen, auf der Mole konnte man ein gutes Stück weit in die Hafenlagune laufen und den Abendfrieden mit schönen Sonnenuntergängen genießen.

Brandungsangeln am Atlantik

Am dritten Tag vor der Weiterfahrt wartete noch eine angenehme Überraschung auf uns. Hubertus hatte mit englischen Freunden vereinbart, uns für ein paar Stunden zum Brandungsangeln am Atlantik mitzunehmen. Angelgeräte seien vorhanden. Gern hatte ich zugesagt, konnte ich doch Eckart damit eine Abwechselung bieten. Brandungsangeln war zwar nicht seine Domäne, obwohl er es schon als Junge in heimatlichen Gefilden an der Ostsee geübt hatte. Hier reizte allemal das Neue, Unbekannte.

Gemeinsam fuhren wir ein paar Kilometer nach Norden auf einem lupenreinen Sandstrand entlang, vorbei an Salzdeponien, Guanobänken, ruhenden Pelikanen, Raubmöwen, Kormoranen, die die Verursacher des Vogeldüngers sein mochten, bis wir schließlich die fangträchtigsten Plätze am gischtumtobten Meeresufer erreichten.

Hier standen schon eine Anzahl Angler in gebührendem Abstand zueinander, die aus Erfahrung wussten, an welchen Uferabschnitten man mit Geschick und etwas Glück Fische fangen konnte. Mit ihren langen, stabilen Ruten warfen sie die bleibeschwerten kräftigen Schnüre bei singenden Stationärrollen über die uferumschäumte Brandung weit in den Atlantik hinaus. Als Köder benutzten sie an mehreren Haken montierte Fischhäppchen, die meistens sehr bald ihre Liebhaber fanden. Bogen sich die Ruten nach einem Biss, wurde angehauen, und der Widerstand an der Schnur ließ den erhofften Erfolg ahnen. Nach dem Aufspulen der Schnur bei mehr oder minder großer Gegenwehr war die Freude auf Seiten des Anglers groß, wenn statt eines Fisches zwei oder gar drei Schuppentiere an den Haken zappelten. Große Geduld mussten sie nicht einmal aufbringen, es fehlte weder an Fischen noch an deren Beißfreudigkeit.

Der Fischreichtum im Atlantik entlang der namibischen Westküste ist unstrittig. Nur 100 Kilometer nördlich von Swakopmund befindet sich am Cape Cross ein Robbenschutzgebiet, in dem sich viele tausend Tiere mit hohen Gewichten tummeln, die alle satt werden wollen. Sie leben ausschließlich vom Fisch.

Dieses beuteträchtige Gebiet mag auch das Ziel der großen Kormoranflüge gewesen sein, die uns in ununterbrochener Folge in nördlicher Richtung passierten. Fast schwerelos schwebten sie flach über die tosende Brandung dahin.

Als Fischfresser mit hohem Bedarf waren sie dank der unerschöpflichen Quellen in diesem extrem dünn besiedelten Gebiet kein Thema. Alle wurden hier satt, egal ob Mensch, Robbe oder Kormoran. –

Eckart mit Catfish

Große Raubmöwen hockten aufgereiht am Ufer und warteten sehr geduldig auf das Schlachtfest der Angler. Die weggeworfenen Innereien der Fische hatten die Wasseroberfläche des Meeres kaum erreicht, als sie auch schon im Schlund der wendigen, nimmersatten Möwen verschwanden.

Bei den Petrijüngern war es ein Kommen und Gehen. Hatten sie ihre Eimer mit den erbeuteten Schuppentieren gefüllt, fuhren sie heim und überließen ihren Platz dem Nächsten. Nach meiner Beobachtung wurden vier verschiedene Arten gefangen – Fische, die ein Gewicht von zwei bis drei Pfund nur selten überschritten. Am häufigsten hingen Catfische, eine kleine, am Meeresgrund lebende Welsart, an den eingeholten Angeln. Steenbarsse mit einfarbig silberglänzenden Schuppen und einer stachelbewehrten Rückenflosse waren darunter. Ein maränenartiger Fisch mit Fettflosse, man nannte ihn Elefantfish, wurde gefangen, und schließlich zierte noch eine brassenartige Variante namens Galjoonfish die bunte Strecke. Als stiller Beobachter hatte ich meinen Spaß am emsigen Treiben und freute mich, dass auch Eckart auf seine Kosten gekommen war, bevor wir unsere Weiterfahrt nach Nordosten antraten.

Von Swakopmund führte uns die Pad über die Städte Usakos und Karibib am Ostrand der zerklüfteten Erongoberge entlang bis Omaruru, um von dort in Richtung Ost die Wilckens-Farm „Ongangasemba" auf halbem Wege zwischen Okahandja und Otjiwarongo zu erreichen. Ein Stück weit folgten wir dem breiten, trockenliegenden Flussbett des Omaruru-Riviers. Von der graubraunen Buschsavanne hob es sich durch die üppige, buntgefärbte Bodenfloradecke als landschaftsbelebendes Element wohltuend ab, nur ab und zu unterbrochen von den schneeweißen Farbflecken ruhender Seidenreiher, die stoisch auf eine Schlangenmahlzeit warten mochten.

Nomen est Omen – angesichts der zahlreichen Perlhühner, die während der Ankunft auf dem Farmgebiet unserer Gastgeber respektvollen Abstand wahrten, musste uns klar sein, in wenigen Minuten den Zielort erreicht zu haben. Der Hereroname Ongangasemba steht nämlich für „Perlhuhnfarm". Auf meine Frage an Wolfgang, ob sich die Farmleute ab und zu eines der wohlschmeckenden Perlhühner für den Kochtopf schießen würden, wurde mir zur Antwort: „Weshalb sollten wir diese Tiere töten, sind sie doch unsere besten Termitenvertilger, die auf der Farm oft großen Schaden anrichten!" Dem war nichts hinzuzufügen. Ob diese Tiere als Namensgeber der Farm darüber hinaus einen Kultstatus durch Vollschutz genießen, blieb mir verborgen. Eine diesbezügliche Frage habe ich aus Taktgründen nie gestellt.

Und dann standen wir vor dem von hohen, schattenspendenden Bäumen umgebenen Farmhaus und wurden genau so herzlich begrüßt wie in Rooisand. Man machte nicht viele Worte. Beim Überschreiten der Türschwelle waren wir fast ein „Teil der Familie auf Zeit". Keine Anlaufschwierigkeiten, lockerer Umgang miteinander, gerade so, als wären wir seit langem regelmäßig zu Gast in diesem Hause. Wahrlich, von der Mentalität und Freizügigkeit der Südwester könnten wir Mitteleuropäer noch eine Menge lernen – allein wir würden es nicht lernen, weil wir in einer anderen Welt unter anderen, stark egoistisch geprägten Bedingungen der Massengesellschaft hochmoderner Industriestaaten unser Dasein fristen.

Die großen Entfernungen im Lande bedingen, dass die Farmerfamilien vorwiegend auf sich allein gestellt sind. Sie lesen in der verbleibenden Freizeit viel – die Nächte sind lang –, sind doch ihre Wissbegierde und ihr Informationshunger groß. Wenn auch verspätet, finden viele Zeitungen und Zeitschriften den Weg zu den Farmen. Über manche Vorgänge in Mitteleuropa, besonders natürlich in Deutschland, aber auch woanders auf der Welt wussten sie besser Bescheid als wir.

An den Wänden stapelten sich zahlreiche Bücher. Mit der sehr belesenen, gebildeten und warmherzigen Elisabeth, Mutter von vier Kindern, war die abendliche Unterhaltung am Kamin ein Genuss. – Sie haben richtig gelesen. Kamin? Wozu der bei mehr als 40 °C im Schatten im heißen Afrika? Tatsächlich kühlen die Nächte oft stark ab und machen den Pullover unentbehrlich. Reif auf den Gräsern und eine dünne Eissicht auf dem Damm, wie man die Stauseen nennt, habe ich selbst erlebt.

Von Wolfgang erfuhren wir über das Farmleben, seine Anfänge und Entstehung, über die Schwierigkeiten, bevor die arbeitsintensive Anlage der Staudämme, wo immer im Farmgebiet möglich, Gestalt annahm und die Risikofaktoren des Farmbetriebes minderten. Immer war es der ausbleibende oder zu wenig ergiebige Regen, der die Menschen in Not brachte, war es der Faktor Wasser, von dem das Wohl und Wehe von Vieh und Wildtieren abhing.

Nicht selten mussten Notschlachtungen vorgenommen werden, wurden die Rinder auf Lastkraftwagen verladen und in ferne Weidegründe verbracht, gegen Bezahlung, versteht sich, um ihr Überleben zu sichern. Hohe Ertragseinbußen waren die Folge. Die unvermeidbare Zeche zahlte das Wild. – Wo keine Dämme angelegt werden konnten, mussten weiterhin die von Diesel und Windkraft angetriebenen Förderpumpen die Wasserversorgung sicherstellen. Sie bedurften der ständigen Kontrolle und Wartung, und ginge es nur darum, „Sabotageakte" der Paviane zu beheben.

Natürlich sprachen wir auch über Wild und Jagd. Der Status Jagdfarm hatte auf Ongangasemba noch keinen Eingang gefunden. Abschüsse wurden nicht verkauft, Wild nur für den eigenen Bedarf erlegt, selbstverständlich bei genauer Einhaltung der genehmigten Abschussfreigaben. Daran beteiligten sich Familienangehörige, Freunde und gute Bekannte.

Der Wildbestand war gut, der Zuwachs wurde nicht im Entferntesten abgeschöpft. Als bejagbares Standwild zogen Großer Kudu, Oryxantilope (Spießbock) und Warzenschweine im Farmgebiet ihre Fährten, während Springböcke und Hartebeest (Rote Kuhantilope) als Zuwanderer nur in geringer Zahl vertreten, nicht geschossen werden durften.

Vergeblich versuchte ich Wolfgang zum Jagdfarmbetrieb zu überreden, um das Wirtschaftsrisiko zu verringern. Die Zeit war noch nicht reif dafür.

Inzwischen – unvergessen Wolfgang und Elisabeth für mich, die leider seit Jahren schon der grüne Rasen deckt – hat der Jagdfarmbetrieb als wichtiges zusätzliches Standbein längst Einzug gehalten. Immo Wilckens und einer seiner Söhne wurden geprüfte Meisterjagdführer. Heute steht die Jagd aus wirtschaftlicher Sicht, wie mir versichert wurde, stark im Vordergrund.

In den vergangenen Jahren wurden auf der Wilckens-Farm zusätzlich Steppenzebras, Streifen- und Weißwedelgnus sowie Blesböke angesiedelt. Eine Anzahl Impalas sind zugewandert. Damit hat die Jagdfarm, in guter deutscher Tradition bewirtschaftet, an Attraktivität deutlich zugelegt. Ongangasemba ist nicht wilddicht eingezäunt. Der Status der Freien Wildbahn in unserem Sinne ist voll erhalten geblieben. –

Zurück zum Stand vom August 1987. Auf einer Rundfahrt lernte ich das Farmgelände und seine Grenzen kennen. Es wurde fast ausschließlich Viehzucht und Rindermast betrieben. Alle brauchbaren Weideflächen mit Gras-, Baum- und Buschbestockungen waren in 200 ha große Camps unterteilt und gezäunt. Schöpf- und Wasserstellen, ob von Staudämmen oder Pumpenanlagen gespeist, sicherten eine ausreichende Versorgung mit dem lebenserhaltenden Nass für Mensch, Vieh und Wild.

Die etwa zwei Meter hohen Zäune wurden vom Wild ziemlich mühelos überwunden. Der Große Kudu, in Verhalten und Lebensgewohnheiten stark an unser heimisches Rotwild erinnernd, überfiel die Zäune in unnachahmlicher Eleganz, während sich die Oryxantilope am Boden flach machte wie eine Flunder, das Zaungeflecht mit dem Rücken anhob und sich darunter durch zwängte. Die Warzenschweine bedienten sich zur Unterwanderung des Geflechtes mit Erfolg ihres betonharten Hauptes und Gebrechs. Wer Erdferkelhöhlen aufbrechen und erweitern kann, wird auch mit anderen Hindernissen fertig. Alle drei Wildarten konnte ich bei ihrem Tun beobachten.

Die Zäune bedurften ständiger Kontrollen, soweit sie durch Vieheintrieb genutzte Weideflächen absicherten, um ein Abwandern und Verlaufen von Rindern zu vermeiden.

Natürlich gab es auch größere Teilflächen mit felsigen oder waldartigen Strukturen ohne Gatterung, die für den Weidebetrieb ausfielen und dem Wild als Einstandsgebiete vorbehalten blieben. Besonders beliebt waren die trockengefallenen Riviere mit üppigen Baum- und Buschuferzonen, die Deckung und Äsung gleichermaßen boten, allerdings ganz selbstverständlich auch in die Campparzellen für das Vieh integriert waren.

Die Farmrundfahrt bot viel Abwechselung und zeigte mir die Vielseitigkeit der unterschiedlichen Lebensräume. Nur wenige Kilometer in nördlicher Richtung hob sich ein Doppelkegelberg namens Omatako als Wahrzeichen ab. Bezeichnenderweise lautet seine Übersetzung aus der Hererosprache „Arschbackenberg". Am Horizont in nordnordöstlicher Sicht erscheint dem Betrachter das Waterbergmassiv, das im Hererokrieg traurige Berühmtheit erlangte.

Am Ende unserer Reviertour, die mit vielen Hinweisen auf Wildvorkommen und -bewegung angemerkt war, sprach Wolfgang den folgenschweren Satz: „Nun weißt du ja Bescheid, Erich, wo du dich in den nächsten Tagen bewegen und jagdlich betätigen kannst. Du darfst je einen Großen Kudu-, einen Oryxbullen und einen Warzenschweinkeiler erlegen, wie es deinen behördlichen Lizenzen entspricht. Auf das Alter des Wildes bezogen, gibt es keine Beschränkungen. Mache das Beste daraus. Du bist Berufsjäger, führen brauche und werde ich dich nicht." Das war es.

Eines größeren Vertrauensbeweises bedurfte es nicht, dafür war ich dankbar. Die gebotene Sorgfalt war mir ein Selbstverständnis.

Es ging um von mir nie bejagte Wildarten, um Neuland. Nachhilfe verschaffte mir die heimische Literatur. Daheim hatte ich mich kundig gemacht durch Bücher von Rolf Hennig und Hans-Otto Meissner.

An Medaillentrophäen lag mir nicht. Was ich mir wünschte, war eine annehmbare Altersreife, jagdbar sollte das Wild gerne sein. Dazu gehörte ein wenig Glück, denn die verfügbare Zeit war begrenzt. Wolfgang riet von Pirschen ab, es würde in der Buschsavanne selten zum Erfolg führen. Die Ansitzjagd in der Nähe der Staudämme oder an den Hauptwechseln zu diesen wäre mit der nötigen Geduld am aussichtsreichsten. Nun, daran würde es mir nicht mangeln. Auf den Revierfahrten während der nächsten Tage gewann ich den Eindruck, dass Pirschen mit Erfolg durchaus möglich war, allerdings eine gute Revierkenntnis voraussetzte, die mir fehlte. Dabei könnte mir die Zeit davonlaufen. Ich entschloss mich zum Ansitz unweit des Großen Dammes.

*

Am nächsten Morgen machte ich mich nach dem Frühstück auf den Weg. Der Tag war wie jeder andere außerhalb der Regenzeit. Die Sonne stand hoch im Zenit und brannte unbarmherzig herab. Um keine großen Staubwolken aufzuwirbeln und in Ruhe beobachten zu können, fuhr ich betont langsam. Ein sicherndes Steinböckchen stand neben dem Zaun am Rande der Pad und äugte neugierig hinter mir her. Wachtelartig gefärbte Rebhuhnfrankoline, landläufig Sandhühner genannt, trippelten abseits der Straße in lockerer Deckung in Reih und Glied hintereinander her und zeigten nach flüchtigem Schauen tatsächlich viel Ähnlichkeit mit unseren Feldhühnern. Wehmütige Erinnerungen an die vielen schönen Rebhuhnjagden, die in heimatlichen Gefilden damals schon unwiderruflich der Vergangenheit angehörten, drängten sich auf.

Eine größere Schar Perlhühner, in gebührendem Abstand zueinander schrotgarbenartig verteilt, war emsig mit dem Sammeln von Sämereien und Insekten beschäftigt. Offensichtlich brauchten sie aus Futterneid, vielleicht auch Sicherheitsgründen, eine gewisse Distanz zum Wohlfühlen.

Nach anfänglich ebenem Gelände durchfuhr ich einen schmalen felsigen Abschnitt mit Zinnen und Granitblöcken, die so gar nicht in das gewohnte Bild passten. Es schien das Wohnhabitat der Paviane zu sein, die zwischen dem Gestein herumkletterten und ein Mordsspektakel vollführten. Ganz oben thronte der Anführer, der Chef der lärmenden Bande, offensichtlich bemüht, alles im Blick zu behalten.

Schließlich bog ich im rechten Winkel von der Hauptpad ab, durchfuhr nach Öffnen der Gattertore zwei Camps und parkte an einem schattigen Plätzchen unter einer weitausladenden Giraffenakazie. Nur noch ein paar hundert Meter trennten mich von meinem Ansitzplatz, den ich, gut gedeckt durch mannshohe Kameldornbüsche, erreichte. Die abgeschirmte Bank zu ebener Erde unter Bäumen wurde nur durch diffuses Licht erreicht. Diese gut gewählte Stelle lud zum Beobachten und Träumen ein und bot einen guten Überblick über den Stausee, über Dickbusch- und Grassavannenflächen hinter Zäunen. Hier würde ich es stundenlang aushalten können, vor mir Ausblick und Deckung zugleich.

An der Uferlinie schöpften Felsentauben Wasser, und vor mir in einem kugelrunden Dornbusch fiel eine größere Schar blauschimmernder Glanzstare ein, die mich – immer wieder von neuen Flügen abgelöst – schwatzend unterhielten. Am Wasser herrschte reges Leben. Waffenkiebitz, Hammerkopf und andere, mir nicht bekannte Arten stocherten im Uferschlamm nach Schnecken und allerlei Getier.

Jenseits des Dammes vernahm ich in der Dornbuschzone ein Brechen und Knacken, das meine Neugier weckte. Fast hätte ich es mir denken können, dass eine Rotte Überläufer, unbekümmerte Halbstarke, ohne viel Aufhebens die Deckung preisgab und auf den Zaun zuzog. Sie zwängten sich darunter durch, standen alsbald zu viert nebeneinander im Wasser und stillten ihren Durst. Nach einem erfrischenden Schlammbad verschwanden sie wieder wie gekommen.

Dieses Intermezzo mochte eine halbe Stunde zurückliegen, als ich erneut Wild vor mir hatte. Im Unterschied zu den Warzenschweinen waren die Großantilopen lautlos angewechselt, wie es der vorsichtigen Lebensart des Großen Kudu entsprach. Mein Auge erfasste eine Bewegung auf einer kleinen Blöße zwischen den Randbüschen. Die Entfernung betrug etwa 200 Meter. Auch mit dem guten Zeissglas musste ich einen Moment suchen, um das hervorragend dem Gelände angepasste Wild zu enttarnen. Es war ein Rudel Kahlwild, das lange verhoffte und zu mir herübersicherte, bevor es die Deckung verließ und gemessenen Schrittes auf den Zaun zuwechselte. Was für ein gravierender Unterschied zu den jungen Sauen. Auch vor dem Zaun sicherten die Tiere noch einen Augenblick, bevor sie diesen aus dem Stand heraus überfielen, als wäre es ein Kinderspiel. Dann zogen sie geordnet ans Wasser und begannen zu schöpfen, ohne Hast. Jede Bewegung vollzog sich in selbstverständlicher Würde, wie es königlichem Wild zukommt. Was für faszinierende Geschöpfe der Wildbahn, diese Kudus.

Das Rudel bestand aus zwei Alttieren mit je einem Kalb, einem Schmaltier und einem jungen Bullen, der zwei Jahre alt sein mochte. Nach geraumer Zeit verließen sie die erquickende Stätte und zogen zu ihrem Tageseinstand zurück. Wenn ich auf ein Badevergnügen und Suhlen gehofft hatte, wie es unser Rotwild schätzt, sah ich mich getäuscht. Ich weiß nicht, ob das zu ihren Lebensgewohnheiten gehört, allerdings kann man Antilopen nicht mit unseren Rothirschen vergleichen. –

Um die elfte Stunde wackelten am Rande des Dickbusches ein paar Zweige. Kein Brechen, eben nur ein optisches Signal. Der Wind schlief, dieses Zeichen konnte nur von einem größeren Vogel oder von Wild herrühren. Ich glaste die Stelle ab, entdeckte nichts, ließ aber den verdächtigen Punkt nicht mehr aus den Augen – und wurde belohnt.

Zoll um Zoll schob sich der hässliche Grind eines Warzenschweinkeilers aus der graugrünen Wand hervor, um die Luft zu prüfen, die Umgebung zu sondieren. Alles schien von der Sorgfalt eines im Alter gereiften, erfahrenen Stückes Wild geprägt, das alle Zeit der Welt hatte. Im Zeitlupentempo wendete es seinen Kopf und zeigte mir einen elfenbeinfarbenen, sichelförmig gebogenen Hauer. Einen nur? Hatte ich einen abnormen Vertreter vor mir?

Lange verharrte er in der wartenden, nichts übereilenden Stellung, bevor er sich langsam aus der Deckung herausschob und in voller Größe präsentierte. Keine Frage, ich hatte einen alten, jagdbaren Keiler vor mir – der passte.

Er machte es mir indes nicht leicht. Zu gern hätte ich ihm die Kugel am Saum der Buschsavanne abseits des Dammufers angetragen. Halb spitz von vorne mit leicht gedrehtem Grind und einem weit ausladenden Gewaff, das das Blatt wie ein Schutzschild abdeckte – nein, so ging das nicht.

Als sich der alte Kämpe endlich sicher wähnte, verlor er keine Zeit mehr und strebte in scharfem Troll dem Wasser zu. Jetzt hatte ich ihn zwar passgerecht, scheute aber das unnötige Risiko des Flüchtigschießens. Ich kannte sein Ziel, konnte ihn ausrechnen. Bis zur Schöpfstelle mochten es 80 Gänge sein. Ich wartete. Er verschenkte keinen Meter, steuerte den nächstmöglichen wasserführenden Zufluss an, eigentlich kaum mehr als eine Rinne, und begann sofort vom erquickenden Nass zu schlürfen.

Als mir der Basse seine volle Breitseite zeigte, verlor auch ich keine Zeit mehr. Bei einer Entfernung von weniger als 100 Metern war der Schuss nicht schwierig. Der Keiler blieb auf dem Fleck. Das meiste afrikanische Wild ist Tagwild. Von gelegentlich eintretenden Blendeffekten abgesehen, fehlt es selten an gutem Büchsenlicht. Ich genoss meinen Erfolg. Zum Jagen gehört immer auch etwas Glück. Tatsächlich war dem alten Haudegen das linksseitige Gewaff beim Graben im Gestein weggebrochen, wie es öfter vorkommen soll.

Ein alter Haudegen wurde mir zur Beute

Für eine würdige Totenwacht blieb mir kaum Zeit. Das Risiko des Verhitzens war nicht zu unterschätzen. Die Mittagssonne brannte unbarmherzig vom Himmel herab. Aufbrechen im Revier gehörte hier nicht zum Ritual. Die farbigen Farmarbeiter hatten ein traditionelles Recht auf die Innereien, aus denen sie schmackhafte Gerichte herzustellen wussten, und das nicht nur vom Geräusch. Gern überließ man ihnen die rote Arbeit.

Ich fuhr auf schnellstem Wege zur Farm und holte Wolfgang mit dem Pickup und installiertem Flaschenzug. Wenig später waren wir wieder vor Ort, der Rest war Routine. Alle freuten sich herzlich mit mir über den Erfolg; am meisten vielleicht die Farbigen. –

Am Nachmittag entschloss ich mich zu einer Pirsch im südlichen Teil des Betriebes, geprägt von Weideflächen, locker überstellt mit halbhohen Sträuchern und durchschnitten von einem trockengefallenen Rivier, der sich in der Regenzeit zu einem reißenden Fluss entwickeln mochte. Entsprechend üppig war die Ufervegetation aus einem Gewirr von Bäumen und Dornbusch, die dem Wasserlauf auch in Trockenzeiten ein eigenes Gepräge verlieh.

Dieser begehrte Lebensraum bot beliebte Einstände für alles Wild – Deckung, Nahrung, Schatten – ganz besonders für den Großen Kudu. Im näheren Umfeld waren auch zwei kleinere Dämme angelegt worden, der Stauraum beider war noch ziemlich gut mit Wasser gefüllt.

Ich parkte meinen Wagen an einer geeigneten Stelle und machte mich mit Büchse, Kamera und Zielstock auf den Weg. Ich hatte Zeit und versuchte, die spärliche Deckung in gebührendem Abstand zum Flussverlauf zu nutzen, dem ich so weit wie möglich folgen wollte. Es währte nicht lange, und das erste Wild begrüßte mich. Ich hätte es übersehen, wären mir nicht ein paar rote Flecke zwischen grünem Blattwerk aufgefallen, die nicht in die Landschaft passen wollten. Es waren die intensiv rotgeäderten Innenflächen der Lauscher eines Kuduschmaltieres, das den Störenfried längst erkannt hatte. Immerhin konnte ich von diesem anmutigen Tier mit der Kamera ein Portrait schießen,

Die roten Lauscher-Innenseiten verrieten das Kudu-Schmaltier

bevor sich das kleine Rudel Kahlwild, dem es angehörte, ohne Hast nach hinten absetzte.

Bis zum nächsten Anblick war ich etwa 300 Meter weitergepirscht. Diesmal konnte ich Wild bestätigen, bevor es mich weg hatte. Ein fünfköpfiger Trupp „jungdummer" Kudubullen randalierte im Baumaufwuchs am Ufersaum und focht spielerisch Rangordnungsrivalitäten aus. Diesmal erhielt die Büchse den Vorzug vor der Kamera, zumal es für gute Aufnahmen zu weit war.

Ich hoffte, abseits der Jugend vielleicht noch einen jagdbaren Bullen zu entdecken. Die Schussentfernung von 170 bis 200 Meter könnte passen. Fehlanzeige. Die Bühne blieb leer. Alte Herren lieben keinen Rummel, haben manchmal nur einen Askari als Aufpasser neben sich oder folgen allein ihren heimlichen Wechseln. Ich beschloss, in weitem Bogen zurück zu pirschen, um jede unnötige Störung zu vermeiden. Die Jungen standen nach wie vor vertraut im Dickbusch.

Ich kam unbemerkt weg. Durch eine Baumkulisse wurde der aufgeschüttete Deich eines kleinen Stausees sichtbar und erregte meine Neugierde. Leise durchpirschte ich das Flussbett und musste im ansteigenden Gelände eine Freifläche überwinden, bevor ich die Wasserfläche des dahinter liegenden, kleinen Sees einsehen konnte.

Hatte bei aller Vorsicht die letzte Sorgfalt gefehlt, war das knirschende Geröll unter meinen Stiefeln, das auf der Sohle des Riviers Jahr für Jahr abgelagert wurde, zum Verräter geworden, oder mochte eine kaum spürbare Prise Wittrung ursächlich gewesen sein für das Fluchtverhalten der Hartebeeste?

Als ich über die Deichkrone des Dammes lugte und mein Blick über den glitzernden Wasserspiegel schweifte, wusste ich, dass ich einmal mehr zweiter Sieger geworden war. Ein Rudel von acht Kuhantilopen zeigte mir nur noch den weißen Spiegel und gab mir mit winkenden pechschwarzen Schweifen zu verstehen, wie sehr ihm meine unverzeihliche Ruhestörung missfallen hatte. Schade, die hier seltenen Hartebeeste hätte ich gern im Bild festgehalten.

Wolfgang freute sich über meine Beobachtung und bemerkte: „Du musst wissen, Erich, dieses Wild hat es seit Jahren bei uns nicht mehr gegeben. In jüngster Zeit tritt es gelegentlich als Wechselwild auf. Ich hoffe, es wird unser Farmgebiet bald wieder als feste Größe besiedeln.

Vor dem Ende meiner Nachmittagspirsch hatte ich noch ein bemerkenswertes Erlebnis. Im Schatten eines schirmartig gewachsenen Strauches fiel

Als ich über den Damm schaute, waren die Kuhantilopen schon flüchtig geworden

mir ein länglicher grauer Fleck auf dem Boden auf, der so gar keine Ähnlichkeit mit einem Stein hatte. Mit vorsichtigen Schritten, jedes Geräusch vermeidend, näherte ich mich diesem undefinierbaren Etwas, bis mir mein Fernglas ein schlafendes oder totes Warzenschwein bestätigte. Die gezückte Kamera in der Hand, setzte ich Fuß vor Fuß.

Schließlich trennten mich noch zehn Meter von der starken Bache, die mir zum Beweis ihrer Identität ein paar Zitzen und ganze zwei Warzen unter den Lichtern zeigte.

Ein wenig mulmig war mir zu Mute, schließlich konnte sie Frischlinge führen, doch meine Neugierde obsiegte. Mit ihrem wenig fotogenen Hintergestell konnte ich nicht viel anfangen. Ich wollte ein Portrait vom Grind mit den elfenbeinblitzenden Hauern. Zum Erreichen dieser Position versuchte ich die dazu nötigen 100 bis 120 Grad im Halbkreis zu überwinden, noch immer nicht wissend, ob sie überhaupt lebte. Damit hatte ich den Bogen endgültig überspannt.

Den Beweis dafür trat sie unerwartet schnell an. Aus der Liege wurde eine Liegestütze, und aus dem Stand heraus katapultierte sie sich in die gewünschte Fluchtrichtung, um blitzschnell im Dornveld zu verschwinden. Teufel auch, so rasch konnten meine Gedanken kaum folgen, vom Fotografieren ganz zu schweigen. Ich tröstete mich damit, dass meine Kamera allenfalls einen verwischten, kaum ansprechbaren Knäuel festgehalten hätte.

Die folgenden Jagdtage konnte ich ohne zu großen Jagddruck voller Hoffnung angehen. Innerlich dankte ich Wolfgang noch einmal für seine Großzügigkeit, mein Glück unbeeinflußt von einengenden Auflagen suchen zu dürfen; das war ein ganz besonderes Geschenk.

Am Abend gab es viel zu erzählen, dabei ließen wir uns den Kapwein mit Biltong schmecken. Elisabeth verwöhnte uns nach Maßen und nahm regen Anteil an der Unterhaltung. Der Übergang vom Tag in die Nacht hatte sich für uns Nordeuropäer ungewohnt schnell vollzogen. Der ebenso rasche Temperaturabfall weckte den verständlichen Wunsch nach einem wärmenden Pullover, bevor Eckart und ich den afrikanischen Nachthimmel von der Terrasse aus in vollen Zügen genießen konnten. Nie zuvor erlebte ich einen so ausdrucksstarken Himmel, waren mir die Sterne näher, konnte ich das Kreuz des Südens intensiver beobachten als in Namibia – auch dies ein Erlebnis besonderer Art.

Am nächsten Morgen war ich früh auf den Beinen, wollte einmal die Geburt eines neuen Tages auf der südlichen Halbkugel erleben, wie es bei uns Nordjägern gang und gäbe ist. Parka übergezogen, Fernglas und Kamera umgehängt, Büchse geschultert, und auf ging's. Ich pirschte am Westrand des Hausdammes entlang, der durch einen Mitteldeich noch einmal unterteilt wurde, und machte es mir an seiner äußersten Spitze auf einem vom Wasser gerodeten Stubben bequem. Es war empfindlich kalt, für uns in dieser Region etwas ungewohnt. Die Temperatur sank unter null Grad, und auf der still ruhenden Wasseroberfläche bildete sich ein Film feiner Eiskristalle. Ich schauderte, hätte durchaus einen Pullover unter der Jacke vertragen können. Noch umfing mich die sternenklare, allerdings nicht leblose Nacht.

Aus der Ferne drangen das langgezogene Pfeifen eines Perlkauzes und das Heulen der auf der Farm bestgehassten Schabrackenschakale an mein Ohr – unbeliebt deshalb, weil sie mit Vorliebe Ziegen- und Schaflämmer raubten. Dazwischen mischten sich Rufe und Stimmen, die ich nicht zu deuten wusste.

Als der Morgen nach geraumer Zeit dämmerte und wenig später der rote Ball der Sonne aus der Versenkung aufstieg, wurde Mütterchen Erde in gleißendes Licht getaucht. Schlagartig erwärmte sich die Luft. Der junge Tag war erfüllt von ungezählten Vogelstimmen; für mich ein Buch mit sieben Siegeln. Hier hätte es der Nachhilfe durch einen Kundigen bedurft.

Der heisere Schrei eines Schwarzkopfreihers kam näher, und schon landete der langbeinige Stelzenvogel dicht vor mir, um im Uferschlamm nach Nahrung zu suchen. Die Ähnlichkeit mit unserem Graureiher war auffallend.

Als wäre es ein Signal gewesen, setzte plötzlich ein Strich von Namaflughühnern ein, wie ich ihn nicht für möglich gehalten hätte. Flug auf Flug dieser taubenartigen, rebhuhngroßen Vögel landete am Wasser, um zu trinken und im Wechsel von neuen Flügen abgelöst zu werden, als hätte man sich abgesprochen. Es war ein faszinierendes Kommen und Gehen – geeignet, den Adrenalinspiegel des Niederwildjägers zu heben. Flugwild als Jagdobjekt war in diesem Gebiet kein Thema. Dazu fehlte es an Zeit und vermutlich auch an Passion. –

Bevor ich zum Frühstücken aufbrach, strich laut rufend ein Nilganspaar heran, drehte eine Ehrenrunde und fiel ein. Für eine Dublette hätte es gereicht.

Schalenwild zog nicht heran. Vielleicht war der Jagddruck in der Nähe der Farm wegen Deckung des Eigenbedarfs an Wildpret größer als in anderen Teilen des Farmgebietes. Störungen mochten hier häufiger vorkommen. Es konnte auch reiner Zufall sein.

Nach der Stärkung zog es mich wieder an den großen Damm. Der Schlaf war zu kurz gekommen. Ich nickte auf meiner Sitzbank ein und nahm eine kurze Auszeit, bis mich das Brüllen und Schreien einer kopfstarken Gruppe von Bärenpavianen in die Realität zurückholte. Am Auslauf des Stausees labten sie sich von dem köstlichen Nass und vollführten das ihnen eigene Spektakel, während das starke Alphamännchen fürsorglich im Hintergrund blieb, um den Rückzugsweg für die Truppe abzusichern.

Nach geraumer Zeit zogen sie ab und widmeten sich der Nahrungssuche. Dann blieb es über längere Zeit ruhig. Ein buntgefiedertes, schöpfendes Senegaltaubenpaar brachte ein wenig Abwechselung und ein Graulärmvogel, den ich schon auf der Farm bewundert hatte, fiel über mir im Baum ein und schreckte mich mit seinem langgezogenen, harten Ruf – einem Babyschrei nicht unähnlich – aus meinen Träumen auf.

Als habe der alte Herr auf die absolute Stille gewartet, zog langsamen Schrittes ein Kudubulle aus dem Dornveld heraus und sicherte lange am Saum, bevor er sich auf das Wasser zu in Marsch setzte. Bei aller Eleganz dieses Wildes gehörte wenig Fantasie dazu, ihn als reifen, wenn nicht gar wirklich alten Kudubullen anzusprechen. Längst mochte die den jüngeren und mittelalten Stücken eigene braune Farbe dem graublauen Haar der hochbetagten Altersklasse gewichen sein. Das Gehörn zeigte selbst auf die Entfernung von etwa 180 Meter auffällige Absplitterungen und Scheuerstellen – es war stark und unstrittig eine begehrenswerte Trophäe. Mein Entschluss stand fest, diesen und keinen anderen wollte ich erlegen.

Von meinem Ansitzplatz aus hatte ich kein freies Schussfeld, musste im Bogen näher heran. Außer der Waffe legte ich alles Störende ab, machte mich klein und kroch mit Gewehr in Vorhalte auf einen spitzkegeligen Termitenhaufen zu. Mit etwa 40 Metern war die Strecke zwar kurz, aber sie hatte es in sich. Ich nutzte die Termitenburg als Deckungsschild, musste aber eine Dickbuschzone durchkriechen, die mir zu schaffen machte.

Der Boden war mit Dornen und dornbewehrten Zweigen gepflastert. Mit einigen dieser lästigen Störenfriede in Armen und Beinen erreichte ich unbemerkt den Termitenkegel. Der Bulle hatte sich viel Zeit gelassen, das war mein Glück. Nach dem Stillen seines Durstes war er ein Stück ins Sandfeld der Uferzone zurückgezogen und trat unschlüssig hin und her.

Ich richtete mich hinter der Termitenburg auf, packte meinen Hut auf eine vorgebaute Nase und trug ihm die Kugel auf gut 100 Meter auf den breiten Träger an. Die Wirkung verlief wunschgemäß. Der Bulle rutschte in der Fährte zusammen und blieb auf der Einschussseite liegen. Ich war froh, dass ihm Qualen erspart blieben.

„Einem Kudubullen kannst du die Kugel mitten auf den Träger setzen, wenn es nicht zu weit ist. Die Wirkung ist zuverlässig und ein rasches Verenden die Folge. Bei der Oryxantilope rate ich davon ab. Ihre Halswirbelsäule verläuft bogig, da könnte es ein böses Erwachen geben", hatte mir Wolfgang Wilckens geraten, und ich hielt mich daran. Der Erfolg gab ihm Recht.

Mitten auf den Träger – und er blieb im Feuer

Nun erst kam ich zur Besinnung, flog an Händen und Füßen, konnte mein Glück nicht fassen. Früher war es der unvermeidliche Zigarillo gewesen, die flatternden Nerven zu beruhigen. Von dieser Unsitte war ich längst geheilt. Wiewohl kein Ersatz für Süchte, gab es im Augenblick noch Wichtiges zu tun. Die Dornen aus dem geduldigen Fleisch zu entfernen, bevor sie sich noch weiter in die Muskulatur hineinzogen, schien mir ratsam. Danach hielt mich nichts mehr länger.

Friedlich hingestreckt lag der alte Recke vor mir und erfreute mich mit seinem Anblick. Es gab Indizien für ein hohes Alter. Ein tastender Griff in den Äser bestätigte, dass nur noch Zahnreste im Unterkiefer vorhanden waren; der Alte auch schon sichtbar „vom Fleisch gefallen“ war. Wolfgang schätzte den Bullen auf etwa fünfzehn Jahre und bemerkte, seine Tage wären gezählt gewesen. Das Ergebnis war nicht nur eine altersreife, beachtliche Trophäe, es war ein Hegeabschuss mit Seltenheitswert. Unwillkürlich kam mir der uralte Sikahirsch aus Karlsburgholz in den Sinn (unter dem Kapitel „Kleiner schwarzer Teufel“ in meinem Buch – Geliebte Wildbahn zwischen den Meeren – beschrieben). –

Auch heute gab es nicht viel Zeit zu verlieren. Ich lüftete ihn und schob mit einem sperrigen Zweig den Weidsack zurück. Fürs Erste würde es genügen. Dann fuhr ich zur Farm. Das Mittagessen stand auf dem Tisch. Unsere Revierfahrt zur Bergung des Bullen musste notgedrungen eine halbe Stunde warten. Eine halbe Stunde zuviel, wie sich bald schmerzhaft zeigen sollte.

Hoch am Himmel kreiste ein großer Vogel mit langen, brettartig gespreizten Schwingen. Wir wussten ihn nicht gleich einzuordnen. Plötzlich schraubte er sich in spiralartigem Gleitflug abwärts und verschwand hinter einer Bodenkuppe. Wie Schuppen fiel es Wolfgang von den Augen: „Es ist ein Geier“, bemerkte er, „Geier hat es seit undenklichen Zeiten über unserem Farmgebiet nicht mehr gegeben. Ich habe kein gutes Gefühl.“

Schließlich näherten wir uns dem gestreckten Kudubullen oder dem, was die Geier von ihm noch übrig gelassen hatten. Ein gutes Dutzend Weißrückengeier entfernte sich zögerlich mit trippelnden Schritten nur sehr widerwillig von der in Besitz genommenen Beute. Die Vögel versuchten abzuheben, doch sie waren von dem willkommenen Festmahl so vollgeludert, dass ihnen die Flugfähigkeit abhanden gekommen war. Per pedes

Die Weißrückengeier hatten ganze Arbeit geleistet

brachten sie sich in Sicherheit und warteten in gebührendem Abstand die weitere Entwicklung ab.

Auf etwa 200 Meter schoss ich mit meiner Telekamera noch schnell ein Bild, um den flüchtenden Trupp und einen, noch auf dem Kudu thronenden, ganz hartgesottenen Vertreter seiner Sippe festzuhalten. Der Erfolg war leider dürftig, da ich voll im Gegenlicht stand.

Als wir dicht an den Kudu heranfuhren, gelang es den „gewichtigen" Vögeln schließlich doch, genügend Wind unter die Schwingen zu bringen, um schwerfällig abstreichen zu können. Fürwahr ein seltenes Bild.

Auf der Farm war die Enttäuschung groß. Die Innereien fehlten ganz. Vom stolzen Vertreter seiner Art waren nur noch die Keulen und wenig mehr verwertbar, über das sich die Mitarbeiter freuen durften. Mir blieb die zweifelhafte Genugtuung, zusätzlich mit einem seltenen Erlebnis beschenkt worden zu sein. Schließlich hatten die Gesundheitspolizisten der Wildnis nicht mehr als ihre Pflicht getan. Schädel, Gehörn und Unterkiefer – Corpus delicti – waren unversehrt geblieben.

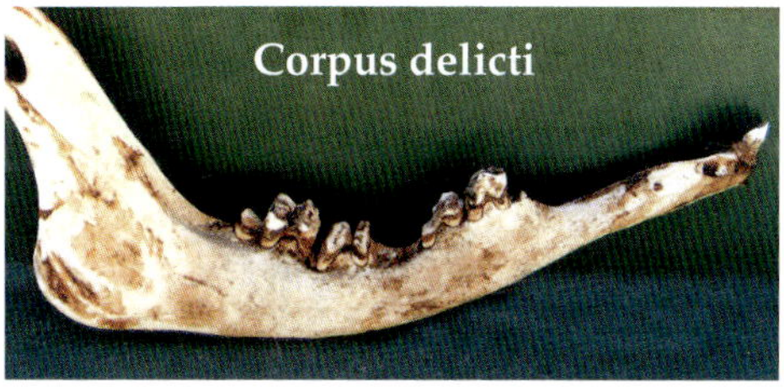

Der Abend gehörte den jungen Leuten – Immo und Almut der Folgegeneration –, denen damals schon die Bewirtschaftung der Farm oblag. Sie hatten Eckart und mich zusammen mit ihren Eltern eingeladen. Auf der Terrasse des Farmhauses genossen wir vor offenem Kaminfeuer mit dem einmaligen Sternenhimmel über uns ein paar schöne, so angeregte wie kurzweilige Stunden und ließen die ereignisreichen Tage noch einmal Revue passieren. –

Es zog mich wieder dahin, wo ich in den letzten Tagen erfolgreich gejagt hatte. Noch lockte die Erlegung eines Spießbocks, einer Oryxantilope. In meinen Entscheidungen hatte ich freie Hand, folgte dennoch gern den Empfehlungen meines Gönners, zumal außer der Jagd noch ein paar Wünsche offen blieben, die vier Tage in Anspruch nehmen würden. Eckart

Wolfgang und Elisabeth Wilckens

Anblick eines Schabrackenschakals – ein wahrhaft ästhetischer Genuss

erholte sich gut auf der Farm, doch ein paar Abwechselungen besonderer Art sollte er gerne mit mir teilen.

So saß ich am nächsten Vormittag auf meinem bevorzugten Platz und ließ die Stimmung des vielseitigen Lebensraumes auf mich wirken. Bekannte und unbekannte Vögel fielen ein, strichen vorüber, meldeten aus der Ferne, unterhielten mich auf ihre Art. Zwei Schabrackenschakale trotteten auf den äußersten Zipfel des Stausees zu und schöpften Wasser. Ihr Anblick war ein ästhetischer Genuss durch ihre schöne Zeichnung. Nach Stillung ihres Durstes zogen sie wieder von dannen.

Als wäre er bestellt, zog ein aus dem Dornveld anwechselnder Oryxbulle auf den Campzaun zu. Vor dem Gatter sicherte er eine Weile und gab mir Gelegenheit zum Ansprechen. Davon verstand ich nicht viel. Einzelne Bullen hatte ich auf den Fahrten vom Auto aus gesehen, konnte aber einen Bezug zum Alter des auf 200 Meter vor mir stehenden Bullen schwerlich herstellen. Mein Eindruck: massiger Körper mit ungleich langen, aber beachtlichen, an der Basis dicken Spießen auf dem schön gezeichneten, schwarzweißen Kopf, der gleichwohl Kampfspuren durch kahle Stellen aufwies. Er war und blieb allein, ein mögliches Indiz für einen griesgrämigen Einzelgänger? Ein wenig mochte der Wunsch der Vater des Gedanken sein, jedenfalls redete ich mir ein, einen jagdbaren Gemsbok vor mir zu haben, wie er hier auch genannt wird.

Ich entschloss mich zum Schuss. Inzwischen war er am Zaun angelangt, legte sich platt auf die Erde, hob das Geflecht mit Rücken und Spießen an und schob sich mühelos unterdurch. Er bewies mir damit, dass Spießböcke im Gegensatz zum Kudu ungern springen. Wieder auf den Läufen, bummelte er spitz auf mich zu, dem Wasser entgegen.

War es ein Zufall, wurde ihm von irgendwo ein verdächtiges Geräusch, eine Prise ungeliebter Wittrung zugetragen? Er vollzog einen Neunzig-Grad-Schwenk, sicherte einen Augenblick und bot mir seine volle Breitseite, eine Einladung, auf die ich gewartet hatte. Leider wurde ich ihr nicht ganz gerecht. Ein wenig zu schnell verließ die Kugel den Lauf.

Beim Durchkrümmen des Fingers wusste ich: „Du hast den Schuss leicht verzogen." Eine Binsenweisheit: Mit wachsender Entfernung, wächst die Abweichung – und damit die Bestrafung! Der satte Kugelschlag nährte den Verdacht auf einen Weidwundschuss, der sich später bestätigen sollte.

Zwerchfell und Leber waren auch in Mitleidenschaft gezogen, und einige Geschosssplitter hatten selbst die Lunge noch leicht verletzt. Im Schuss torkelte der Bulle, trat schwerfällig drei kurze Schritte nach vorne und ließ sich kraftlos ins Wundbett fallen, als die Läufe den Körper nicht mehr trugen.

Ich wartete vergebens auf ein schnelles Verenden – Sekunden werden zu Minuten – mit stolz erhobenem Haupt ertrug er die Pein würdevoll, wie es eben nur ein Geschöpf der Wildbahn vermag. Mich hielt nichts mehr am Platz. In Deckung des Dickbuschwaldes versuchte ich, näher an ihn heran zu kommen, um der Qual durch einen Fangschuss ein Ende zu bereiten. Ich ging es, mit Umsicht pirschend, an, um ihn nicht noch einmal aufzumüden, aber auch im Wissen, dass krankgeschossene Oryx zum Angreifen neigen.

Dieser alte Oryxbulle ließ keine Wünsche offen

Schließlich war ich dicht genug herangekommen und trat aus der Deckung heraus. Die kurze Zeit hatte ausgereicht, den Kranken verenden zu lassen. Es gab für mich nichts mehr zu tun. Erleichtert trat ich an den Gestreckten heran. Womit hatte ich soviel Waidmannsheil in so kurzer Zeit verdient? – Darauf gab es keine Antwort. Stille Dankbarkeit erfüllte mein Herz.

Eine weitere gute Trophäe war mir zugefallen. Der längere der beiden Spieße maß 95 Zentimeter, das Alter des Bullen schätzte Wolfgang auf acht bis zehn Jahre. Wieder hatte mich das Glück verfolgt. –

„Ich möchte, dass du noch einen Warzenschweinkeiler bei uns schießt, Erich. Die Lizenz dafür holst du dir nachher bei meinem Vetter Fritz Diekmann auf der Hamakari-Farm. Ich habe dich und Eckart schon zu einem Kurzbesuch angemeldet“, so Wolfgang nach dem Frühstück. Er schöpfte wirklich alle Möglichkeiten aus, mir etwas Gutes zu tun.

Wir machten uns auf den Weg, Entfernungen spielten keine große Rolle, zu fahren waren hin und zurück „nur“ 120 Kilometer. Auf der Diekmann-Farm genossen wir eine reizvolle Landschaft unweit des Waterbergmassivs. Die Diekmanns hatten sich durch den Bau des Hamakari-Dammes einen etwa 200 ha großen Stausee vor ihrer Haustür geschaffen. Nach einem gemütlichen Plauderstündchen begaben wir uns auf den Rückweg.

Der nächste Vormittag sah mich wieder auf meinem gewohnten Platz. Diesmal wollte ich Ansitz und Pirsch wechseln lassen. Es könnte doch passieren, einen suchenden Keiler in der Buschsavanne anzutreffen, schließlich waren die hiesigen Schwarzkittel Tagwild.

Bei beschaulicher Ruhe am Stausee hatte ich auch diesmal wieder Anblick. Als begeisterter Greifvogelfreund genoss ich das schöne Bild des Singhabichts auf seiner Anwarte, der Spitze eines trockenen Baumes, von dem er nach Beute Ausschau hielt. Vor mir tauchten Insekten sammelnde Perlhühner auf, die mir so nahe auf die Pelle rückten, bis ich ihren scharfen Augen nicht mehr entgehen konnte. Dann gab es kein Halten mehr. Ihre Warnrufe überschlugen sich, als sie auseinander stoben und sich rennend in Sicherheit brachten. Wie die meisten Hühnervögel standen sie nur ungern auf.

Nach geraumer Zeit brachte ich alle belastenden Utensilien zum Wagen und trat eine Pirsch durch den locker bewachsenen Teil einer Dornbuschsavanne an. Als Ausrüstung führte ich nur Büchse, Fernglas und Zielstock mit. Die Sonne brannte unbarmherzig vom Himmel, Anlass genug, sich langsam zu bewegen. So entging einem kaum etwas. Das Jagdrevier lebte. Neben zahlreichen Vogelarten war es ein Steinböckchen, das mich auf kurze Distanz passieren ließ, weil es sich in guter Deckung sicher wähnte. Ein Volk Sandhühner stand vor mir auf und entfernte sich in schnellem, elegantem Flug. Eine vor mir einfallende Kapkrähe erinnerte mich stark an unsere Rabenkrähe. Allerdings war ihr Schnabel dünner und deutlich länger.

Immer wieder stehen bleibend, glaste ich das Gelände vor mir ab, und konnte doch nicht verhindern, eine Dreierrotte von Überläufern zu übersehen, die plötzlich aus einer Dornbuschinsel vor mir herausflüchtete. Mit steil aufgerichteten Pürzeln empfahlen sie sich und entwickelten eine erstaunliche Geschwindigkeit.

Nach einer schweißtreibenden Pirsch von einer guten Stunde fand ich zu meinem Ansitzplatz zurück und erholte mich im Halbschatten der Giraffenakazie. Ich konnte warten, wenn es sein musste, eine Reihe von Stunden. Mit Genuss stillte ich meinen Durst und aß eine Scheibe Brot und eine Apfelsine.

Es waren wohl zwei Stunden ins Land gegangen, als mich die Geräusche von brechenden Ästen aus dem gegenüber liegenden Dornveld aufmüdeten. Da tat sich etwas. Wieder und wieder glaste ich Lücken, Blößen, Lichtungen ab, bis mir die Augen schmerzten. Entdecken konnte ich nichts, hörte auch kein verdächtiges Geräusch, das sich wiederholt hätte. Überzeugt von der Anwesenheit von Wild, blieb ich aufmerksam. Chancen kommen nicht beliebig wieder, wenn man sie verpasst.

Meine Ausdauer wurde belohnt. Wie ein lichtscheuer Spitzbube trat ein Warzenschweinkeiler aus der Buschrandzone heraus und prüfte die Sicherheit im nahen Umfeld. Sein Gebäude war massig, hell blitzte das starke, ausladende Gewaff in der Sonne. „Wieder läuft das Glück hinter dir her, dieser Ansitzplatz muss eine magnetische Kraft auf das Wild ausüben“, kam es mir in den Sinn. Aber ich wusste nur zu gut, dass der Drang nach dem Wasser Hauptauslöser der regen Wechseltätigkeit war. Das wildreiche Revier tat ein Übriges, und die nachhaltige, maßvolle Bejagung erlaubte das Altwerden einer genügenden Anzahl von Individuen der Hauptwildarten. An diesem Maßhalten mangelt es leider in unzähligen Revieren der Wildbahnen, in denen der Trophäenjagd eine übertrieben hohe Bedeutung beigemessen wird. –

Nach dem Schuss gelang ihm noch ein kleiner Schwenk, der die unkontrollierte Flucht nach hinten in den Buschwald ermöglichte. Krachend brach der starke Keiler zusammen und brachte mir die Erlösung. Das Geschoss war tiefblatt eingedrungen und hatte das Herz zerfetzt.

Damit endete meine Jagd mit der Büchse in Namibia. Die 9,3 x 64 Brenneke, die mir mein Freund Ernst Schäfer vor nicht allzu langer Zeit schenkte, hatte gute Arbeit geleistet und hohes Vertrauen zur Waffe in mir aufgebaut, das bis ans Ende meiner jagdlichen Aktivitäten nicht enttäuscht werden sollte.

Die in Namibia erbeuteten Trophäen hatten alle, vielleicht mit einer kleinen Einschränkung beim Bergzebra, die Altersreife erlangt, die dem passionierten Jäger die Erfüllung bedeutet. Kein Selbstverständnis, sondern ein Geschenk, allenfalls gefördert durch ein ausreichendes Maß an Geduld und Zähigkeit. Es wäre indes pure Heuchelei, würde der Eindruck entstehen, Trophäen bedeuten mir nicht viel. Das Gegenteil ist der Fall, allerdings hatte das Alter des erlegten Stückes bei mir immer Vorrang, nicht die Anzahl der Punkte. –

Der zweite Warzenschwein-Keiler zur Strecke

Der Hererotag in Okahandja war für uns ein Erlebnis besonderer Art. Einmal im Jahr treffen sich die verschiedenen Stämme des stolzen Hirten-

Aufmarsch beim Hereorotag in Okahandja

volkes in diesem historischen Ort, um ihrer Toten, insbesondere ihrer gefallenen und verstorbenen Kapitäne durch einen würdevollen, imponierenden Umzug zu gedenken.

Ihr selbstbewusstes Auftreten, die ausnahmslos schlank und sportlich gebauten Männer waren eine Augenweide. Auch die Frauen in ihren schmucken Trachten mit wohlgeformten Reifenröcken, die an die wilhelminische Zeitepoche erinnerten, strahlten Würde aus. Beim Marsch um das Ehrenmal bekundeten sie den Verstorbenen ihren Respekt durch Handauflegen.

Diese Energie ausstrahlenden Menschen, die vor Jahrhunderten vom Norden des afrikanischen Kontinents kommend, diesen Raum im Umfeld des Waterbergplateaus besiedelten, hinterließen einen tiefen Eindruck auf mich. –

Unser nächstes Ziel war der Etoscha-Nationalpark, für den wir mit Hin- und Rückfahrt drei Tage einplanten. In einer Fotosafari ohne Führung wollte ich die landschaftlichen Strukturen der Pfanne und möglichst viele Tiere in ihrem vielseitigen Lebensraum kennen lernen und im Bild festhalten.

Das Natur- und Wildschutzgebiet deckt eine Größe von 130 x 70 Kilometer ab, von dem man nur einen beschränkten Teil aufsuchen kann, zumal sich Touristen aus Sicherheitsgründen streng an den ausgewiesenen Wegeplan halten müssen. Es sei vorweggenommen, dass wir durch viele interessante Eindrücke und Beobachtungen belohnt wurden. Hierzu beschränke ich mich auf ein paar allgemeine Hinweise, eine Bildserie mag die wichtigsten Tier- und Vogelbeobachtungen wiedergeben.

Auf der Hinfahrt besuchten wir in Otjiwarongo die Krokodilfarm und durchfuhren auf unserem weiteren Weg über Otavi, Tsumeb nach Namutoni ein interessantes, wild zerklüftetes Hochland bei einer Höhenlage von 1.300 bis 1.500 Meter. Gegen Abend erreichten wir die Station Namutoni,

1902/03 als Festung für die Deutsche Schutztruppe erbaut und nach mehrfacher Erneuerung ab 1958 nur noch als Polizei-, Ranger- und Touristenquartier genutzt. Hier hatte ich eine Übernachtung für uns gebucht.

Das alte Fort Namutoni in der Etosha-Pfanne

Wir waren allerdings pünktlich; denn wer nach 18 Uhr ankommt, erhält aus Ordnungs- und Sicherheitsgründen für Geld und gute Worte keinen Einlass mehr. Die Öffnungszeiten sind je nach Eintritt der Dunkelheit jahreszeitlich gestaffelt, müssen bei Lösen der Eintrittskarten nachgefragt werden. Service, Essen und Unterkunft waren gut. Wer wollte, konnte sich im Freibad erfrischen. Wir haben uns in dem ehemaligen Fort sehr wohl gefühlt.

Etoscha-Pfanne steht für „Großer weißer Platz" und für einen ausgetrockneten Binnensee auf sandigem Lehmboden. In der Regenzeit füllen sich große Teile mit Wasser, gespeist von mehreren, in der meisten Zeit des Jahres trockengefallenen Rivieren. Der durchschnittliche Jahresniederschlag beträgt 400 mm im Westen bis 500 mm im Ostteil des Gebietes. Nach der vollständigen Verdunstung bleibt stellenweise eine Salzkruste zurück.

Auf der Fahrt widerfuhr mir am Rande der Pfanne ein einmaliges Erlebnis. Plötzlich erschien ein großer See vor meinem Auge, der grenzenlos schien. „Schau dir dieses schöne Gewässer mitten in einer Salzwüstenlandschaft an, Eckart," sagte ich zu meinem Sohn. „Du irrst, Vadder", entgegnete er. „Vor dir breitet sich eine Salzsteppe aus, die einen See vortäuscht. Es ist eine Luftspiegelung, von Wasser keine Spur." Seine jungen Augen sahen besser. Ich war das erste Mal in meinem Leben einer Fata morgana aufgesessen, von der ich vorher nicht wusste, ob es sie real gibt oder ob sie ins Reich der Fabel zu verweisen ist.

Und wo löscht das Wild seinen Durst, wenn die großen Wasserflächen ausgetrocknet sind? Drei Arten von Quellen sorgen für Wassernachschub. Sie sind allerdings unterschiedlich ergiebig und langlebig. Bei Versiegen ist das Wild gezwungen, größere Wanderungen auf sich zu nehmen, um an das lebenserhaltende Nass zu kommen. So genannte Grundwasser- und

Schichtquellen versiegen während längerer Dürrezeiten, während die artesischen Quellen immer Wasser zutage fördern. Letztere sind nicht zahlreich und unregelmäßig über das Gebiet verteilt. Naturgemäß tobt hier fast immer das Leben.

Wie in allen Lebensräumen ist die Vegetation den standörtlichen Bedingungen, wie Boden, Wasserverfügbarkeit, Dürreresistenz und anderen Faktoren angepasst, die den hier vorkommenden Tieren je nach ihren spezifischen Ansprüchen zum Überleben verhelfen. Während zum Beispiel Springböcke und Oryxantilopen wegen ihrer Fähigkeit, im Körper Wasser speichern zu können, vom Wasserangebot ziemlich unabhängig sind, müssen Kudus, Warzenschweine, Zebras und Hartebeest, um nur einige zu nennen, täglich Wasser zu sich nehmen.

Den Ansprüchen der zahlreichen hier lebenden Säugetierarten als Vegetarier wird die vielseitige, unterschiedliche Flora gerecht. Es kommen weder die Grasfresser, noch die Laub- und Triebäser – vom Erdhörnchen bis zu den Giraffen oder Elefanten – zu kurz.

Die Etoscha-Pfanne ist geprägt von Wildland – von unterschiedlichen Biotopen, die sich aneinander reihen, ineinander übergehen, sie lässt im Gegensatz zu unserem Kulturland eine Selbstregulation der Arten zu. Die Fleischfresser gehen sparsam mit ihren Kräften um, greifen dort ein, wo die Beute am bequemsten zu erreichen ist, unter dem langsameren Jungwild, unter kränkelnden oder altersschwachen Tieren, unter Herden, die besonders zahlreich vertreten sind und eine gute Auswahl ermöglichen. Löwen jagen am liebsten an Zebras und Gnus, Geparden in den großen Springbockrudeln – diese erreichen die höchsten Zahlen im Nationalpark. Daraus resultiert eine natürliche Nachhaltigkeit, von der wir lernen können.

Niemand kommt zu kurz, nicht die vielen Greifvogelarten, nicht die Hyänen, Schakale, Geier, die Fallwild oder Reste von Raubtierrissen problemlos entsorgen. Für Abläufe dieser Art werden den Safaritouristen die Augen geöffnet, wird deutlich gemacht, was in unserer übervölkerten Welt, in der jeder Quadratmeter als Kultur- oder Bauland genutzt wird, schon längst nicht mehr möglich ist. Der Selbstregulierungsmechanismus, wie ihn manche Ökoprofessoren in unseren Raum hinein interpretieren möchten, ist ein Schmarren, da er nicht greifen kann.

Etoscha-, Serengeti-, Krüger-Nationalpark und andere sind nicht überall. Wir müssen dankbar sein, dass es sie gibt. Diese großen Wildparks helfen aufklären, welche Voraussetzungen für die Funktionstüchtigkeit von natürlichen Vorgängen gegeben sein müssen. Sie zeigen aber zugleich die

Grenzen der Überlebensfähigkeit von Populationen auf, die bei Übervermehrungen ihren angestammten Lebensraum zerstören. Ein gutes Beispiel sind örtlich zu große Elefantenherden im ostafrikanischen Raum, die dank ihres hohen, nicht mehr sichergestellten Nahrungsbedarfs Mopanewälder und andere niederreiten und ihnen die Regenerationsfähigkeit und Verjüngungsmöglichkeiten nehmen.

Da stellt sich dann schon die Frage, ob der Mensch nicht in die Pflicht genommen werden muss, regulierend einzugreifen. Abschussvergaben gegen hohe Prämien, die dem praktischen Naturschutz oder der notleidenden Bevölkerung zugute kommen könnten, wären eine diskutable Alternative. Für weitere Eingriffe wären dann Berufsjäger zuständig – Lebendfang und punktuelle Abschöpfungen anderer Art – wie sie meines Wissens zum Teil schon praktiziert werden.

Beim Niederschreiben dieser Gedanken, die nicht neu sind, höre ich schon den Aufschrei der Uneinsichtigen, die dem Prinzip „Es kann nicht sein, was nicht sein darf" frönen. Besser weiter abwarten, der liebe Gott wird es schon richten. Nein, man darf nicht so blauäugig sein, bis das Kind aus dem Brunnen nicht mehr herauszuholen ist! –

Zurück zu Namutoni. Nach einem rustikalen Frühstück traten wir unsere Fahrt in das Schutzgebiet an und fuhren alle wichtigen Beobachtungsstationen zwischen Namutoni und dem nächsten Übernachtungscamp „Halali" an. Wann immer möglich, hielt ich Tiere mit meiner 400 mm-Novoflex-Telekamera im Bilde fest, wobei mir die intensive Sonneneinstrahlung bei Gegenlichtaufnahmen oft zu schaffen machte.

Die wichtigsten Tiere und Vögel sind in der folgenden Fotoserie wiedergegeben, soweit das Licht für eine brauchbare Aufnahme ausreichte. Einige Arten konnten wir bei Nacht mit Flutlichtunterstützung aus den Camps heraus beobachten, andere wiederum hielten sich wegen ihrer Seltenheit oder heimlichen Lebensweise bedeckt. Dazu gehörten Elands, die man schon ihrer Größe willen nicht übersehen kann, Spitzmaulnashorn, Leopard, Gepard, Hyäne, Silberschakal und Erdwolf, um die wichtigsten zu nennen.

Wir beobachteten eine Anzahl Greifvögel, die ich mit wachsender Entfernung nicht alle ansprechen konnte. Nicht gesehen wurden Paradieskranich, Gaukler, Marabu, Ohrengeier. Die Aufzählung der kleinen Piepmätze würde den Rahmen sprengen, obwohl sie nach Farbenfreudigkeit und Verhalten erwähnenswert wären.

Oryx und Springböcke können viel Wasser speichern

Ein Springbockrudel in der Salzsteppe

Auch Oryxrudel, hier weibliches Wild, sind häufig in der Steppe

Hartebeest (Kuhantilopen) brauchen täglich Wasser, ...

... ebenso die sonst genügsamen Steppenzebras

Die riesigen Wildebeest-Rudel (Blaustreifengnus) von einst sind Vergangenheit

Dieser junge Bulle lehrte uns – böse trompetend – das Fürchten; wir mussten schleunigst seine Pad räumen

Wenn die Herden zu stark wachsen, besteht die Gefahr, dass sie schließlich ihren eigenen Lebensraum zerstören

Giraffen sind nur in mäßiger Anzahl vertreten

Der Größenvergleich zwischen Strauß und Steppenzebra ist imponierend; ...

... das gilt auch für die großartige Riesentrappe im Verhältnis zur Springbockjugend (s. oben)

Aber auch die Gackeltrappe geizt nicht mit ihrer Schönheit

Camp „Halali“ – eine großzügige, fast luxuriöse und doch landestypische Anlage

Die zweite Übernachtung mit Abendessen und Frühstück im Camp Halali ließ nichts zu wünschen übrig, wobei die afrikatypischen Rondaveels als Schlafstätten dem Unternehmen eine besondere Note verliehen. Auf der Tagesfahrt zwischen Halali und dem dritten Touristencamp Okaukuejo, in den wir nicht mehr einkehrten, folgten wir vornehmlich der Pad am Rande der Pfanne entlang und erfreuten uns immer wieder neuer Entdeckungen, die uns bisher verborgen geblieben waren. Interessant war es anzuschauen, wie eine Schar Kapgeier einen Elefantenkadaver skelettierte, aus dem Inneren des riesigen Körpers herausschauten und offenbar wenig Mühe hatten, mit ihren kraftvollen Schnäbeln vom Dickhäuter beachtliche Fleischfetzen und Knochenstücke herunter zu reißen.

Wir sahen unterwegs zwei Löwenrudel – Mütter mit ihrem ein- bis mehrjährigen Nachwuchs –, die faul und vollgeludert im Halbschatten von Bäumen und Felsbrocken ruhten. Umsonst hoffte ich auf den Anblick der prächtigen Mähnenlöwen.

Unerwartet sollte sich mein Wunsch doch noch erfüllen. Wir hatten das Tor des Andersoncamps und damit die Grenzen des Etoscha-Nationalparks verlassen, befanden uns auf der Rückfahrt über Outjo und Otjiwarongo zur Wilckens-Farm, als ich plötzlich in der Grassavanne im Schatten hoher Bäume zwei Mähnenlöwen einträchtig nebeneinander liegen sah. Was für ein

Anblick. Eckart fuhr sehr langsam an das Duo heran, bis uns noch 50 Meter trennten. Aus dieser Distanz schoss ich ein paar Bilder, die trotz Gegenlichts in der intensiv strahlenden Nachmittagssonne leidlich gerieten und von den königlichen Tieren weder als Provokation noch als Ruhestörung empfunden wurden. Das war der Ausklang einer erfolgreichen und glückbringenden Fotosafari.

Mähnenlöwen außerhalb der Etosha – welch ein Anblick!

Unser Herz war voll des Erlebten. Auf der Farm gab es viel zu erzählen. Zwei Tage genossen wir noch die Gastfreundschaft unserer Wirtsleute und Gönner, die uns für den Rest ihres Lebens in Freundschaft verbunden bleiben sollten. Dann hieß es Abschied nehmen. In Windhoek verweilten wir noch drei Tage, um die Formalitäten um Waffen- und Trophäenausfuhr zu regeln, uns von den Strapazen zu erholen und Abstand zu gewinnen, bevor uns schließlich die Flugzeuge mit dem Umweg über Kapstadt und Johannesburg in die Heimat brachten.

Unsere vierwöchige Afrikareise hatte uns, im besonderen Maße mich, über alle Erwartungen reich beschenkt. Sie ist mir bis heute in lebendiger Erinnerung geblieben.

FÜNFZEHNTES KAPITEL

Bockgeschichten

Meine Lieblinge – die Rehe

Sie haben mich fasziniert, solange ich zurückdenken kann. Als Schuljunge robbte ich in der Feldmark auf dem Bauch an einzelne Rehe oder auch an Sprünge heran, konnte ihnen nicht nahe genug kommen, wollte jede Gemüts- und Sinnesregung aus ihren Gesichtern ablesen. Selbstverständlich wusste ich den Einfluss des Windes einzuschätzen, war mir bekannt, wie gut sie vernehmen konnten, und dass ich jede mögliche Deckung ausnutzen musste. Es waren die Bücher von Karl May, die Jagdzeitschriften „Wild und Hund“ und die Pflichtlektüre „Deutsche Jäger-Zeitung“, die mich früh genossen machten und motivierten.

Wildtiere darf man in ihrer lebensnotwendigen Ruhe nicht stören, hatte mir mein väterlicher Freund Onkel Hans, Fischmeister und Jagdaufseher seines Zeichens, schon früh ans Herz gelegt. Ich bemühte mich, die angeschlichenen Rehe unbemerkt wieder zu verlassen. Es gelang nicht immer; die pulsierende Passion kam einer Droge gleich.

Im kultivierten Teil des heimatlichen Wilden Moores beobachtete ich in den ersten Kriegsjahren mit ihren harten Ausnahmewintern Wildansammlungen von 30 bis 40 Rehen. Diese Wildart galt als einzellebig und war normalerweise nur in kleinen Familienverbänden anzutreffen. Umso mehr freute ich mich über diesen seltenen Anblick, ohne zu wissen, wie bedenklich das Verhalten einzuordnen war. Notgemeinschaften nannte man die Zusammenballungen der Sprünge aus der näheren und weiteren Umgebung. Bedingt durch bereits eingetretene körperliche Schwächung auf Grund der Nahrungsknappheit entsprach das Zusammenrudeln ganz einfach ihrem stark erhöhten Sicherheitsbedürfnis; viele Augen und Ohren erkennen drohende Gefahren eher als ein paar wenige.

Diese aus der Not geborene Gewohnheit des Wildes aus deckungsreichen Gebieten sollte allerdings keineswegs mit der Lebensweise reiner Feldrehpopulationen verwechselt werden, die im Winter schon eher an große Damwildrudel in den ausgedehnten Feldschlägen erinnern.

Jung und stark – was kostet die Welt!?

Der zweite Teil dieser Wintergeschichte folgte im April 1941, kaum dass die Landschaft vom Eise befreit war. Ich wanderte wieder einmal über das Moor in der Hoffnung, Birkwild, Brachvögel und andere heimkehrende Zugvogelarten, wie die so herrlich bunt gefiederten Kampfläufermännchen, auf den Moorwiesen anzutreffen. Mein Weg führte teilweise über Geländepartien, auf denen sich über Winter die zahlreichen Rehe getummelt hatten.

Eine Überraschung ließ nicht lange auf sich warten.

Ich fand die Reste einer Anzahl skelettierter Fallwildrehe und war mir sicher, nur einen Bruchteil ihrer entdeckt zu haben, deren Leben der barbarische Winter gefordert hatte. Da gab es nichts zu rätseln, sie waren Opfer von Hunger und Seuchen geworden. Die hohe Schneelage verhinderte das Erreichen von Bodenäsung. Die wenig geliebten Triebe und Knospen der moortypischen Aschweide und die aus dem Schnee herausragenden Fruchtstände des Pfeifengrases hatten weder ihren Hunger stillen, noch den Nährstoffbedarf decken können. Nur die stärksten, gesündesten Stücke konnten überlebt haben. Die Klimaauslese hatte perfekt funktioniert. Für mich ein Schlüsselerlebnis, das mich lange nicht losließ.

Die mancherorts aufgetretenen Verluste blieben nicht verborgen. Ich sollte in der Jagdpresse bald mehr darüber erfahren. Strenge, schneereiche Winter waren bei uns im norddeutschen Tiefland eher selten. Bei normalem Witterungsverlauf waren die Zuwachsraten weit höher, als nach dem damaligen Kenntnisstand angenommen und in die Abschussplanung eingebracht. Die reale Wilddichte wurde besonders in deckungsreichen Gebieten weit unterschätzt, der Zuwachs nicht annähernd abgeschöpft. Autoren, wie v. Raesfeld, wiesen auf die Gefahren für den Rehwildbestand hin.

Die halbherzige, viel zu geringe Freigabe verstärkte das Problem der Übervermehrung und förderte die Schwächung und Anfälligkeit des gesamten Wildbestandes. Weibliches Wild wurde kaum geschossen – schließlich waren die Ricken die Garanten für kommende Bockgenerationen – und der Überalterung Tür und Tor geöffnet, einhergehend mit geringem, wenig widerstandsfähigem Nachwuchs. Von einer auch nur annähernd intakten Sozialgliederung, der für Gesundheit und Stärke des Bestandes wichtigen Altersklassenstruktur, konnte kaum irgendwo die Rede sein. Die Parasitenbelastung war hoch.

Jagdbehörden und mit ihnen die Jäger haben es nach etlichen Richtlinienänderungen gelernt, die hohen Wildbestände herunter zu fahren, die Stabilität der Populationen stieg und fand ihren Ausdruck im Absinken der Knopfbockzahlen an den Gehörnwänden vieler Hegeringe. Dennoch kann der ehrliche Rehwildheger mit den Fortschritten bis zum heutigen Tage nicht zufrieden sein, der Lohn einer sichtbaren Aufwärtsentwicklung musste in vielen Revieren ausbleiben, weil die Jäger nicht bereit oder nicht in der Lage sind, den weiblichen Wildbestand in Ordnung zu bringen.

Ein gut entwickelter Zweijähriger – man kann ihn heute ungestraft schießen – bringt sich aber um das Kapital in seinem Revier

Auf's Blatt gesprungen, abnorm und abschusswürdig

Der Straßenverkehr besorgt den nötigen Eingriff – merkwürdigerweise vornehmlich beim weiblichen Wild! – und wenn dieses Regulativ für die Sollerfüllung nicht ausreicht, bietet sich immer noch das Mittel der Postkartenricken an, ganz ohne Skrupel. Das macht zugleich deutlich, wie verlogen die Statistiken sind.

Gerechterweise muss zugegeben werden, dass die Abschusserfüllung beim weiblichen Wild aus vielerlei Gründen schwierig, zeitaufwendig und eine große jagdliche Herausforderung ist.

Bei den Böcken kommen in der Jugendklasse zu viele hervorragend entwickelte Jährlinge zur Strecke, bewusst und unbewusst, wenn man sie als Zweijährige angesprochen hat. In der Altersklasse ist der Anteil ebenso gut veranlagter zwei- bis dreijähriger Böcke groß, ich meine, zu groß, weil zu viele erntende Jäger in zu kleinen Revieren ihren Bock schießen möchten. In beiden Fällen ist es erlaubt, wenn die Gesamtzahl eingehalten wird, eine moralische, besser faktische Bremse gibt es nicht mehr. Die Folge ist allerdings, dass altersreife Kandidaten von fünf Jahren aufwärts zumindest in den deckungsärmeren Feldrevieren kaum noch vorhanden sein können. Damit bringen sich die Jäger selbst um den wirklichen Lohn ihrer Arbeit.

Waldjäger haben die Hypothek deckungsreicher Einstände zu ertragen, die durch den Umbau in naturnahe Laubmischwälder ständig vergrößert werden. Sie reagieren oft durch unbarmherzig starke Eingriffe in die Schalenwildbestände. Ihre Devise – Zahl vor Wahl – erhält ihre Berechtigung, weil ein selektiver Einzelabschuss bei diesen Verhältnissen schwer durchführbar ist. In der Höhe ihres Eingriffs könnten sie sich mancherorts mehr Zurückhaltung auferlegen. Inzwischen ist hinlänglich bekannt, wie tendenziös die aus dem Zeitgeist geborenen Verbissbelastungen allerorten hochgejubelt werden, und dass manches Gutachten einer längerfristigen Prüfung von Langzeitschäden an der Waldentwicklung nicht standhalten kann.

Das Prinzip einer gesunden Nachhaltigkeit beim Eingriff und die Abkehr von der Verteufelung des knospen- und rindenfressenden Wildes sowie von der Einstellung, Rehe den Kaninchen vergleichbar nur noch als lästiges und belastendes Schadwild zu sehen, sollte wieder stärker und ehrlicher ins Bewusstsein rücken. Beim Rotwild findet erfreulicherweise langsam eine Umkehr statt.

Ich wünsche mir, unsere Waldbauprofessoren und ihre nachgeordneten Kollegen an den forstlichen Hochschulen würden sich auf ökologische

Grundwahrheiten zurückbesinnen und anerkennen, dass zum „Ökosystem Wald“ auch unser Schalenwild gehört und getreu einer funktionierenden Lebensgemeinschaft seinen bestandessichernden Platz im grünen Dom verdient.

Ich wünsche mir, sie mögen dem Wild in ihren Vorlesungen mit mehr Toleranz begegnen und unseren Studenten den Bazillus „Wildfeindlichkeit“ ersparen. Möge es mehr gemäßigte Wissenschaftler geben, die auch wildfreundliche, objektive Tendenzen erkennen lassen und zur rechten Zeit am passenden Ort eine Lanze für unser Wild zu brechen bereit sind, ohne dass der Wald Schaden nehmen muss. –

Meine Leser mögen mir diesen Ausflug in das Gebiet der Wildhege verzeihen. Ich war Zeit meines Lebens ein Rehwildverrückter, der landesweit versucht hat, diesem Wild mit Verständnis und Liebe, aber auch mit der nötigen Härte und Kompromisslosigkeit zu seinem Wohle in Wort und Tat gerecht zu werden.

Ich musste ein paar dieser Gedanken einmal niederschreiben, obgleich ich weiß, der Appell verhallt wie der Ruf in der Wüste, ist doch über keine Wildart mehr Tinte verschrieben worden als über unser Reh. Das wird sich auch in Zukunft selbst dann nicht ändern, wenn alle Hüllen fallen, die Rehe eines Tages ohne Abschussplanung bejagt werden dürfen, wie es versuchsweise schon geschieht. –

„Meine Lieblinge – die Rehe“ lautet die Überschrift zu diesem Kapitel. Ich meine es so wie niedergeschrieben. An anderer Stelle, vor allem in meinem Buch „Geliebte Wildbahn“, kann man nachlesen, dass ich in meinem Jägerleben viele Rehe erlegte – einschließlich der geringgewichtigen Bockkitze drei- bis viermal so viele weibliche Tiere wie Böcke. Wann und wo immer möglich, griff ich selektiv und vom Schwachen her in den Wildbestand ein.

Seine Lieblinge totzuschießen, ist ein Widerspruch in sich, zugleich Teil des so unergründlichen wie unerklärlichen Wesens der Jagd, mit Lust, Passion und Genuss Beute zu machen, Tiere zu töten, die zu lieben man vorgibt. Die letzte schlüssige Antwort darauf ist uns wohl bis heute selbst der jagende Philosoph Ortega y Gasset schuldig geblieben.

Meine Liebe zu den Rehen stand immer auf mehreren Säulen. Mich ihrer Anmut, ihrem Leben und Treiben im Revier zu erfreuen, den Bestand durch gezielte und ausreichende Eingriffe gesund zu erhalten und schließlich nicht vertretbaren Schäden an Wald und Landschaft angemessen zu begegnen, war meine Sicht der Dinge. Hegen wollen, heißt Schießen müssen, zum Wohle des Wildes und des Waldes. Ich war immer ein Gegner vom Hochpäppeln und Dulden eines überhöhten Wildbestandes, weil dieses Vorgehen der Liebe zu diesem Wild nicht gerecht werden kann. –

Wenn ich ein paar Bockgeschichten folgen lasse, bedeutet das nicht, den so genannten Rickenabschuss missachtend unterschlagen zu wollen. Er war für mich Herausforderung und jagdliche Erfüllung zugleich.

Wirklich alte Tanten zu überlisten, war fast immer schwieriger, als einen betagten, liebestrunkenen Bock zu betören. Es gäbe viele alltägliche, nicht wenige erzählenswerte Erlebnisse über Herbst- und Winterjagden auf Ricken und Kitze, die in meinen Regierevieren einen Abschussanteil von mehr als 60 % ausmachten. Sie niederzuschreiben, würde ein Buch füllen. –

Der Grenzbock vom Silker Busch

Mitte der fünfziger Jahre. Die erste Augustwoche hatte sich verabschiedet. Langsam neigte sich die Blattzeit ihrem Ende zu. Mein Freund Otto bemerkte beiläufig: „Wir haben noch zwei Böcke zu schießen, einen großen und einen kleinen, könnte auch heißen, einen jungen und einen alten. Hast du Lust, es noch mal zu versuchen? Die Wahl überlasse ich dir." Selbst noch ohne ein eigenes Revier, ließ ich mich nicht zweimal bitten. „Du weißt ja, dein Pirschbezirk im Wohltorfer Revier ist das Billetal, gehe es an." Pirschbezirk war wörtlich zu nehmen, denn Hochsitze gab es dort nicht.

Am 8. August, einem Sonntagmorgen, war ich vor Tau und Tag draußen. Ruhiges, fast windstilles Wetter umgab mich, der Tag versprach schön zu werden, mochte schon einen Hauch von Altweibersommer verbreiten, zumal Bodennebel über den Wiesen den frischkühlen Morgen prägte. Das schmale Billetal zwischen Aumühle und Reinbek hatte eine Längenausdehnung von etwa drei Kilometern. Der Sukzession überlassene, unbewirtschaftete Wiesen im südwestlichen Teil des Reviers, die beim hohen Grundwasserstand eine fast mannshohe Vegetation aus Seggen, Schilf und Rohrglanzgras aufwiesen, ließen eine Bejagung auf Rehwild kaum zu, obwohl sie als Sommereinstände sparsam in Anspruch genommen wurden.

Oberhalb des aufsteigenden Hanges zog sich an der Ostflanke ein schmaler Waldstreifen von reichlich hundertjährigen Kiefern mit spärlichem Unterholz parallel zum Schienenstrang der Hamburg–Friedrichsruher S-Bahn hin. Jenseits der Schienen begrenzten Hausgrundstücke der Tonteichsiedlung die kleine Einstandsnische des Waldes, die von Rehen im Sommer gelegentlich bewohnt wurde, zumal ihnen die anschließenden Feuchtwiesen die nötige Sicherheit boten. Allerdings wurden sie hier selten alt. Von Zeit zu Zeit musste Pächter Otto die zerfetzten Überreste überfahrenen Wildes von den Schienen wegsammeln.

Die stark mäandrierende Bille war auf ganzer Länge Reviergrenze. Im südwestlichen Teil unterhalb von Reinbek-Vorwerksbusch hieß der Jagdnachbar Forstamt Trittau. Hier reichten Laubholzbestände unterschiedlichen Alters bis an das Billeufer heran, waren aber als störungsträchtiger Teil des städtischen Erholungswaldes für Rehwild wenig interessant.

Der Jagdnachbar im Nordwesten unterhalb des Dorfes Wohltorf war mit dem Gut Schönau die Fürstlich von Bismarcksche Verwaltung. Die Struktur des Gutes mit der bekannten Kornbrennerei bestand im Grenzbereich aus großen Getreideschlägen, die den Rehen hauptsächlich im Sommer Einstandsmöglichkeiten boten, die sie mit den Schwarzkitteln teilten. –

Zurück zum Kiefernhochwald, den ich im Morgengrauen abpirschte. Im letzten Jahr wurde mir hier ein kümmerlicher Zweijähriger zur Beute. Seit Jahren war hier kein Bock mehr gefallen. Ich fand einige Fegestellen von diesem Frühjahr. Vielleicht hatte sich ein Jährling versucht, der in dieser Nische vor territorialen Altböcken sicher war. An diesem Morgen hatte ich hier keinen Anblick. Die Neugier lenkte meine Schritte flussabwärts an der südlichen Wiesenflanke entlang. Hier stieß ich auf einen größeren Wassertümpel in einer Moorgalle, dessen Uferbewuchs aus verschiedenen Weidenarten ein Magnet für Rehe war, wie ich unlängst an jüngeren und älteren Verbissspuren bestätigt hatte. Heute entdeckte ich kein rotes Haar, konnte mich aber eines vor mir aufstehenden Schoofs Stockenten erfreuen, die laut pakend zum nahen Mühlenteich hinter dem Reinbeker Schloss strichen.

An diesem Tümpel hatte ich im Frühsommer ein nicht alltägliches Erlebnis. Ich suchte ihn, unbewaffnet, mit meinem jungen DD-Rüden Harras auf, um den Hund auf Enten genossen zu machen. Mitten im Kleingewässer lag eine gras- und krautbewachsene Brutinsel. Als wir an das Ufer herantraten, löste sich aus den schirmartig überhängenden Seggenbülten und Fruchtständen ein roter Schatten, der sich als starker Fuchs entpuppte und im Schlusssprung das nasse Element annahm, um den Tümpel so rasch wie möglich zu durchrinnen. Das machte Reineke nicht zum ersten Mal, konnte er doch die Insel, zumindest in der eisfreien Zeit, nur schwimmend erreichen.

Es drängte sich mir der Verdacht auf, der Bursche würde öfter mal dieses Plätzchen im stillen Winkel aufsuchen, um hier den Tag in der Sonne zu verdösen. Zugleich könnte er die Insel als Ansitzplatz für „jungdumme" Enten missbrauchen, die er gar mit gekonntem Sprung selbst im Wasser noch erreichen mochte. –

Heute Morgen gab es hier nichts zu verdienen. Ich schwang mich auf meinen Drahtesel und radelte dem nördlichen Teil des Pirschbezirks am Rande des Ortsteils Billenkamp entgegen.

Am Saum des sich nach Süden hinziehenden Billetales verlief ein Wanderweg, der sich in den ungestörten frühen Morgenstunden als trefflicher Pirschsteig anbot. Rechterhand brachliegende Feuchtwiesen mit hohem Bewuchs aus Schilf, Brennnesseln, Mädesüß und Baldrian, links der ansteigende Hang des Urstromtales, bestockt mit Buchenhochwaldflächen, die eine Fichten-Birken-Dickung einschlossen. Hier roch es förmlich nach Rehwild.

Wiesenseitig schob sich alsbald eine etwa acht Meter hohe Erlenaufforstung ein, deren Bodenflora wegen des nitratreichen Standortes von Brennesselinseln geprägt war. Hier pflegten uns auf der herbstlichen Hubertusjagd regelmäßig Fasanengesperre und Waldschnepfen um die Ohren zu schwirren. Heute zeigte sich auf einer Blöße eine jüngere Ricke mit einem starken Kitz, die die Turbulenzen der Blattzeit wohl schon hinter sich hatten. Von meinem Blatten nahm die Alte keine Notiz, und trotz langen Verweilens stand auch kein Bock zu.

Nach einer Stunde Pirsch, die mehr vom Stehen als vom Gehen geprägt war, erreichte ich einen Tunnel der schon erwähnten Bahnlinie. Ich nutzte ihn, um in den Mittelteil meines Pirschabschnittes, den so genannten Silker Busch, zu gelangen. Vor mir breitete sich ein 120-jähriger Eichenbestand aus, der eine Größe von etwa drei ha hatte.

Eichenbestand traf nicht wirklich zu. Was die Eigentümer dieses „Fünf-Männer-Waldes", einer Erbengemeinschaft, nach starken Eingriffen – man könnte es auch Raubbau nennen – zur Entnahme der gewinnträchtigsten Stämme noch übriggelassen hatten, bestand aus schlechtgeformten, minderwertigen Überhältern in weitem Verband. Die großen Freiräume zwischen den verbliebenen Eichen waren von einem Sekundärwald aus Hasel, Eberesche, Faulbaum und Birke mit Brombeerhorsten besiedelt worden. Ungewollt hatten die Männer eines geschafft, einen Lebensraum für Rehe zu formen, der seinesgleichen suchte. Verbissäsung vom Feinsten, Heidekraut und Bickbeeren am Boden und in regelmäßigem Turnus eine Eichelmast, die sich sehen lassen konnte. Trotz der bis an diesen Wald heranreichenden Villengrundstücke mit den einhergehenden Störungen durch Mensch und Hund waren die Anpassungskünstler Rehe hier präsent und ließen sich nicht ernsthaft vertreiben. Sie konnten Sicherheit in den Wiesen finden, der Fluss war ebenfalls kein Hindernis.

Hinter dem Tunnel verlief der Wanderweg parallel zum Schienenstrang. Ich folgte ihm, um die Ostflanke des Waldes zu erreichen. Dort fand ich bei westlichem Wind gute Pirschbedingungen. Die Unterholzzone war teilweise ziemlich undurchsichtig. Beim Ausgehen einiger Spazierwege, die das Gehölz durchschnitten, musste ich vorsichtig zu Werke gehen, um nichts zu verderben. Fege-, Plätz- und Lagerstellen zeugten von den Aktivitäten der Rehe. Meine Hoffnung stieg, Wild in Anblick zu bekommen, doch ich wusste um die Schwierigkeiten.

Langsam folgte ich einem schmalen Steg, der zugleich als Wildwechsel genutzt wurde. Auf dem festgetretenen Boden war ein Abfährten schwierig. Hin und wieder blieb ich stehen, horchte, versuchte mit den Augen die grüne Kulisse zu durchdringen. Ein zutrauliches Rotkehlchen begleitete mich ein Stück weit und lockte mit seiner silberhellen Stimme, unbekümmerte Sicherheit verbreitend. Einem lärmenden, Verrat übenden Eichelhäher aufzusitzen, derer es hier reichlich gab, wäre weniger wünschenswert gewesen.

Wieder blieb ich stehen, ein scharrendes Geräusch erregte meine Aufmerksamkeit. Äste raschelten, rieben sich aneinander, setzten ein Signal. Weniger als zwanzig Meter schräg vor mir im dichten Buschwerk tat sich etwas. Haselzweige bewegten sich, wurden bewegt. Noch hielt sich der Urheber bedeckt, doch es konnte nur ein Reh sein, vermutlich ein plätzender und fegender Bock, der noch immer kein Haar zeigte.

Vorsorglich nahm ich meinen Sauerdrilling von der Schulter, um eine mögliche Chance nicht zu verpassen, drückte den Zielstock in die Graskante und wartete. Wild hat viel Zeit. Immer wieder können wir Jäger von ihm lernen, uns in Geduld zu üben. Davon hängt oft Erfolg oder Misserfolg ab. Meine einzige Sorge, der leicht von Westen herüberstehende Wind könnte küseln und mir alles verderben. Es blieb eine ganze Zeit still vor mir, sollte sich das Stück Wild unbemerkt nach der anderen Seite abgesetzt haben? Vielleicht nahm es auch nur Äsung zu sich, um das Defizit der letzten Wochen auszugleichen.

Endlich war es dann doch soweit. Ein roter Wildkörper schob sich hinter dem Haselbusch hervor, immer noch halb verdeckt, und sicherte, wie es mir schien, in meine Richtung. Hatte der Solist Misstrauen geschöpft? Ich hoffte, es wäre grundlose Einbildung.

Noch einen halben Schritt trat er vor und endlich hatte ich das eisgraue, breite Haupt über einem kompakten Träger des offensichtlich nicht mehr jungen Bocks im Blickfeld. Noch versteckte sich das Gehörn hinter gefächerten Haselnussblättern, doch schwarze Kranzrosen und dicke Stangen ließen erkennen, dass zwischen ihnen und den starr aufgerichteten, Misstrauen signalisierenden Lauschern nicht mehr viel Luft blieb. Länge und Vereckung, soweit Letztere überhaupt vorhanden war, blieben mir vorerst noch verborgen. Nur soviel wusste ich, bei diesem älteren Herrn konnte ich nicht ganz viel falsch machen.

Die geringe Entfernung bis zum Bock passte. Es war gut, ihn nicht zu weit vor mir zu haben. So konnte ich zuverlässig über Kimme und Korn schießen. Beim Kauf des Drillings hatte mein Geld für ein Zielfernrohr vorerst noch nicht gereicht. – Der Bock schien mich mit seinen großen dunklen Lichtern misstrauisch zu fixieren, fühlte sich aber in der guten Deckung offenbar sicher. Vielleicht bildete ich es mir auch nur ein.

Im Zeitlupentempo hob ich die Waffe und fand mein Ziel, bevor er sich mit einem kurzen Böh-Böh vielleicht doch noch hätte verabschieden können. Das TIG-Geschoss meiner 8 x 57 warf ihn auf der Stelle ins Kraut und ließ ihn rasch verenden, kaum dass er noch Bewegung zeigte.

6.30 Uhr zeigte meine Uhr. Ich setzte mich ins Bickbeerkraut und genoss Zeit und Stunde. Bevor ich an den Gestreckten herantrat, sollte nach dem Schuss erst einmal der sonntägliche Morgenfrieden wieder eintreten. Mit Genuss rauchte ich einen Zigarillo und erfreute mich der vielen korallenroten Trauben der Vogelbeeren im Umfeld, die für mich von der Hohen Zeit des Rehwildes nicht zu trennen sind.

Endlich obsiegte die Neugier. Im Beerkraut lag friedlich hingestreckt mein Bock – und was für einer! Die dunkelfarbigen Stangen seiner Krone waren kurz, aber knuffig. Die Vereckung des ungeraden Sechsers blieb unter der Drei-Zentimeter-Marke, die stark entwickelten Rosen und die Wucht der Stangen ließen nichts zu wünschen übrig. Keine Frage, dieser Bock war für das hiesige Wuchsgebiet stark und mit einem geschätzten Alter von sechs bis sieben Jahren wirklich erntereif.

In meine überschäumende Freude mischten sich leise Zweifel. Was würde Otto sagen, hätte ich ihm den guten Trophäenträger nicht anzeigen müssen, statt voreilig selbst den Finger krumm zu machen? War ich trotz seiner Ankündigung „Du hast die Wahl" nicht ein wenig zu egoistisch gewesen?

Der Grenzbock vom Silker Busch

Meine Sorge war indes unbegründet, das Gegenteil der Fall. Von der ehrlichen Freude, die Otto mit mir teilte, durfte ich in Kenntnis seiner selbstlosen Art überzeugt sein. Nach längerer Zeit war wieder einmal ein starker Bock in seinem Revier gefallen, nur das zählte für ihn.

Und noch mehr: „Du hast einen Grenzbock erlegt, um den man uns vielleicht beneiden wird. Nicht viele dieser urigen Typen ziehen ihre Fährte in unseren kleinen, so stark gestörten Revieren im Hamburger Randgebiet. Dieser Trophäe darfst du dich uneingeschränkt erfreuen. Wer weiß, ob einer von uns diesen Bock je wiedergesehen hätte."

Otto sollte in zweierlei Hinsicht Recht behalten:

Erstens: dieser Grenzbock, der eigentlich keiner war, weil der Lebensraum im und um den Silker Busch deutlich besser war und im Jahreszyklus länger bewohnt wurde als die einseitig großen Getreideschläge des Gutes Schönau, hatte bereits im Vorfeld Geschichte geschrieben.

Als Otto dem Kollegen W., dem die Jagdaufsicht im Revier Schönau oblag, das Gehörn des Bocks zeigte, erntete er ein langes Gesicht: „Diesen Bock hatte ich für Seine Durchlaucht, den Fürsten, vorgesehen, hielt ihn aber noch für zu jung." So konnte man es auch ausdrücken und Ansprüche artikulieren. Vielleicht hatte er den Grenzgänger über die Jahre nur ein paar Mal in Anblick bekommen. Nun, Grenzböcke hatten schon immer Tradition.

Zweitens: Mit dem (Nicht)Wiedersehen von Böcken hatte Otto wahrscheinlich den Nagel auf den Kopf getroffen. Es war das letzte im Silker Busch erlegte Reh überhaupt. Schon bald setzte der Abtrieb dieses Waldes ein, der gar kein richtiger mehr sein sollte und wohl eher einer niederwaldartigen Buschkoppel glich. Heute ist aus ihm längst ein Ort schönster Villengrundstücke hanseatischer Kaufleute geworden. Auf den vormaligen Eichenstammholzsegen folgte ein Immobiliengewinn bester Sahne.

Nichts ist in unserer Welt so beständig wie die Unbeständigkeit.

*

Der Kugelfeste

Eigentlich kann man diese Geschichte, selbst erlebt und selbst geschrieben, gar nicht erzählen, so blamabel ist sie. Doch auch unangenehme Wahrheiten gehören auf den Tisch. Je länger es her ist, umso mehr schmunzelt man über sich, vergessen kann man Geschichten dieser Art nie.

„Du suchst doch einen jagdbaren Bock, Erich. Sagtest du nicht, in diesem Jahr sei das Revier Langsee dran? Ich kenne einen für dich. Körperlich wirkt er bullig – starker Träger und auf dem Haupt ein für unsere Verhältnisse gut proportioniertes Sechsergehörn mit passablen, dunkelfarbenen Stangen", so empfing mich mein Freund und Revierhelfer Jürgen Pax eines Julitages in den achtziger Jahren des vergangenen Jahrhunderts.

Eine etwa 120 Morgen große Enklave des 420 ha-Reviers lag zwischen dem Nordufer des Kleinen Langsees und der Straße Neuberend–Süderfahrenstedt. Hier zogen immer eine Anzahl Rehe ihre Fährte, zumal der Revierteil abwechselungsreich und vielseitig war, zugleich die Grenze zu den Jagdnachbarn bildete. Drei bis vier Stück weibliches Rehwild erlegte ich hier alljährlich, einen Bock bisher nur selten, Anreiz genug, es einmal zu versuchen.

„Zwischen Straße und Seeufer, Ostgrenze und Mittelweg bringt er alles auf Trab, was seine Fährte kreuzt, hauptsächlich wohl aufdringliche Jährlinge. Manchmal höre ich seinen fordernden Bass quer über den See hinüber." Soweit Jürgens Kommentar, der mich neugierig machte. Merkwürdig, dass ich ihn selbst nicht kannte. Gerade in diesem Revierteil war ich wegen spätwinterlicher Holzeinschlagsarbeiten und Aufmessens von Stammholz oft gewesen. Das konnte sehr wohl ein Zufall sein. Diese Art von Arbeiten wickeln sich nicht lautlos ab. Das Wild kennt sie sehr genau, zieht sich still in Deckungsnischen zurück und wartet auf seine Chance oder weicht aus.

Jürgen meinte beiläufig, er könne von Süderfahrenstedt zugewandert sein. Da hätte mir schon ein Licht aufgehen müssen. Diese „Zuwanderer" sind nicht selten jüngere Heimatvertriebene, die dem Druck territorialer Standböcke weichen müssen, um sich woanders selbst ein Sommerrevier zu erkämpfen. Nun, Jürgen war ein erfahrener Rehwildjäger, ich würde sehen.

Am Abend saß ich auf einem Hochsitz am Nordrand eines vielversprechenden Wildackers, den ich selber im Frühjahr neu angesät hatte. Er lag im Herzstück dieses Einstands. Nicht einfach, auf dem extrem leichten Boden im Idstedter Flugsandgebiet eine brauchbare Ansaat in Gang zu bringen. Dank des regenreichen Wetters und einer gut abgestimmten Düngung war es wider Erwarten gelungen; die Saat hatte sich erfreulich entwickelt. Die Mischung bestand aus Serradella, Rotklee, Leinsaat, Buchweizen, Akelaraps und einem Sonnenblumenrand sowie einigen Solitärpflanzen mittendrin, die Deckung und beliebte Blattäsung zugleich lieferten. Diesen Leckerbissen sollte eigentlich kein Reh widerstehen können.

Noch war die Blattzeit nicht richtig angelaufen. Auf der Fahrt vom Dänischen Wohld in das „Land Angeln" hatte ich in einem Weizenschlag ein hochzeitendes Paar beobachtet, das mir Mut machte. Vom Blatten hielt ich um diese Zeit noch nicht viel – zu früh. Damit konnte man mehr verderben als gewinnen. Ich ließ die Stille des Abends auf mich wirken.

Stille ist relativ. Vom nahen See herüber vollführten Graugänse ein Mordsspektakel, gerade dass der heurige Nachwuchs seine ersten Flugübungsstunden hinter sich hatte. Und dann waren sie auch schon über mir, strebten den Weizenschlägen auf den besser werdenden Böden landeinwärts zu, ein Elternpaar mit fünf Jungen. Unentwegt unterhielten sie mich, würden sich auf den Lagerstellen noch einmal den Kropf füllen, bevor sie eine Stunde später mit dem gleichen Lärmpegel zurückkehrten, um zu wassern und die Nacht auf dem sicheren See zu verbringen.

Am Rande des Wildackers tat sich etwas. Aus dem Sonnenblumensaum tauchten zwei vorwitzige Kitze auf, die die Äsungsfläche sofort als Spielwiese in Beschlag nahmen, tolle Kapriolen und Bocksprünge vollführten. Sie versuchten sich gegenseitig den Rang abzulaufen, als würde es ums Überle-

Alle erfreuen sich einer guten Kondition (Foto: M. GROTHKOPP)

ben gehen – früh übt sich! Ihre Mutter ließ sich Zeit, wenn sie nicht schon einen Kavalier gefunden hatte. Je länger sie ausblieb, umso neugieriger wurde ich. Endlich konnte ich nicht mehr widerstehen, kramte den Hubertuslocker aus der Tasche und schickte ein paar zarte Kitzgeschreitöne in den Äther.

Die Wirkung war verblüffend. Der letzte Ton kaum verklungen, preschte die besorgte Alte herbei, sondierte das Umfeld und beruhigte sich schnell wieder, als sie ihre Kitze in Sicherheit wähnte, für sie zugleich das Signal, sich an den zahlreichen Buchweizenblüten schadlos zu halten. Mütter müssen so oft wie möglich die Spinne wieder auffüllen.

Auf einen Bock wartete ich an diesem Abend vergeblich, es waren im Umfeld gewiss noch andere willige Damen zu finden. Ich blieb bis in die tiefe Dämmerung sitzen. Der gepflegte Pirschsteig garantierte einen störungsfreien Rückzug in bester Deckung zur Straße hin.

Ein paar Tage danach führte mich der Weg wieder zum Langseeplatz. Nach Verrichtung anstehender Arbeiten wollte ich um die faule Stunde über Mittag eine Stehpirsch durchführen, dafür bot das Revier gute Voraussetzungen. Durch Laub- und Nadelholzbestände unterschiedlichen Alters führte ein wenig benutzter Wanderweg, der dem nördlichen Seeufer über eine längere Strecke folgte. Ein lauer Wind blies aus Südost und erlaubte mir alle Freiheiten für eine erfolgversprechende Pirsch.

In Begleitung meiner DD-Hündin Asta ging ich es an. Die den Kleinen Langsee mit dem Idstedter See verbindende Königsaue bildete die westliche Grenze. Im altehrwürdigen Eichen-Buchen-Altholz in stark kupiertem Gelände, dem man den Vieheintrieb zur Waldweide vor mehr als 100 Jahren heute noch ansah, stand ich auf geschichtsträchtigem Boden. 1864 tobten in diesem Umfeld erbitterte Kämpfe zwischen dänischen und deutschen Truppen, die schließlich zugunsten der wiedergewonnenen Freiheit unserer schleswig-holsteinischen Heimat ausgingen. –

Das Revier lebte. Grün schimmerte die Oberfläche des 40 ha-Sees herüber, die sich am flachen Westufer mit einer dichten, reichblühenden Matte weißer Seerosenfelder schmückte, von eher bescheidenen Tuffs gelbkugeliger Teichroseninseln unterbrochen. In Deckung der großen herzförmigen Blätter standen sie gern, die gefräßigen Großhechte und warteten mit Geduld auf den quicklebendigen Nachwuchs von Teichhuhn, Blessralle und Reiherente, die den treibenden Insekten auf dem Wasserspiegel nachjagten.

Dem Maul der Zwanzigpfünder entkam keiner dieser Halbwüchsigen, wenn die Zangen ihrer harten Kiefer, an einen Krokodilsrachen erinnernd,

Ein Bilderbuch-Lebensraum am Kleinen Langsee

Im Rachen dieses Zwanzigpfünders findet selbst ein Graugansgössel Platz – Autor mit 11 kg-Hecht

einer unerbittlichen Schere gleich zupackten. Unsere beim Ausmähen der Königsaue im Boot frühstückenden Platzarbeiter beobachteten eines Tages sogar, wie ein jüngst geschlüpftes Graugansgössel unter Zeter und Mordio in die Tiefe gezogen wurde und keine Chance hatte. Ein Stück Natur in der Art, wie es untrennbar mit diesem Biotop verbunden ist. Diese Beobachtung allerdings war nicht alltäglich.

Lahnende Junghabichte, drei an der Zahl, ließen ihre weitschallenden Bettelrufe er-

SECHZEHNTES KAPITEL

Bockgeschichten

Mit meinen Rehen auf Du und Du

Dank des Verständnisses meines Forstamtes durfte ich in meinem 105 ha großen Hausrevier Dänisch-Nienhof in der Niederwild-, insbesondere der Rehwildhege, nach meinen Vorstellungen planen und entscheiden. Selbstverständlich waren die gesetzlichen Vorgaben einzuhalten, und anfallende Kosten mussten im Rahmen der Zuweisungen bleiben. Bei der geringen Größe des Reviers gab es keine Probleme.

Geschult durch meine vorhergegangene, zehnjährige Arbeit in einem forstwissenschaftlichen Institut in Reinbek, insbesondere in der Forschungsstelle für Flurholzanbau, fiel es mir nicht schwer, das kleine Revier zu einem Versuchsrevier für Rehwild einzurichten. Bei den anfallenden Arbeiten standen mir meine Freunde Gert Beirow und Wilfried Schepers zur Seite, ohne deren Hilfe ich das Feld nicht hätte beackern können.

Es drängt sich die Frage auf, ob man in einem 100 ha-Revier eine ernst zu nehmende Hege von Rehen überhaupt durchführen kann.

Man konnte! Gewisse Einschränkungen mussten zwar in Kauf genommen werden. Bei der Standorttreue und der großen Anpassungsfähigkeit der Rehe ließen sich aber Dinge so steuern, dass die Entwicklung des Bestandes und die Aussagefähigkeit der Bewirtschaftungsmaßnahmen (ein schreckliches Wort in der Jagd!) die gewünschten Rückschlüsse ermöglichten.

Mehrere Gründe waren ursächlich:

Der Zuschnitt des Reviers zwischen einer fast drei Kilometer langen Ostseesteilküste an der Nordflanke und einer Kreisstraße zwischen Stohl und Surendorf mit dem Dorf Dänisch-Nienhof in der Mitte und einigen flankierenden Siedlungshäusern und Gehöften im Süden schufen natürliche Grenzen, die Rehe nicht zwingend zum Abwandern einluden. Wenn dennoch jährlich einige von ihnen zu Verkehrsopfern wurden, war das der Populationsdynamik dieses Wildes und seinem Territorialverhalten zuzuschreiben.

Ein weiterer Grund: Es lag eine optimale Revierstruktur und Lebensraumqualität mit 40 % Wald- und 60 % landwirtschaftlich genutzten Flächen mit langen Waldaußengrenzen vor, maßgeschneidert für den Waldrandbewohner Reh. Die starke Verjüngungsfreudigkeit des Waldes aus Buche, Eiche, Ahorn und Esche garantierte auch im Winter ruhige Einstände mit ausreichender Bodendeckung und einem guten Verbissangebot.

Wildremise neben dem Forsthaus – Wildrosen und andere „Magnete" (Foto M. Grothkopp)

Die Kinderstube war nur anteilig im Feld angesiedelt. Von 44 im Laufe der Jahre markierten Kitzen haben wir den überwiegenden Teil im Wald gezeichnet. Wegen der salzhaltigen Ostseeluft – eine andere Erklärung habe ich nicht – war das Revier mückenfrei. Von daher verteilte sich der Wildbestand in der aggressiveren Sommerzeit durch Territorialverhalten, Futterneid unter den Ricken, Brunftabläufe und andere innerartliche Auseinandersetzungen zu annähernd gleichen Teilen auf Wald und Feld. Nach Abernten der Getreide- und Rübenschläge wanderten alle Rehe in den Wald, wo sie den Winter einträchtig miteinander verbrachten. Ich versuchte, den Bestand durch rechtzeitigen Abschuss auf die Frühjahrsbestandeshöhe

Die Verjüngungsfreudigkeit des Waldes war groß; hier konnten sich Rehe wohlfühlen

Auch im Winter konnten wir unsere Rehe vom Forstdienstgehöft aus beobachten

zu bringen, um den Druck innerhalb der gut in der Fläche verteilten Sippen zu verringern. Das gelang nicht immer, weil der Jagddruck beim selektiven Einzelabschuss naturgemäß zunimmt.

Zur Verringerung von Verkehrsverlusten, besonders an den schmalen Ost- und Westflanken, legte ich vier kleine Wildäcker und -äsungsflächen an. Von Anfang Oktober bis Ende März wurde in überdachten Trögen mit einer Mischung von siliertem Apfeltrester mit Abfallgetreide und kleinen Mengen von Saubohnen und Mais zugefüttert. Der Nahrung wegen brauchte das Wild also nicht weit zu wandern und sparte so Energie.

Kitze auf dem Wildacker in der Blattzeit – ihre Mütter sind beim Hochzeiten (Foto: M. Grothkopp)

In den achtziger Jahren wurde dann die Zufütterung nach ergangenem Verbot eingestellt. Sie war entbehrlich, hatte aber die Rehe an das Revier gebunden und den, wenn auch geringen Schaden durch Wildverbiss noch stärker minimiert.

Das Aufsuchen der Futtertröge ermöglichte das Festhalten von Abwurf-, Fegedaten und Herbstverfärbung und damit auch Rückschlüsse auf den Gesundheitszustand des Wildes. Die Pirschsteige zu den Futterplätzen hatte ich vorsichtig freigeschnitten, um durch diese Sichtlücken mit einem guten Fernglas auch über weitere Entfernungen die notwendigen Informationen zu bekommen. Nicht selten ließen sich die Fegetermine der Böcke, mit Ausnahme der Jährlinge, auf den Tag genau bestimmen, wenn man wusste, um welche Zeit die Rehe an die Tröge zogen.

Ausführlicher bin ich im Kapitel „Rehe" in meinem Buch „Geliebte Wildbahn zwischen den Meeren" auf das Revier Dänisch-Nienhof eingegangen. Nur soviel: Ich übernahm Anfang der sechziger Jahre trotz guter Voraussetzungen einen desolaten, viel zu hohen Wildbestand. Altersklassenaufbau und Geschlechterverhältnis waren völlig unbefriedigend. Es bedurfte einiger Jahre starker, selektiv durchgeführter Eingriffe, bevor sich das Blatt wendete.

Parallel zur Rehwildhege arbeiteten wir intensiv an der Verbesserung der Bedingungen für die Niederwildarten Hase und Fasan. Das Revier dankte es mit sehr guten Strecken, die Rehe mit steigenden Gewichten und fast völligem Verschwinden von Knopfböcken.

Die Schicksale zweier Böcke will ich jetzt nachzeichnen. Sie gehörten nicht zu den Markierten und konnten doch vom Kitzalter bis zu ihrer Erlegung nach fünf Jahren auf ihrer Fährte zweifelsfrei begleitet werden. Mit dieser Aussage erhält die Überschrift „Mit meinen Rehen auf Du und Du" ihren realen Sinn.

Der Große

1981 wurde er im Teichgelände von einer vermutlich jungen, starken Ricke im ersten Maidrittel gesetzt. Der Versuch, ihn als Kitz zu finden und zu markieren, misslang. Bei guter Äsung und Deckung in einem sonnenträchtigen, geschützten Gebiet entwickelte sich das Einzelkitz gut. Vor Beginn der großen Ferien konnten wir es mit seiner Mutter auf der satten Kräuterwiese des Zeltlagerplatzes für Berliner Kinder häufig beobachten. Im Sommer standen sie in den großen Getreideschlägen am Wald. Als sich die Berliner Anfang September verabschiedet hatten, tauchte das Gespann wieder auf. Roggen und Weizen gemäht, die Felder kahl, der Wald wieder Zufluchtstätte. Die kräuterreiche Spielwiese war nach einem Grasschnitt grün und attraktiv geworden und wurde abends und in der Nacht von mehreren Rehen aufgesucht. An den sichtbaren Rosenstöcken konnten wir unser Kitz erstmals als Böckchen sicher bestätigen.

Die beiden blieben nicht allein. Einige Male konnten wir sie in bester Eintracht mit einer anderen Ricke beobachten, die zwei, ebenfalls gut entwickelte, Bockkitze führte. Sie gehörten offensichtlich der gleichen Sippe an. Ab Ende September war eine der beiden Ricken verschollen, wahrscheinlich Opfer des Verkehrs geworden. Die verbliebene Ricke, man durfte davon ausgehen, dass es sich um die Mutter mit den beiden Kitzen handelte, adoptierte das verwaiste Einzelkitz.

Das schwächste der Geschwister-Bockkitze erlegte ich, es wog 11 Kilo aufgebrochen. Die verbleibenden beiden, nennen wir sie mal Vettern oder Halbbrüder, wurden von der Ricke geführt, als wäre es nie anders gewesen. Sie kamen gut durch den Winter und waren als Jährlinge überdurchschnittlich stark entwickelt.

An den Spiegelformen konnte ich sie schon im Herbst klar unterscheiden. Das Einzelkitz, welches seine Mutter verloren hatte, zeigte einen herzförmigen, das verbliebene Zwillingskitz einen nierenförmigen Spiegel. Als die Ammenricke Mutterfreuden erwartete, fiel das Trio auseinander. Die beiden Jünglinge, der erste hatte vom 24. auf 25. April, der zweite eine Woche später, Anfang Mai, gefegt, trugen respektable Gablerstangen auf dem Haupt, die deutliche Rosen zeigten. Allerdings wiesen die Stangen des Zwillingsjährlings schon eine bemerkenswerte Perlung auf, während der andere mit eher glatten, nur an der Basis schwach geperlten, dafür etwas längeren Stangen aufwartete.

Spielerisch trugen sie Territorial- und Rangord-

Der „Große" war als Jährling stark im Gebäude und an drei Merkmalen auch als Zweijähriger und später wieder zu erkennen: Spiegelform, rechte Stange ein bis zwei Zentimeter länger, Vordersprosse links tiefer angesetzt

nungskämpfe aus, um sich kurz nach dem Fegen, dem Willen der Natur folgend, zu trennen. Der vermutlich im Nachbarrevier gesetzte Jährling ging nach Hohenhain zurück und wurde von mir fortan nicht mehr beobachtet. Der andere Jährling blieb dem Sommereinstand seiner verschollenen Mutter treu und pendelte zwischen Teichgelände und Forstdienstgehöft hin und her, die beiden angrenzenden Sommerterritorien zweier adulter Böcke mit gebührendem Abstand respektierend, ohne sich ernsthaft vertreiben zu lassen. Aus meinem Dienstzimmerfenster beobachtete ich ihn gelegentlich und hielt ihn im Bild fest. Er wirkte selbstbewusst, auf seinen weiteren Werdegang war ich neugierig.

Dieser Jährling mit den 16 bis 18 Zentimeter langen, steil v-förmig aufragenden Stangen zeigte drei bleibende Merkmale, die das entscheidende Wiedererkennen als Zweijähriger und in den Folgejahren ermöglichte. Die rechte Stange war zwei Zentimeter länger, die Vereckung des Vordersprosses an der linken Stange war tiefer angesetzt, und der herzförmige Spiegel vervollständigte seinen Steckbrief.

Diese herausgestellten Feinmerkmale mögen für den Unkundigen nach Erbsenzählerei riechen. Tatsächlich werden die meisten Jährlinge mit ihren uniformen, ausdruckslos glatten Spießen nach dem Übergang ins dritte Lebensjahr als fertig entwickelte Zweijährige wegen des enormen Sprunges in der Gehörnentwicklung nicht wiedererkannt. Hilfreich ist das alles nur, wenn man die wichtigsten Indizien in einem Skizzenbüchlein alljährlich fortschreibt, im Kopf behalten kann man sie nicht!

Zum Wiedererkennen nach körperlichen Merkmalen gehört auch das unterschiedliche Verhaltensritual in ihrem Lebensraum. Voraussetzung dafür ist, dass die Youngster sich ein Territorium erkämpfen und im Revier verbleiben können. Eine wichtige Rolle spielen schließlich noch die Fege- und Abwurftermine, die das Bild abrunden. Für den ernsthaft interessierten Rehwildjäger und -heger sind diese Aussagen grundlegender Natur.

Zurück zu unserem Bock, den wir fortan den „Großen" nannten. Er fiel durch seinen kantigen Körperbau und seine Stärke auf, war seiner Zeit voraus und glich als Jährling schon eher einem Zweijährigen, was so vielen guten Jährlingen zum Verhängnis wird.

Im Zentrum des Reviers überstand er seinen zweiten Lebenswinter schadlos, hatte er doch, außer Futterneid an den Trögen, keine Repressalien durch die alten Standböcke zu erwarten. Über Winter kochen die Aggressionen unter Rehen bekanntlich auf Sparflamme. Man verträgt sich bis etwa Mitte April. Jetzt nach dem Fegen beginnen Böcke ihre Sommereinstände abzustecken und mit Elan zu verteidigen, da kennen sie keine Verwandten. Einmal erfolgreich geworden, pflegen sie diese fast immer bis an das Ende ihrer Tage beizubehalten.

Kraft seiner Stärke gelang es dem „Großen", sich gegen Rivalen durchsetzend, 1983 als Zweijähriger das beste Sommerterritorium im Ostteil des Reviers rund um den Eiskellerberg zu erobern. Er gab es fortan nicht mehr ab. Sein Glück: Wir hatten hier im Spätsommer 1982 den fünf- bis sechsjährigen Platzhalter erlegt; damit war der Einstand frei geworden. Senkrechtstarter nutzen ihre Chance.

Der Bock hatte über Winter ein bis zu 22 Zentimeter hohes, regelmäßig verecktes Sechsergehörn geschoben und am 1. April 1983 gefegt. Den für einen Zweijährigen eher frühen Termin hielt er in den Folgejahren 1984, 1985 und 1986 auf den Tag genau ein. Glückliche Umstände und Ausdauer ließen es zu, diese authentischen Daten zu bekommen. Zugleich räumen sie mit dem Vorurteil auf, jung verfegt zuletzt, so man die Jährlinge aus dem Spiel lässt. Zwar kann man bei Rehen fast nichts verallgemeinern, doch habe ich Belege dafür, dass gesunde zweijährige Böcke manchmal früher fegten als ältere und alte. Fegetermine sind genetisch bedingt, können sich aber bei Konditionsschwächen durch starke Parasitenbelastung verschieben. Witterungsabläufe spielen in unserem gemäßigten Klimaraum eine eher geringe Rolle.

Analog zu dem relativ späten Fegetermin des „Großen" passten seine späten Abwürfe. Als Zweijähriger, nicht ungewöhnlich, hatte er am 20. November 1983 noch beide Stangen auf dem Haupt. Als Dreijährigen beobachtete ich ihn am 21. November 1984 noch mit dem vollen Kopfschmuck. Als Vierjähriger warf er vom 25. auf den 26. November 1985 ab. Durch die kurzen, dunklen Tage und die um diese Zeit schon winterbedingt eingeschränkte Nahrungsaufnahme und die Bewegungsaktivitäten der Rehe war es schwierig, genaue Abwurfdaten zu erlangen, doch konnten wir sicher davon ausgehen, sie mit der letzten Novemberwoche festzumachen.

Diese Erfahrungen und Erkenntnisse schreibe ich für die ernsthaft interessierten Rehwildjäger auf, weil ich es ihnen schuldig bin.

Als Dreijähriger trug der „Große" ein kapitales Gehörn und war auf der Höhe seiner Kraft. Ab und zu sah ich ihn im Sommer, man kannte sich. Fühlte er sich in der Laubholznaturverjüngung sicher, eingegrünt bis zum Haupt, hielt er mich reglos verhoffend aus, ich konnte ihn für eine Momentaufnahme beobachten und ansprechen. In seinem Sommerrevier war er unbestrittener Herrscher aller Reußen. Um nicht zu stören, blieb ich – auch bei anderen Rehen – grundsätzlich nur kurz stehen und empfahl mich langsamen Schrittes, hektische Bewegungen vermeidend. Das machte die Rehe vertraut, konnte ihnen, wenn es mit dem erforderlichen Abschuss ernst wurde – oh, wie hinterhältig – auch zum Nachteil gereichen. –

Schon als Dreijähriger war er kapital

Im September 1984 erlegte ich den von mir am 23. Mai 1978 markierten „Fritz“, genau sechs Jahre und dreieinhalb Monate alt, der seit Jahren Platzbock im Zentrum des Reviers war. Als den Standorttreuesten von allen konnte ich ihn nur 200 (!) Meter vom Markierungsort entfernt zur Strecke legen. Altersbedingt musste er weichen, um notwendigerweise wieder einen Sommereinstand freizumachen, von denen es in dem kleinen Revier nie mehr als vier vollwertige gab und geben konnte. „Fritz“ wog aufgebrochen 17,5 Kilo und wartete mit einem respektablen Gehörngewicht von gut 300 Gramm auf. Seine besten Jahre hatte er als Drei- und Vierjähriger gehabt.

Dieser Eingriff hatte Folgen. Der „Große“, der seinen älteren Standnachbarn verhaltensgerecht respektiert hatte, erlaubte sich im Frühjahr 1985 als Vierjähriger in seiner Unersättlichkeit, sein Sommerrevier um ein gutes Drittel bis zum „Schloss am Meer“ zu erweitern. Damit halbierte er das vorübergehend freigewordene mittelöstliche Territorium und machte es unattraktiv. Schamlos jagte er alles über den Jordan, was sich ihm in den Weg stellte. Das war nicht im Sinne unserer Hegebemühungen, die vier vollwertige Altbock-Sommerreviere vorsahen. Es machte Sinn, dies, so gut es ging, zu steuern, wurden uns doch so schon regelmäßig die bestentwickelten zweijährigen Böcke beim Abwandern überfahren, weil sie keine Chance auf das Erkämpfen eines freigewordenen Einstandes hatten.

Ich beschloss, den „Großen“ im nächsten Jahr nach Absegnung durch mein Forstamt als Fünfjährigen zu erlegen. In meinem Versuchsrevier am Hause hatte ich schon der geringen Größe wegen bei den Eingriffen freie Hand.

Der Winter nahm einen normalen Verlauf. Hoch geschoben, präsentierte sich mein Bock am 24. März 1986 noch voll im Bast, am 29. März hingen die Bastwimpel über den Lichtern herunter, und er fegte wie alljährlich in den beiden ersten Apriltagen, als habe er die Uhr danach gestellt.

Es dauerte nur eine Woche, da sah ich ihn seine Konkurrenz jagen, keinen Zweifel daran lassend, wer hier das Regieren hatte. Im frei gewordenen Mitte-Ost-Revier hatte sich im letzten Jahr schon der starke Zweijährige namens „Daudert“ etabliert, den der „Große“ allerdings nur einen geringen Teil von diesem Kuchen nutzen ließ. Als nunmehr Dreijähriger, körperlich zugelegt, bot „Daudert“ dem Pascha Paroli, war ihm allerdings nicht gewachsen. Von diesem Bock wird im nachfolgenden Beitrag die Rede sein.

Das Frühjahr und die ersten Sommerwochen vergingen. Nachdem die Fronten geklärt waren, trat im Rehwildrevier wieder die sommerübliche Ruhe ein. Man sah Ricken mit ihren Kitzen, manchmal ein Schmalreh oder einen unsteten Jährling.

Am 12. Mai markierten wir die beiden Bockkitze einer Ricke am Rande der Schießstanddickung, von denen eines im Laufe des Sommers verscholl. Sein Schicksal blieb unbekannt. Die älteren Herren hielten sich bedeckt, Feist für die bevorstehende Brunft sammelnd.

Eines schönen Morgens Anfang Juli war ich draußen, Asta an meiner Seite, den östlichen Teil des Reviers abpirschend. Es war noch ein Jährling zu schießen. Wie immer lenkte ich meine Schritte zur Feldkante. Ich liebte den Blick über die Weite der Ostsee, an der Eckernförder Bucht vorbei nach Aero hinüber, deren Küstenkonturen sich bei klarer Sicht deutlich abzeichneten.

Die See war tiefblau, fast immer ein Zeichen bevorstehenden Regens, als ich den höchsten Geländepunkt am nordöstlichen Waldrand erreichte. Mein Blick glitt über die Gerstenstoppel – Bauer Daudert hatte schon gemäht – und blieb an der kantigen Figur des „Großen“ hängen, der sich, optisch frei über der Ostsee schwebend, wie ein Monument abhob, ein in dieser Form noch nie geschautes Bild.

Auf 80 Meter stand er vor mir, völlig vertraut, und sicherte zum Roggenschlag hinüber. Eine brunftige Ricke, ein Mitbewerber, was erregte seine Aufmerksamkeit? Einen Moment nur war ich versucht zu schießen, die Entfernung passte, dann schalt ich mich einen Narren: „Noch nicht, lass ihm Zeit, bis wenigstens der größere Teil der Blattzeit vorüber ist." Dann allerdings galt es zu handeln, bevor ihm die brunftigen Weiber in seinem Einstand ausgingen und er die Wanderschaft antrat. Auf der Straße sollte sein Leben nicht enden, eine Gefahr, die in einem so kleinen Revier wie diesem nie auszuschließen ist.

Vorsichtig drehte ich mich um und stahl mich wie ein Spitzbube mit Asta davon. Drei Wochen später schien es mir dann an der Zeit, mein Heil zu versuchen. Die Blattzeit hatte früh begonnen. Fast täglich sah ich im häuslichen wie auch in meinen anderen Regierevieren Böcke treiben.

Eines Morgens, es war der 26. Juli, ging ich es an, ohne Hund. Vom Hochsitz an einem der beiden viel in Anspruch genommenen Wildäcker wollte ich ihn nicht schießen. Er sollte auf der Pirsch seine Chance haben, der „Große", das war nicht mehr als fair. Geräuscharme Kleidung, Zielstock, Fernglas und die geliebte .243 Winchester waren alles, was ich brauchte.

Der klare, leicht unterkühlte Sommermorgen war schön. Ein Schauer Regen am Vortage kam mir entgegen. Der Boden mit nasser Laubstreu ermöglichte ein geräuscharmes Pirschen, auch dort, wo man keinem Pirschsteig folgen konnte. Hören- und Sehenwollen nötigten mich, öfter einmal stehen zu bleiben. Mit dem beginnenden Tag folgte ich zunächst dem Hauptweg und schließlich dem Südweg an der Feldkante, der frühmorgens beim Einwechseln von Wild häufig Anblick brachte. Selbstverständlich war der Wind ein wichtiger Faktor, heute Morgen schlummerte er noch.

Da ich das Revier wie meine Westentasche kannte, spekulierte ich jede kleine Blöße in den Laubholzverjüngungsflächen ab. Es zeigte sich kein Stück Wild, so sehr ich mich auch mühte. Schließlich wagte ich es, in die Höhle des Löwen, den Haupttageseinstand, einzudringen.

Der inzwischen aufgekommene leichte Südost, kaum spürbar, half mir bei meinem Vorhaben.

Sicht war in der brusthohen Verjüngung oft kaum vorhanden. Ich setzte Fuß vor Fuß, tastete mich Meter um Meter voran. Der wegen der fast nicht zu vermeidenden Störung nur selten benutzte Pirschsteig umschlug den Eiskellerberg halbmondförmig. An der Ostflanke neben dem Hauptvorfluter stieß ich auf Wild.

Rot schimmerte es durch Buchen- und Eschenaufwuchs. Ich erkannte ein Schmalreh mit seinem ausdrucksstarken, neugierig forschenden Blick. Es wurde um ein Viertel von einem starken Wildkörper überragt, der sein

Inkognito vorerst nicht lüftete. Haupt und Träger waren ummantelt von einer dicht gewachsenen, vollkronigen Buche, die alle Konturen verdeckte. Es gehörte nur wenig Fantasie dazu, den Galan hinter diesem Torso zu vermuten.

Diana sei's gedankt, dass auch ich eine diffuse grüne Wand vor mir hatte. Sie verschaffte mir die nötige Bewegungsfreiheit. Noch hatten mich die beiden nicht weg. Ich konnte warten. Ein Segen war der passende Wind. Meine Geduld wurde auf eine lange Probe gestellt. Endlich schob sich das Haupt des Bocks aus dem Blattgewirr hervor und zeigte mir – die beeindruckende Krone des „Großen". Nur 50 Meter stand er vor mir, der Gesuchte und Ersehnte. An Schießen war so nicht zu denken. Ich brauchte viel Glück, denn nur wenige, vertraute Gänge würden genügen, und die dickwüchsige Laubholzverjüngung würde den „Großen" wieder umhüllen.

Vorsorglich legte ich meine Büchse in die Gabel und entsicherte lautlos. Geduld, Geduld und die stille Hoffnung, der Wind möge nicht küseln. Und der Lohn blieb nicht aus. Nach einer mir fast endlos erscheinenden Zeit tat das Schmalreh drei Schritte vorwärts und gab damit den Körper des Bocks frei, der gelangweilt hinterher äugte. Jetzt galt es! Maß genommen, und die Kugel fand ihren Weg. Der Bock rutschte in sich zusammen. Das Schmalreh verstand die Welt nicht mehr, trat einen Augenblick unschlüssig hin und her und sprang schließlich mit einem Schreckkonzert ab.

Ich durfte mich einer guten Trophäe erfreuen, wie sie nur ein Großer hervorbringen kann

Ich bin nicht gefühllos. Mein Gewissen meldete sich sofort und sagte mir, dass ich soeben ein Stück Reviergeschichte ausgelöscht hatte, an das ich noch so manches Mal zurückdenken würde. Wie oft hatten sich unsere Fährten gekreuzt, hatten wir uns mit Respekt, wohl auch Vertrauen angeschaut, das in letzter Konsequenz missbraucht wurde von einem Stärkeren. War die Chancenverteilung wirklich ausgewogen gewesen? Am Ende hatte der Jäger mehr Glück gehabt als der Gejagte. Jagen ist ein hartes Handwerk. Wer dem nicht gewachsen ist, sollte die Finger davon lassen.

Ihm würde allerdings viel entgehen, wenn wahre Passion in seiner Brust pocht – Erlebnisse, Naturabläufe, die nur in dieser Gefühlswelt verhaftete Jäger verstehen können, das ganz große Glücksgefühl, manchmal auch die Riesenenttäuschung, die sehr weh tun kann. Wer lange gejagt hat, kennt beide Seiten, Jäger stehen oft zwischen Baum und Borke.

Ich verhehle nicht, dass ich bei aller Demut und Nachdenklichkeit diese Stunde des Erfolges – ja, auch der Wahrheit – genoss. Ich hatte es so gewollt, für das Revier, für mich und durfte mich einer wirklich guten Trophäe als Erinnerungsstück erfreuen, die mich noch viele Jahre an das schöne kleine Hausrevier Dänisch-Nienhof erinnern würde, dem ich 28 Jahre die Treue hielt.

*

Daudert

Wir tauften ihn „Daudert", den Jährling mit dem gut vereckten Sechsergehörn, ansprechenden Rosen und bis zu den Vordersprossen geperlten Stangen. Einer von der Sorte, wie das Revier sie nur selten hervorbrachte. Seine körperlich gute Entwicklung passte dazu; Indizien für eine hoffnungsvolle Zukunft.

Auch dieser junge Bock war nicht markiert, doch wir wussten, woher er kam und ahnten, wohin er wollte – bleiben im Einstand und Sommerrevier der Mutter, in dem er bisher alles bekommen hatte, was ihm zum Wohl gereichte. Er war von der gleichen selbstbewussten Art wie der „Große". Vertreiben lassen? – Nein, das kam nicht in Frage.

Seinen Namen erhielt er nach dem Landwirt Daudert, in dessen Roggenschlag im nordöstlichsten Zipfel des Reviers hart vor der Ostseesteilküste er gesetzt worden war. Seine Mutter war jung und stark. Wie zuvor beim „Großen" mochte der kleine „Daudert" ihr erstes Kitz sein. Ich hätte ihn, vielleicht gar mit einem Geschwisterkitz, gern markiert, allein der Roggen war um den 20. Mai 1983 schon so hoch, dass wir beim Suchen des Nachwuchses im Getreide zu viel Schaden angerichtet hätten. Bauer Heinz reagierte höchst empfindlich gegen Übergriffe dieser Art. Verderben durfte ich es nicht mit ihm, Daudert war unser Partner, der die Wildäcker mit Sorgfalt betreute. Im Übrigen konnten wir das kleine Böckchen als Einzelkitz schon bald bestätigen.

Neben dem Roggenschlag hatte der Pächter unserer landwirtschaftlichen Nutzflächen, Alfred Gruber, Futterrüben stehen. Vier Wochen nach dem vermuteten Setztermin sah ich die junge Mutter mit ihrem kräftig entwickelten Zögling zum ersten Mal durch die Rüben ziehen. Rüben gehörten um diese Zeit noch nicht zur bevorzugten Sommeräsung, doch auf den Fehlstellen standen genügend Ackerwildkräuter, die attraktiv waren. Von einer Herbizidbehandlung gegen Unkräuter hielt Alfred nicht viel. Das kam dem Wild zugute.

Die Ricke, von ihren älteren Mitbewerberinnen um potente Sommereinstände in eine Randnische abgedrängt, durfte mit dieser Wahl ganz zufrieden sein. Nach Abernten der Getreideschläge boten die starkwüchsigen Rüben reichlich Tagesdeckung, und an Äsung mangelte es auch nicht. Unterhalb des Rübenfeldes schloss sich die mit Büschen bewachsene Steilküste an, deren Salweidenaufwuchs für eine gute, so beliebt wie ausgleichende Verbissäsung sorgte. Hin und wieder durfte ich mich des Anblickes der beiden erfreuen, die einen guten Eindruck hinterließen.

Im Herbst zog es die Ricke in die so genannte Schießstanddickung, in der sie sich einer älteren Ricke mit zwei Kitzen anschloss. Vermutlich gehörten sie der gleichen Sippe an. Man vertrug sich, Nahrung gab es die Fülle. Nach Einsetzen der Herbstfütterung standen sie gemeinsam am Trog. Dieser Einstand war Teil des Territoriums des angehenden sechsjährigen „Fritz". Zog er an die Futterstelle, hatten andere erwachsene Rehe zu warten, bis er sich den Pansen gefüllt hatte, mit Ausnahme der Kitze, die er duldete. Im Allgemeinen ging man friedlich miteinander um.

Im Frühjahr hatte die mütterliche Fürsorge bei „Daudert" ein Ende. Neue Mutterfreuden warteten der Ricke. Wie im letzten Jahr stand sie im Feld, und ihr selbständig gewordener Sohn blieb diesem Einstand ebenfalls treu, gebührenden Abstand zu der ruhebedürftigen Mutter haltend. Von Zeit zu Zeit drängte er in den Mitteost-Waldeinstand des Standbocks „Fritz", bezog Prügel und musste das unfreundliche Terrain schnell wieder räumen. Bewegte er sich an der Südflanke seines Feldeinstandes, forderte er den „Großen" heraus, der ihn Mores lehrte – Schicksal der Jährlinge, doch er war einer der Sorte, die nie aufgeben.

Anfang September erlegte ich „Fritz". Dass die Düfte des Alten nicht mehr im Raum hingen und mehr und mehr verblassten, hatte „Daudert" ganz schnell herausgefunden und drängte in den freigewordenen Waldeinstand hinein, zumal die Felder keine Deckung mehr boten. Ungeachtet der fortgeschrittenen Jahreszeit meldete der Jährling durch Fegen und Plätzen Urheberrechte für kommende Zeiten an. Als gut entwickelter zweijähriger Sechser erkämpfte er sich dieses Territorium, das ihm der „Große", wie beschrieben, teilweise streitig machte. Trotzdem hielt er zäh an dem – vorübergehend halbierten – Sommereinstand fest.

1986, „Daudert" war drei Jahre alt und auf der Höhe seiner Kraft, wiederholten sich die Plänkeleien mit dem „Großen", nahmen aber an Schärfe ab. Der ganze Mittelost-Einstand fiel ihm erst zu, als der „Große" Ende Juli auf der Strecke lag.

Erwähnenswert, dass der zweijährige „Daudert" am 27. März 1985, also fünf Tage früher als der schon vierjährige „Große", sein Gehörn fegte und in den letzten Novembertagen noch beide Stangen auf dem Haupte trug. Als Dreijähriger fegte er auf den Tag genau mit dem „Großen", nämlich am 1. April! Ganz sicher spielte hier die Vererbung eine Rolle, analog der Formenvererbung des Kopfschmuckes, wie ich sie anhand überzeugender Fotos in meinem ersten Buch belegen konnte.

Den freigewordenen Osteinstand, den der „Große" drei Jahre beherrscht hatte, erkämpfte sich 1987 ein starker Zweijähriger. Ein Jahr später, am Ende der Brunft 1988, wurde er im Nachbarrevier Schwedeneck I überfahren, ein Schicksal, das mancher Bock in den kleinen Revieren beim dichten Straßennetz teilt.

Unser „Daudert" war vier Jahre alt geworden und hatte sein Revier fest in der Hand, wie es einem Platzhalter zukommt. Sein weithin leuchtender weißer Muffelfleck blieb bis an sein Lebensende Markenzeichen, wie es immer den Zweijährigen angedichtet und von Buch zu Buch abgeschrieben wird. Freund Max konnte den Vierjährigen im Herzen seines Einstandes porträtieren.

Im Winter 1988/89 gab er sich während der Gehörnschiebephase auffallend heimlich. Nicht ungewöhnlich bei Böcken in der reifen Altersklasse, mochte es bei ihm noch einen weiteren Grund geben. Das Hetzen von Rehen durch wildernde Hunde kam gelegentlich vor. Ich vermutete, dass „Daudert" ziemlich am Beginn der Schiebephase in einen Wildschutzzaun gejagt wurde. Dabei muss die linke Stange mittig aufgeschlitzt worden sein. Vier Zentimeter über der Rose hatte sich die Stange geteilt und zwei fast gleichlange, etwa dreizehn Zentimeter hohe Stangen waren mit einer Auslage von sechs Zentimetern nebeneinander hochgewachsen. So entstand ein abnormes Gehörn von Seltenheitswert, das dem Träger ein ungewöhnliches Aussehen verlieh.

Der scharf abgesetzte Muffelfleck begleitete vom Jährlingsalter an den hier Vierjährigen „Daudert" (Foto: M. Grothkopp)

Mit den Einstandskämpfen hatte er offenbar keine Probleme gehabt, das monströse Gehörn war unversehrt geblieben. Ende April 1989 konnte Max ihn das erste Mal an der Ostgrenze seines Waldeinstandes fotografieren. Infolge der Stangenteilung war zwischen den Lauschern alles voll. Eine ausnehmend grobe Perlung und reichlich ungefegte Bastreste im spitzen Winkel der geteilten Stange verstärkten noch diesen Eindruck.

Fünfjährig wartete er mit drei Stangen auf, allerdings nicht als Dreistangenbock, auch die Perlung konnte sich sehen lassen (Foto: M. Grothkopp)

1989 trat ich mein letztes Dienstjahr an, der Altersruhestand winkte. Es war fast selbstverständlich, dass ich in meinem langjährigen Versuchsrevier noch einen altersreifen, wenn möglich starken Bock „ernten" durfte. Weshalb also nicht diesen? Er hatte mit fünf Jahren sein „Dienstalter" auch erreicht und durfte abtreten, um für einen Jüngeren Platz zu machen. In langen 28 Jahren hatte ich in diesem, meinem Hausrevier nie einen Abnormen erlegt.

Damit kein ungebetener Zwischenfall den Traum platzen ließ, nahm ich mir vor, meinem letzten Dänisch-Nienhofer schon bald nach Aufgang der Jagdzeit nachzustellen. Im Laufe der Jahre hatte ich keinen der so genannten Ernteböcke vom Hochsitz aus erlegt. Das wollte ich auch mit „Daudert" so halten – auf gleicher Augenhöhe.

Ab 20. Mai 1989 versuchte ich mein Heil mit einigen Pirschgängen frühmorgens und abends, ohne Anblick zu haben. Am Abend des 26. Mai sollte die Stunde der Wahrheit schlagen. Ich vereinbarte einen Treff mit Jagdfreund Gerd Kläber, der einen kümmerlichen Jährling schießen sollte, wies ihn auf den Hochsitz am Hauptwildacker ein und bat ihn, diesen erst, ob mit oder ohne Erfolg, nach Schwinden des Büchsenlichtes zu verlassen.

Der Tageseinstand meines Bocks war derzeit noch auf einen ziemlich kleinen Raum mit bester Deckung und viel bodennaher Äsung in einer Laubholznaturverjüngung begrenzt, wie ich herausgefunden hatte. Die Chance, ihn zu erpirschen, war nicht sehr groß. Ich müsste ihn nahe des Hauptwechsels zum Feld abpassen. Zweimal hatte ich ihn aus der Ferne am zeitigen Morgen an der Feldkante einwechseln sehen. Dort konnte man ihm allerdings schwer beikommen. Der von der Ostsee hereinkommende Seewind brach sich am Steilrand des Hochwaldes, neigte zum Verwirbeln und konnte so leicht zum Verräter werden.

Kein Zweifel, sein Abendziel war das Feld, das er liebte. Hier war er geboren und aufgewachsen, hier lag der Schlüssel zum Erfolg.

Gerd war seiner Wege gegangen. Ich setzte mich bei mäßiger Deckung an einem Gestellkreuz vor dem vermeintlichen Tageseinstand auf meinen Dreibock und wartete. Der leichte Südwind passte. Es mochten anderthalb Stunden vergangen sein, als ich raschelnde Geräusche in der Verjüngung vor mir vernahm, nicht weit ab, vielleicht 30 Gänge. Ein früh aus dem Tagesschlaf erwachter, hungriger Igel, von denen es hier reichlich gab? Könnte aber auch das Plätzen eines Bocks sein.

Ich wurde nicht lange auf die Probe gestellt. Deutlich bewegten sich die langen Ruten eines Vogelbeer-Wildwuchses. Keine Frage, dort fegte ein Bock. Sollte es der Gesuchte sein? Von dort hatte ich ihn nicht erwartet. Tröstlich, dass ich noch halben Wind hatte, da konnte eigentlich nichts anbrennen. Meine spärliche Deckung allerdings reichte mit Blick auf das Wild nicht aus, ich saß fast auf dem Präsentierteller. Also schleunigst runter vom Dreibein und an den nahen Buchenstubben am Wegesrand gerobbt, der mir die nötigste Deckung und ein Aufstützen im Falle eines Schusses erlaubte.

Das Manöver gelang, keine Sekunde zu spät. Die Körperhaltung war nicht bequem. Schon schob sich der Bock aus dem Blätterwald heraus, zeigte mir Stich und Haupt, gelangweilt sichernd. Es war „Daudert". Warten, die Devise! Einmal würde er wohl einen Schwenk vollziehen und mir die Breitseite zeigen. Stellung verbessern, war nicht möglich. Der alte Stubben schien für meine Bedürfnisse ein Stück zu hoch geraten. Es musste eben gehen, aber es ging nicht.

Als der Bock breit trat, verließ die Kugel den Lauf und landete in der Botanik. Eigentlich kann man einen so großen Bock auf eine so passable Entfernung gar nicht vorbeischießen. Man kann, wenn man nervös und fahrig wird, dann ist der Weg dahin sehr kurz.

Mein Bock verriet mir die ganze Wahrheit. Verhoffend, wurde er noch ein Stück größer, schreckte zweimal und empfahl sich in Richtung seines Tageseinstandes, verärgert noch einmal vor sich her grummelnd.

Es war noch ziemlich früh, kein Grund, schon aufzugeben. Unweit des Hauptwechsels zur Feldkante hatte eine Windhose vor ein paar Jahren mehrere bis zu 200 Jahre alte Buchen geworfen. Neben dem Wildwechsel ragte der Wurzelteller eines dieser Veteranen fünf Meter in den Himmel hinein und senkte sich an seiner Westflanke stufenförmig bis zum Boden ab. Hier hatte ich Deckung und könnte dem Bock die Kugel am besten im Stehen antragen, sollte er sich heute noch einmal zeigen.

Ich machte den Platz notdürftig frei und sorgte für ausreichende Bewegungsfreiheit. Der Dreibock würde mehr eine Statistenrolle spielen, meine Chance lag im Stehen, um gut beobachten und schießen zu können.

Ich hatte eine gute Wahl getroffen. Nach weiteren anderthalb Stunden, es dämmerte schon stark, zog mein Bock zielstrebig an mir vorüber. Nur nichts übereilen, einmal gepatzt ist genug, zumal er mir noch zu nahe war für einen Schuss. Ich mochte es nie, wenn mir Wild fast auf dem Stiefel stand, also ließ ich ihn ziehen.

Als er den Hauptvorfluter erreichte und überfiel, trat er auf der gegenseitigen Grabenböschung unschlüssig ein paar Gänge hin und her. Mit einem vernehmlichen Böh brachte ich ihn zum Stehen und schoss. Er torkelte die kurze Böschung hinunter, strauchelte und fiel in eine sattgrüne Dornfarninsel hinein, die ihn unter sich begrub. Es war das Ende der Geschichte vom „Daudert", der wie so viele vor ihm vom kleinen Revier an der Ostseeküste nicht wegzudenken ist.

Einen kurzen Moment griff ein Schuss Wehmut nach meinem Herzen. Dann verscheuchte ich sentimentale Gedanken, war wieder ganz der Jä-

Hier zeigt der Kopfschmuck seine ganze Pracht

ger, der sich seines Erfolges und einer interessanten Trophäe erfreuen durfte. Als ich wegen der hereinbrechenden Dunkelheit wenig später an den Gestreckten herantrat und ihm den letzten Bissen in den Äser schob, war ich nur noch glücklich. Ich glaube nicht, dass es mit Heuchelei zu tun hat, wenn man vorgibt, sein Wild zu lieben, um es, zumindest teilweise, in letzter Konsequenz dann doch zu liquidieren. Das eine ist vom anderen nicht zu trennen. Wie bei so vielen Rehen im Revier, hatte ich mich auch über „Dauderts" Anblick von Zeit zu Zeit erfreuen dürfen. Wie sie alle, war er ein Stück Reviergeschichte.

Auf dem Weg erwartete mich Gerd und freute sich herzlich mit mir über den glücklichen Ausgang.

SIEBZEHNTES KAPITEL

Perjansatorp

Hort des Friedens

Im Jahr 1970 erwarb mein Freund und Kollege Nils Pust in Schwedens „Värmland“ bei Sysslebäck ein Waldgrundstück mit Wohnhaus und Nebengebäuden, genannt „Perjansatorp“. Dieser Eigenname aus dem Schwedischen ist schwer zu übersetzen. Per und Jan, schwedische Vornamen, mögen Brüder gewesen sein, der Rest dieser Wortschöpfung könnte für „Kätnerhaus“ stehen, welches die beiden als Holzfäller, Holzrücker und Flößer bewohnt haben, während sie ihre Pferde in einem Stallraum etwa 200 Meter von ihrem Wohnhaus entfernt untergebrachte hatten.

Die Zugtiere wurden zum Rücken von Stamm- und Schichtholz aus dem Wald zu den Lagerstätten am Ufer des Flusses Klarälven eingesetzt. Von dort brachten Flößer das Rohholz auf dem Wasserwege stromabwärts zur Mündung des Klarälven in den Vänern, wo es am großen See in den Sägewerken und Papierfabriken zum Endprodukt verarbeitet werden konnte.

Als Nils das Anwesen kaufte, waren die Pferde und ihre Lenker schon arbeitslos geworden. Ihren Part übernahmen Maschinen und Kraftfahrzeuge. 1991 wurde die Flößerei ganz eingestellt, Zeit- und Kostenaufwand zu hoch.

Nils hatte auf das richtige Pferd gesetzt. Er konnte das große Grundstück mit seinem respektablen Waldbestand preisgünstig erwerben. Für das Bewirtschaften des Hauses war immer ein ausreichender Vorrat an trockenem Holz vorzuhalten. Wasser musste einige Jahre aus einem Brunnen geschöpft oder aus der Nachbarschaft geholt werden. Das war so lästig wie umständlich. 1976 konnte Nils mit Hilfe seines Freundes Kurt Weise, der ihm auch sonst zur Hand ging, eine Diesel-Förderpumpe einbauen.

Ein respektabler Waldbestand gehörte zum Anwesen

Am Haus gab es immer Dinge zu reparieren oder zu verbessern. Nils war technisch begabt und hatte Spaß daran, mit deutschen und schwedischen Freunden das Anwesen mit der Zeit zu einem Heim der Behaglichkeit umzugestalten.

Ich hatte einige Male das Vergnügen, mit meiner Frau Hanne und anderen Familienangehörigen in Perjansatorp wohnen zu dürfen. In Dankbarkeit erinnere ich mich dieser Wochen, die ausgefüllt waren mit vielen unvergesslichen Erlebnissen und Eindrücken.

Nils vor seinem Forstdienstgehöft in Kiel-Knoop

Am Anfang stand die Elchjagd. Nils war in einer Jagdgemeinschaft in Nordvärmland aufgenommen worden, fand gute Freunde und identifizierte sich mit der Mentalität der ruhigen, besonnenen Schweden. Er lernte ihre Sprache und machte sich in seiner hilfsbereiten, zupackenden Art schon bald unentbehrlich. Dass er eine gute Kugel schoss, festigte seinen Platz in der Gemeinschaft, kam es doch auf den zählbaren Erfolg an. Den schwedischen Jägern geht es nicht um Trophäen, sondern um den Wildpretvorrat für das ganze Jahr.

Nils liebte das weite schöne Land mit seinen freien Menschen und wurde mit der Zeit fast einer der ihren. Wenn er die Faxen dicke hatte und es seine Zeit erlaubte, setzte er sich ab und fuhr gen Norden. In Värmland fand er Frieden und konnte sich bei Arbeit, Jagd und Angeln erholen.

Mit dem Eintritt in den Ruhestand nahm Nils sich vor, den Lebensabend in Schweden noch stärker zu nutzen. Dieser Wunsch ging nur für ein paar Jahre in Erfüllung. Zu früh wurde er abberufen und musste den Weg in die Ewigen Jagdgründe antreten.

Ihm zu Ehren möchte ich einige Stunden der Erinnerung an Perjansatorp und Nordvärmland in die Gegenwart zurückholen.

*

Still breitet sich der Wasserspiegel des Fagerassjön vor uns aus, als wir ablegen und mit dem Ruderboot ohne Hast auf den See hinausfahren. Der Morgen dämmert, es ist für einen Mittsommermorgen ungewöhnlich kühl. Über dem Wasser steht Nebel und nimmt uns die Sicht. Wir müssen höllisch aufpassen, keinen der zahlreichen Findlinge zu rammen, die manchmal knapp aus dem Wasser herausragen oder schon unter der Oberfläche enden und sich nur durch die Bildung kleiner, lebhafter Strudel verraten. Langsames Rudern ist angesagt, solange wir uns bei eingeschränkter Sicht in der unberechenbaren Flachzone bewegen.

Allmählich nimmt die Wassertiefe zu. Über dem Nebel zeichnen sich im Hintergrund spitz- und kegelförmige Kronen von Birken, Kiefern und Erlen ab, als würden sie schwerelos über dem Wasser schweben – ein fast unwirkliches Bild. Einen Steinwurf vor uns taucht ein großer Findling auf, der aus dem Seegrund herausgewachsen ist. Als uns noch 30 Meter von dem Riesen trennen, zieht mein Sohn Eckart die Riemen ein und lässt das Boot treiben. Beiläufig meint er: „Die Flanken großer Steine werden von den Hechten gern als Standplätze genutzt. Wir wollen den Lorbas einige Male mit der Spinnrute anwerfen.“ Nach Eckarts drittem Wurf stößt ein Ansitzjäger auf den verführerischen FZ-Blinker und wird gehakt. Es ist kein großer Hecht, aber ein Kämpfer, der sich nicht gleich geschlagen gibt. Im Drill erkennt er in Bootsnähe seinen Widersacher und schießt zweimal elegant aus dem Wasser heraus, bevor Eckart ihn ohne Kescher landen und vom Drilling lösen kann. Nach der wiedergewonnenen Freiheit taucht er, auf Tiefe gehend, sofort ab.

Weiter geht die Fahrt. Der Nebel hat sich verflüchtigt und gibt mehr und mehr den Blick auf eine grandiose Seenlandschaft frei. Vor uns eine kleine, mit Gras und Zwergbirken bewachsene Insel. Als wir näher kommen, hebt ein Kranichpaar ab und empfiehlt sich mit einem Mordsspektakel. Was für majestätische Vögel! Die ungewohnte Störung in der frühen Morgenstunde kommt ihnen nicht gelegen. Als wäre es ein Signal gewesen, dringt aus der Ferne der heisere Schrei eines Reihers zu uns herüber, es ist endgültig Tag geworden.

Wir steuern die nächste, eine langgestreckte Insel an, wesentlich größer und einen Meter über die Wasseroberfläche hinausgewachsen. Sie bietet einer Anzahl Bäume und Sträucher Heimrecht, und der mit Gräsern und Beerkraut bedeckte Boden ist so recht geeignet, Enten und Graugänse für Brut und Jungenaufzucht einzuladen. Für eierfressende Bodenräuber ist das Eiland schwer zu erreichen, sieht man vom weitverbreiteten Mink ab. Für Kolkraben und Krähen gibt es allerdings keine Grenzen.

Die Flanken der Insel werden umkränzt von einem dichten Gürtel aus Ried und Rohr. Bis zum Seeufer hinüber an der Steuerbordseite breitet sich eine kanalartige Wasserenge von wenig mehr als 100 Metern Breite aus. Vor dem Ufersaum stehen üppige See- und Teichrosenfelder, gelegentlich unterbrochen von Binsenkolonien, Wasserknöterich- und Wasserschwertliliengruppen. Wir rudern in diesen Schlauch hinein und lassen uns vom Wind in die gewünschten Richtungen treiben. Hier riecht es förmlich nach Hecht.

Ein paar Würfe am Schilfsaum der Insel, und schon hängt der erste Räuber an meinem Wobblerdrilling und wird eingeholt. Wieder ist es einer der Untermaßigen, die auf Grund ihres schnellen Stoffwechsels, aus Beutegier und Unerfahrenheit am leichtesten zu überlisten sind. Wir befreien ihn vom Haken und erfreuen uns seiner schönen dunklen Farbe, die dem bräunlich eingetrübten Moorwasser des Sees gut angepasst ist. Schwupp, wird er zurückgesetzt und empfiehlt sich.

Der nächste Hecht verwechselt Eckarts kleinen Shad Rap mit einem Naturköder und wird noch im Wasser an der Bootsplanke vom Drilling gelöst. Er gleicht dem von mir Gefangenen wie ein Ei dem anderen und darf sich seiner wiedergewonnenen Freiheit sicher sein. Eine halbe Stunde Werfen und Einholen, Wurf auf Wurf, doch kein Fisch lässt sich mehr betören. Stellungswechsel, wir queren die Wasserenge und versuchen unser Heil landseitig am Rande der Seerosenfelder.

In Ufernähe angekommen, stehen aus der Feuchtwiese hintereinander einige Bekassinen auf, entfernen sich blitzschnell im Zickzack-Flug mit lautem Rätsch-Rätsch, bevor sie himmelnd rasch an Höhe gewinnen, um am Horizont wieder einzufallen. Ein ungewohntes Bild, sind sie bei uns doch fast schon ausgestorben. In jungen Jägerjahren habe ich diese Sumpfschnepfenart mit Freunden noch mit der größten Selbstverständlichkeit bejagt, war der Schuss mit zwei Millimeter Schrot auf den ebenso schnellen wie eleganten Zickzack-Flieger doch sehr reizvoll. Das ist längst Geschichte.

Kurz darauf zieht in größerer Höhe melodisch flötend ein kleiner Flug Großer Brachvögel über uns hinweg, ein Vogel, der ebenfalls ums Überleben kämpft, sieht man ihn doch fast nur noch während der Wanderzeit im Frühjahr und Herbst auf den großen Wiesen- und Ackerflächen. –

Wir grasen die Seerosenkante ab. Wurf folgt auf Wurf, bis sich Eckarts Rute wieder einmal halbmondförmig durchbiegt. Im Anhieb spürt er den sich ruckartig steigernden Widerstand. Der Hecht ist gehakt, verspielt hat er noch längst nicht. Gelassen warten wir die weitere Entwicklung ab.

„Das ist einer der besseren Sorte, Vadder, sein Kampfgeist verspricht Spaß." Ich rolle meine Schnur auf und lege die Angel ins Boot, um Eckart beim Drill nicht zu behindern. Schnursalat ist uns nicht fremd. Gehen zu gleicher Zeit zwei Hechte an die Angeln und kommen sich ins Gehege, ist Ärger angesagt. Das sollte man vermeiden.

In Bootsnähe angekommen, wird der Große, Böses ahnend, so richtig lebendig. Sich aufbäumend, macht er einen hohen Sprung aus dem Wasser heraus und schüttelt sich heftig beim Versuch, den lästigen Haken wieder los zu werden, auf den er hereinfiel. Seine Maße sind uns nicht entgangen, bei einer Länge von etwa 90 Zentimetern dürfte er fünf Kilo drücken, ein stattlicher Bursche.

Ins nasse Element zurückgekehrt, beginnt er von neuem zu toben. Eckart führt ihn mit tiefgehaltener Rute, bemüht, ihn an weiteren Sprüngen oder Abtauchen unter dem Boot hindurch zu hindern. Einen Moment geht der Drill hin und her und zwingt den Angler, den ständig notwendigen Kontakt zum Fisch nicht zu verlieren, um ihn mürbe zu machen.

Plötzlich nimmt der Bursche noch einmal seine geballte Kraft zusammen und vollzieht einen Ausfall in die Tiefe des Sees. Bei knarrender Bremse läuft die singende Schnur von der Rolle. Für einen kurzen Moment ist der Hecht kaum zu bändigen, bevor der Angler ihn wieder unter Kontrolle hat und ans Boot zurückzwingt. Doch Esox ist zähe, er hat noch keinesfalls aufgegeben. Noch einmal streckt er seinen stattlichen Kopf aus dem Wasser heraus, schüttelt sich heftig – und hat es tatsächlich geschafft; ist Sieger geblieben. Als hätte es dieses Spektakel nie gegeben, gleitet er in aller Ruhe in die Tiefe ab. Das war's!

Es ist nicht das erste Mal und es wird nicht das letzte Mal sein, einen stattlichen Fisch zu verlieren, ein Stück Angler-Alltag. Mit einem Fluch auf der Zunge, wer ist schon gern zweiter Sieger, geht es weiter. Der sechste Hecht des Tages verirrt sich an meine Angel. Ich habe mich daran gewöhnt, heute nur Untermaßige zu fangen. Auch dieser erhält seine Freiheit zurück. Noch im Wasser löst Eckart ihn vom Haken, um Schleimverluste zu vermeiden. Deshalb verzichten wir bewusst auf den Kescher und heben ausgedrillte Fische mit der Hand ins Boot, ob für den Kochpott bestimmt oder nicht.

Für heute soll es genug sein. Zufrieden kehren wir zurück und genießen die schöne Stimmung auf einem See voller Leben.

Was den Anglererfolg auf Hechte angeht, schrauben wir unsere Erwartungen nicht allzu hoch. Das letzte Junidrittel ist angebrochen, erfahrungsgemäß schon die beginnende Zeit, in der Hechte nicht viel tun müssen, um satt zu werden. Das Wasser beginnt von Kleinfischschwärmen zu brodeln. Der „jungdumme" Nachwuchs, einschließlich der der eigenen Art, schwimmt Esox förmlich ins große Maul hinein.

Leider kann man den Urlaub nicht immer den besten Beißzeiten bestimmter Fischarten anpassen. Dann muss das Angeln als schönste Nebensache der Welt schon mal ins zweite Glied treten. Priorität haben Erholung und mit ihr ein Naturgenuss vom Besten; und der ist uns hier im Värmland gewiss. –

In Perjansatorp empfängt uns Eckarts Freundin Kirsten mit einem schmackhaften Mahl. Ein ausgiebiger Mittagsschlaf schließt sich an, und nach der erfrischenden Kaffeepause gestalte ich den Rest des Tages für mich allein.

Das Umfeld kennen zu lernen, in dem wir uns bewegen, ergibt sich aus dem angeborenen Forschungstrieb jedes echten Jägers. Der Blick auf die Fauna verbindet sich mit der Suche nach unbekannten Elementen in der Pflanzenwelt, die in heimischen Revieren nicht zu finden sind. Zugleich stößt man auf viele Arten, die auch bei uns Heimrecht haben, im mittel- und nordeuropäischen Raum gleichermaßen verbreitet sind.

In der Mentalität der uns nahe verwandten Menschen findet man Parallelen und Unterschiede, die sich durch die Bedingungen des Lebensraumes im Laufe von Jahrtausenden herausbildeten. Ihre Ursachen sind vielfältig. Großen Einfluss dürften klimatische Differenzen haben, die langen, schneereichen und harten Winter bei den Nordländern, die ihre Bewohner in besonderem Maße prägen und wortkarg machen. –

Gleich hinter dem Wohnhaus am Nordrand des Gartens fällt mir ein kegelförmig zugeschnittener Birkenstubben mit einem Umfang von 30 Zentimetern auf. Im Gras verstreut, findet man noch Hobelspäne, die die scharfen Zähne von Meister Bockert hinterließen. Der Baum, den Nils inzwischen zu Brennholz verarbeitete, wäre mit seiner Krone sogar auf das Hausdach gefallen, hätten die Biber nicht die entgegengesetzte Fällrichtung bestimmt, um den kürzeren Transportweg mit den Ästen und Zweigen zum Bau eines Staudammes am toten Flussarm des Klarälven zu nutzen. Ein erstaunlicher Entschluss der Nager, immerhin bleibt eine Entfernung von Luftlinie 150 Metern bis zum Wasser, und auf dem Wege dahin stehen eine Anzahl weiterer Birken und Aspen. Dazu fällt mir nichts mehr ein, bis auf den Eindruck, dass Nils hier wirklich mitten in der Natur wohnt.

Die abgebaute Kiesgrube wurde zum Sekundärwald

Die toten Flussarme vom Klarälven boten den Bibern willkommenen Lebensraum

Allerdings ist das Haus für die größere Zeit des Jahres unbewohnt, Grabesstille rundum, eine heile Welt für Tiere. Meine Augen gleiten über Büsche und Bäume, suchen nach Zeichen für das Vorkommen von Schalenwild und anderen Säugern. Unterhalb des Hausgrundstücks liegt eine vor Jahren ausgebeutete Kiesgrube. Die Pioniere ließen nicht lange auf sich warten. Aus Anflug wuchsen Birken, Aspen und zahlreiche Weiden bei guten Startbedingungen, gemischt mit Faulbaum, Himbeere und Brombeere. Ich muss nicht lange suchen, um hier in trauter Nachbarschaft Plätz- und Fegestellen eines Rehbocks zu finden.

Ältere und frische Fährten von Elchwild haben sich tief in den kiesigen Sandboden eingegraben. Die unterschiedliche Verbisshöhe von Rehen und Elchen lässt unschwer erkennen, dass es in der Artenwahl der beiden nahe verwandten Hirscharten Parallelen gibt. Beide haben Faulbaum und die gleichen Weidenspezies bevorzugt verbissen, von Brombeere und Himbeere ganz zu schweigen. Diese Beobachtung finde ich Jahre später in Lettland bestätigt.

Am Abend pirsche ich zu den toten Flussarmen des Klarälven unterhalb von Perjansatorp und suche mir bei fast eingeschlafenem Wind ein stilles Plätzchen im Uferbewuchs. Dort erhoffe ich mir den Anblick von Elch und Biber.

Es herrscht ruhiges, sonniges Wetter. Kleine auf und ab wogende Wolken von Zuckmücken tanzen über dem Wasser. Forellen, Äschen und, wo immer vorhanden, gefräßige Aale erfreuen sich ihrer im Wasser treibenden Larven. Gestern versuchte ich es hier und in den Stromschnellen des reißenden Flusses mit der leichten Spinnrute auf die Edelfische – mit der Fliegenrute bin ich nicht vertraut – blieb aber ohne Erfolg.

Ich genieße die Stunden der Ruhe und Besinnung am Wasser, still meinen Gedanken nachhängend. An der Oberfläche steigen Kleinfische auf, schlucken Fliegen und Mücken, die baden gingen und hinterlassen kleine Kreise auf dem kühlen Nass, die auseinander driften und sich in der Unendlichkeit verlieren. Kein Laut stört den wohltuenden Frieden, der Geborgenheit ausstrahlt. Ich fühle mich gut dabei.

Die Luft kühlt sich langsam ab, lästige Stechmücken verkriechen sich in Nischen, schleichend hält die Dämmerung Einzug. Die Prüfung der nötigen Lichtwerte für die 400 mm-Novoflex belehrt mich, die Kamera beiseite zu legen; nichts geht mehr. Ich tausche sie mit dem 8 x 56 Zeiss-Dialyt, das mir noch eine ganze Weile verraten wird, was um mich herum vor sich geht.

Zwei Stunden habe ich wohl in den Abend hinein geträumt, als ein plätscherndes Geräusch mein Ohr erreicht, dann wieder Stille.

Wie ein kleines Boot, dessen Kiel das Wasser teilt und an den Flanken nach hinten abgleiten lässt, bewegt sich ein dunkler Punkt in harmonischer Bewegung auf mich zu. Schwerelos gleitet er durch die spiegelblanke Oberfläche des Flussarmes an mir vorüber. Die Optik enthüllt den schwimmenden Punkt als Biber, der einem bestimmten Ziel zustrebt. Mein erster Anblick von Meister Bockert in freier Wildbahn.

„Hättest du lichtscheuer Bursche nicht etwas früher kommen und mir Gelegenheit für ein paar Aufnahmen bieten können. – Nun, nicht alles verläuft wunschgemäß, ich habe Verständnis für dein Sicherheitsbedürfnis, habe Dank für die späte Vorstellung."

Ich wandere heimwärts, die Elche der Nachbarschaft halten sich heute bedeckt.

*

Auch Norwegen hat viele schöne Gesichter

Ein neuer Tag, eines neues Spiel. Heute bringen wir Kirsten nach Oslo zum Hafen. Sie nimmt ein Fährschiff nach Deutschland, um an einer Hochzeit von Freunden teilzunehmen. Drei Tage später holen wir sie wieder ab, ein ziemlicher Aufwand, aber auch die Chance, Norwegen in diesem Teil seines Landes kennen zu lernen.

Mir fällt die saubere, geordnete Forstwirtschaft auf, die stark an unsere deutsche erinnert, während in Schweden der von den großen Papierkonzernen praktizierte Kahlschlagbetrieb noch immer Vorrang hat.

Auf dem Rückweg legen wir einen Abstecher nach Elverum ein, um das Forst- und Jagdmuseum aufzusuchen. Es lohnt sich. Der geschichtliche Abriss und die vielen Exponate aller Art bieten eine Fülle genussreicher und hochinteressanter Informationen.

Meine Fototour mit dem Auto in der Abendstunde durch die wenig besiedelte Landschaft im Grenzbereich zu Norwegen bringt keine zählbaren Ergebnisse. An breiten Straßenrändern, die für das Wild gute Äsung vorhalten, beobachte ich mehrere Elchkühe mit ihren Kälbern, die völlig vertraut sind. Sie kümmern sich kaum um den geringen Verkehr, halten mich selbst dann noch aus, wenn ich auf Augenhöhe kurz stehen bleibe. Leider reicht das Licht in keinem Falle mehr für Aufnahmen. Noch einige Male wiederhole ich diese Abendfahrten, bestätige in den zwei Wochen siebzehn Stück

Kurt konnte das Bild dieser Zweisamkeit am Haus neben der Kiesgrube schießen (Foto: K. WEISE)

Elchwild, ohne ein Bild machen zu können. Immer fehlt ein Mindestmaß an Licht für meine Novoflex.

An einem klaren, windstillen Morgen krieche ich früh aus den Federn und pirsche einige Kahlschläge mit junger Kiefern-Naturverjüngung ab. Pirschen ist geprahlt, sind doch diese Flächen übersät mit Fallholz und Schlagreisig. Vorsichtig folge ich einem jungen „Stier", den man hier mit „Fahrradlenker" bezeichnet, als er im halbhohen Bewuchs vor mir herzieht. Auch diesmal ist es noch zu dunkel. Der mehrfache Versuch endet mit einer unzureichenden Bildqualität. Etwas glücklicher ist Nils' Freund Kurt Weise dran, dem es einmal gelingt, am Rande des Gartens von Perjansatorp ein brauchbares Bild von einer Elchkuh mit Kalb zu schießen. In dieser dünnbesiedelten Landschaft kann man gelegentlich Elche neben der Hauswand stehen sehen wie bei uns Reh- oder Damwild.

*

Östlich von Sysslebäck liegt ein kleiner See namens Näcksjön, an dessen Ufer Nils ein Boot liegen hat. Mit Auto in einer Viertelstunde erreichbar, sucht er dieses Gewässer mit seinem guten Hechtbesatz besonders bei Zeitmangel gern für ein paar Stunden auf, um den Küchenzettel zu bereichern, zumal hier auch gute Barsche gefangen werden können. Seiner Empfehlung folgen wir einige Male, ohne das Ziel, in der kurzen verfügbaren Zeit unser Heil in einigen interessanten Seen der näheren Umgebung zu suchen, aus dem Auge zu verlieren.

Nach zwei wenig erfolgreichen Touren auf dem großen Letten westlich von Perjansatorp, die uns nur einen dreipfündigen Hecht und ein paar kleine Barsche bescherten, fahren wir zur Abwechselung wieder einmal zum Näcksjön, um den Hechten auf die Schuppen zu rücken. Bei bedecktem Himmel, der zeitweise der Sonne eine Chance einräumt, und mäßigem Westwind rudern wir mit montiertem Echolot, auch Fischfinder genannt, auf den wenig gestörten Teil des Sees hinaus. Unsere Spinnruten, je nach

Wassertiefe mit flach- oder tieflaufenden Kunstködern bestückt, treten in Aktion, wobei wir vorwiegend auf bewährte Wobbler zurückgreifen.

Apropros Fischfinder! Wer glaubt, mit der Unterstützung eines Echolots die Fische schon bald dutzendweise ins Boot heben zu können, wird schnell eines Besseren belehrt. Auf dem Bildschirm erscheinen zwar Schwärme kleinerer oder mittelgroßer Fische, auch größere Einzelexemplare, die für einen Hecht stehen könnten. Am Haken hat man sie damit noch lange nicht.

Das permanente Auftreten der Ansammlungen von Friedfischen oder Barschen lockt selbstverständlich Hechte an, schließlich leben sie von ihnen. Damit steigt die Chance, Esox hier bei der richtig gewählten Lauftiefe des Köders fangen zu können. Jäger wie Angler folgen ihren Erfahrungen und dem (angeborenen) Jagdinstinkt. Damit sind sie dem Erfolg oft schon ein gutes Stück näher. Garantien kann es – gottlob – nie geben, sonst wären Hubertus- wie Petrijünger ein großes Stück ärmer. So kann man auch den für den Angler erfolgreichen Biss eines Hechtes nicht programmieren. Er muss in Beißlaune sein, und der Köder sollte ihm möglichst dicht am Maul vorbeigeführt werden, und sei es nur, um einen Beißreflex auszulösen.

Ein Echolot zeigt stets die Wassertiefe an, in der man sich bewegt und wird damit zu einem sinnvollen Helfer beim Angeln, nicht zuletzt, um Grundberührungen zu vermeiden. Das ist besonders wichtig in Seen oder zwischen den Schären, wo die letzte Eiszeit auf dem Gewässergrund kleinere und größere Findlinge hinterließ, am gefährlichsten immer dann, wenn sie dicht unter der Wasseroberfläche enden.

Zwei Stunden angeln wir schon in Flachzonen, manchmal auch im Tiefwasser, wo sich das Echolot an die 10-Meter-Marke herantastet, ohne dass sich Wesentliches getan hätte. Dann aber scheint es endlich zu funken.

Als ich einem buntfiedrigen Haubentaucher zuschaue, der sich nach dem Auftauchen genüsslich einen Barsch zu Gemüte führt, wird es neben mir lebendig. Gerade hat Eckart den Anhieb gesetzt, da ruft er mir zu: „Hat ihn!" Soll heißen, mit großer Wahrscheinlichkeit ist es ein Hecht, der seinen Köder nahm und gehakt werden konnte. Ich reagiere sofort, ziehe meine Angel ein und schaue dem alten, ewig neuen Spiel zu, den magischen Augenblick genießend. Noch wissen wir nicht genau, welcher Fisch ihm die Ehre erwies, wenngleich man ein Gefühl dafür bekommt, wem die Stunde schlägt. Eines scheint mir gewiss, ein Zwerg ist es nicht, der dem Zug der Rolle widerstrebend folgt.

Am Boot angelangt, wird Esox zum ersten Mal sicher bestätigt. Im klaren Wasser sind seine Konturen einen halben Meter unter der Oberfläche klar zu

Eckart fing einen guten Hecht, während ich meine teure Brille dem See opferte

erkennen. Der Hecht ist nicht blind. Er erkennt seinen Widersacher im Boot, fixiert ihn nur kurz, wendet umgehend und versucht, Tiefe zu gewinnen. Eckart lässt ihn kontrolliert gehen und seine Kreise ziehen, ständig bemüht, den straffen Kontakt zum Fisch beim Drill aufrecht zu erhalten. Diesmal gelingt es sicher, die Beute ist gut gehakt.

Eine kleine Weile geht das Spiel hin und her, bis der Räuber längsseits geholt und nach gebrochenem Widerstand ins Boot gehoben werden kann. –

Dann naht das Verhängnis. Nein, es ist nicht der Hecht, der kann nicht mehr über die Reling springen. Er wird mit einem Knüppelhieb betäubt und fachgerecht schmerzlos getötet. Es passiert Schlimmeres. Als ich Eckart, völlig unnötig, zur Hand gehen will, fällt mir die Brille von der Nase über die Bootskante und trudelt auf Nimmerwiedersehen in die Tiefe, auf den Seegrund hinab. Das Echolot zeigt eine Wassertiefe von acht Metern an und auf dem Grund hat sich eine dicke Schlammschicht abgelagert, die alles verhüllt.

Vergebliche Versuche, die Sohle mit einem FZ-Blinker abzusuchen, der die Brille auf den Haken nehmen könnte, gleichen dem berühmten Strohhalm und einem Schildbürgerstreich, zumal das Abdriften von Brille und Boot nicht berechnet werden können. Mit ihr sind 800 D-Mark auf Tauchstation gegangen und hinterließen einen schalen Beigeschmack. No risk, no fun – gleichwohl war der Verlust bitter und ein hoher Preis für diesen Urlaub, den ich ganz allein zu verantworten hatte. Die Geschichte mit der Brille blieb eine Eintagsfliege, wozu gibt es Brillenbänder, die wirksam vorbeugen?

Der Zwischenfall nahm uns die Lust zum Weiterangeln. Wir hatten einen Fisch von sieben bis acht Pfund im Boot, fuhren „heim" und ließen uns den gegrillten Hecht gut schmecken. Ein paar erholsame Tage verblieben uns noch, die wir zum besseren Kennenlernen der Region nutzten.

Värmland war auch später noch einige Male eine Reise wert. Danke Nils, danke Schweden! Ungeachtet des Wermutstropfens im Wein, war es schön wie immer. –

ACHTZEHNTES KAPITEL

Hinterseegeschichten

Das kleine Paradies für Jäger

Nein, das Hintersee in Oberbayern, wo Gämsen klettern und Steinadler kreisen, ist nicht gemeint. Mein Hintersee liegt im Kreise Uecker-Randow, nur wenige hundert Meter von der polnischen Grenze entfernt. Es ist ein langgestrecktes Reihendorf unweit des Stettiner Haffs. Der passionierte Jäger kann diesen, von der Struktur her bescheidenen Ort nicht leicht vergessen, ist doch das ihn zangenartig umklammernde Umfeld eine Oase für fünf Schalenwildarten – Rotwild; Damwild, Muffelwild, Schwarzwild, Rehwild –, die hier in nicht unbeträchtlicher Zahl ihre Fährte ziehen.

So bescheiden sich das Dorf ausnimmt, so üppig ist die landschaftlich reichhaltige und vielgestaltige Umgebung gesegnet, die den Ansprüchen des Wildes und der Belastbarkeit seines Lebensraumes auf ideale Weise entgegenkommt.

Verständlich, wenn man hier Anfang der siebziger Jahre zu DDR-Zeiten die „Jagdwirtschaft Hintersee" in einer Größenordnung von 8.500 ha ins Leben rief, eine Fläche, die dem Umfang eines durchschnittlichen Forstamtes entspricht. Bei einer Waldfläche von 6.400 ha verblieben 2.100 ha, und damit fast 25 % von Wald eingeschlossene oder in Waldrandlagen angesiedelte Offenlandflächen (Wiesen, Moore, Heiden), die dem Wild fast ausnahmslos als Äsungsflächen zugänglich waren. Die forstlichen Maßnahmen hatten sich den jagdwirtschaftlichen Aufgaben unterzuordnen, ebenso die Nutzung der wenigen bewirtschafteten Wiesenflächen. Wildschäden wurden hingenommen.

Als Gäste- oder Sonderjagdgebiet des damaligen Verteidigungsministers ausgewiesen, in dem vornehmlich hochrangige Offiziere und Politiker auf starkes Wild jagten, konnte man von einer nach unserem Verständnis reichlich überhöhten Wilddichte ausgehen. Auf die fünf Schalenwildarten bezogen, lag die festgelegte Wilddichte gegen Ende des DDR-Regimes bei 17 Stück Wild je 100 ha Jagdfläche, auf die reine Waldfläche bezogen, gar bei 22 Stück.

Während der letzten drei Jahre von 1987 bis 1989 wurden jährlich etwa 950 Stück Schalenwild erlegt. Da man von einem angeordneten Frühjahrs-Zielbestand von 1.860 Stück Wild ausging, entsprach der errechnete Abschuss von 11 Stück je 100 ha einem Wert von 50 % des angenommenen Bestandes (Quelle: Auszüge aus Horst Jüttner, „Grenzjäger").

Eingeweihte schätzten den Wildbestand wesentlich höher ein, als er im Abschussergebnis zum Ausdruck kam. Dafür spricht der jährliche Aufwand: 375 Tonnen Kraftfutter (Pellets), Entwurmungspräparate, Mineralstoffe, beregnete Wildäcker und die Summe von 3 Mio. Mark, die für den Jagdbetrieb zur Verfügung stand.

Es wundert kaum, dass von 1973 bis 1989 zwanzig Goldmedaillenhirsche von 210 bis 233 Internationalen Punkten erlegt wurden. Allein von 1987 bis 1989 kamen 75 gestreckte Hirsche in den Medaillenrang, davon 31 Stück mit über 200 Punkten. Als sich die politische Krise des Staatsbankrotts immer stärker abzeichnete, wurde offenbar noch einmal kräftig hingelangt.

Diese Einschätzung wird gestützt durch die Tatsache, dass allein im Jagdjahr 1989/90 die Höchststrecke von 1077 Stück Wild erzielt wurde. Im so genannten Interregnum, also unmittelbar nach November 1989 bis zur Auflösung der Militärjagdgesellschaften und Übernahme der Liegenschaften durch die Bundesforstverwaltung, führten eine Vielzahl von unter dem Vorwand des Abbaus der überhöhten Wildbestände durchgeführten Drückjagden zu den hohen Streckenergebnissen. Bei der bestehenden Wilddichte wäre es durchaus hinnehmbar gewesen, hätten die aus dem zivilen Umfeld zugewiesenen Jäger qualifiziert gejagt.

Das war leider nicht der Fall. Die Wildschadenminimierung war ihnen nur Vorwand, sich an den Pfründen des ehemaligen Sonderjagdgebietes durch die Erlegung möglichst vieler Geweihträger schadlos zu halten. Dabei ging man mit der Art der Vollstreckung nicht zimperlich um, wie ein Beispiel zeigen dürfte: Nach einer Drückjagd im Revier Zopfenbek kamen *auf der Nachsuche (!)* allein neun Geweihte – mittelalte und alte Hirsche – zur Strecke.

Das Fatale: Es wurde nicht nur der Altersklassenaufbau völlig aus den Fugen gehoben, zumal man mit der unterschiedlichen Auslegung der Alters- und Güteklassen in Ost/West in den ersten Jahren noch seine Probleme hatte, bevor die Neureglung des Jagdrechts in Kraft trat und griff. Nein, auch das Geschlechterverhältnis stimmte vorn und hinten nicht mehr.

Nach der Gründung des Bundesforstamtes Hintersee übernahm Jürgen Conrad am 2. September 1992 die Leitung dieses Amtes. Für seinen Entschluss, sich um die Stelle zu bewerben, hat es sicher mehrere Gründe gegeben. Ich nenne die Herausforderung, diese zumindest am Anfang schwierige, aber interessante Arbeit zu meistern. Die begründete Aussicht, in einem hochklassigen Jagdforstamt jagen und gestalten zu können, sich zugleich einer dankbaren forstlichen Aufgabe im Widerstreit von Wald- und Wildproblemen zu stellen, dürfte den entscheidenden Ausschlag gegeben haben.

Ein wenig mag auch die Sehnsucht nach seiner angestammten Heimat Pommern, die Heimkehr zu den Wurzeln, nachgeschoben haben.

Die Aufgaben, mit denen sich der Forstamtsleiter und seine Mitarbeiter/innen auseinandersetzen mussten, hatten es in sich. Es galt, einem Wald gerecht zu werden, der aus kriegs- und nachkriegsbedingten Zwängen geformt, sein Gesicht bekommen hatte. Dafür konnte man die vor der Wende wirtschaftenden Kollegen nicht verantwortlich machen: Sie hatten keine andere Wahl gehabt.

Trotz der standortbedingten Vielseitigkeit der Waldstrukturen waren infolge von Waldbränden und Reparationshieben der Siegermächte – nach dem Krieg in großem Umfang in allen Besatzungszonen geübt – viele Kahlschläge entstanden, deren Wiederbestockung nur auf künstlichem Wege, fast ausschließlich mit Kiefer und Fichte, erfolgen konnte.

Lieferengpässe der Baumschulen, insbesondere bei Laubgehölzen, und das durch Rohstoff- und Devisenknappheit bestimmte volkswirtschaftliche Ziel, frühzeitig aus den Waldbeständen Nutzen zu ziehen, ließen Alternativen gar nicht zu. Der hohe Wildbestand zwang zur Einzäunung aller Neukulturen. Diese Flächen erreichten Größen von 20 ha und mehr, in einem Fall gar von 36 ha.

Gatterflächen dieser Art kann man langfristig nicht wildfrei halten. Sauen ebnen den Durchschlupf für Rehe, Windwürfe über Zäune laden Rot- und Damwild zum Einwandern ein, und mit keinem Mittel sind sie wieder hinaus zu komplimentieren; spätestens dann nicht mehr, wenn die Dickungen Stubenhöhe erreicht haben. Ein Totalabschuss als Mittel der Wahl ist schwierig, bei Rehen unmöglich, Verbiss- und Schälschäden an fast allen Bäumen sind die logische Folge.

Die stark überhöhten Wildbestände konnten der Forstverwaltung nicht verborgen bleiben. Man entschloss sich, eine Neuordnung mit Geduld und Augenmaß anzugehen, um die Normalisierung des Geschlechterverhältnisses und eines ausgewogenen Altersklassenaufbaus bei gleichzeiti-

ger Rückführung der Wilddichte zu erreichen. Dazu bedurfte es einiger Jahre konsequenten Vorgehens.

Von 1992 bis 1998 betrug die vom Forstamt jagdlich genutzte Fläche 9.500 ha, davon 1.500 ha Offenlandflächen mit einem Anteil von 300 ha Wiesen, die durch einmalige Mahd von Landwirten naturnah genutzt werden durften.

Am Anfang wurden jährlich 150 Stück Rotwild erlegt, bis 1997 allmählich auf 210 Stück erhöht, Damwild von 40 auf 70 Stück und Muffelwild von etwa 35 auf 90 Stück bis zum Ende dieses Planungszeitraumes.

An Schwarzwild wurden im Durchschnitt 200 Stück gestreckt, wobei der Zuwachs in Abhängigkeit vom Winterverlauf – starke Fröste und nasskalte Perioden – auf der einen, gute Mastjahre auf der anderen Seite, die Schwankungen in der Strecke bestimmten.

Rehwild spielte wie in fast allen klassischen Hochwildrevieren eine Nischenrolle. Seine mit etwa 500 Stück angenommene Bestandeshöhe war schwer einzuschätzen, wie es in deckungsreichen Gebieten in der Natur dieser einzellebigen Wildart liegt. Der vorgesehene Abschuss von 200 Stück Wild wurde bei den Böcken vornehmlich auf wenigen Gemeinschaftsansitzen problemlos erfüllt, nicht dagegen das Soll beim weiblichen Wild, das sich auf den heute üblichen, störungsarm gestalteten Bewegungsjagden auf Hochwild der Erlegung durch Wegstehlen nach hinten geschickt entzog. So wird das Rehwild durch seinen starken Verbiss an der ankommenden Naturverjüngung in diesem von Hochwild dominierten Forstbetrieb auch weiterhin die Problemwildart bleiben, sofern man sich nicht zu vermehrtem Einzelabschuss in verbissgefährdeten Flächen entschließt.

1998 wuchs das Areal des Forstamtes durch Angliederung auf 10.500 ha Fläche mit Waldbestockung und 2.000 ha Freiflächen an. Von der 12.500 ha großen Gesamtfläche wurden 2.500 ha als Naturschutzgebiete, und einschließlich dieser, 4.500 ha als Flora-Fauna-Habitatgebiete (FFH) ausgewiesen. Diese Größenordnungen sind ein Indiz für den hohen Stellenwert des Naturschutzes im Forstamtsbereich.

Sieht man von der Pilzsammelzeit ab, unterliegen Tageseinstände und Äsungsflächen einem relativ geringen Störungsdruck, zumal sich die menschliche Besiedlung im Grenzgebiet zu Polen eher bescheiden ausnimmt. Etwa 60 % des Gesamtterritoriums werden von der Truppe als Schießplatz genutzt. Das Wild hat genügend Rückzugsgebiete für seine Tageseinstände, nimmt aber über Nacht regelmäßig die Freiflächen zwischen den Schießbahnen in Anspruch.

Das 1000 ha große Fenngebiet steht unter Naturschutz (FFH-Gebiet)

Wild kennt keine Grenzen – Blick auf die deutsch-polnische Landesgrenze

Diese „optimalen" Voraussetzungen erklären für weite Bereiche die Tagaktivität aller potenten Wildarten, sogar die heimlichen Sauen können in den Waldflächen, besonders bei Mastfall im Herbst, auch über Tag angetroffen werden. 16 % Freiflächen, zumeist von Wald eingerahmt, bieten dem Wild nahrhafte, im Sonnenlicht wachsende Äsung. In der Folge werden die Schäden am Wald reduziert, eine höhere Wilddichte ist möglich. Die Belastbarkeit des Lebensraumes ist relativ hoch. Allein der hohe Anteil an Naturschutz- und FFH-Flächen ist ein Qualitätssiegel für die ökologische Biotopkapazität, da viele von ihnen Nahrung und Deckung zugleich vorhalten.

Ich will der Erhöhung der Wilddichte nicht das Wort reden, sie ist noch immer deutlich überhöht (Verbiss- und Schälschadenerhebung 2005). Nur soviel: Zur Zeit ziehen fünf Schalenwildarten in diesem Raum ihre Fährte. Zwingendes Ziel der jagdlichen Bemühungen ist es, die Ansprüche des Waldes, des Wildes und der vielfältigen natürlichen Ressourcen nachhaltig zu gewährleisten.

Hier haben die Maßnahmen des Natur- und Landschaftsschutzes gegriffen

Damwild ist mit etwa 140 Stück im Frühjahrsbestand vertreten

Muffelwild auf der Flucht – Abwanderung wildernder Hunde und der Wölfe wegen?

Als Folge des Flächenzugangs von 3.000 ha einschließlich der Freiflächen wurde der Abschuss beim Rotwild von 1998/99 bis 2004 auf 400 Stück jährlich erhöht. Von da an pendelte sich das gewünschte Soll auf 320 bis 350 Stück ein, dem ein Frühjahrsbestand von etwa 700 Stück Wild zugrunde liegt.

Der Damwildbestand wurde von der Flächenzunahme nicht berührt und ist bis heute mit etwa 140 Stück Wild im Frühjahrsbestand bei unveränderten Abschusszahlen vertreten.

Die Bestände des Muffelwildes in mehreren Populationen wurden bis 2004 auf etwa 200 Stück geschätzt. Die jährliche Entnahme von etwa 75 Stück entsprach einer Abschöpfung von 35 bis 40 %. Im Jahre 2005 entwickelte sich ein gravierender Einbruch, der nicht vorhersehbar war. Als Verursacher dieses Phänomens konnten schon bald wildernde Hunde ausgemacht werden, die allein oder in Zweiergespannen jagten. Sie trieben das Wild in die Kulturzäune und hatten leichtes Spiel, zumal sich Muffelwild im Gegensatz zum Rehwild seinen Feinden stellt. Die ständigen Störungen und Verluste veranlassten die Mufflons vermutlich zum Abwandern in ruhigere Gefilde.

Waldbaulich gab es nach der Wende notwendige, zum Teil gravierende Veränderungen. Windwurf und in der Folge Kahlschläge nach Borkenkäferbefall wurden in Anpassung an standörtliche Bedingungen mit Eiche und Buche hinterm Zaun aufgeforstet, wobei Zäunungsflächen nach den negativen Erfahrungen mit Großgattern die Größen von 1 bis 2 ha selten überschritten. Von Adlerfarnkolonien auf grundwassernahen Böden abgesehen, wurden kaum noch Bodenvorbereitungen durchgeführt.

Großgatter baute man so früh wie möglich ab, um dem Wild den Zugang zu Dickungen und in Stangenhölzer zu ermöglichen. Es entstanden sichere und ungestörte Tagesruhestätten, der Verbissdruck wurde in Flächen zwischen den ehemaligen Zäunen reduziert. Mit zeitgemäßen Waldbauverfahren in Anlehnung an die naturnahe Forstwirtschaft wurden die Naturverjüngungen durch bewusste Eingriffe in die herrschenden Bestände, vornehmlich mittleren und höheren Alters, so früh wie möglich eingeleitet, was bei Buche, teilweise auch bei der Eiche zu gelingen verspricht.

Nur wenn das Wild vielfältige Möglichkeiten findet, auf großer Fläche satt zu werden, können Schäden durch Wildverbiss in Naturverjüngungsflächen auf ein erträgliches Maß zurückgeführt werden; es verbleibt eine ausreichende Pflanzenzahl, die der Verbissschere entwachsen kann.

Flankierend darf der Reduktionsabschuss nicht vernachlässigt werden. Das trifft in besonderem Maße auf das standorttreue Rehwild zu. In ungestörten Gebieten gilt es auch für das Damwild. Rotwild dagegen ist stärker auf Grasäsung fixiert, die man ihm neben der Vielzahl an Wiesen unterstützend auf Wildäsungsflächen anbieten kann. –

Das Wild ist durchweg in guter körperlicher Verfassung. Natürlich haben sich die durchschnittlichen Wildpretgewichte besonders beim Rotwild nach Einstellung der zuvor intensiven Fütterungen in Anpassung an die Standortqualität auf ein natürliches Maß zurückentwickelt. Sie entsprechen den Erwartungen. Das trifft auch auf die Geweihgewichte zu, die sich immer noch sehen lassen können. Hirsche erreichen im erntereifen Stadium Geweihgewichte von 6 bis 7 Kilo, und fast alljährlich sind auch Spitzentrophäen von 8 bis 11 Kilo darunter.

Noch einmal zurück zum Muffelwild. Wie weit der anhaltende Rückgang dieses Wildschafs nach dem Unwesen der Hunde möglicherweise auch den Wölfen anzulasten ist, kann nicht abschließend beurteilt werden, ist aber nicht auszuschließen. Sich den Räubern stellendes Muffelwild hat keine

Die reifen Hirsche können sich auch heute noch durchaus sehen lassen

Auch wenn der Höhepunkt der Entwicklung noch nicht voll erreicht ist – ein wahrhaft kapitaler Hirsch

Chance. Mufflons sind, und gleich nach ihnen das Rehwild, vorrangig Zielbeutearten für den Wolf.

Ein Abwandern von Teilen des Damwildes in westliche Reviere, in denen es vorher nicht vertreten war, könnte bei diesem klugen Wild eine Reaktion auf jagende Wölfe sein. Beim Rotwild sind in den beiden letzten Jahren vermehrt Großrudelbildungen beobachtet worden. Dieses Verhalten mag aber auch auf Bewegungsjagden mit Hunden zurückzuführen sein, ohne die auf der anderen Seite eine störungsarme, effiziente Bejagung und Herabsetzung der Bestände kaum möglich ist. Der Schwerpunkt der Reduzierung liegt beim Rotwild, beim Schwarzwild dagegen ist sie von den wechselnden Bestandesentwicklungen abhängig.

Ein Wort zu den eingewanderten Wölfen. Nachweisbar bewohnen zwei Vertreter ihrer Art das Territorium im Wirtschaftsraum Hintersee, die natürlich nicht von Kleinwild und Mäusen leben können. Weiterer Zugang ist zu erwarten, denn die Voraussetzungen für eine erfolgreiche Besiedlung des Gebietes sind hier dank der Großräumigkeit, Deckung, Ruhe und des Nahrungsangebotes gegeben.

Von Naturschutzseite wird diese Entwicklung begrüßt. Die Bevölkerung reagiert gelassen, zumal Schafhaltung hier kein Thema ist. In der Vergangenheit traten von Zeit zu Zeit schon Wölfe auf. Dem Naturschutz verpflichtet, begegnet Bundesforst der Zuwanderung positiv. Sie beteiligt sich am Monitoring und hat nach Teilnahme an Seminaren unter den Mitarbeitern einen Wolfsbeauftragten bestimmt.

Auch der Landesjagdverband sandte aus Verantwortungsbewusstsein und Überzeugung offene Signale aus.

Mit Frischlingen bis 35 kg Gewicht werden Wölfe mühelos fertig

Die Jägerschaft ist klug genug, ihren Status als anerkannter Naturschutzverband nicht zu gefährden. Es geht um nicht mehr und nicht weniger als den Schutz vom Aussterben bedrohter Tierarten.

Niemand muss fürchten, dass uns eine Wolfsschwemme ins Haus steht. Wölfe sind eine Wildart, die nur in einem ausreichend großen, ruhigen Gebiet überleben können, nicht dort, wo 150 Menschen und mehr auf einem Quadratkilometer herumtrampeln.

Der örtliche Naturschutz hat sich in der Region entwickelt und kennt keine Rivalitäten, im Gegensatz zu den in den Alt-Bundesländern vielerorts noch heute verbreiteten kontraproduktiven Ideologien. Ein Großteil der Vertreter des amtlichen und ehrenamtlichen Naturschutzes sind hier Jäger und Forstleute. Ich erinnere an meine Erfahrungen aus Lettland. Die Anstrengungen des Bundesforsts, bei der Anpassung der Wildbestände eine Schlüsselstellung einzunehmen, fielen auf fruchtbaren Boden und wurden allgemein anerkannt. So konnte den Naturschutzorganen, federführend unter Botanikprofessor Suckow, dem alternativen Nobelpreisträger, glaubhaft vermittelt werden, dass dem Lebensraum angepasste Wildbestände eine wesentliche Voraussetzung für erfolgreichen und nachhaltigen Naturschutz sind und dies nur durch fachgerechte Jagdausübung erreicht werden kann. Der überzeugende Einsatz hat die notwendigen jagdlichen Maßnahmen in Naturschutzgebieten voraussichtlich auch für die Zukunft sichergestellt.

Die Bemühungen des Bundesforsts um naturnahen Waldbau sowie ein tragbares Miteinander von Wald, Umwelt und Wild zu finden, zu fördern und vorzuleben, haben zur Vergabe des FSC-Zertifikates geführt, der international höchsten Bestätigung für die ökologisch ausgerichtete Forstbewirt-

Teil des ehemaligen Bundesforstamtes Oderhaff – Naturschutz findet auch in diesem Revier gute Ansätze

schaftung. Man hatte es in Mecklenburg-Vorpommern bisher nur für Wälder in den Nationalparks vergeben.

Deshalb wurden folgerichtig die Liegenschaften der Bundesforst-Hauptstellen Hintersee und des benachbarten Oderhaff – ausschließlich des Truppenübungsplatzes Jägerbrück – mit einer Gesamtgröße von 8.500 ha dem Nationalen Naturerbe zugeführt und der Deutschen Bundesstiftung für Umwelt (DBU) übertragen. So konnte einem Verkauf und der Zergliederung dieser naturschutzträchtigen Region mit Erfolg begegnet werden.

Die bisher in diesem Sinne geleistete Arbeit wurde dadurch gewürdigt, dass Bundesforst den Management- und Dienstleistungsauftrag für die DBU übertragen bekam und das Personal auf den vertrauten Flächen weiterhin den, zum Teil erweiterten, Aufgaben nachgehen kann.

Damit hat man Nägel mit Köpfen gemacht: Fachkompetenz genutzt und belohnt – eine wünschenswerte Zukunftsvision und -perspektive.

*

An dieser Stelle möchte ich Herrn Forstdirektor a. D. Jürgen Conrad für seine Bemühungen herzlich danken, mir die Entwicklungen der forstlichen und jagdlichen Verhältnisse vor und nach der Wende nahegebracht zu haben, ohne die meine Hintersee-Geschichten ärmer ausfallen würden.

Es ist an der Zeit, fern von Jagd- und Forstpolitik, Erinnerungen aus diesem schönen, erlebnisreichen Gebiet für Naturfreunde und Jäger zurückzuholen, die des Erzählens wert sind.

Ein paar Anmerkungen vorweg: Jürgen Conrad und ich liefen uns in den achtziger Jahren zum ersten Mal in Münster über den Weg, wo ich auf einem Seminar zur Bewirtschaftung der Kanalforsten (Bundeswasserstraßen) ein Referat zu halten hatte. Die zweite Begegnung gab es auf einem EDV-

Lehrgang in Munster/Heide, die Jürgen Conrad ausrichtete. Zum dritten Mal führte uns ein Wildwechsel 1987 wieder zusammen.

Mit der Freigabe eines Bocks der Klasse I im Gepäck reiste Jürgen Conrad mit seinem Sohn Björn an, der gerade seine Jägerprüfung abgelegt hatte. Es war mir ein Vergnügen, Vater Jürgen als passionierten Jäger in meinem Revier Langsee des Bundesforstamtes Plön auf Pirsch und Ansitz zu begleiten, während sich mein Freund Jürgen Pax erbot, Björn in seinem Nachbarrevier Neuberend auf einen Jährling zu führen.

Der Junior schoss einen Jährlingsspießer, wie es einem Jungjäger zukommt, und Vater Jürgen erlegte einen mittelalten, ziemlich bescheidenen Sechser, der gerne dicker hätte ausfallen können. Aber starke Böcke wachsen im Idstedter Sand eher selten.

Beide erfreuten wir uns auf einer abschließenden Rundfahrt der sichtbaren Bemühungen um den Natur- und Umweltschutz im reizvollen Revier Langsee, dann trennten sich unsere Wege wieder.

Vater Jürgen Conrad und Sohn Björn mit ihren erlegten Böcken aus Schleswig-Holstein

Doch wie das Schicksal so spielt: Mein langjähriger Freund und Revierhelfer Gert Beirow konnte 1994 nach meiner Vermittlung im Forstamt Hintersee einen guten Eissprossenzehner erlegen. Nebenbei erzählte er dem

Forstamtsleiter Jürgen Conrad, dass er in meinen ehemaligen Revieren Großnordsee und Christianshöhe noch jagen dürfe. Ich war seit 1990 in Pension und wusste nichts vom Wechsel Jürgen Conrads von Bonn nach Hintersee. Die Dinge nahmen ihren Lauf, der Rest war Formsache. Ich wurde nach Hintersee eingeladen, nahm dankend an und erlebte dort im September 1995 die erste, für mich faszinierende Hirschbrunft.

War es Zufall? Wenn ich die Zeit zurückdrehe, in der ich dort fast alljährlich weilte und den Höhepunkt des Jahres eines Hirschjägers, die Brunft, erlebte, an die ich lange zurückdachte, nicht ohne mich schon auf die nächste zu freuen, glaube ich eher an eine gütige Fügung.

Wir wurden bald gute Freunde, Jürgen und ich. Unsere zwischenmenschlichen Beziehungen stimmten, unsere Ansichten über Jagd, Waldbewirtschaftung, Naturschutz und andere Werte lagen nie weit auseinander. Im gastlichen Hause der Conrads verlebte ich manchen schönen Abend. Immer verwöhnte uns seine liebenswerte Frau Irene mit Wildgulasch, schmackhaften Suppen, einem erwählten Roten aus ihrer Heimat Baden und anderen Leckereien. Wir führten gute Gespräche, die auf dem Hochsitz selten möglich sind. Gern denke ich an diese Abende und gemeinsame Tage im Revier mit seinem gesegneten Lebensraum für Mensch und Tier zurück. Im Juni 2006 wurde Jürgen pensioniert. Meine guten Beziehungen zur Bundesforst Hintersee rissen damit nicht ab, werden aber durch mein Alter und die weite Fahrstrecke von Dithmarschen bis an die polnische Grenze nicht einfacher.

Es lohnt sich, Rückschau zu halten auf dreizehn Jahre Hintersee-Geschichten, die in der Erinnerung wieder lebendig werden.

NEUNZEHNTES KAPITEL

Hinterseegeschichten

Die faszinierende Zeit der Hirschbrunft

Leise wispert der Wind im herbstgoldenen Laub der Sandbirken, die die Außenränder des Fenn schmücken, wo immer ihnen die Natur eine Chance zum Keimen gab. Als Teil dieser Niedermoor-Landschaft muss sich die Birke ihren Platz mit Asch- und Öhrchenweide teilen, die nebeneinander aufwachsen. Man kommt gut miteinander aus.

Der Begriff des „Fenn" bedarf einer kurzen Erklärung. Entstanden aus dem so genannten Ahlbecker Seegrund, umfasst es eine Größe von rund 1000 ha, von denen 600 ha Hintersee zugeordnet sind. Die gesamte Fläche steht unter Naturschutz.

Im stillen Winkel am Fenn

In dem entwässerten ehemaligen Flachwassersee steht das Grundwasser dank der linsenförmigen Ausprägung überall ziemlich gleichmäßig über Bodenniveau an. Neben dem vorherrschenden Schilfwuchs wird die Oberfläche von Schwingrasen und in Hochstauden ausgeprägter Segge abgeschlossen. Sich farblich in dunklerem Grün absetzende, linien-

Herbst im Fenn, eine Landschaft voller Geheimnisse

An dieser Flanke des Fenns wechselt das Wild abends auf die Äsungsflächen hinaus

förmige Streifen, die das Fenn durchziehen, sind Hinweise auf alte Grabensysteme. Sie sind grundlos und damit besonders gefährlich.

Es gibt wenige Kanzeln und auch ein paar Ansitzleitern am Nord- und Ostrand des Fenn, die mich immer wieder zum Verweilen einladen. Dort, wo die Natur Gebiete schuf, die allenfalls am Rande zu betreten sind, werden Geschichten und Sagen geboren, die in der Fantasie der Menschen von Generation zu Generation an Umfang zunehmen. Ein derartiges Gebiet, unter der Obhut des Reviers Riether Neuhaus stehend, erregt auch meine Neugierde. Weil hier kaum gejagt wird, gehe ich gern hierher, vermeide Störungen des Jagdbetriebes, wo sich um diese Zeit alles um Führung von Jagdgästen rankt, die auf den Brunfthirsch zu Schuss gebracht werden sollen. Bei mir steht kein Trachten nach Beute im Focus, sehe ich von der Jagd mit der Kamera ab, die sich hier in besonderem Maße anbietet.

Tatsächlich ist dieses Gebiet mit dem hoch anstehenden Grundwasser unberechenbar. Wenn überhaupt, wird die Jagd hier nur in den äußeren Randstreifen mit großer Vorsicht ausgeübt. Hier gilt es, beschossenes Wild auf den Anschuss zu bannen. Flüchtet es krank in die Unendlichkeit des Schilfmeeres hinein, kann man es abschreiben. Vor einigen Jahren wurde ein starker Hirsch von einem Gast am Außensaum des Fenn angeschweißt und flüchtete in die Wildnis hinein. Er kam nie zur Strecke. Unter Ausnutzung eines Übungsfluges suchte man das Gebiet mit Hilfe eines Hubschraubers weiträumig ab, es blieb vergebliche Liebesmühe. Seit dem Vorfall war dieser Teil des Reviers für den Forstamtsleiter jagdlich tabu.

Ein Gutes begleitete diese fatale Geschichte. Das Fenn entwickelte sich noch mehr als schon zuvor zu einem Reservoir für Rotwild und Sauen. Es fiel hier kaum noch ein Schuss, die Ruhe war perfekt. Sicherheit über Tag, nachts allerdings war sie nicht überall gegeben. Ohne frische Grasäsung kommt Rotwild, wo es diese haben kann, nur schwerlich aus. Das Wild zog am Abend, wenn auch oft sehr spät, aus der Schilfwildnis hinaus und suchte die Weiden- und Wiesenflächen in den Randbereichen auf, um seinen Hunger zu stillen. Dort meldeten die Jäger aus den Gemeindejagdbezirken ihren berechtigten Anspruch an und holten sich, was ihnen der Abschussplan zubilligte.

Ich hatte das Glück, eines Abends auf etwa 500 Meter ein Großrudel von 40 Stück Wild aus dem Schilf herausziehen zu sehen. Welchem Wechsel sie folgten, war unschwer zu erraten. Wie an der Perlenschnur zog ein Stück hinter dem anderen her, ein Bild zum Genießen.

Auf einem geschlossenen Hochsitz am Ostrand des Fenn will ich die faule Stunde nutzen. Heute steht die Sonne nicht im Zenit, am bedeckten Himmel treibt ein leichter Westwind die Wolken träge vor sich her. Bei der geringen Höhe des überdachten Sitzes muss die Windrichtung passen. Das Wild kann mir gern auf die Pelle rücken, heute wird nichts anbrennen. Es bleibt über Tag nicht im Erlenbruch in meinem Rücken stehen, wo ihm doch der Schilfwald die größere Sicherheit bietet.

Tagsüber ist es ruhig, merkt man selbst in der Zeit der Hochbrunft wenig, und doch findet Leben auf Sparflamme statt, wo viel Wild im Raume steht. Oft sind es die suchenden, jüngeren Hirsche, die von Brunftplatz zu Brunftplatz ziehen, um ihre Chance wahrzunehmen. Sie bringen Leben mit, lassen die Platzhirsche nie ganz zur Ruhe kommen, besonders dort, wo viele Hirsche im Bestand vertreten sind.

Auf eine Kostprobe brauche ich nicht lange zu warten. Das böse Grollen eines herausgeforderten Platzhirsches durchbricht das Schweigen, und schon prallen die Stangen aufeinander. Das Getümmel vom Kampfplatz dringt zu mir herüber. Dort, wo es tobt und kracht, ist das Schilf wohl bis zu zweieinhalb Meter hoch. Es mögen bis dorthin 200 Meter sein, die Halme wogen hin und her, doch von den gekrönten Häuptern schaut nicht das Geringste heraus. Das Scharmützel ist bald beendet, der Unterlegene muss weichen, ein kurzer Sprengruf begleitet seinen Weg, Stille kehrt zurück.

Sie ist nur von kurzer Dauer. In das unablässige Schreien der nach Westen ziehenden Saatgänse, deren Flüge kein Ende nehmen wollen, mischt sich der orgelnde Ruf eines weiteren Hirsches aus dem Fenn und gleich darauf eines Dritten. Kein Zweifel, die erlebte Stille ist trügerisch, dieses Fenn steckt voller Leben, das erst gegen Abend richtig zur Entfaltung kommen wird.

Wieder höre ich Kampfgetümmel von Norden herüber, es ist nicht sehr weit weg. Dann wieder Stille, die Rangordnung ist geklärt, verhilft mir allerdings zum ersten greifbaren Anblick. Einen Steinwurf vor mir teilen sich die Schilfhalme, Wild zieht auf mich zu, kommt näher. Noch kann ich nichts erkennen. 70 Meter vor mir zieht sich ein schmaler Geländerücken von Süd nach Nord, der höher liegt, trockener ist und das Schilfwachstum bremst. Ja, wenn – – – ich habe wider Erwarten Glück. Als sich die letzten hohen Halme am Rande teilen, steht er plötzlich vor mir, der vermutlich Unterlegene auf dem Wechsel zu neuen Abenteuern und lässt sich porträtieren. Dankbar schieße ich ein paar Bilder von dem ungeraden Vierzehnender, der wohl der gehobenen Mittelklasse zuzuordnen ist. Wie mag der Kontrahent aussehen, der ihm den Rang ablief? Dieses Geheimnis behielt der Fenn-Schilfwald leider für sich.

Die Einlage scheint neues Leben vor mir geweckt zu haben. Unweit von hier muss sich ein nicht sichtbarer Tümpel befinden, der von einer Weidenkolonie umkränzt wird. Unüberhörbar nehme ich Wassergeplätscher wahr, kein Laut sonst, was mag es sein? Auf dem Pirschsteig zum Hochsitz waren mir die starken Trittsiegel einer Sau, nagelfrisch in den Erdboden gestanzt, einige Male aufgefallen. Es könnte ein älterer Keiler sein, der ein Vollbad mit Suhlen im Moorloch verbindet. Die Frage bleibt nur kurz im Raum stehen. Als das Geschnatter von Stock- und Krickenten ertönt, habe ich die Bestätigung, dass der Wunsch wieder einmal der Vater des Gedankens war. Es hätte sein können, einen Überläufer hatte ich schon mal unter diesem Hochsitz auf Tuchfühlung vor mir.

Längst bin ich zum Entschluss gekommen, bis in die Dunkelheit sitzen zu bleiben. Leben herrscht hier überall. Die großen Geschwader noch immer ziehender Saatgänse, gelegentlich unterbrochen von einem Flug von Kranichen, und ein unlängst vorbeirudernder Seeadler lassen Langeweile nicht aufkommen. Stehend kann man die Weite des Fenns genießen, mit Geduld und Glück schon mal einen Hirsch vorbeiziehen sehen, auch wenn nur gelegentlich das Haupt mit Teilen des Kopfschmuckes, über die Schilfwedel schwebend, sichtbar werden.

Rechterhand neben mir auf einer schmalen Wiese am Rande des Bruchwaldes äsen seit geraumer Zeit Alttier und Kalb. Auf

Selten hat man in der Schilfwildnis einen derartigen Anblick

einen nachfolgenden Hirsch warte ich vergebens. Am Spätnachmittag ziehen fünf Stück Kahlwild mit einem zweijährigen Hirsch an der Südflanke über eine brachliegende Wiese hinaus, besseren Äsungsgründen entgegen. Auch ihnen folgt kein Platzhirsch mehr. Es scheint sich abzuzeichnen, dass die Brunft schon abklingt.

Langsam fällt die Dämmerung, es beginnt zu dunkeln. Schon melden wieder die ersten Hirsche. Nach und nach kann ich fünf verschiedene Stimmen aus dem weiten Rund ausmachen. Offensichtlich kommt das Kahlwild in Bewegung, um den Außenrändern des Fenn entgegen zu eilen. Als ich den Hochsitz verlassen will, um den Heimweg anzutreten, zieht ein Brunftrudel mit seinem Platzhirsch aus dem Fenn hinaus. Ich zähle elf Stück Wild, die dem Hauptwechsel folgen, auf dem ich das schon erwähnte Großrudel beobachtete. Der Pascha ist ein Kronenhirsch mit langen Stangen, genauer ansprechen kann ich ihn nicht mehr. Genug für heute, mit Anblick wurde ich reichlich belohnt.

*

Während der Brunft sind alle Kollegen des Amtes mindestens einmal am Tag einige Stunden draußen im Revier, ob sie nun einen Jagdgast führen müssen oder Hirsche bestätigen helfen, die abschusswürdig oder -notwendig sind. Die ganz Passionierten kriechen fast jeden Morgen früh aus dem Bett, und auch abends hält sie nichts im Hause. So ist die Hirschbrunft in jedem Falle eine anstrengende Angelegenheit und strahlt indirekt auch auf die Familie aus.

Jagdgäste sollen möglichst rasch zum Erfolg gebracht werden. Immer stehen schon andere auf der Matte, manchmal abrufbereit, die auf ihre Chance warten. Der Erfolg ist für das Forstamt wichtig, schließlich muss der Abschuss erfüllt werden und soll ganz nebenbei auch die Kasse klingeln. Die Hohe Zeit im Jahr dauert selten länger als vier Wochen, die genutzt werden wollen. Nur wenige Hirsche werden in der Feistzeit erlegt, die meisten wandern erst kurz vor der Brunft zu den Kahlwildrudeln. Nach dem Abklingen der Paarungszeit noch einen passenden Hirsch zu finden, ist schwierig und zeitraubend.

Für einen Jagdgast sind acht Führungen vorgesehen. Kommt in dieser Zeit kein Hirsch zur Strecke, darf er seine Koffer packen. Manchmal sind Kollegen bereit, auch am Samstag zu führen. Dann könnte sich seine Zeit um einen Tag verlängern. Häufig kommen Gäste mit Glück und Können schon nach zwei, drei Führungen zum Erfolg, wenn alles passt. Wird auf einen besonders starken Hirsch gejagt, diese sind keine Dutzendware, kann es länger dauern oder auch misslingen. Eine Garantie gibt es nicht.

So wiederholen sich die Dinge Jahr um Jahr. Für mich war es stets eine große Freude, teilhaben zu dürfen mit allen notwendigen Auflagen, die der Jagdbetrieb um diese Zeit mit sich bringt. Ich kam dabei nie zu kurz, hatte immer Anblick, weil die Reviere, mit kleinen Unterschieden, hier wildreich sind. Dabei konnte ich auch den einen oder anderen passenden Hirsch vermelden, immer aber gute Fotos mit nach Hause bringen. –

Heute Abend hat mich Jürgen unter seine Fittiche genommen. Wir sind rechtzeitig draußen, sitzen auf einem offenen Hochsitz am Timblatt im Revier Gegensee. Der Himmel ist klar, aber die Sonne hat sich schon verabschiedet. Eine Stunde ohne Anblick sitzen wir hier, sind aber ziemlich sicher, dass an dieser Wiese mit ihrer guten Äsung Wild austreten wird.

Spät ist es auf den Läufen, das größte Wild dieses Waldes, denn schon beginnt die Dämmerung den Tag zu verdrängen. Die Leittiere, die das Sagen haben, wissen genau, wie hoch der Jagddruck um diese Zeit ist. Aber endlich ist es soweit. Neben uns im Rücken schiebt sich eine Fichtendickung bis an die Wiesenkante heran, die an der Flanke im rechten Winkel der Äsungsfläche ihre Fortsetzung findet. Hier steht plötzlich das vorwitzige Kalb eines Leittieres auf 40 Meter neben uns in der Wiese, bevor die Dickung das ganze Kahlwildrudel von elf Köpfen ausspuckt, das sofort der Mitte der Wiese zustrebt. Dies verschafft dem klugen Wild die Möglichkeit, bei Gefahr im Verzuge auf mehrere Rückzugswege zurückgreifen zu können. Auf der Gegenseite wird die Wiese von einem Kiefern-Fichten-Hochwald begrenzt. Der Adlerfarnstreifen am Bestandesrand bietet dem Wild Deckung und Sichtschutz, bevor es auf die Freifläche austritt.

Wo bleibt der Pascha, der das Rudel regiert? Er hat sich bisher weder vorgestellt noch gemeldet. Ich mache mir Gedanken, ob das immer mehr schwindende Licht zum Fotografieren auch ausreichen wird. Aber plötzlich ist er da, zieht von drüben aus dem Altholz herüber. Offenbar hat er den Nachmittag abseits seines Rudels verbracht, immerhin 150 Meter, ziemlich ungewöhnlich. Doch wieder ist es nur die halbe Wahrheit, denn schon folgen ihm in der Fährte ein Alttier mit Kalb. Wahrscheinlich hat sich das Rudel über Mittag nach einem Äsungsgang geteilt.

Ich habe es eilig, ein paar Bilder zu schießen, bevor es zu spät ist. Es gelingt und wird sich noch als wertvoll erweisen.

Wir haben einen klassischen Abschusshirsch mittleren Alters vor uns, der uns trotz schwindenden Lichtes für die Kamera noch alles zeigt, was er auf dem Haupte trägt. Sechs Enden mit Dreierkrone in der rechten, fünf Enden mit einer Gabel in der linken Stange weisen ihn als ungeraden Zwölfer der mittleren Altersklasse aus. Zwei Tage später wird er von dem Jagdgast Dr. C. erlegt, der sich herzlich über seinen guten Abschusshirsch freut, zumal ich ihn mit ein paar Bildern beglücken kann, die seinen Hirsch noch in voller Aktion zeigen.

Mitten im Rudel der Platzhirsch – ...

Mit dem Brunftrudel vor uns haben wir gute Unterhaltung. Rundherum, von nah und fern, melden Hirsche. Es wird über ihre Stimmen, Tonlagen, ihr Alter diskutiert. Man würde sich über die Fehleinschätzungen manchmal wundern, hätte man sie ansprechbar dicht vor sich.

Aus der hinteren Ecke der Wiese kommen zwei Widder auf uns zu, von denen der eine jagdbar sein dürfte. Ein paar Bilder schieße ich noch bei dürftigem Licht. Richtet man seinen Blick auf die rechte Seite, fällt ein Damknieper auf, der dicht am Dickungsrand äst, sich aber bald wieder zurückzieht. Schließlich traut sich noch eine Bache mit fünf Frischlingen bei gutem Büchsenlicht aus sicherer Deckung hervor, trollt in die Mitte der Wiese, wo sich Mutter und Kinder in guter Eintracht mit dem Rotwild vermischen. Man kennt sich

... zwei Tage später liegt er zur Strecke

eben, Platz und Äsung oder Fraß ist für alle da. Fast ist es so, als wüssten die schwarzen Gesellen, die sonst eher das Licht scheuen, dass um diese Zeit Kraut und Lot nur für die Hirsche bestimmt sind.

Ach ja, eine der fünf Schalenwildarten im Bunde fehlt noch. Als habe es meinen lautlosen Ruf vernommen, steht plötzlich diagonal gegenüber ein Reh in der Äsung, auf Distanz zum emsigen Treiben in der Mitte bedacht. Herz, was willst du mehr. An einem Abend alle fünf hier vorkommenden Paarhufer auf einer nur zwei ha großen Wildäsungsfläche – womit haben wir soviel Glück verdient?

Mit stiller Freude im Herzen baumen wir vorsichtig ab, entfernen uns unbemerkt und treten den Heimweg an.

*

Gestern Abend saß ich im Revier Riether Neuhaus auf dem hohen Eschenstremelsitz, nur 100 Meter entfernt von der polnischen Grenze. Am Fluss vor mir fiel ein Graureiher ein, unterhielt mich eine Stunde und zeigte mir, wie man Fische und Frösche fängt. Lange Zeit blieb es ziemlich ruhig, nur vom Polnischen herüber meldete ab und zu ein Hirsch. In der Dämmerung schnürte ein starker Fuchsrüde auf mich zu, bog kurz vor dem Hochsitz ab, um im rauen Teil der Wiese den Mäusen nachzustellen. Dann passierte lange Zeit nichts mehr. Es fiel mir nicht schwer, auf dem Hochsitz die volle Dunkelheit abzuwarten. Kaum zu glauben, dass hier kein Wild austreten sollte.

Es war schon ziemlich dunkel, als es in meinem Rücken am Rande der schmalen Wiese lebendig wurde. Aus dem Kiefernaltholz mit seinem dichten Adlerfarnunterwuchs quoll es nur so hervor, Kahlwild ohne Ende. Der Platzhirsch setzte den Schlussakkord und entlockte mir ein Oah. Vor Staunen bekam ich den Mund nicht wieder zu. Zum ersten Mal schrie er mit einer beachtlichen Stimme, die keinen Zweifel daran ließ, wer hier kommandierte. Einen Hirsch dieser Klasse und Stärke hatte ich nie zuvor gesehen, und er sollte bis an das Ende meiner Tage in Hintersee der Stärkste bleiben.

Mit einiger Mühe konnte ich mindestens zwanzig Enden zählen, es mögen mehr gewesen sein. Hilflos starrte ich auf meine Kamera. Wie gern hätte ich ein paar Aufnahmen von dem Recken gemacht. Und so ließ mich dieser Hirsch für die nächsten Stunden nicht mehr los.

Der Anblick war von kurzer Dauer, das Leittier strebte anderen, wohl besseren Äsungsgründen zu. Das konnte ich verstehen, zumal seinem Sicherheitsbedürfnis auf dieser schmalen Wiese nicht ausreichend Rechnung getragen war. Das Wild zog linkerhand an mir vorüber, unter dem Baumsitz in der alten Randbuche hindurch und entschwand meinen Blicken. Ihr Ziel mochten die Radelswiesen sein, groß genug, um sie mit einem weiteren Rudel zu teilen. Hier gab es Weite und gute frische Herbstäsung.

Inzwischen hatte die Nacht den Tag völlig verdrängt. Ich verließ meinen Sitz, fest entschlossen, morgen früh rechtzeitig wieder hier zu sein in der Hoffnung, das Rudel würde den Hinwechsel auch als Rückwechsel zum Tageseinstand nutzen. Gern pflegt das Wild vor dem Einziehen noch auf derartigen, von Wald umgebenen Wiesen herum zu bummeln, wenn es sich ungestört und sicher fühlt. Darauf fußte mein Plan. Vielleicht würde ich doch noch zu ein paar Bildern von diesem Klotz von einem Hirsch kommen.

Vor Tau und Tag saß ich wieder oben und harrte der Dinge. Noch schrieen die Hirsche von allen Seiten intensiv und verbreiteten eine tolle Stimmung. Ich war voller Hoffnung und bat den Schutzpatron, sie nicht zu früh einwechseln zu lassen. Es wurde allmählich heller, zum Fotografieren reichte es indes noch nicht. Vor mir in der Wiese zwischen Hochsitz und Grenze stand ein Rudel von acht Stück Kahlwild, von einem jüngeren Kronenzwölfer eifersüchtig bewacht. Sie zogen schon bald in die Sitkafichtendickung zur Rechten ein; die Bühne war leer.

Mein Wunschkandidat enttäuschte mich. Das Leittier hatte offensichtlich einen anderen Weg gewählt. Vielleicht waren sie im jungen Sitkabestand am Rande der Grenzwiese nahe am Fluss eingezogen, oder das Rehmoor mochte ihr Ziel gewesen sein. Ich ging jedenfalls leer aus.

Der Hirsch ließ mich so schnell nicht los; dranbleiben und mögliche Chancen nutzen! Noch wollte ich nicht aufgeben. Ins Quartier fahren, frühstücken, eine Stunde Schlaf nachholen und wieder hinaus ins Revier.

Der Wind war mir gnädig, als ich im stillen Winkel der Eschenstremelwiese hinter dem Roteichengatter den Hochsitz an der hohen Eiche bestieg. Das war hier wegen der starken Verschachtelung der Strukturen von Wald- und Wieseneinschnitten besonders wichtig. Hier wollte ich nötigenfalls den ganzen Tag verbringen. Sollte mir der Hirsch über Tag seinen Einstand im Rehmoor oder aus den Dickungen an den Radelswiesen durch akustische Signale verraten, würde ich sofort umsetzen und ihm mit aller Vorsicht auf die Decke rücken. Über die versteckte Schneise im Rehmoor zogen die Platzhirsche gern hin und her; überhaupt um die Mittagszeit, wenn das Kahlwild nach einer ausgiebigen Siesta wieder rege wurde. –

Bei schönem Wetter machte ich es mir auf dem Hochsitz bequem und träumte in den Tag hinein. Der Besuch ließ nicht lange auf sich warten. Ich hörte ein leises Knacken von Ästen im Kiefernhochwald, nahm das Glas an die Augen und entdeckte das lange, trockene Haupt eines betagten Rotalttieres im Adlerfarn. Nach ausgiebigem Sichern trat es mit seinem Kalb auf die Wiese aus und begann zu äsen. Die Idylle war allerdings nur von kurzer Dauer. Der Wind frischte vorübergehend auf, verwirbelte sich am Steilrand des Kiefernhochwaldes und gab die Botschaft an die alte Dame weiter. Fast hörbar kaute sie die verhasste Wittrung, warnte kurz und zog sich in leichtem Troll mit ihrem Kalb in die sichere Deckung zurück. Das konnte unerwünschte Folgen haben.

Der Wind schlief wieder ein, eine gute halbe Stunde verging und wider Erwarten stand plötzlich Wild in der Wiese. Diesmal war es ein Damtier mit seinem Kalb, die vertraut vor mir ästen. Sie ließen sich von einem sichtbar alten Rehbock mit eisgrauem Grind und Wasserbauch, der eine volle Stunde auf einer Fläche von weniger als 500 Quadratmetern linkerhand von mir Nahrung zu sich nahm, in keiner Weise stören, bevor sie dicht neben meinem Hochsitz einwechselten.

Der Bock hatte die kräftezehrende Blattzeit offensichtlich noch nicht weggesteckt. Als er den Weidsack gefüllt hatte, folgte er einem stark ausgetretenen Wechsel in Richtung Rehmoor, um sich schon gleich am Rande des Kiefern-Birken-Mischbestandes niederzutun. Er hatte nur den Schatten gesucht, um zu ruhen und wiederzukäuen. Die Wahl des Platzes sollte noch Folgen haben.

Als mein Blick den langen, schmalen Wiesenschlauch zur Rechten suchte, durfte ich mich der vierten Wildart des Tages, eines prächtigen Fuchses erfreuen, der direkt auf mich zuschnürte. Näher und näher kommend, verhielt er ab und zu, wenn er die Wittrung einer Maus einsog oder ihren leisen Pfiff vernahm. Dann sprang er in hohem Bogen nach vorn und landete punktgenau über dem Nager. Zumeist von einem Büschel Gras umwickelt, hielt er die Maus in seinen Branten, um sie dann genüsslich zu verzehren. Es machte Spaß, Reineke bei seinem Tun zu beobachten.

Meine Augen suchten ihn immer wieder, den heurigen roten Schelm mit seinem schönen, silbergraubraunen Balg. Noch hatte er nicht die winterliche Reife, könnte sich aber zu einem prächtigen Kohlfuchs entwickeln, würde man von dem silbergrau durchwirkten, aber noch zu hellen Kehlfleck absehen. Schließlich reichte es ihm, er brach zu neuen Ufern auf und folgte dem Wechsel, auf dem sich der Bock niedergetan hatte. Mit dem Haupt zwischen den Vorderläufen schlief dieser ein Stück in den Tag hinein. Sein eisgraues Gesicht war nicht zu übersehen.

Na, wie das wohl ausgehen würde? Im hohen Rohrglanzgras hatte sich der Erholungsbedürftige ein warmes Bett bereitet, das auf Augenhöhe von Reineke nicht eingesehen werden konnte. Schon war der Fuchs auf Tuchfühlung heran, ohne vom Bock Wind zu bekommen. Dieser reckte plötzlich sein Haupt nach oben – ein Fuchs stinkt eben doch stärker als ein Reh! Dann geschah es. Dem jungen Schelm schoss ein gehöriger Schreck in die Glieder, er hob ab und setzte mit einer gewaltigen Flucht über den Bock hinweg. Dann stob er davon, so schnell ihn seine Läufe trugen.

Der alte Bock kam in die Gänge, äugte hinter dem Fuchs her und tat sich, offenbar wenig beeindruckt, gleich wieder nieder, um seine schmählich unterbrochene Siesta fortzusetzen. – Das war doch mal eine nette Abwechselung.

Der Nachmittag schritt fort. Gegen 16 Uhr erschienen im Südteil der Wiesenenge Alttier, Kalb, Alttier, Schmaltier, Kalb und ein Achterchen vom zweiten Kopf. Von der anderen Seite trollte der Platzhirsch dem Rudel entgegen. Seine erste Amtshandlung: den jungen Achter gehörig auf Trab bringen. Der Schneider wechselte unter meinem Hochsitz hindurch, folgte dem Pirschsteig auf das Roteichengatter zu, bekam einen Hauch Wittrung von mir und entfernte sich mit lautem Gepolter. Das Rudel nahm keine Notiz davon.

Zeit, den jungen, fünf- bis sechsjährigen Platzhirsch zu studieren. Sein rosafarbener Windfang, in dieser ausgeprägten Art zuvor noch nie bei einem Hirsch beobachtet, war der auffälligste Teil seines Ego. Bemerkenswert auch die über den Mittelsprossen, besonders rechtsseitig, deutlich abgewinkelten Stangen und das lange, nach innen gewachsene Ende in der linken Krone – ein Steckbrief, der nicht ohne Bedeutung bleiben sollte.

Zwei Jahre später beobachtete ich einen ungeraden Vierzehnender mit seinem elfköpfigen Rudel auf den Radelswiesen, kaum einen Schrotschuss weit von hier entfernt. Das Kahlwild war schon in die Dickung eingezogen, als der Pascha noch einmal auf der Wiese erschien, um ein abtrünniges Schmaltier

Der Hirsch mit dem rosafarbenen Windfang ...

zum Rudel zurück zu prügeln. Erst jetzt konnte ich ihn richtig ansprechen und ein paar Bilder schießen.

Kein Zweifel, es war der Hirsch vom Eschenstremel, der sich in den beiden Jahren von 2003 bis 2005 stattlich entwickelt hatte. Der rosafarbene Windfang fiel genau so ins Auge wie das nach innen gerichtete lange Ende in der linken Krone. Der Bauplan des Geweihs hatte sich nicht verändert, die jetzt dunklere Decke war durch andere Lichtverhältnisse fototechnisch bedingt und auch eine Folge des Suhlens.

Für mich war es ein großes Erlebnis und ein Beispiel dafür, dass man mit der nötigen Aufmerksamkeit Wild auch nach einigen Jahren an individuellen Merkmalen wiedererkennen kann. Ganz am Rande ist die Treue zu denselben Brunftplätzen erwähnenswert, zumal Rothirsche oft erst kurz

... Nach zwei Jahren Pause sah ich ihn wieder – und er hatte sich sehr gut weiterentwickelt

vor dem Beginn von weither anwechseln. Beim standorttreueren Damwild ist dieses Verhalten sprichwörtlich. –

Nach geraumer Zeit zog sich das Rudel in den Kiefernbestand zurück. Ich fand Zeit für ein Nickerchen, bis mich das Knacken eines spröden Astes in den Tag zurückholte. Es war inzwischen später Nachmittag geworden. Ein suchender, vielleicht im Kampf unterlegener, wirklich alter Hirsch flanierte an mir vorüber, verschwand aber gleich wieder im Waldwinkel, Kurs auf das Rehmoor nehmend. Etwas übereilt konnte ich noch ein Foto von ihm schießen. An seiner Art des Ziehens, seinem Gebäude, dem erkennbaren Wimmerwuchs und fehlenden Enden im unteren Teil der Stangen war unschwer auf das fortgeschrittene Alter des betagten Herrn zu schließen. Nur in einem war ich mir sicher, mit dem Kapitalen von gestern Abend hatte er nichts zu tun. Den sah ich leider nicht wieder. – Man kann nicht alles haben.

Müde zog der alte Hirsch an mir vorbei

Zahlreiche Geschichten dieser oder ähnlicher Art, jede für sich ein Unikat, könnte ich über meine Tagebuchnotizen aus der Erinnerung zurückholen. Sie würden ein ganzes Buch über Hintersee füllen. Mit den Jahren lernte ich die meisten Reviere des Amtes – alle sind schön mit ihren unterschiedlichen Gesichtern – auf Morgen-, Mittag- und Abendansitzen kennen. Oft durfte ich mich der Gesellschaft meines Freundes Jürgen erfreuen, der mir zu manchem guten Anblick verhalf, nicht ohne hinterher die langen Abende zu verschönen. Ihm, seiner lieben Frau und meinen freundlichen Kollegen vom Forstamt möchte ich für ihr Vertrauen, ihre Großzügigkeit, ihre Hilfe an dieser Stelle herzlich danken, bevor ich mich den Adlern zuwende. –

ZWANZIGSTES KAPITEL

Hinterseegeschichten

Adlertage

Ihre Aufwartung hatten sie mir bei meinen Ansitzstunden schon oft gemacht, die Wappenvögel der Nation. Bisher war mir nie ein brauchbares Foto von den Seeadlern, weder am Himmel noch am Boden, gelungen. Es müsste auch für einen Hobby-Fotografen mit seiner bescheidenen 400 mm-Novoflex möglich sein, ein paar ansprechende Adlerbilder zu bekommen. Eines Tages packte mich der Ehrgeiz, endlich wollte ich es wissen. Mit Hilfe und Rat des Forstamtsleiters ging ich es an. Mein Kollege Petri sicherte mir sofort seine Unterstützung zu.

In seinem schönen Revier Glashütte gab es zwei erfolgversprechende Ansitzplätze: einen gut getarnten Hochsitz an der Rohrwiese und ein altes Fotozelt an der Forstwiese, in guter Deckung unter breit ausladenden Lärchen, vor Jahren von einem Tierfotografen errichtet, der sich hier schon auf Adler versucht hatte.

Er hatte das Zelt in einen Horst unterständiger Fichten hineingebaut. Über dem Kopf und an Flanken und Rückseite mit wasserdichten Zeltplanen umgeben, war nur die Wiesenseite zum Fotografieren licht- und wasserdurchlässig. Sie bestand aus einem Bundeswehrtarnnetz, das selbst mit Adleraugen von außen nicht zu durchdringen war, wenn man die Plane nicht bewegte und sich auf das kleine Guckloch für das Kameraobjektiv beschränkte.

Adler fallen nicht beliebig auf Wiesen ein, um Regenwürmer zu sammeln. Den Anreiz für einen Besuch muss man ihnen schon liefern. Darüber später mehr. In diesem Zelt saß ich drei Jahre hintereinander, manchmal 7 bis 8 Stunden mit und ohne Erfolg auf einer nicht einmal unbequemen Meterrolle von einem alten Baumstamm. In meinem Rücken hohe Bäume am Wegesrand, auf denen gerne Adler und Kolkraben aufblockten, die Krawall machten oder ruhten. Wenn manchmal ein Jungadler mit seinem durchdringenden Kli-kli-kli bettelte, erwartete man jedes Mal einen Anflug, der leider meistens ausblieb. Aber der Reihe nach. –

Auf der Rohrwiese war am Abend ein Hirsch erlegt worden, dessen Aufbruch man teilweise liegen gelassen hatte. Petri riet mir, es dort zu versuchen, die Chancen wären gut. Am nächsten Morgen fuhr ich zur Rohrwiese und hatte auf dem Weg dorthin bei noch dunkler Nacht den ersten Anblick. Auf der Straße nach Glashütte wechselte ein Rudel Damkahlwild gemächlich über die Fahrbahn in Richtung Zopfenbeck. Über den Waldweg flüchtete eine Bache mit vier Frischlingen. Vielleicht war das ein gutes Omen für den Tag.

Im Dunkeln saß ich schon oben. Die Temperatur bewegte sich um null Grad, die Wiese war überzogen von feinem Reif. Das würde einen guten Kontrast schaffen. Langsam wurde es Tag; schon im Morgengrauen fiel der erste Kolkrabe ein und trippelte auf 30 Meter vor mir herum. Diese klugen Vögel haben ein gutes Gedächtnis und finden auch am nächsten Morgen zuverlässig die Stelle, wo in der Abenddämmerung der Fraß verheißende Schuss fiel. Es machte mich stutzig, dass er nicht auf einer Stelle blieb und sich über die Mahlzeit hermachte, nur hin und wieder im Gras herumstocherte. Des Rätsels Lösung: Über Nacht hatten schon die Sauen die Leckereien gefunden und gründlich abgeräumt.

Von der Wittrung angelockt, schnürte ein Fuchs auf Tuchfühlung am Kolkraben vorbei. Man sagte sich freundlich „Guten Morgen" – der gegenseitige Respekt ist groß, der Fuchs weiß genau, dass ihm die schwarzen Gesellen nützlich sind – und Reineke schnürte weiter. Für ihn war hier nichts mehr zu holen.

Ich blieb sitzen und freute mich über den jungen Adler, der genau ins Kameraobjektiv hineinstrich. Er fiel nicht ein, hatte längst entdeckt, dass die Stätte leer war.

Am Vormittag brachte mir Kollege P. einen überfahrenen Fuchs, den ich sofort auf der Forstwiese deponierte. Nach einer kurzen Pause saß ich im Zelt und harrte der weiteren Entwicklung. Meine Geduld wurde auf eine harte Probe gestellt. Allerdings unterhielt mich zwei Stunden lang ein Rudel Muffelwild, das am Rande des Birken-Erlen-Waldes im Hintergrund vertraut äste.

Kolkraben strichen einige Male über den Fuchs hinweg, ohne ihn zu beachten. Ihr Verhalten enttäuschte mich, hatte ich doch gehofft, sie würden einfallen und mit Geschrei die Adler anlocken. Vielleicht hielten sie den alten Strauchdieb für einen Schlafenden.

Nach vier Stunden vernahm ich über mir ein verdächtiges Rauschen. Mit angewinkelten Schwingen fiel ein junger Adler zehn Meter hinter dem Fuchs ein. Mein Herz hüpfte vor Freude. Jetzt nur keinen Fehler machen. Ich wagte kaum zu atmen. Ein Erfolg war greifbar nahe. Der Vogel sicherte einen Moment, um sich dann dem Fuchs gemessenen Schrittes zu nähern, als würde auch er dem Braten nicht trauen. Als der Adler einen Meter vor dem Fuchs verhielt, seinen Kopf nach oben reckte – der Hals wurde immer länger – schien es mir an der Zeit, auszulösen. Ein kleiner Schwenk des Objektivs war seinem scharfen Auge nicht entgangen. Er hob sofort ab und empfahl sich. Sein Bild konnte mir keiner mehr nehmen.

Ich blieb weitere zwei Stunden sitzen, um den vollen Tag zu nutzen. Es zeigte sich nichts mehr. Früh am nächsten Morgen war ich wieder draußen und blieb, solange das „Büchsenlicht für die Kamera" reichte. Kein Adler weit und breit. Der Fuchs war nicht angerührt worden, und vorbeistreichende Raben waren auch heute nicht interessiert. Gelangweilt blockte ein dunkler Bussard auf einem alten Baumstumpf in der Wiese auf und räumte das Feld, als sich keine Maus opfern wollte. Wieder waren es die Mufflons, die mir den Tag vertrieben, diesmal ein anderes Rudel. Ein einjähriger Widder suchte meine Nähe und ließ sich porträtieren. Das war es an meinem letzten Tag in Hintersee. Ich würde wiederkommen.

*

Ein Jahr später. Ich genoss die Hirschbrunft wie immer in vollen Zügen. Doch so ganz ließen mich die Adler nicht los. Ein bescheidener Anfang hatte mich genossen gemacht. Zwei Tage war ich schon in Hintersee, als mich Kollege P. mit der Nachricht überraschte, es sei ein Rotalttier, vermutlich Fallwild vom „Verkehr", auf der Gorinwiese gefunden worden. Ob ich Lust hätte? Und ob! Wir holten das noch ziemlich frische Tier, von dem nur der Kopf fehlte, den vermutlich ein Fuchs abgeschnitten hatte, und staunten nicht schlecht, am Himmel und auf der Erde eine beachtliche Zahl von Adlern zu beobachten, die sich mit einem größeren Flug Kolkraben vergesellschaftet hatten.

25 Meter vom Zelt entfernt legten wir das Stück wie im letzten Jahr in einer Mulde ab. Ich blieb gleich dort und richtete mich im Ansitzzelt ein. Merkwürdigerweise ließ sich bis in die Abenddämmerung weder ein Adler noch ein einziger Kolkrabe sehen.

Jürgen holte mich ab, um im Revier Zopfenbeck Hirsche zu verhören und zu bestätigen. Es war warm, zu warm für einen lebhaften Brunftbetrieb. Dennoch fehlte es nicht an Anblick. Wir erfreuten uns einer Rotte Sauen, beobachteten je einen Damknieper und -spießer, außerdem ein kleines Rudel Rotwild mit sechs Stück Kahlwild und einem mittelalten Platzhirsch an der

Spitze. Unweit von unserem Platz entstieg ein Kronenzwölfer einer Suhle und wechselte schwarz wie ein Mohr an unserem Hochsitz vorbei.

Im Hintergrund zogen drei Widder über einen schmalen Wieseneinschnitt, und schließlich war es eine Ricke mit ihrem Kitz, die uns vor einem kleinen Feldgehölz als fünfte Schalenwildart des Abends ihre Referenz erwiesen. Nichts Spektakuläres, aber doch ein Zeichen der Vielseitigkeit dieses so reich strukturierten, schönen Reviers. Was für Jürgen Alltag war, genoss ich doppelt und zehrte lange davon. –

Am nächsten Morgen saß ich schon eine geraume Zeit vor Büchsenlicht im Zelt, froh, dass die Sauen über Nacht das Rotalttier nicht entdeckt und zerfleddert hatten. Es lag unberührt auf seinem Platz. Bis zum erwachenden Morgen hatte dennoch auf der Forstwiese über Nacht das Leben getobt. Unentwegt schrie der Platzhirsch, der am anderen Ende der Wiese ein Dutzend Tiere um sich versammelt hatte. Antwort ward ihm von mehreren Seiten – von der Rohrwiese und von den beiden Gorinwiesen herüber. Ich genoss das Konzert und bat Diana, mir die Raben und die Adler nicht zu früh zu schicken. Ich musste erst einmal das notwendige Licht für die Kamera haben, zweifelte indes keinen Moment daran, heute und hier noch Besuch zu bekommen.

Und es ward Tag. Von weitem hörte ich das tiefe „Korrk, Korrk" der Wotansvögel. Es gab ihrer viele, sie würden nicht lange brauchen, den verlockenden Braten zu finden. Ein Viertelstündchen später war es soweit. Der erste Kolkrabe fiel vor mir ein. Zwei, drei weitere folgten und näherten sich dem Luder, nicht ohne unentwegt ihre kreischenden Signale auszusenden. Als der Vorwitzigste die Beute in Besitz nahm und an der Decke zupfte, löste ich aus. Einmal nur, überzeugt, ein gutes Bild im Kasten zu haben. Bloß jetzt nicht stören, sie sollten weiter ihr lockendes Geschrei verbreiten, mich reizte der Wunsch nach Höherem.

Eine Stunde danach zeigte sich am Äther ein schwebender Adler. Er drehte eine Ehrenrunde, bevor er im Gleitflug seine scharf bewehrten Fänge ausfuhr und unweit der Nahrungsquelle landete. Als er sich den Raben per pedes näherte, dachten diese noch lange nicht daran, das Feld zu räumen. Auf Tuchfühlung standen sie nebeneinander, ihr Gefieder berührte sich fast. Beide Arten kannten das Prozedere genau. Der Adler würde seinen wichtigsten Sparringspartnern nicht zu nahe treten; sie waren seine besten Freunde, machte aber schließlich doch deutlich, wer hier die Nummer eins war.

Als er sich aufschwang und mit ausgebreiteten Schwingen auf dem Tierkörper landete, zogen sich die Raben in einen gebührenden Abstand zurück.

Sie hatten alle Zeit der Welt und konnten warten. Der Adler würde den Körper des Tieres mit seinen scharfen Werkzeugen öffnen, sich vollludern, abstreichen und auf hoher Warte, manchmal stundenlang, verdauen.

Nicht ohne Adlerfieber machte ich, leicht verwackelt, ein paar Aufnahmen und genoss das für einen Jäger nicht alltägliche Leben vor mir. Nur nicht stören, die Vögel würden sich in der beginnenden Abenddämmerung verabschieden. Mit Jürgen hatte ich für den gemeinsamen Abendansitz im Revier Zopfenbeck einen Abholtermin vereinbart. Ein Umstand kam mir entgegen. Auf dem Wiesenweg fuhr ein Landwirt mit seinem Schlepper vorbei, um einen Heuballen zu holen. Für Raben und Adler das Signal, sich empört mit viel Getöse zu entfernen. Jetzt konnte ich mein Filmzelt noch zeitig genug unbemerkt verlassen.

Der Abend des 25. September war eindrucksvoll. Wir bestiegen die „Besucherkanzel", vermutlich besonders geeignet, mit einer gewissen Sicherheit Wild vorzuführen. Und tatsächlich standen auf der langgestreckten Schneidemühlwiese etwa 100 Stück Rotwild, aufgeteilt in fünf Brunftrudel. Deren Platzhirsche schrieen sich gegenseitig an, umkreisten ihre Rudel, als gäbe es eine Festung zu verteidigen, ständig bemüht, ihren Harem zusammen zu halten. Nur einmal zogen zwei Hirsche aufeinander zu, marschierten mit Drohgebärden und Imponiergehabe diesseits und jenseits des Schneidemühlgrabens einmal auf und ab, auf das sich keiner unterstehe, die magische Grenze zu verletzten. Danach widmeten sie sich wieder ihren Rudeln. Auf der anderen Seite der Wiese passierten zwei mittelalte Widder einen schmalen Schlauch, der die Bruchwaldflächen trennte, und wenig später zog ein eselsgrauer, zwei- bis dreijähriger Keiler in ihrer Fährte hinterher. Das war es für meinen letzten Abend in Hintersee in diesem Jahr.

*

Emsig trippelten die Grauen vor mir her, pickten hier, sammelten dort, waren geschäftig, aber stumm. Heute blieben die Wotansvögel bisher aus, hatten vielleicht andere Nahrungsgründe gefunden und sich zusammengerufen. Als Frühaufsteher pflegten sie sofort auf Suche zu gehen und jene Gebiete abzustreifen, wo am Abend zuvor Schüsse gefallen waren. Hier waren die Graukrähen früher fündig geworden. Sie machten sich zwar nicht ganz so oft bemerkbar, wurden aber von suchenden Adlern durchaus beachtet. Adler schliefen etwas länger, wozu hatten sie schließlich ihre Kundschafter.

Gegen 6 Uhr hatte ich den Aufbruch eines erlegten Hirsches hergebracht, in einer Bodenmulde abgelegt und mich im Zelt eingerichtet. Wir schrieben den 16. September 2003. Im vergangenen Jahr war es mir trotz einiger Mühe nicht gelungen, Adler zu überlisten. Jetzt wollte ich es noch einmal wissen.

Die Nebelkrähen hatten den Fraß schon im Morgengrauen entdeckt. Ein halbes Dutzend an der Zahl war vor mir eingefallen. Ich hatte Zeit, viel Zeit. Das Objektiv der Kamera war auf 25 Meter scharf gestellt und arretiert. Zum genaueren Fokussieren brauchte ich nur eine Schraube zu lösen. Als der Tag sein volles Licht vor mir ausgebreitet hatte, war es soweit. Ein neugieriger Jungadler, gerade mal ein halbes Jahr alt, landete zwischen den Krähen, die sich von ihm nicht im Geringsten stören ließen. Kurz darauf strich ein Eineinhalbjähriger herbei und setzte neben einer unbekümmerten Graukrähe auf. Beide ließen sich wunschgemäß ablichten. Das Auslösen der Kamera hatten sie nicht wahrgenommen. Ich freute mich dieses Erfolges. Das war erst der Anfang, es sollte mein Tag werden.

Um 9.30 Uhr fanden sich einige weitere Graukrähen ein, wurden begrüßt und antworteten mit viel Geschrei. Wollten sie noch mehr Artgenossen anlocken? Deren Kontingent schien ausgeschöpft, aber die Adler ließen sich nicht lange nötigen. Drei Altvögel landeten nacheinander neben der Kirrung. Sofort begann eine kräftige Keilerei. Futterneid war auch in ihren Reihen kein Unbekannter.

Zehn Meter entfernt von der Kirrung entwickelte sich ein Familientreff. Adlervater und -kind, wahrscheinlich ein junges Weibchen, verharrten schon in Wartestellung, als die Adlermutter mit ausgefahrenen Fängen und ihren brettartigen, angewinkelten Schwingen neben dem Duo aufsetzte. Das sehenswerte Idyll war perfekt.

Eine Viertelstunde später fanden sich weitere Adler ein, es war ein Kommen und ein Gehen. Ich zählte insgesamt neun dieser Vögel auf der Wiese und in der Luft. Es war überwältigend.

Nur einmal im Laufe der Jahre genoss ich den Anblick von mindestens zehn Seeadlern zu gleicher Zeit auf dem Schießplatz im Revier Gegensee in etwa 500 Meter Entfernung. Ich war zum Frühansitz mit Jürgen draußen gewesen. Wir hatten eine Hochbrunft vom Feinsten erlebt. Im weiten Rund meldeten Hirsche, schrieen sich gegenseitig an, bevor sie im Morgengrauen nebelumwoben in ihre Tageseinstände zogen. Die Adlerkonzentration nährte den Verdacht, die Vögel könnten ein Stück Fallwild, vielleicht einen geforkelten Hirsch, gefunden haben. Wir suchten das Umfeld so gründlich ab, wie es möglich war, fanden aber nichts.

Jungadler im Anflug

Der junge Adler am Fuchs

Die Kolkraben waren als Erste da

Bussard auf der Anwarte

Jungadler mit Graukrähen in guter Eintracht

Prügelei um die Beute

Mutter Adler landet vor dem Partner und dem Jungen

Zwei Alt- und zwei Jungadler friedlich vereint

Diese Adlerversammlung erinnert an eine Schar von Geiern

Zurück zur Gegenwart. Nicht nur die Adler, auch die Begleitmusik der in ununterbrochenen Scharen ziehenden Kraniche begeisterten mich. Vor mir standen vertraut, aber keineswegs unaufmerksam, zwei Alt- und zwei Jungadler, die ich auf einem Bild festhalten konnte.

Vor Ende der Vorstellung – ich war erstaunt, dass den aufmerksamen Vögeln das Auslösen der Kamera entgangen war – konnte ich noch eine Ansammlung von drei Alt- und zwei Jungadlern einfangen. Hatten sie sich durch den ihnen nicht unbekannten Schießbetrieb an metallisch-technische Geräusche gewöhnt? Bemerkenswert auch, dass die drei Altvögel den jüngeren das Feld neidlos überließen. Sie mochten den Magen voll haben, oder gehörte die Sorgfaltspflicht gegenüber dem Nachwuchs zu ihren Gewohnheiten, auch dann noch, wenn dieser erwachsen war?

Wie auf Kommando entfernten sich um 10.30 Uhr ohne sichtbare Störung alle auf einmal. Flugbilder konnte ich aus der kleinen Spalte für das Objektiv im Zelt leider nicht machen, dennoch war mein Herz voll des für mich einmaligen Erlebnisses. –

Das Bild des Steinadlers auf der Faust eines bayerischen Falkners – ich hielt es anlässlich einer Beizjagd im Revier Grönwohld des LJV Schleswig-Holstein fest – mag dem Vergleich dieser beiden Arten dienen. Der etwas kleinere Gebirgsvogel übertrifft den Seeadler zweifellos an Eleganz, an Schnelligkeit allemal.

Damit schließe ich die Geschichte „Adlertage“ ab, nicht ohne mich noch einmal bei allen Helfern und Gönnern, insbesondere dem Kollegen Petri, zu bedanken.

EINUNDZWANZIGSTES KAPITEL

Hinterseegeschichten

Pensionshirsche

Jagdneid? – war für mich Zeit meines Lebens ein Fremdwort. Holte mein Standnachbar auf einer Niederwildjagd mehrere schnelle und hohe Hähne vom Himmel, freute ich mich mit ihm, freute mich seiner guten Schüsse, seines Könnens. Erlegte mein Reviernachbar einen starken Bock, der auch in meinem Jagdbogen seine Fährte zog, gönnte ich ihm Beute und Trophäe. Wild ist herrenlos, gehört niemandem, kennt keine Grenzen. Ich habe damit nie ein wirkliches Problem gehabt.

Ich ärgerte mich schon, wenn ein markierter Zwei- oder Dreijähriger auf der Strecke lag, auch wenn der Erleger die Marke nicht „lesen", manchmal nicht einmal wahrnehmen konnte. Es war einfach nur schade, hätte ich doch seine weitere Entwicklung gern noch ein paar Jahre beobachtet. Glücklicherweise kam es selten vor.

War der Frust verflogen, stellte ich mir die unvermeidliche Frage: „Hast du noch nie einen Fehler gemacht?" Und ob! Auch ich hatte den dreijährigen „Gert", den mein Freund in meinem Revier markierte und ein weibliches Winterkitz, nach meiner Enkelin „Regina" benannt, in den Rehhimmel befördert, weil ihre schmalen Wildmarken von Deck- oder langen Winterhaaren überwachsen waren. –

Als die Zeit gekommen war, meine Büchse an den Nagel zu hängen und bis zum heutigen Tage nur noch die Novoflex-Kamera zu bemühen, konnte ich mich gelöst und entspannt mit den Erlegern starker Hirsche freuen, die in Hintersee während meiner Anwesenheit in der Hirschbrunft zur Strecke kamen.

Ich genoss diese Stunden mit dem Vorher und Nachher in besonderem Maße dann, wenn der Erleger einer meiner persönlichen Freunde war. Die Freude war immer groß, so man den Träger einer guten Trophäe durch sein fortgeschrittenes Alter als einen wirklichen Erntehirsch bezeichnen konnte.

In der Folge will ich die Geschichten von der Erlegung dreier, so genannter Pensionshirsche von meinen Freunden erzählen lassen, die ich als Zaungast miterlebte.

Die erste Geschichte rankt sich um meinen Freund, Forstdirektor Jürgen Conrad, den Leiter der Bundesforst Hauptstelle Hintersee, der zum 01.06.2006 in den Ruhestand gehen würde. Ihm gehört jetzt das Wort:

Im Winter 2004 rief mich Dr. Koschel, Leiter der Forstinspektion Ost, an, ob ich meinen Pensionshirsch nicht schon im Jahr 2004 oder 2005 schießen möchte? Spontan, aber wohl überlegt, entschied ich mich für das bevorstehende Jagdjahr 2004. Niemand wusste genau, wie lange die Regelung mit den Pensionshirschen noch Bestand haben mochte, zum anderen war nicht sicher, ob 2004 ein geeigneter Hirsch zur Strecke kommen würde. Dann bliebe mir vor Eintritt in den Ruhestand immer noch das Jahr 2005.

Ich entschied mich für die Bejagung in der Brunft. Die Feistzeit war zeitraubend und oft erfolglos, wer kennt nicht die Geschichte vom „Nachtgespenst", und die Auswahl in der Brunft ist allemal größer, weil viele Hirsche von weither zu den Brunftrudeln ziehen.

Ab Anfang September war ich morgens und abends draußen. Eines Dienstagmorgens rief mich die Kollegin, Frau Kaczmarek, an, sie habe in ihrem Revier Jägerbrück auf Ibenort, einer von Wald umgebenen, 40 ha großen Wiese, einen offensichtlich alten Hirsch von mindestens vierzehn Enden vorgehabt. Ob ich ihn mir einmal ansehen wollte? Das wollte ich.

Am selben Abend bezog ich bei südwestlichem Wind eine Kanzel am NW-Rand, weil das Wild erfahrungsgemäß bei dieser Windrichtung von Westen her auf die Wiese zog. Beim Angehen musste ich vorsichtig sein, es stand schon ein vielköpfiges Rudel draußen mit einem Hirsch, der sich durchaus sehen lassen konnte. Der mir Avisierte war es allerdings nicht. Dieser trug auffallend helle Stangen auf dem Haupt mit geraden zwölf Enden. Er blieb hier an diesem Abend regierender Platzhirsch bei ausgeprägtem Brunftgeschehen. Überall schrieen Hirsche, davon einer aus dem alten Kiefernbestand im Westen mit auffallend tiefer Stimme. Leider verließ er die Deckung nicht, machte aber neugierig. Ständig standen neue Beihirsche zu, es herrschte reges Treiben, Langeweile kam nicht auf. Mit dem Schwinden des Büchsenlichtes schwand auch die Aussicht, heute noch zum Erfolg zu kommen.

Am nächsten Morgen in aller Frühe wieder draußen, den vielversprechenden westlichen Einstand weit umschlagend. Hirsche meldeten wie verrückt, dichter Nebel verhüllte alles. Warten, hören, erleben, nichts sehen, während die feuchte Kälte in der aufhellenden Dämmerung im Körper hoch kroch. Nebel, Schutzpatron des Wildes, gab noch keines seiner Geheimnisse preis, alles Grau in Grau. Auf- und Abschwellen der Begleitmusik orgelnder Hirsche, es war schon etwas los, ein Morgen der Freude.

Die ersten Schattenrisse ließen die Konturen des Platzhirsches 200 Meter südöstlich schemenhaft erkennen. War er es? Auslage, Stangenlänge, Enden, Wildkörper? Verdammter Nebel – und Dank sei ihm, der er wenig später die Sichtschleuse auf den Hirsch für einen Moment öffnete. Das 15 x 60 Zeiss von Erich auf der Hochsitzbrüstung aufgelegt, schaffte die ersehnte Klarheit. Es war der Gesuchte. Lange dunkle Stangen, Aug-, Eis-, Mittelsprossen, alles dran. Und was zeigte er oben? Stiefelknechtkrone, wuchtiger Körper, beachtlicher Vorschlag. – Verdammter Nebel, wieder hat er alles verhüllt. Noch war Diana nicht gewillt, mir ihre Zuneigung zu zeigen, ihre schützenden Hände vom Hirsch zu nehmen. Nebelumwoben wechselte er gegen 6.00 Uhr in den westlichen Bestand ein. Für die vergangene Nacht hatte er seinen Auftrag erfüllt.

Im Bestand hörte ich ihn ab und zu noch verhalten knören und kurz anstoßen, wie es alte Hirsche gern zu tun pflegen. Nachdem die Waldkulisse ihn geschluckt hatte, übernahm der Zwölfer von gestern Abend, aus dem Süden heranziehend, wieder das Rudel. „Hallo“, ging es mir durch den Kopf, „man muss jönne könne.“ Wahrscheinlicher allerdings die Auszeit für alte Hirsche, die sie zum Regenerieren brauchen, weniger der großzügige Edelmut! –

Am Abend war ich zeitig draußen und wunderte mich nicht sonderlich. Vor mir stand der Zwölfer mit dem Rudel. Um 18.00 Uhr riss mich das erste Knören aus meinen Träumen. Sofort war ich hellwach, sollte indes noch eine Zeitlang auf die Probe gestellt werden. – Eine Stunde später. Mit seiner bekannt tiefen Stimme brach er wie eine Furie schreiend aus der Walddeckung hervor und stand plötzlich inmitten des Rudels. Sofort forderte er den Zwölfer zum Kampf, verprügelte ihn nach Maßen und schickte ihn mitsamt einer Anzahl von Beihirschen, die sich während des Kampfes an das seitlich ausgewichene Rudel herangemacht hatten, über den Jordan. Ohne viel Federlesens hatte er sich das Rudel zurückgeholt.

Die Entfernung zum Hirsch betrug 300 Meter; es galt, abzuwarten. Das Büchsenlicht würde noch eine Dreiviertelstunde reichen. Meine Geduld schwand, mein Biss nahm zu, ich wollte den Hirsch! Mit Sorge registrierte ich die Bewegung des Rudels in Richtung Ost, ich musste handeln. Vor dem Einwechseln war die SO-Kanzel zu erreichen. Zubehör zusammenpacken, meine fünf Monate alte Dachsbracke unter den Arm geklemmt, und runter vom Hochsitz.

Unten angekommen, nahm ich mit Sorge wahr, dass das Rudel wieder einen Schwenk in Richtung Wiesenmitte gemacht hatte. Sollte dieser Hochsitz vielleicht doch ohne Alternative sein? Hund anbinden und nur mit Sitzkissen, Büchse und Fernglas wieder nach oben. Jetzt nur nicht nervös werden. Ich sollte allerdings bald herausfinden, wie voreilig schnelle Entschlüsse sein können. Kaum eingerichtet, zeichnete sich wieder eine Richtungsänderung nach Osten ab. Ob richtig oder falsch, jetzt musste ich mich entscheiden, wenn dieser Hirsch heute Abend noch meiner werden sollte.

Runter vom Hochsitz, Hund bei Fuß und im Waldlauftempo zum Auto. Weiträumiges Umfahren der Wiese, um das zu schnelle Einwechseln des Rudels nicht durch wachsendes Misstrauen zu fördern. 19.20 Uhr Ankunft am Halteplatz, 250 Meter Pirsch bis zum Hochsitz und raufgeentert. Einige Male tief durchatmen, Lage sondieren und zur Ruhe zwingen. Ich hatte Glück gehabt, bei halbem Wind unbemerkt herzukommen, nicht von suchenden Beihirschen umgerannt zu werden und ohne Störung nach oben zu gelangen. Noch reichte das Büchsenlicht, aber nicht mehr lange.

In der rechten Kanzelecke legte ich das Sitzkissen auf die Brüstung und die gesicherte Büchse darauf, die ich im Schoß mit den Oberschenkeln festhielt. Vertraut stand das Rudel auf 180 bis 220 Gänge vor mir. Möge mir der unsichere Wind, Schlüssel zum Erfolg oder Misserfolg, gnädig bleiben. Zwanzig bis dreißig Meter hinter dem Wild stand der Hirsch. Ein wenig näher müsste er mir schon noch kommen. Allmählich begann sich das Licht zu verabschieden, es zeichnete sich ein Wettlauf mit der Zeit ab.

Was ich kaum zu denken gewagt hatte, trat unvermittelt ein. Das mir am nächsten stehende Tier des Rudels warf auf, sicherte mit langem Träger und fixierte mich mit einem Blick, der nichts Gutes verhieß. Schneller als erwartet blieb mir die Qual der Wahl. Frei und breit stand der Hirsch hinter dem Kahlwild. Schon die Entfernung zwang, die Dreipunkt-Auflage voll zu nutzen, um einen sicheren Schuss abgeben zu können. Hochblatt anhalten, einstechen, durchkrümmen des Fingers, und raus war das Weatherby Magnum-Geschoss von 180 grains. Zeitlich versetzter Büchsenknall und Kugelschlag ließen kaum Zweifel zu, dass die Kugel ihr Ziel gefunden hatte. Nach deutlichem Zeichnen riss es den Hirsch herum, er blieb auf den Läufen, folgte dem flüchtig davonpreschenden Kahlwild gen Westen, dem schützenden Wald entgegen. Mit der nachgeladenen Büchse verfolgte ich den Hirsch durch die Zieloptik, konnte ihm aber durch den schnellen Bewegungsablauf und auf die weite Entfernung keinen zweiten Schuss mehr antragen.

Banges Warten. Nach 80 Gängen vergrößerte sich der Abstand zum letzten Tier, der Schwerkranke wurde langsamer und brach zusammen in einer verschilften Fläche, wo er sich wie ein Pferd auf die Keulen setzte. Der zweite Schuss auf 300 Meter bewirkte ein Wiederhochwerden des Hirsches, der nach zwanzig Metern erneut zusammenbrach und endgültig liegen blieb.

Es war dunkel geworden. Nicht einfach, den Hirsch in dem breiten Gürtel aus mannshohem Schilf und Sandrohr zu finden. In Verlängerung der vermutlichen Stelle des Verendens fiel mir eine einzelne spitzkronige Fichte inmitten vieler rundköpfiger Kiefern auf, die ich als Leitschnur für den Weg dahin nutzen könnte. Es war keine Zeit mehr zu verlieren.

Mit Charly neben mir, ging ich es an. Am kurzen Riemen sollte der Kleine seinen ersten Hirsch finden. Ein unterschätzter, zugewachsener Wassergraben zwang mich zu einem Umweg, dem ich die Leitlinie opfern musste. Doch bald stießen wir auf das breite Fährtenband des eingewechselten Rudels, und mit ihm wahrscheinlich auch auf die Schweißfährte des Hirsches. Ich spürte am Riemen, dass mein Hund plötzlich sehr lebhaft wurde.

Nach zwanzig Schritten standen wir vor dem verendeten Hirsch, genau genommen ich, denn Charly erschrak sich sehr, sprang in den Riemen und hätte am liebsten Reißaus genommen. Ich denke, für einen fünf Monate alten Hund dürfte das ein normaler Vorgang sein.

Hier endet die Geschichte von der Erlegung meines Pensionshirsches, Schlusspunkt eines Erfolges, der mich als passionierten Jäger in diesen Stunden und noch lange danach sehr glücklich gemacht hat.

FD Jürgen Conrad mit Pensionshirsch (Foto: A. Sudhoff)

Ungeachtet der bevorstehenden roten Arbeit und der Bergung des Hirsches nahm ich mir die Zeit zur Besinnung, gedachte in Dankbarkeit der Stunden glücklichen Jagens, des Erfolges in den letzten Minuten, die ein Tag zu verschenken hat. Dankbar auch für die starke Trophäe, dankbar für eine Wildbahn, die ein so königliches Wild hervorbringt, in dem ich viele Jahre frohen Sinns jagen durfte. Nicht zuletzt gehört auch der Kollegin Frau Kaczmarek ein herzliches Dankeschön, dass sie mir in guter Sachkenntnis diesen reifen Hirsch avisierte.

Aufgewühlt und überglücklich trat ich nach der Arbeit den Heimweg an, um Anhänger und Hilfe zu holen. Das 8 Kilo-Geweih des 12 bis 13 Jahre alten Erntehirsches brachte es auf 209,5 IP und blieb damit nur einen halben Punkt unter der Goldmedaille. Das sollte allerdings nie ein Maßstab für die Qualität des Erlebnisses sein. –

*

Das Ende seiner Dienstzeit als Oberst der Bundeswehr, Pionier seines Zeichens, war eingeläutet. Mit dem Jahresende 2003 wurde er in den Ruhestand versetzt, Hans-Peter Köster, der Förstersohn aus dem ostholsteinischen Farve bei Oldenburg.

Hans-Peter wurde die Jagdpassion in die Wiege gelegt. Bei der Verteilung dieses Attributes hat er gleich zweimal „hier" gerufen. Sein Vater versäumte nichts, ihn schon früh zu einem so tüchtigen wie erfolgreichen Jäger zu erziehen. Als sein langjähriger Freund fragte ich mich scherzhalber manchmal: Steht bei ihm der Soldat oder der Jäger im ersten Glied? Als ernsthafte Frage wäre sie eine Entgleisung. Der Soldat Köster wusste Dienst, Hobby und Verantwortlichkeiten Zeit seines Berufslebens sehr wohl zu unterscheiden, sonst wäre er auf den Dienstleitersprossen nicht so hoch hinaufgeklettert.

Nicht nur auf den Wildjagden schoss Hans-Peter gern und gut, stets das Ziel vor Augen, Beute zu machen, um einen Beitrag zum erwünschten und notwendigen Hegeabschuss zu leisten. Müsste ich ihn als Jäger beurteilen, käme ich zu folgender Einschätzung:

Der Aspirant verfügt über einen ausgeprägten Jagdinstinkt. Seine Nervenstärke, sein Reaktionsvermögen und sein überlegener Umgang mit der Waffe führten zu einer optimalen Chancenverwertung, die ihn über das Niveau einer großen Zahl von Jägern hinaushebt. Geht es um die Erfüllung des notwendigen Abschusssolls auch unter schwierigen Bedingungen, sind Jäger seines Schlages unentbehrlich. –

Eines Tages im ersten Halbjahr 2005 fragte er mich, ob ich Lust hätte, ihn im September zur Hirschbrunft nach Hintersee zu begleiten? Er wollte sich seinen Lebenstraum erfüllen, einmal einen starken Rothirsch, eben einen „Pensionshirsch", zu erlegen. Ich brauchte nicht lange zu überlegen, fuhr ich doch während der Hohen Zeit alljährlich auf eine Woche nach Hintersee, und stimmte sofort zu.

So konnte Hans-Peter anspannen und ich mich sorglos zurücklehnen. Nachdem er in Schweden einen sehr guten Elchschaufler und im Raum Schleswig einen noch stärkeren Damschaufler erlegt hatte – das Glück ist nun mal mit „die Tüchtigen" –, sollte es nun ein möglichst gleichwertiger Rothirsch sein. Für seinen Wunsch hatte ich viel Verständnis. Wer sein Leben lang vornehmlich Hegeabschüsse tätigt und seine Wände mit Knopfböcken pflastern könnte, verdient es, auch einmal nach den Vollen greifen zu dürfen.

Am 18. September 2005 trafen wir vor dem Forstamt Hintersee auf den Kollegen Andreas Sudhoff, der schon heute die erste Führung in seinem Revier Gegensee übernehmen würde. Zur Schilderung des weiteren Geschehens gehört nun Jäger H.-P. Köster das Wort:

Wir fuhren zu einem riesigen Brunftplatz in einer Heidelandschaft, übersät mit zahlreichen Anflugkiefern und -kusseln. Am Platzrand bestiegen wir einen Hochsitz, der einen weiten Überblick bot. Noch herrschte Ruhe. Mit dem fortschreitenden Nachmittag stießen die ersten Hirsche an und animierten sich gegenseitig. Aber schon bald entwickelte sich ein bemerkenswertes Konzert. Das Wetter war klar. Je mehr sich die Luft abkühlte, desto intensiver schrieen die Hirsche.

Mit der einsetzenden Dämmerung konnte man acht meldende Kronenhirsche auf der Heide bestätigen, die Kahlwild um sich versammelt hatten. Es entwickelte sich eine schier unglaubliche Stimmung. Ganz nebenbei ließ mich Sudhoff wissen, dass der für mich vorgesehene Sechzehnender noch nicht vor uns aufgetaucht sei. Voraussichtlich würde er unweit des Hochsitzes herausziehen.

Hinter uns meldete ein Hirsch mit guter Stimme. A. Sudhoff stieg die Leiter abwärts, um sich den Rufer im Rücken einmal anzuschauen. Zurück, berichtete er, ihn kurz gesehen zu haben, bevor er sich nach hinten absetzte. Beim Abglasen der Fläche tauchte aus der Deckung ein Hirsch auf, der mir förmlich die Sprache verschlug. Allein in den wuchtigen Kronen zeigte der Abnorme auf der einen Seite fünf, auf der anderen sieben Enden und lange, starke Aug- und Mittelsprossen. „Was für ein Hirsch!", entfuhr es mir. Für mich enttäuschend die Reaktion meines Führers: „Dieser Hirsch ist noch zu jung!"

Dass ich den Ausspruch „Was für ein Hirsch" noch zweimal in meiner Euphorie wiederholte, beeindruckte meinen Führer nicht im Geringsten. Dessen ungeachtet lief ein großartiges Schauspiel vor uns ab. Das Brunftgeschehen nahm mit wachsender Dunkelheit zu, was für ein unvergleichliches Erlebnis. Schließlich deckte die Nacht alles zu, wir zogen uns dezent zurück.

Der nächste Morgen war schön, kalt und klar, als wir uns bei gleichgebliebenem Wind dem Hochsitz näherten. Dicht vor uns schrie ein Hirsch mit guter Stimme. Noch umfing uns dunkle Nacht, die außer den akustischen Signalen der zahlreich schreienden Hirsche von ihren Geheimnissen noch nichts preisgab. Um den Hirsch nicht zu vergrämen, hockten wir uns in der Heide nieder. Erst als die Konturen deutlicher wurden – der Hirsch vor uns schrie ununterbrochen –, gelang es uns, den Hochsitz zu besteigen.

Sudhoff bemühte sein Spektiv und bedeutete mir, mich schussfertig zu machen. Er war sich zu 95 Prozent sicher, den Sechzehnender vor zu haben. Ein bisschen mehr Licht noch, um letzte Zweifel zu beseitigen. Das war des Guten zuviel. Verschwunden der Hirsch, verschwunden das Kahlwild – eingezogen; das sollte noch nicht sein, weg die Chance.

Nun konnten wir uns ganz der Heidefläche vor uns widmen, wo das Leben noch immer intensiv tobte. Es wurde heller, ich entdeckte „meinen" Hirsch und fast ungewollt entfuhr es mir wieder: „Was für ein Hirsch!" – Keine Reaktion. Die Zeit war gekommen, in der sich das Wild von den Freiflächen verabschiedete, das Kahlwild und mit ihm die Hirsche ihre Tageseinstände aufsuchten. Ich hatte beobachtet, wie der Abnorme mit mehreren Hirschen kämpfte, bevor er abgebrunftet hinter drei Stücken Kahlwild herzog, einer 800 Meter entfernten Dickung entgegen. Ich behielt mein 8 x 56 Zeiss am Auge und wollte meinen Sinnen nicht glauben, als ein Leittier beim Einwechseln in die schützende Deckung heftig schreckte, sich herumwarf und in scharfem Troll auf uns zu flüchtete. Da war die Luft offensichtlich nicht koscher gewesen. Mit raumgreifenden Schritten kam das Wild uns näher und näher.

Nicht zu übersehen, dass mein Führer sein Spektiv auf den Hirsch richtete. Noch war das Rudel 350 Meter entfernt. So nahe hatten wir den von mir Ersehnten noch nicht vorgehabt. Trug man die erkennbaren Merkmale zusammen, verstärkte sich der Eindruck von einem alten, zumindest erntereifen Hirsch. Dennoch elektrisierte mich die Anweisung: „Machen Sie sich fertig!" Die Bankseite wechseln, ging unbemerkt vonstatten. Der Entfernungsmesser zeigte 220 Meter an. Angesichts der Fluchtrichtung würde uns der Hirsch kaum noch näher kommen. „Sind Sie fertig?", kam die Frage. Ich nickte ihm zu. Auf den durchdringenden Ruf von A. Sudhoff verhoffte er sofort. Hirschfieber? Vielleicht. Endlos schlichen die Sekunden, bis der Schuss brach. Der Beschossene knickte vorne ein, machte ein paar schwerfällige Schritte, fiel um, wurde wieder hoch und zog in einen Kiefernkussel hinein, aus dem er nicht wieder hervorkam. Nur ein Teil des Geweihs war noch sichtbar.

Wie ein Wiesel war Sudhoff unten, sprintete auf eine Solitärkiefer zu und bestieg sie. Mir schien, das machte er nicht zum ersten Mal. Aus der Baumkrone heraus fiel der Fangschuss, er winkte mir zu. Nichts konnte mich mehr halten. Ergriffen stand ich wenig später mit ihm vor diesem klotzigen Hirsch mit ungeraden zwanzig Enden auf dem Haupt, war sehr glücklich und nur noch dankbar. Andreas Sudhoff, dieser geradlinige, fachkompetente Mann, hatte mich kritisch, aber meisterhaft geführt. Er hätte am Ende kein „Feuer frei" gegeben, wenn er nicht von der Richtigkeit überzeugt gewesen wäre. Ich wusste, dass der Gestreckte stark war. Soviel Wucht hätte ich ihm über die relativ weite Entfernung nicht zugetraut.

Die ganze Wucht des Kapitalhirsches von H.-P. Köster

Der glückliche Erleger H.-P. Köster

Sudhoff machte sich auf den Weg, um den Anhänger zu holen. Ich suchte Erich auf seinem Ansitzplatz auf. Mein Waidmannsheil wollte ich zumindest symbolisch mit ihm teilen. Er hatte in den frühen Morgenstunden zwei Bachen mit elf Frischlingen vorgehabt, die zum Fotografieren zu früh eingezogen waren. Seine Freude war groß, als wir vor dem Gestreckten standen. Einen Hirsch von dieser Stärke könnte man in Hintersee wohl alljährlich schießen, einen so Interessanten sicher nicht alle Tage, war sein Kommentar. Höhepunkt in einem gesegneten Jägerleben.

„Waidmannsheil, Hans-Peter, du kehrst als glücklicher Jäger heim!“

Um 10 Uhr wurde der Hirsch vor dem Forstamt zur Strecke gelegt, feierlich verblasen und in froher Runde ein wenig gefeiert, wie es in Hintersee üblich war. Bevor wir nach Hause fuhren, machten wir über Mittag noch einen Abstecher ins Rehmoor, wo auch ich mit der Kamera noch zu Schuss kam. Ein starker Hirsch, der hier das Sagen hatte, ließ es sich nicht nehmen, uns seine ganze königliche Pracht vorzustellen.

Selbst der Heimweg meinte es noch gut mit uns. In der Niederung der Randow vor Pasewalk rasteten Hunderte von Saatgänsen, um Kraft zu sammeln für den Weiterflug in ihre südwestlichen Winterquartiere. Das war die nicht weniger interessante Geschichte vom zweiten „Pensionshirsch“.

*

Alle guten Dinge sind drei. Wie im letzten Jahr hatte ich zur Brunft 2008 Gelegenheit, mit meinem Freund Gerd nach Hintersee zu kommen. Vielleicht hatte die Glücksgöttin es eher gut mit mir gemeint, dass Gerd seinen „Pensionshirsch“ im Jahre 2007 nicht bekommen hatte und ihm in diesem Jahr, mit mir im Gespann, eine zweite Chance eingeräumt wurde. Auch diesmal schien es schwierig, einen Hirsch der Altersklasse III zu finden, der mit dem erwünschten 7. bis 9. Kopf die Abschusskriterien erfüllte, eine ansprechende Haupteszier zur Schau trug und dann auch noch bezahlbar war.

Ähnliche Erfahrungen machte ich mit dem Damwild. Je stärker in den jüngsten Altersklassen der 1 bis 4-Jährigen selektiert wurde, um so seltener traf man abschussnotwendige Schaufler in der mittleren Altersklasse an.

Die achte Führung lag schon hinter Gerd, als ihm der Leiter der Bundesforst Hintersee, FOR Entrup sagte: „Morgen Abend führe ich Sie, Herr Kläber, ich weiß Ihnen einen passenden Hirsch." Sein Wort in Gottes Ohr, es würde Gerds letzte Führung sein.

Mehr Glück hatte in der Zwischenzeit der Fotograf gehabt. Ich gebe zu, der hat es leichter. Er darf ungehindert den Auslöser betätigen, wenn ein exzellenter Zukunftshirsch vor ihm steht. Seine Chancen schwinden mit dem benötigten Licht, während das Büchsenlicht für den Jäger noch eine ganze Zeit vorhält. So nehme ich meine kleinen Erfolgserlebnisse vorweg, bevor ich das Wort an den Pensionshirsch-Aspiranten weitergebe. –

Schon am ersten Nachmittag hatte ich im östlichen Winkel der Forstwiese Glück, als bei bestem Tageslicht ein starker ungerader Sechzehnender mit vier Alttieren, vier Kälbern und zwei Schmaltieren austrat – eine perfekte Altersverteilung. Der Hirsch hatte den Zenit noch nicht erreicht. Es war ein Anblick zum Genießen.

Nicht lange danach zog in der Westecke auf etwa 300 Meter ein Kronenzwölfer mit zwölf Stück Kahlwild auf die Wiese, gen Osten strebend. Das wollte der Sechzehnender nicht hinnehmen. Er zog dem Zwölfer entgegen. Hatte er Sorge, Abtrünnige aus seinem Rudel zu verlieren oder gar die Absicht, seinem Konkurrenten einige Tiere zu stibitzen? Ich wünschte mir das Schauspiel eines Kampfes, doch es kam nicht dazu. Im Imponiergehabe zogen die Hirsche nebeneinander her und respektierten sich. Der Herausforderer kehrte zu seinem Rudel zurück.

Zwei Tage später saß ich frühmorgens am Rande der Grenzwiese im Revier Gegensee. Es war noch dunkel. Um mich herum schrieen die Hirsche wie verrückt, eine tolle Brunftstimmung. Schemenhaft konnte ich einige Tiere erkennen, die unruhig hin und her zogen. Der Hirsch stand noch am Rande des hohen Adlerfarns in der Kieferndickung und hielt sich bedeckt, nur ab und zu knörend. Offenbar hatte er noch weiteres Kahlwild um sich versammelt. Das Aufeinanderschlagen von Geweihstangen ließ auf Beihirsche schließen, die ihm zusetzten. Das Orgeln und Röhren ging mir durch Mark und Bein.

Endlich trat der Pascha vor mir aus der Anonymität heraus und entlockte mir ein Oah! Mit einem starken Geweih imponierend, zeigte er im Seitenprofil das Gebäude eines reifen Hirsches. Mit zunehmendem Licht gewann ich den Eindruck, er könnte bis zur absoluten Höhe seiner Entwicklung noch gerne zwei Jahre zulegen. Es ist immer wieder schwierig, besonders Hirsche von acht bis elf Jahren auf ihr Alter richtig anzusprechen. Man sollte sie gern einige Male von verschiedenen Seiten und bei unterschiedlichen Lichtverhältnissen in der Bewegung und in Ruhe sehen. Bei Damhirschen ist es noch schwieriger. Wie sehr man sich selbst bei vermeintlich reifen Hirschen irrt oder ganz alte viel jünger einschätzt, überrascht auch die erfahrenen Hirschväter immer wieder.

Am Abend, als der „Pensionshirsch" fiel, wurde ich im Revier Gegensee an einem langen Feuerschutzstreifen abgesetzt, der zugleich als Wildäsungsfläche diente. Die spärliche, vertrocknete Grasäsung würde das Kahlwild sicher nicht animieren, hier auszuziehen. Doch wie es in der Brunft so ist, Hirsche sind immer auf den Läufen. Ein ganz junger Kronenzwölfer mit einem Bilderbuchgeweih besuchte mich und hinterließ mir sein Konterfei. Später fiel ein Schuss mit Kugelschlag, der mich sehr neugierig machte

Gerd Kläber, seines Zeichens pensionierter Oberstudienrat, berichtet:

Auf ausgefahrenen Wegegleisen und Dünenwellen fuhr der Geländewagen dem Platzrand entgegen, wo wir bald danach einen Hochsitz bestiegen. Vor uns lag militärisches Übungsgelände, eine 400 Meter breite Heidefläche, wie sie beiderseits eine Schießbahn begrenzte und auf deren südlichem Streifen wir Stellung bezogen. Aus der Heide ragten unbewachsene Dünenkuppen, Trockengraskolonien und Solitärkiefern oder Buschgruppen heraus. Jenseits der Schießbahnen begrenzten Fichtenbestände und -dickungen die Heideflächen, die das Wild für seine Tageseinstände nutzte.

Am gegenüber liegenden, weit entfernten Rand stand schon der erste schreiende Hirsch draußen, dem bald in gebührender Entfernung der zweite folgte. Sie hatten Kahlwild um sich versammelt. Mit dem 30-fachen Spektiv war Herr Entrup in der Lage, sich ein leidliches Bild von den Geweihträgern zu machen, die mehr als einen Kilometer von uns entfernt brunfteten. Als der dritte Hirsch auftauchte, meinte er nach kurzem Spekulieren, das müsste der von uns gesuchte sein, ein Kronenzehner vom etwa 8. bis 9. Kopf. „Er wird schwerlich zu uns kommen, wir werden ihn angehen müssen. Das heißt auch Kriechen über eine weite Strecke. Haben Sie die nötige Kondition für dieses sportliche Unternehmen, Herr Kläber?" Ich bejahte seine Frage, und wir baumten ab.

Die ersten 300 Meter konnten wir in aufrechtem Gang vorankommen. Als Deckung nutzten wir einen quaderförmigen Sandsteinturm. Unbemerkt erreichten wir diesen ersten Fixpunkt. Noch war der Hirsch 800 Meter von uns entfernt. Helfen könnte uns nur der Umstand, dass der Hirsch zum Kampfe gefordert und unterliegen würde. So geschehen gestern Abend mit anschließender Flucht in unsere jetzige Richtung, kaum mehr als ein Strohhalm, an den wir uns klammerten. Von unserer jetzigen Position über die fast deckungslose Fläche näher an den Hirsch heran zu kommen, war kaum machbar. So warteten wir erst einmal geduldig die weitere Entwicklung ab.

Es trat ein, was ich kaum zu hoffen gewagt hatte. Ein Hirsch wechselte mit einem Tier auf den Kronenzehner zu, wurde von diesem zum Kampf gefordert und ging schon nach einigen Sekunden als Sieger aus dieser Fehde hervor, nachdem er den Angreifer, einem Spielball gleich, nach hinten wegschleuderte. Der Unterlegene ergriff die Flucht und trollte zielgenau auf uns zu. Mein Frohlocken kam allerdings zu früh. So leicht wollte es mir die Jagdgöttin nicht machen.

Nachdem uns der Abgeschlagene bis auf 500 Meter näher gekommen war, bog er plötzlich nach rechts ab und vergrößerte den Abstand wieder. Jetzt wurden wir richtig gefordert. In geduckter Haltung eilten wir hinter ihm her, jede spärliche Deckung nutzend. Erstaunlich, wie schnell ein Hirsch vorankommt. Schon fürchtete ich, wir wären auf verlorenem Posten. Noch immer betrug die Entfernung zu ihm 400 Meter. Wir mussten weiter ran. Zum Glück brauchte der Hirsch eine Pause, verhoffte und äugte nach hinten, als fühle er sich verfolgt. Wir machten uns ganz klein, robbten einige Meter über eine deckungslose Freifläche, um eine Kieferngruppe auf 200 Meter Entfernung zwischen uns und den Verfolgten zu bringen. Es gelang, und weiter ging es in tief gebückter Haltung. Würden wir diese Kiefern erreichen und der Hirsch es nicht gar zu eilig haben, könnte die Schussentfernung passen.

In geduckter Haltung vorwärts hastend, immer auf Deckung bedacht, gelangten wir, wie aus dem Wasser gezogen, ausgepumpt und schwer atmend, zur Kieferngruppe. Diesmal hatte es der Hirsch gar noch gut mit uns gemeint, er hatte sich, abgekämpft und abgebrunftet, niedergetan. Kriechend erreichte ich die rechte der beiden Kiefern, deren Krone nicht zu dicht war. Ich schmiegte mich an den Stamm und suchte mir den richtigen Ast für die Auflage meines Drillings. Es tat mir gut, entspannen zu können. Langsam kehrte der normale Pulsschlag zurück. Das Büchsenlicht würde noch geraume Zeit vorhalten.

Weshalb stand der Hirsch nicht auf? Von Zeit zu Zeit stieß er kurz an, um seinen Rivalen zu bedeuten, dass er noch nicht abgetreten war. Endlich wurde er hoch. Herr Entrup hatte 35 Ruheminuten registriert, und ich konnte ihm auf 160 Meter das 7 x 65 Teilmantelgeschoss antragen, das er mit einer hohen Flucht nach vorn quittierte, bevor er auf der Stelle zusammenbrach. Der Hirsch schlegelte noch kurz und war ziemlich schnell verendet.

Die große Überraschung kam, als wir vor dem Hirsch standen und einige Minuten in Andacht verharrten. Ein kurzer Blick in den Äser offenbarte, dass ich einen sehr alten Hirsch von mindestens 15 bis 16 Jahren zur Strecke gebracht hatte. Die Zähne, soweit sie noch vorhanden waren, zeigten nur noch Stümpfe oder Zahnreste in den Kiefern. Dafür hatte der Kronenzehner noch ein sehr ansprechendes Geweih zustande gebracht. Die kaum noch vorhandene linke Augsprosse war zwar ein Hinweis auf ein hohes Alter, konnte aber durch die weiten Entfernungen selbst mit einem Spektiv nicht eindeutig klären, ob sie altersbedingt verkümmert oder während der Kolbenzeit abgekämpft war. Ich war glücklich, einen so alten Hirsch mit immer noch guter Trophäe erlegt zu haben. Mein Dank gehört Herrn Entrup, der soviel Strapazen und Mühen auf sich genommen hatte. Für uns beide war es sicher gute Jagd, wie sie nicht alltäglich ist. Mit mir freute sich Erich in besonderem Maße.

G. Kläber mit sehr altem Abschusshirsch

Das war die Geschichte vom dritten und letzten der „Pensionshirsche“, die alle einen guten jagdlichen Stellenwert hinterließen und mir selbst viel Freude machten.

* * *

Ausklang

Nach der Herausgabe meines ersten Buchs „Geliebte Wildbahn zwischen den Meeren“ war es zunächst kein Thema, ein zweites folgen zu lassen. Dinge brauchen Zeit, um zu wachsen. Angeregt durch meine Frau und meine Kinder – inzwischen war die „Geliebte Wildbahn“ zu einem respektablen Erfolg geraten – reifte schließlich doch der Entschluss, noch einmal zur Feder zu greifen, um die vielen Tagebuchnotizen und Bilder nicht in der Schublade vergilben zu lassen.

Es wäre schade, die Jagd- und Reiseerlebnisse zu unterschlagen, die mir fernab heimatlicher Reviere zuteil wurden. Schließlich galt es auch, die unvollendete jagdliche Autobiographie zu einem sinnvollen Abschluss zu bringen. An der Schwelle zum 80. Lebensjahr ging ich es schließlich an.

Die Möglichkeit, all jenen auf diesem Wege noch einmal zu danken, in deren Mauern ich meine Beine als Gast ausstrecken, in deren schönen Revieren ich erfüllte Jagdtage verleben durfte, bot sich an. Nicht wenige wechselten inzwischen in die Ewigen Jagdgründe. Vor ihnen verneige ich mich in Dankbarkeit.

Aus gesundheitlichen Gründen stellte ich mein aktives Jagen vor einem Jahrzehnt ein. War es ein Wink des Schicksals, mit Abstand zu den Geschehnissen jetzt die Zeit und Ruhe für das Schreiben der beiden Bücher zu finden? Vielleicht – gut Ding will Weile haben; Nordfriesen brauchen manchmal etwas mehr davon. Meinem Schicksal sei Dank, dass es mitspielte.

Wenn ich noch einen Wunsch frei hätte, so diesen: Möge doch eine Anzahl meiner geneigten Leser beim Umschlagen der letzten Buchseite sagen: „Schade, ich hätte ihm gern noch etwas zugehört!“ – Dann wäre dieses Buch nicht vergeblich geschrieben worden.

Mein Dank gehört dem Verleger, Herrn Walter Schwartz, für seine Bereitschaft, auch mein zweites Buch auf den Weg zu bringen. Zugleich verbinde ich mit diesem Schlusswort den Dank an meine Freunde und Gönner, die mir beim Zustandekommen dieses Werkes Schützenhilfe leisteten. Das sind die Herren Ministerialrat Böhling und LJV-Präsident Dr. Klaus-Hinnerk Baasch.

Ferner gilt mein Dank meinem langjährigen Freund, Dr. Hans Baron von Rosen, für seine aktive Hilfe bei der Aufarbeitung des Englandkapitels, Forstdirektor i. R. Jürgen Conrad für seine Unterstützung bei den Hintersee-Geschichten, meinem Freund Max Grothkopp für seine Bildbeiträge und die Reproduktion des Fotomaterials, Rudolf Freiherr von Ulmenstein für die Illustration des Buchcovers, meiner Tochter Angelika Habisch für die umfangreichen Schreibarbeiten und nicht zuletzt meinem Lektor, Herrn Bernward Rosen, für die Durchsicht des Manuskriptes und die gute Gestaltung des Buches.

Nordhastedt im Juni 2009

ERICH NEHLSEN